2022 최신판

무료동영상과 함께하는

떡제조 기능사

필기+실기

한권으로 끝내기

필기편

SD에듀
㈜시대고시기획

머리말

예전에는 가정에서 직접 만들어 먹던 떡이 근대에 오면서 방앗간과 떡집 등 전문업체에 맡겨 만들어 먹게 되었고 생활환경이 풍요로워지면서 동네마다, 아파트 단지마다 떡집을 쉽게 찾아볼 수 있을 정도로 떡집이 많이 늘어났습니다. 그러나 물밀 듯이 밀려든 서양의 빵에 의해 떡은 그 설자리를 잃어갔습니다.

근래에 오면서 SNS나 대중매체의 발달로 유명세를 타는 떡집들이 하나둘 생겨나기 시작했습니다. 거리가 멀더라도 직접 가서 줄을 서서 기다리고 맛을 본 후 인증샷을 SNS에 올리는 것이 하나의 트렌드가 되었습니다. 요즘 유명세를 타는 떡집들을 보면 공통된 점이 여러 가지의 떡이 아닌 한 두 가지의 떡으로 이름을 떨치고, 나만의 독창적인 방법으로 느림과 정성을 더해 만든다는 것입니다. 이를 위해서는 떡의 기초가 튼튼해야 할 것입니다.

떡은 쌀, 콩, 팥으로 만드는 가장 안전한 먹을거리입니다. 좀 더 좋은 먹을거리를 찾는 현 흐름에 맞게 떡제조기능사의 앞으로의 전망은 매우 밝습니다. 이러한 상황에서 떡제조기능사 국가자격증이 신설된 것이 참 다행이라고 생각합니다.

이 책이 여러분들에게 단단한 떡의 기초가 되어주면 좋겠다는 간절한 바람을 담아 **SD에듀**와 함께 떡제조기능사 필기 · 실기시험을 단기간에 합격할 수 있도록 특별하게 구성하였습니다.

❶ 최신 필기시험 기출문제와 출제내용을 수록하여 최신 시험경향을 파악할 수 있습니다.
❷ 각 장별로 반드시 숙지해야 할 학습포인트(출제영역)를 제시하였습니다.
❸ 핵심체크 O/X 문제로 핵심이론을 완벽히 파악할 수 있습니다.
❹ 풍부한 이미지와 보충설명을 넣어 내용을 더욱 쉽게 이해할 수 있습니다.
❺ 실전모의고사 2회분을 통해 자신의 실력을 최종적으로 점검할 수 있습니다.
❻ 실기시험을 준비하며 반드시 알아두어야 할 사항을 수록하였습니다.
❼ 실기시험에 출제되는 8가지 떡 레시피를 일목요연하게 정리하였습니다.
❽ 혼자서도 쉽게 학습할 수 있도록 무료 동영상 강의를 제공하였습니다.

본서가 떡제조기능사의 꿈을 가진 분들에게 디딤돌이 되기를 바라며, 본서를 통해 떡제조기능사로서의 능력과 자질을 다지고 앞으로의 지식과 기능을 습득하는 데 밑거름이 되기를 간절히 바랍니다.

편저자 방지현 씀

GUIDE
시험안내

개요

떡을 만드는 직무를 수행하는 기능보유자로서 국가자격취득자를 말한다.

수행직무

곡류, 두류, 과채류 등과 같은 재료를 이용하여 식품위생과 개인안전관리에 유의하여 빻기, 찌기, 발효, 지지기, 치기, 삶기 등의 공정을 거쳐 각종 떡류를 만드는 직무이다.

진로 및 전망

점차 입맛이 서구화되고 있지만 웰빙 열풍으로 건강에 대한 관심이 증가하면서 우리 전통음식에 대한 선호도 높아졌다. 또 맞벌이부부, 독신가구, 아파트거주자 등이 증가하면서 향후 떡과 같은 전통음식에 대한 선호도 꾸준한 편이다.

취득방법

- 실시기관 : 한국산업인력공단
- 시험과목
  - ···› 필기 : 떡제조 및 위생관리
  - ···› 실기 : 떡제조 실무
- 검정방법
  - ···› 필기 : 객관식 60문항(60분), CBT로 진행
  - ···› 실기 : 작업형(2시간)
- 합격기준 : 100점을 만점으로 하여 60점 이상 취득 시 합격(필기 / 실기 동일)

2022년 떡제조기능사 정기 시험일정

회별	필기시험			실기시험		
	필기시험접수	필기시험	필기시험 합격자발표	실기시험접수	실기시험	최종 합격자발표
제1회	01.04 ~ 01.07	01.23 ~ 01.29	02.09(수)	02.15 ~ 02.18	03.20 ~ 04.06	1차 : 04.15(금) 2차 : 04.22(금)
제2회	03.07 ~ 03.11	03.27 ~ 04.02	04.13(수)	04.26 ~ 04.29	05.29 ~ 06.15	1차 : 06.24(금) 2차 : 07.01(금)
제3회	05.24 ~ 05.27	06.12 ~ 06.18	06.29(수)	07.11 ~ 07.14	08.14 ~ 08.31	1차 : 09.08(목) 2차 : 09.16(금)
제4회	08.02 ~ 08.05	08.28 ~ 09.03	09.21(수)	09.26 ~ 09.29	11.06 ~ 11.23	1차 : 12.02(금) 2차 : 12.09(금)

※ 원서접수시간은 원서접수 첫날 10:00부터 마지막날 18:00까지

※ 자세한 내용은 큐넷 홈페이지(www.q-net.or.kr) 공지사항 참고

출제기준(필기)

직무분야	식품가공	중직무분야	제과 · 제빵	자격종목	떡제조기능사	적용기간	2022.1.1.~ 2026.12.31.

직무내용 : 곡류, 두류, 과채류 등과 같은 재료를 이용하여 식품위생과 개인안전관리에 유의하여 빻기, 찌기, 발효, 지지기, 치기, 삶기 등의 공정을 거쳐 각종 떡류를 만드는 직무이다.

필기검정방법	객관식	문제수	60	시험시간	1시간

주요항목	세부항목	세세항목
❶ 떡 제조 기초이론	① 떡류 재료의 이해	㉠ 주재료(곡류)의 특성 ㉡ 주재료(곡류)의 성분 ㉢ 주재료(곡류)의 조리원리 ㉣ 부재료의 종류 및 특성 ㉤ 과채류의 종류 및 특성 ㉥ 견과류 · 종실류의 종류 및 특성 ㉦ 두류의 종류 및 특성 ㉧ 떡류 재료의 영양학적 특성
	② 떡의 분류 및 제조도구	㉠ 떡의 종류 ㉡ 제조기기(롤밀, 제병기, 펀칭기 등)의 종류 및 용도 ㉢ 전통도구의 종류 및 용도
❷ 떡류 만들기	① 재료준비	㉠ 재료관리 ㉡ 재료의 전처리
	② 고물 만들기	㉠ 찌는 고물 제조과정 ㉡ 삶는 고물 제조과정 ㉢ 볶는 고물 제조과정
	③ 떡류 만들기	㉠ 찌는 떡류(설기떡, 켜떡 등)제조과정 ㉡ 치는 떡류(인절미, 절편, 가래떡 등)제조과정 ㉢ 빚는 떡류(찌는 떡, 삶는 떡)제조과정 ㉣ 지지는 떡류 제조과정 ㉤ 기타 떡류(약밥, 증편 등)의 제조과정
	④ 떡류 포장 및 보관	㉠ 떡류 포장 및 보관 시 주의사항 ㉡ 떡류 포장 재료의 특성
❸ 위생 · 안전관리	① 개인 위생관리	㉠ 개인 위생관리 방법 ㉡ 오염 및 변질의 원인 ㉢ 감염병 및 식중독의 원인과 예방대책
	② 작업 환경 위생 관리	㉠ 공정별 위해요소 관리 및 예방(HACCP)
	③ 안전관리	㉠ 개인 안전 점검 ㉡ 도구 및 장비류의 안전 점검
	④ 식품위생법 관련 법규 및 규정	㉠ 기구와 용기 · 포장 ㉡ 식품등의 공전(公典) ㉢ 영업 · 벌칙 등 떡제조 관련 법령 및 식품의약품안전처 개별 고시
❹ 우리나라 떡의 역사 및 문화	① 떡의 역사	㉠ 시대별 떡의 역사
	② 시 · 절식으로서의 떡	㉠ 시식으로서의 떡 ㉡ 절식으로서의 떡
	③ 통과의례와 떡	㉠ 출생, 백일, 첫돌 떡의 종류 및 의미 ㉡ 책례, 관례, 혼례 떡의 종류 및 의미 ㉢ 회갑, 회혼례 떡의 종류 및 의미 ㉣ 상례, 제례 떡의 종류 및 의미
	④ 향토 떡	㉠ 전통 향토 떡의 특징 ㉡ 향토 떡의 유래

CBT 시험이란?

컴퓨터를 이용하여 시험을 평가(Testing)하는 것을 말한다. 일반적으로 문서를 이용하는 시험을 PBT(Paper Based Testing)라고 하며, 컴퓨터를 이용하는 시험을 CBT(Computer Based Test)라고 한다.

CBT 시험의 장점

- 별도의 OMR 답안카드 없이 컴퓨터에 문제를 띄워두고 마우스로 정답을 클릭하면 된다.
- 문제은행에서 수험자별로 각기 다른 문제가 출제되기에 부정행위를 방지할 수 있다.
- 정답을 제출하면 바로 합격 여부가 확인 가능하다.

CBT 필기시험 시험시간

등급	부	입실시간	시험시간	비고
기능장, 기능사	1부	09:10	09:30 ~ 10:30	• 입실시간은 시험시작 20분 전임 • 산업기사 등급은 종목별 시험시간이 상이함 • 종목별 시험 시작시간은 별도 공고 • 기능장, 산업기사, 기능사 전종목 해당
	2부	09:40	10:00 ~ 11:00	
	3부	10:40	11:00 ~ 12:00	
	4부	11:10	11:30 ~ 12:30	
	5부	12:40	13:00 ~ 14:00	
	6부	13:10	13:30 ~ 14:30	
	7부	14:10	14:30 ~ 15:30	
	8부	14:40	15:00 ~ 16:00	
	9부	15:40	16:00 ~ 17:00	
	10부	16:10	16:30 ~ 07:30	
산업기사	1부	08:40	09:00 ~ 제한시간	
	2부	09:10	09:30 ~ 제한시간	
	3부	11:10	11:30 ~ 제한시간	
	4부	12:10	12:30 ~ 제한시간	
	5부	14:10	14:30 ~ 제한시간	
	6부	16:40	17:00 ~ 제한시간	

※ 시행지역별 접수인원에 따라 일일 시행횟수는 변동될 수 있으며, 지역에 따라 원거리 시험장으로 이동할 수 있습니다.

CBT 시험 진행방법

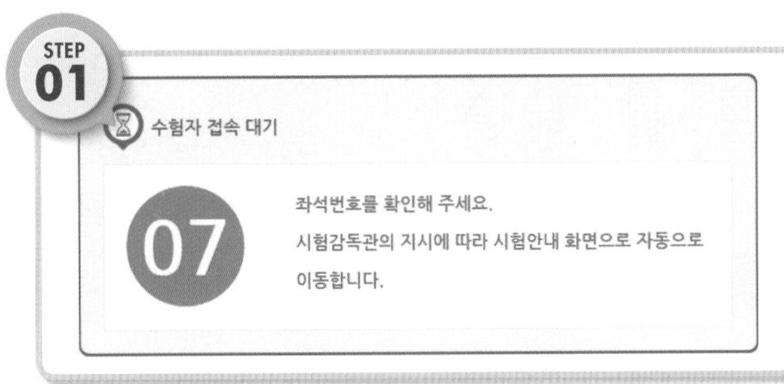

➔ 시험장에 도착하면 자신의 좌석번호를 확인하고 지정된 자리에 앉는다.

➔ 심사위원이 컴퓨터에 나온 수험자 정보와 신분증이 일치하는지 확인하는 단계이다.

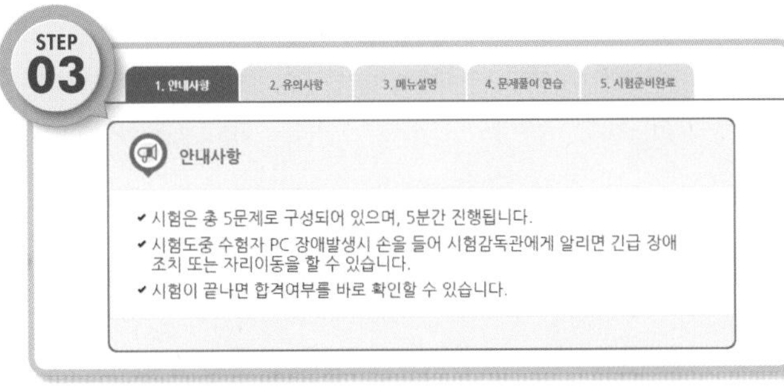

➔ 시험 시작 전 CBT 시험의 안내사항 및 유의사항을 살펴보는 단계이다.

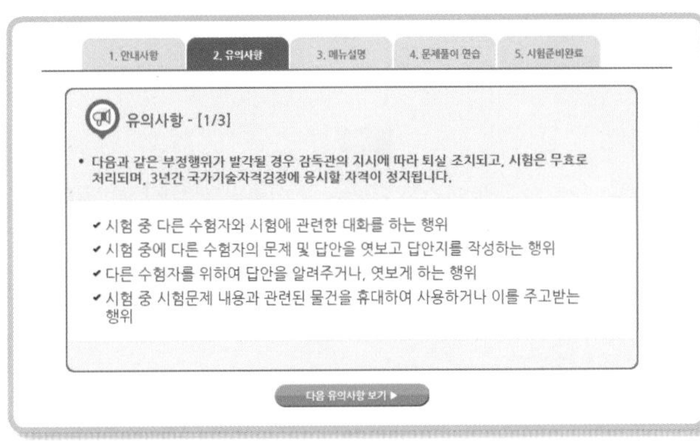

STEP 04

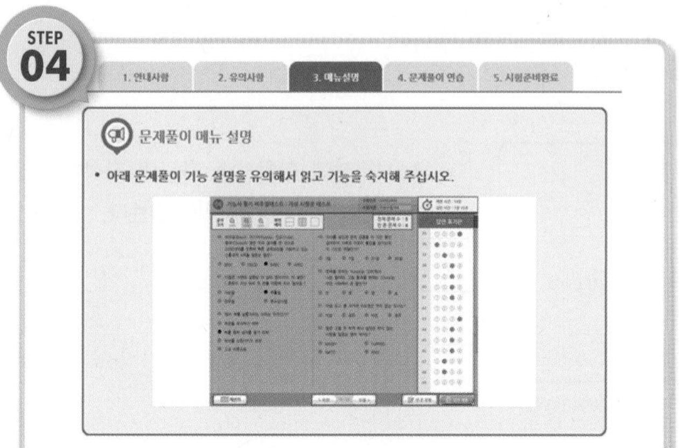

➔ 문제풀이와 관련된 메뉴의 기능에 대해 설명하면 유의해서 듣고 기능을 숙지하는 단계이다.

TIP

문제배치 방법, 글자크기 조절, 답안지 등을 확인하는 방법을 알 수 있기에 주의 깊게 확인한다.

STEP 05

➔ 시험 준비가 완료되면 '시험 준비 완료' 버튼을 클릭하고, 시험감독관의 지시에 따라 시험을 시작한다.

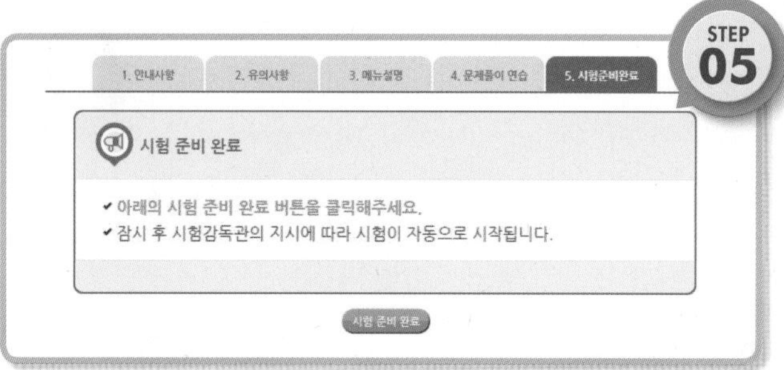

STEP 06

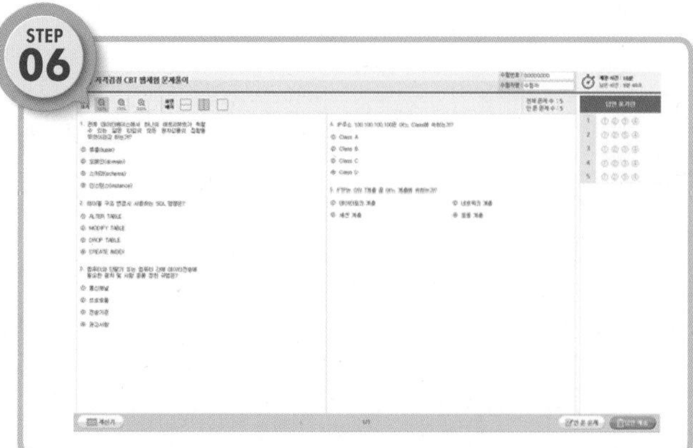

➔ 제시된 문제를 풀고 답을 체크한다. 마우스로 정답을 찍으면 바로바로 정답이 등록된다.

TIP

정답을 잘못 클릭하였을 때는 원하는 다른 정답에 마우스를 클릭하면 기존 정답이 없어지고 새로운 정답이 등록된다.

STEP 07

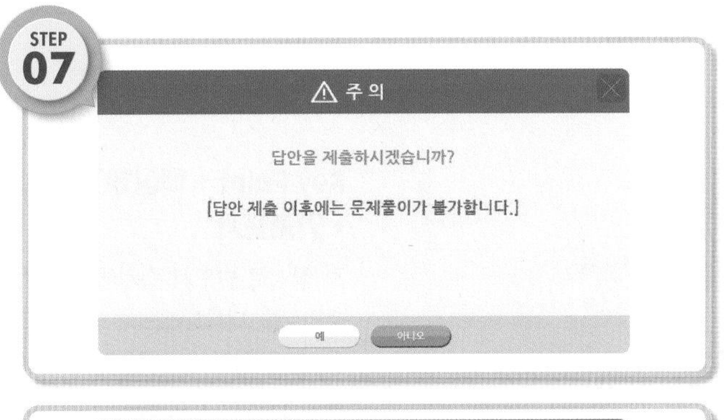

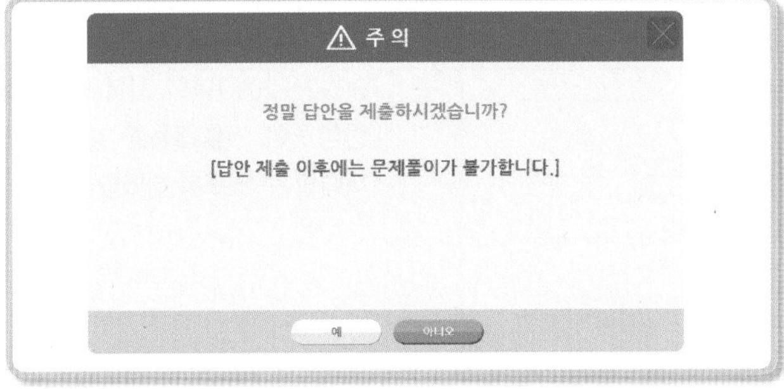

➜ '답안 제출'을 클릭하면 주의 창이 뜬다. 답안지에 특별한 문제가 없다면 "예"를 클릭한 후 한 번 더 진행한다. 2회 확인이 끝나면 답안이 최종 제출된다.

STEP 08

➜ 답안을 제출하면 취득 점수와 합격 여부를 바로 확인할 수 있다.

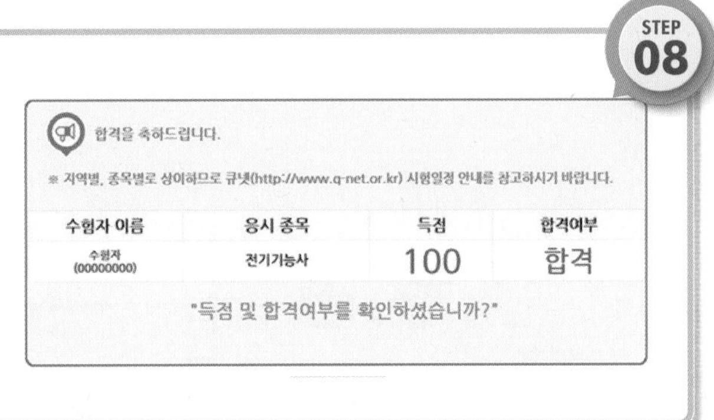

FEATURES
필기편 구성

1 꼼꼼하고 알찬 이론 정리!

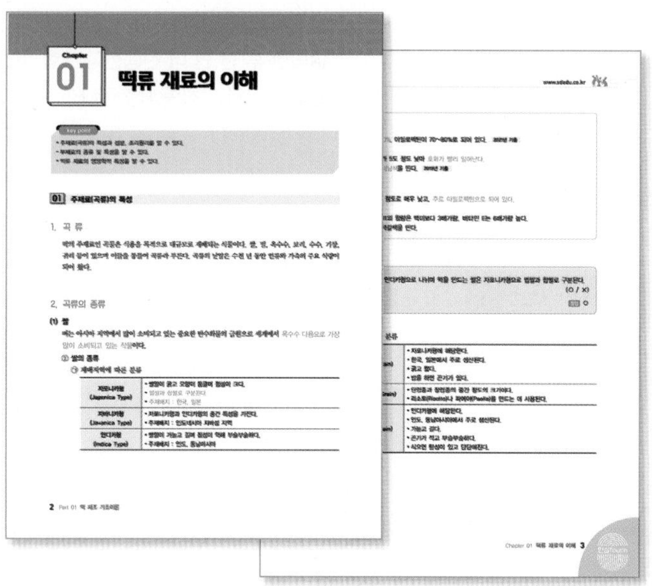

Key Point + 핵심체크 O/X + 기출표시

각 장별로 반드시 숙지해야 할 학습 포인트를 제시하였으며, 중요한 이론은 별색 처리 및 '핵심체크 O/X'를 통해 한 번 더 내용을 복습하고 넘어갈 수 있도록 하였습니다. 또한 2022~2019년의 시험 출제경향을 반영하여 기출내용을 놓치지 않고 학습할 수 있도록 하였습니다.

2 이론과 연계된 다양한 보충 · 심화 내용 수록!

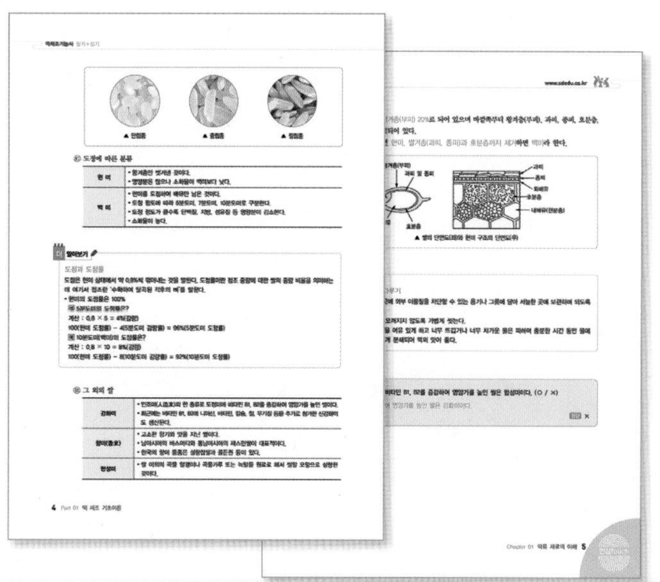

풍부한 이미지 + 더 알아보기

이론을 더욱 쉽게 이해할 수 있도록 다양한 이미지를 다수 넣었고, '더 알아보기'를 통해 핵심내용을 한 번 더 정리하거나 관련 주요사항까지 꼼꼼히 이해하고 넘어가도록 하였습니다.

3 출제경향을 반영한 예상문제로 이론 다지기!

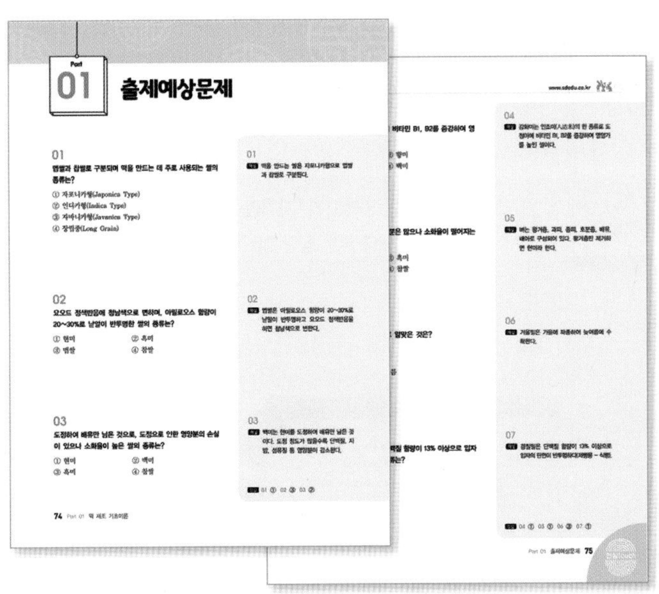

파트별 출제예상문제

파트별로 정리된 출제예상문제로 핵심 이론을 확실하게 습득할 수 있으며, 상세한 해설을 통해서 이해되지 않는 부분까지 완벽하게 학습할 수 있습니다.

4 실전모의 및 기출복원문제로 최종 실력 점검하기!

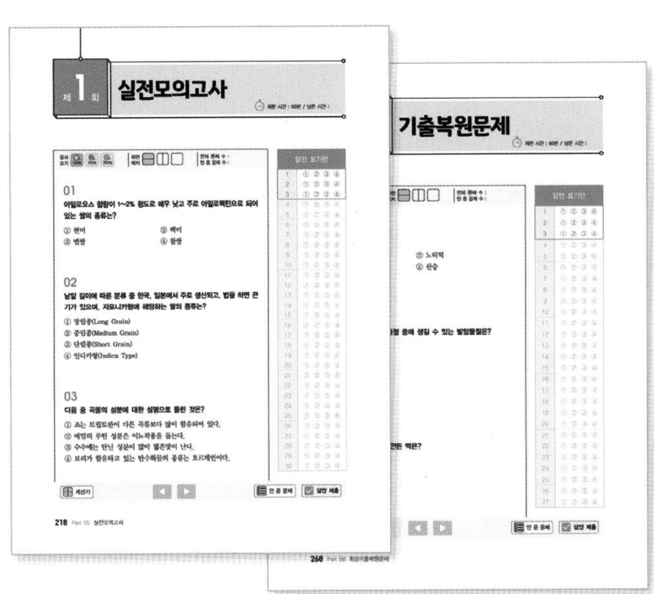

실전모의고사 2회분 + 최신기출복원문제

시험 직전 실전모의고사를 통해 최종 실력을 점검해볼 수 있으며, 최신기출문제와 상세한 해설을 통해 실제 출제 경향을 파악할 수 있습니다. 또한 최대한 CBT 시험과 동일한 환경을 구현하여 실제 시험에 도움이 되도록 하였습니다.

FEATURES
실기편 구성

출제기준 맞춤 강의 무료 제공

- 한국산업인력공단에서 공개한 '콩설기떡', '송편', '쇠머리떡', '경단', '삼색 무지개떡', '부꾸미', '백편', '인절미' 8가지 떡의 요구사항을 반영한 떡제조기능사 실기 강의 무료 제공!

❖ 이용 안내
- 시대plus 홈페이지 www.sdedu.co.kr/sidaeplus ▶ 좌측 상단 카테고리 「**자격증**」 클릭 ▶ 「**떡제조기능사**」 클릭
- 도서 내 해당 본문 상단 QR코드를 통해 유튜브에서도 강의 시청 가능

혼자서도 따라하는 8가지 떡 레시피 모두 공개

- 전주우리떡만들기연구소 방지현 쌤이 알려주는 8가지 떡 레시피와 합격포인트 공개! 시험뿐만 아니라 실무에서도 바로 적용 가능!
- 떡의 재료 및 분량부터 만드는 과정까지 자세하게 수록해 누구나 쉽게 따라할 수 있는 떡 레시피와 Key Point 제공!

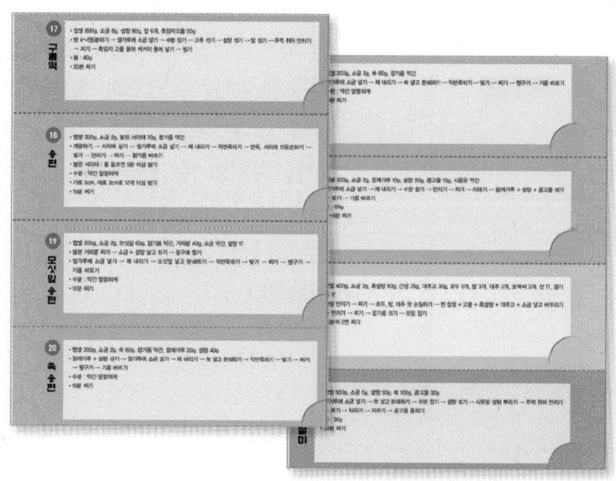

언제 어디서든 꺼내보는 떡 레시피 핵심노트 수록

- 34개 떡의 레시피를 들고 다니면서 활용할 수 있는 레시피 핵심노트 추가 제공!
- 핵심만 콕콕 담은 레시피로 언제 어디서든 손쉽게 활용!

CONTENTS
필기편 차례

PART 1 떡 제조 기초이론

PART 2 떡류 만들기

CONTENTS

필기편 차례

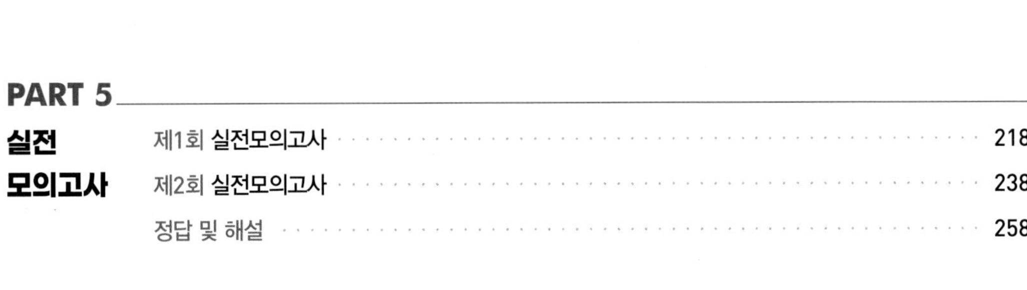

PART 5

실전 모의고사

PART 6

최신기출 복원문제

부 록

PART 01

떡 제조 기초이론

Chapter 01

떡류 재료의 이해

key point

- 주재료(곡류)의 특성과 성분, 조리원리를 알 수 있다.
- 부재료의 종류 및 특성을 알 수 있다.
- 떡류 재료의 영양학적 특성을 알 수 있다.

01 주재료(곡류)의 특성

1. 곡 류

떡의 주재료인 곡물은 식용을 목적으로 대규모로 재배되는 식물이다. 쌀, 밀, 옥수수, 보리, 수수, 기장, 귀리 등이 있으며 이들을 통틀어 곡류라 부른다. 곡류의 낟알은 수천 년 동안 인류와 가축의 주요 식량이 되어 왔다.

2. 곡류의 종류

(1) 쌀

벼는 아시아 지역에서 많이 소비되고 있는 중요한 탄수화물의 급원으로 세계에서 옥수수 다음으로 가장 많이 소비되고 있는 작물이다.

① 쌀의 종류

㉠ 재배지역에 따른 분류

구분	특성
자포니카형 (Japonica Type)	• 쌀알이 굵고 모양이 둥글며 점성이 크다. • 멥쌀과 찹쌀로 구분된다. • 주재배지 : 한국, 일본
자바니카형 (Javanica Type)	• 자포니카형과 인디카형의 중간 특성을 가진다. • 주재배지 : 인도네시아 자바섬 지역
인디카형 (Indica Type)	• 쌀알이 가늘고 길며 점성이 약해 부슬부슬하다. • 주재배지 : 인도, 동남아시아

멥 쌀

- 아밀로오스 함량이 20~30%, 아밀로펙틴이 70~80%로 되어 있다. **2021년 기출**
- 낟알이 반투명하다.
- 찹쌀보다 호화 개시 온도가 5도 정도 낮아 호화가 빨리 일어난다.
- 요오드 정색반응을 하면 청남색을 띤다. **2019년 기출**

찹 쌀

- 아밀로오스 함량이 1~2% 정도로 매우 낮고, 주로 아밀로펙틴으로 되어 있다.
- 낟알이 불투명하다.
- 멥쌀보다 찰지고 비타민 B1의 함량은 백미보다 3배가량, 비타민 E는 6배가량 높다.
- 요오드 정색반응을 하면 적갈색을 띤다.

핵심 체크 OX

쌀은 자포니카형, 자바니카형, 인디카형으로 나뉘며 떡을 만드는 쌀은 자포니카형으로 멥쌀과 찹쌀로 구분된다.
(O / X)

정답 O

ⓛ 낟알 길이에 따른 분류

구분	특징
단립종(Short Grain)	• 자포니카형에 해당한다. • 한국, 일본에서 주로 생산된다. • 굵고 짧다. • 밥을 하면 끈기가 있다.
중립종(Medium Grain)	• 단립종과 장립종의 중간 정도의 크기이다. • 리소토(Risotto)나 파에야(Paella)를 만드는 데 사용된다.
장립종(Long Grain)	• 인디카형에 해당한다. • 인도, 동남아시아에서 주로 생산된다. • 가늘고 길다. • 끈기가 적고 부슬부슬하다. • 식으면 탄성이 있고 단단해진다.

안심Touch

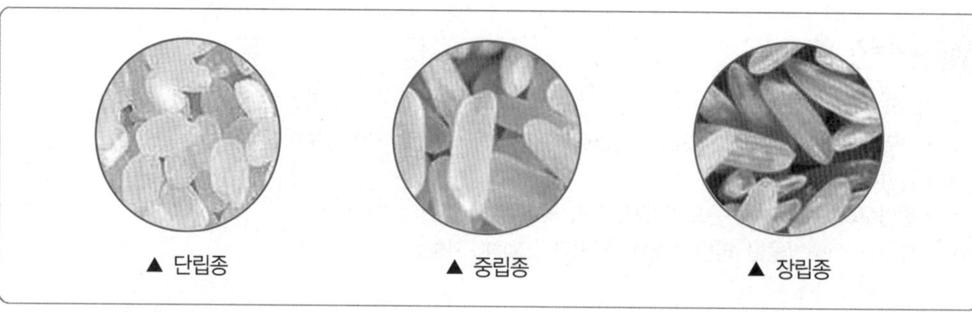
▲ 단립종 ▲ 중립종 ▲ 장립종

㉢ 도정에 따른 분류

현 미	• 왕겨층만 벗겨낸 것이다. • 영양분은 많으나 소화율이 백미보다 낮다.
백 미	• 현미를 도정하여 배유만 남은 것이다. • 도정 정도에 따라 5분도미, 7분도미, 10분도미로 구분한다. • 도정 정도가 클수록 단백질, 지방, 섬유질 등 영양분이 감소한다. • 소화율이 높다.

더 알아보기

도정과 도정률

도정은 현미 상태에서 약 0.8%씩 깎아내는 것을 말한다. 도정률이란 정조 중량에 대한 쌀의 중량 비율을 의미하는데 여기서 정조란 '수확하여 탈곡된 직후의 벼'를 말한다.

• 현미의 도정률은 100%

예 5분도미의 도정률은?
계산 : 0.8 × 5 = 4%(감량)
100(현미 도정률) − 4(5분도미 감량률) = 96%(5분도미 도정률)

예 10분도미(백미)의 도정률은?
계산 : 0.8 × 10 = 8%(감량)
100(현미 도정률) − 8(10분도미 감량률) = 92%(10분도미 도정률)

㉣ 그 외의 쌀

강화미	• 인조미(人造米)의 한 종류로 도정미에 비타민 B1, B2를 증강하여 영양가를 높인 쌀이다. • 최근에는 비타민 B1, B2에 니아신, 비타민, 칼슘, 철, 무기질 등을 추가로 첨가한 신강화미도 생산된다.
향미(香米)	• 고소한 향기와 맛을 지닌 쌀이다. • 남아시아의 바스마티와 동남아시아의 재스민쌀이 대표적이다. • 한국의 향미 품종은 설향찹쌀과 골든퀸 등이 있다.
합성미	• 쌀 이외의 곡물 알갱이나 곡물가루 또는 녹말을 원료로 해서 쌀알 모양으로 성형한 것이다.

② 쌀의 구조

㉠ 벼는 현미 80%, 왕겨층(부피) 20%로 되어 있으며 바깥쪽부터 왕겨층(부피), 과피, 종피, 호분층, 배유, 배아로 구성되어 있다.

㉡ 왕겨층만 제거하면 현미, 쌀겨층(과피, 종피)과 호분층까지 제거하면 백미라 한다.

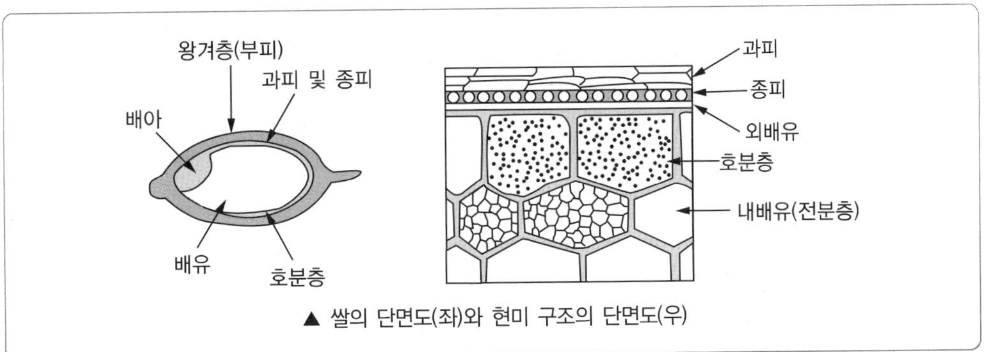

▲ 쌀의 단면도(좌)와 현미 구조의 단면도(우)

더 알아보기

떡 만들기에 적합한 쌀 다루기

- 쌀은 열기와 습기가 없는 곳에 외부 이물질을 차단할 수 있는 용기나 그릇에 담아 서늘한 곳에 보관하며 되도록 갓 도정한 쌀을 사용한다.
- 쌀을 씻을 때에는 쌀알이 으깨지지 않도록 가볍게 씻는다.
- 쌀을 불릴 때에는 물의 양을 여유 있게 하고 너무 뜨겁거나 너무 차가운 물은 피하며 충분한 시간 동안 물에 불려주어야 가루가 미세하게 분쇄되어 떡의 맛이 좋다.

핵심 체크 OX

인조미의 한 종류로 도정미에 비타민 B1, B2를 증강하여 영양가를 높인 쌀은 합성미이다. (O / X)

해설 비타민 B1, B2를 증강하여 영양가를 높인 쌀은 강화미이다.

정답 X

(2) 밀

인류가 경작한 최초의 작물 중 하나이며, 옥수수, 쌀 다음으로 소비가 많이 되는 곡류이다. 옥수수나 쌀보다 건조하고 추운 환경에서도 재배가 가능하여 전 세계적으로 많이 재배된다. 쌀을 주식으로 하는 아시아 지역을 제외한 대부분의 나라에서 주식으로 사용되고 있는 곡류이다.

① 밀의 종류

㉠ 재배시기에 따른 종류

봄 밀	파종 : 봄 수확 : 여름
겨울밀	파종 : 가을 수확 : 늦여름

㉡ 단백질 함량에 따른 종류

경질밀 (강력분)	단백질 함량이 13% 이상으로 입자의 단면이 반투명하다. • 제빵용 : 식빵
중질밀 (중력분)	단백질 함량이 10~13% 이내다. • 제면용, 다목적용, 가정용 : 만두, 부침가루
연질밀 (박력분)	단백질 함량이 9% 이하로 입자의 단면이 백색이며 불투명하다. • 제과용 : 과자, 케이크

㉢ 제분율에 따른 종류

- 제분율 : 원료밀 중량에 대한 밀가루 중량의 비율을 말하는데 밀은 낟알의 중심에서부터 분말이 되어 초기에는 매우 고운 밀가루가 생산되고 점점 외피가 혼입되어 거친 밀가루가 된다.
- 72% 밀가루, 85% 밀가루, 98% 밀가루, 전 밀가루로 분류되며 72% 밀가루는 겨층이 거의 포함되지 않은 밀가루이고 제분율이 높을수록 외피의 혼합으로 회분, 무기질, 비타민, 식이섬유 등 각종 영양 성분이 증가한다.

주로 재배하는 밀은 겨울밀로 가을에 파종하고 늦여름에 수확한다. (○ / ×)

정답 ○

(3) 보 리

① 세계 4대 작물 중 하나로 쌀 다음으로 주식으로 많이 이용되는 곡물이다.

② 쌀보리, 겉보리가 있다.

③ 보리를 이용하여 보리밥, 보리수제비, 보리떡, 보리차, 보리막걸리, 보리고추장, 엿기름 등을 만들 수 있으며 맥주의 원료로도 널리 쓰이고 있다.

(4) 수 수 2021년 기출

① 덥고 건조한 지역에서 재배되는 작물로 아프리카・중남미 등에서 주로 재배된다.

② 배젖의 녹말 성질의 차이에 따라서 메수수와 찰수수가 있으며 제분하여 떡, 과자, 엿, 주정 원료 등으로 이용한다.

③ 수수에는 탄닌(Tannin) 성분이 많아 떫은맛이 있는데, 세게 문질러 씻어야 떫은맛이 사라진다.

④ 차수수경단, 수수부꾸미, 수수무살이 등을 만들어 먹는다.

⑤ 수수로 떡을 만들 때에는 수수를 박박 비벼 문질러 씻어 준다. 그리고 물에 담가 8시간 정도 불리는데 붉은 물이 우러나면 3~4번 정도 물을 갈아주어야 수수 특유의 떫은맛을 없앨 수 있다.

(5) 메 밀

① 성질이 서늘하며 찬 음식에 속한다.

② 메밀국수, 메밀떡, 메밀총떡, 빙떡을 만들어 먹는다.

(6) 조

① 메조와 차조로 나뉘며 메조보다 차조가 단백질 지방 함량이 높다.

② 오메기떡, 차좁쌀떡, 조침떡을 만들어 먹는다.

(7) 기 장

① 메기장은 정백하여 쌀・조・피 등과 섞어 밥이나 죽으로 먹는다.

② 차기장은 쪄서 떡・엿・술의 원료로 쓴다.

(8) 옥수수

① 밀, 벼와 함께 세계 3대 식량 작물 중 하나이다.

② 여러 곡류 중 저장성이 가장 좋고 품종도 다양하다.

③ 종자의 모양과 성질에 따라 폭립종, 경립종, 마치종, 연립종, 감미종, 나종 등으로 나뉜다.

④ 생산량이 많은 강원도에서는 강냉이밥, 수제비, 강냉이범벅 등을 만들어 먹는다.

⑤ 옥수수설기, 옥수수보리개떡, 옥수수칡잎떡, 옥수수떡, 찰옥수수시루떡 등을 만들어 먹는다.

핵심 체크 OX

세계 4대 작물 중 하나로 쌀 다음으로 주식으로 많이 이용되는 곡물은 밀이다. (○ / ×)

해설 쌀 다음 주식으로 많이 이용되는 곡물은 보리이다.

정답 ×

02 주재료(곡류)의 성분

1. 쌀

(1) 쌀의 주요 구성

① 쌀은 전분을 주성분으로 하고 단백질은 약 7%를 함유하고 있다.

② 쌀의 주요 단백질은 오리제닌(Oryzenin)이다.

(2) 백미와 현미

① 백미가 현미보다 당질이 높다.

② 현미가 백미보다 단백질, 지방, 무기질, 비타민 등 영양소의 함유량은 높다.

③ 쌀의 성분 2020년 기출

㉠ 백미가 현미보다 당질이 높다.

㉡ 현미가 백미보다 단백질, 지방, 무기질, 비타민 등 영양소의 함유량은 높다.

성분 품목	수분 (%)	단백질 (g)	지방 (g)	탄수화물(g)		회분 (g)	무기질(mg)			비타민(mg)				
				당질	섬유		칼슘	인	철	A	B1	B2	니아신	C
백미	11.3	6.8	1.4	79.3	0.7	0.5	11	103	1.0	0	0.15	0.06	4.9	0
현미	11.0	7.2	2.5	76.8	1.3	1.2	41	284	2.1	0	0.30	0.10	5.1	0

핵심 체크 OX

왕겨층만 벗겨낸 것은 현미이고, 쌀겨층과 호분층까지 제거하여 배유만 남은 것은 백미이다. (○ / ×)

정답 ○

(3) 멥쌀과 찹쌀

① 멥쌀은 약 80%가 아밀로펙틴이고 나머지 약 20% 정도가 아밀로오스로 이루어져 있다.

② 찹쌀은 아밀로오스를 거의 함유하고 있지 않다.

③ 찹쌀은 멥쌀보다 소화가 잘된다.

2. 밀

(1) 밀의 성분

구 분	시료 100g 중											
	열량	수분	단백질	지질	탄수화물	식이섬유	칼슘	인	철	티아민	리보플라빈	니아신
	kg	g					mg					
밀 알	350	11.8	12.0	2.9	69.0	2.5	71	390	3.2	0.34	0.11	5.0

① 단백질

㉠ 글리아딘(Gliadin) : 배유에 존재하며 저장 단백질로 불용성이다. 둥근 모양의 저분자 단백질로 물을 첨가하여 반죽하면 점성이 생긴다. **2022년 기출**

㉡ 글루테닌(Glutenin) : 긴 막대 모양의 고분자 단백질로 물을 첨가하여 반죽하면 탄력이 생긴다.

㉢ 글루텐(Gluten) : 글리아딘(Gliadin)과 글루테닌(Glutenin)이 결합하여 만들어지는 성분으로 주로 밀과 보리, 귀리 등에 함유되어 있다. **2019년 기출**

㉣ 알부민(Albumin) : 수용성이며 대상의 구조형성에 관여한다.

㉤ 글로불린(Globulin) : 비글루텐 단백질로 산과 염기에 용해된다.

② 탄수화물

㉠ 밀가루에 함유되어 있는 탄수화물은 전분이 약 80%로 가장 많다.

㉡ 전분 외에 섬유소, 덱스트린, 당류 등이 있다.

㉢ 밀가루의 당 함량은 약 2%로 맥아당, 포도당, 과당 등이 있으며 빵을 반죽할 때 발효를 촉진한다.

③ 효 소

㉠ 프로테아제(Protease), 리파아제(Lipase), 아밀라아제(Amylase) 등과 같은 효소가 들어있어 반죽에 영향을 미친다.

핵심 체크 OX

밀가루에 들어있는 단백질 글리아딘은 물을 첨가하여 반죽하면 탄성이 생기고, 글루테닌은 물을 첨가하여 반죽하면 점성이 생긴다. (○ / ×)

해설 글리아딘은 둥근 모양의 단백질로 물을 첨가하여 반죽하면 점성이 생긴다. 글루테닌은 긴 막대 모양의 단백질로 물을 첨가하여 반죽하면 탄력이 생긴다.

정답 ×

3. 보 리

① 보리의 주요 성분은 탄수화물 75%, 단백질 10%, 지방 0.5% 정도이며 그 외 섬유질, 비타민, 무기질을 많이 함유하고 있다.

② 보리의 단백질은 호르데인(Hordein)이다.

③ 보리의 식이섬유인 베타글루칸(B-glucan)은 혈당 조절에도 도움을 주며 섬유소가 많아 정장작용에 좋다.

④ 비타민 B1, B2, 나이아신, 엽산, 칼슘, 철분 등이 쌀에 비해 많이 함유되어 있으며 각기병이나 빈혈을 예방하고 콜레스테롤 수치를 낮춰 주는 효능이 있다.

4. 수 수

① 수수는 탄수화물 79.2%, 단백질 9.7%, 무기질, 비타민 등을 함유하고 있다.

② 수수에는 탄닌(Tannin) 성분이 많아 떫은맛이 난다.

③ 붉은 계열의 수수는 폴리페놀과 플라보노이드 같은 항산화 성분이 풍부하다.

④ 수용성 식이섬유가 풍부해 혈중 콜레스테롤을 떨어뜨려 준다.

5. 메 밀

① 메밀의 루틴(Rutin)성분은 이뇨작용을 도와 배변활동을 원활하게 도와준다. 2020년 기출

② 메밀전분은 100% 아밀로오스(Amylose)로 이루어져 있다.

③ 메밀은 트레오닌, 단백질, 아미노산, 비타민, 리신 등 많은 영양소를 가지고 있어 건강식품으로 좋다.

6. 조

① 다른 곡류와 비슷한 성분을 가지고 있으며 단백질은 트립토판이 다른 곡류보다 많은 편이다.

② 비타민 B군, 철과 칼슘이 비교적 많다.

③ 차조는 메조보다 지방, 단백질이 많다.

7. 기 장

① 단백질, 지방질, 비타민 A 등이 풍부하다.

8. 옥수수

① 옥수수의 단백질은 제인(Zein)이다.

② 비타민 B1, B2, E와 칼륨, 철분 등의 무기질이 풍부하다.

③ 옥수수의 씨눈에 풍부하게 들어있는 리놀레산은 콜레스테롤을 낮춰주고 동맥경화 예방에 도움을 준다.

④ 찰옥수수 전분은 100% 아밀로펙틴(Amylopectin)으로 이루어져 있다.

03 주재료(곡류)의 조리원리

1. 쌀의 조리원리

① 쌀은 물에 충분히 불려 수분이 30% 정도인 쌀가루로 만든다.

② 떡의 수분 함량은 40~60% 정도이므로 쌀가루가 충분히 호화되기 위해서는 적당한 물을 주고 충분히 가열해 주어야 한다.

③ 쌀의 전분이 수분과 열에 의해 팽창하면 전분입자의 결정이 끊어져 부드러워지는데 이런 호화현상을 통해 전분은 부드럽고 소화되기 쉬운 음식으로 만들어 진다.

2. 떡의 분류에 따른 조리원리

① **찌는 떡** : 수증기를 이용하여 쌀가루를 호화시킨다.

② **치는 떡** : 쌀가루를 쪄서 호화된 쌀 반죽을 여러 방법으로 치대어 점성을 높인다.

③ **지지는 떡** : 가열된 기름에 지져 호화시킨다.

④ **삶는 떡** : 끓는 물에 삶아내 호화시킨다.

3. 떡의 기본 제조원리

(1) 떡 제조 기본공정

① 쌀 세척과 수침 2019, 2022년 기출

㉠ 멥쌀이나 찹쌀을 깨끗이 씻어 물에 불린다.

㉡ 충분한 물에 충분히 담가 4시간 이상 불리면 쌀에 수분 함유량이 30~40% 정도 된다.

㉢ 물에 불리면 쌀의 무게가 증가하는데 1kg를 담갔을 때 멥쌀은 1.2~1.3kg 정도, 찹쌀은 1.3~1.4kg 정도로 증가한다.

㉣ 쌀의 수분 흡수율은 쌀의 품종과 쌀의 저장 기간, 수침 시 물의 온도에 영향을 받는다.

㉤ 쌀 불리는 물의 온도가 높을수록 물을 빨리 흡수하고 수침 시간이 증가하면 쌀의 수분 함량이 많아져 호화가 잘되며 호화개시 온도가 낮아진다.

② **쌀가루** 1차 분쇄 2019년 기출

㉠ 불린 쌀 1kg를 기준으로 10~13g의 소금을 넣어 1차 분쇄한다.

㉡ 멥쌀은 입자가 고와도 잘 쪄지기 때문에 곱게 내리고, 찹쌀은 입자가 너무 고우면 잘 쪄지지 않기 때문에 굵게 내린다.

- 굵은 가루로 내릴 때(찹쌀) : 롤러의 핸들을 12시 방향으로 맞춘 후 한 번 분쇄한다.
- 고운 가루로 내릴 때(멥쌀) : 롤러의 핸들을 12시 방향으로 조인 상태로 2번 분쇄한다.

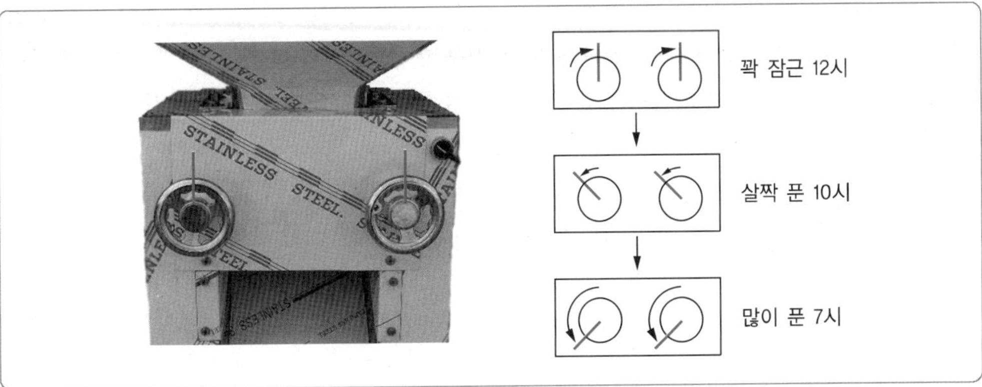

더 알아보기

쌀 분쇄와 롤러 핸들

쌀을 분쇄하는 롤러에는 손잡이가 두 개 있다. 이 손잡이 두 개를 같이 오른쪽으로 돌려 완전히 잠근 상태가 되면 손잡이 12시 방향에 표시를 해둔다. 손잡이 12시는 두 개의 롤러가 맞닿아 있는 상태이고, 왼쪽으로(시계 반대 방향) 돌릴수록 맞닿아 있던 롤러가 점점 벌어지게 된다. 손잡이를 돌린 정도에 따라 10시, 7시 등의 시간으로 말한다. 멥쌀은 곱게 빻아도 잘 익기 때문에 완전히 잠근 12시로 2번 빻아 쌀가루를 곱게 내리고, 찹쌀은 곱게 빻으면 익히기 어려우므로 '1차로 7시, 2차는 11시' 또는 '1차는 8시, 2차는 11시 50분' 등으로 풀어 거칠게 두 번 빻거나 12시 방향으로 한 번만 빻는다.

③ 물주기 2019년 기출

㉠ 쌀가루가 호화가 잘되기 위해서는 적당량의 수분이 필요하다.

㉡ 수침한 쌀의 수분은 대략 30~40% 정도인데 쌀 전분이 호화가 잘되기 위해서는 50% 정도의 수분이 필요하기 때문에 쌀가루에 적당량의 수분을 첨가해준다.

㉢ 물주는 양은 쌀의 종류, 만드는 떡에 따라 다르다. 찹쌀보다 멥쌀이 물을 더 많이 주고, 찌는 떡보다 치는 떡이 물을 더 많이 준다.

④ 쌀가루 2차 분쇄

1차 분쇄를 끝낸 쌀가루에 수분을 주어 고루 섞은 후 2차 분쇄를 한다.

떡의 종류	물 배합량(불린 쌀 10kg 기준)
찌는 떡(멥쌀) 찌는 떡(찹쌀)	1.3kg~1.6kg 500~800g
치는 떡(멥쌀 – 가래떡, 절편) 치는 떡(멥쌀 – 바람떡, 꿀떡) 치는 떡(찹쌀 – 인절미류)	2~2.3kg 3~4kg 1~1.3kg
삶는 떡(찹쌀)	1.8~2kg
지지는 떡(찹쌀)	1.8~2kg

⑤ 반죽하기 2019, 2020년 기출

㉠ 송편이나 경단, 화전이나 부꾸미 등의 떡을 만들 때는 분쇄 후 반죽과정을 거쳐야 한다.

㉡ 반죽은 많이 치댈수록 쌀 반죽 중에 기포가 많이 함유되어 떡의 보존기간도 늘어나며 식감도 부드럽고 쫄깃하다.

㉢ 쌀가루를 반죽할 때에는 날반죽보다 익반죽을 하는 경우가 더 많은데 이는 쌀의 전분을 일부분 호화시켜 반죽에 끈기를 주어 떡을 빚을 때 용이하게 하기 위해서이다.

⑥ 부재료 첨가하기

㉠ 백설기에 콩이나 건포도를 넣거나, 쌀가루 사이 켜켜이 고물을 깔거나, 송편이나 부꾸미 안에 소를 넣는 과정이다.

㉡ 다양한 부재료로 떡의 맛을 더해주고 부족한 영양분을 채워준다.

⑦ 찌기 2019년 기출

㉠ 물솥에 수증기를 올려 시루로 찌는 방법이 가장 기본적이며, 사각시루나 원형시루를 주로 사용한다.

㉡ 물솥에 시루를 올린 후 쌀가루 위로 수증기가 일정하게 잘 올라오는지 확인한다.

- 물솥에 수증기를 올릴 때는 수증기 관 안에 있는 밸브를 열어 남은 물을 뺀 후 증기를 올려주어야 한다. 물을 빼지 않으면 물이 끓었을 때 시루까지 물이 튀어 떡이 질어질 수 있기 때문이다.
- 쌀가루 위로 증기가 올라오면 면보로 시루를 덮고 그 위에 뚜껑을 덮는다. 면보를 덮지 않고 바로 뚜껑을 덮으면 떡을 찔 때 올라오는 수증기가 뚜껑에 맺혀 떡으로 떨어져 떡이 질어질 수 있다.
- 멥쌀은 여러 켜를 높이 안쳐도 잘 익지만 찰떡은 증기가 쌀가루 위로 잘 오르지 못해 떡이 익지 못할 수도 있다. 따라서 찰떡을 안칠 때에는 쌀가루를 얇게 안치거나 중간중간 고물을 깔아 켜켜이 안치면 좋다.
- 증기가 고루 오른 후 20~30분 후면 떡이 쪄진다. 떡이 쪄지는 동안 떡판에 비닐을 깔아 준비하고 떡이 다 쪄지면 그 위에 시루를 엎어 떡을 쏟아낸다.
- 찰떡은 대개 30분 정도, 메떡은 20분 정도로 찰떡이 메떡에 비해 더 오래 찐다.

⑧ 치 기

㉠ 인절미나 절편 등을 만들 때 쌀의 아밀로펙틴 성분을 이용해 떡에 점성을 주는 과정이다.

㉡ 오래 치댈수록 점성이 높아져 떡의 식감을 좋게 하고 노화속도도 늦춰진다.

㉢ 안반에서 치거나 펀칭기로 치댄다.

⑨ 냉각과 포장

㉠ 떡을 찌고 뜸을 들인 후 식히는 과정이다.

㉡ 떡 종류에 따라 냉각 방법을 달리한다. 가래떡처럼 찬물에 담가 빠르게 식혀야 쫄깃한 떡이 있고, 찌고 난 후 뜨거울 때 바로 포장하여 냉동시켜야 해동시켜서도 쫄깃한 찰떡이 있다.

㉢ 포장 시에는 식품포장용으로 적합판정을 받은 포장재나 용기를 사용하여야 한다.

더 알아보기

반죽의 종류

- 익반죽 : 곡류 가루에 끓는 물을 넣어 반죽하는 것으로 쌀은 밀과 달리 글루텐 단백질이 없어 반죽했을 때 점성이 생기지 않는다. 뜨거운 물로 전분의 일부를 호화시킨 후 점성을 높여 반죽한다.
- 날반죽 : 곡류 가루에 차거나 미지근한 물을 넣어 반죽하는 것으로 날반죽은 한 덩어리로 뭉쳐지지 않아 오래 치대주어야 한다. 오래 치대는 만큼 식감이 더 쫄깃하다.

(2) 떡 제조원리

① 전분의 호화와 노화

㉠ 전 분

곡류는 전분의 형태로 에너지를 저장하는데 대개 곡물 중량의 60~70%가 전분이다. 전분은 인간의 주요 에너지원으로 단당류인 포도당이 수백~수천 개가 결합된 중합체이고 아밀로오스와 아밀로펙틴이 혼합된 결정성 물질이다. 무색무취의 백색분말로 물에 녹지 않고 비중이 물보다 무거워 물속에서 가라앉는다.

- 아밀로오스(Amylose)

  아밀로오스는 포도당 수백~수천 개가 직선상으로 연결된 구조이다. 아밀로오스의 직선사슬은 그 자체의 사슬끼리 결합하려는 성질 때문에 노화 과정을 통해 쉽게 결정화된다. 일반적으로 전분의 아밀로오스 함량은 20~30% 정도이다. 아밀로오스는 요오드 정색반응에서 짙은 청색을 띤다.

- 아밀로펙틴(Amylopectin)

  아밀로펙틴은 포도당 수천~수백 개가 결합된 구조로 아밀로오스와 같이 일직선으로 결합되다가 포도당 15~30분자마다 가지가 형성되는 분지형 구조이다. 찰곡류의 거의 대부분이 아밀로펙틴으로 구성되어 있으며 요오드 정색반응에서 적갈색을 띤다.

핵심 체크 OX

아밀로오스는 요오드 정색반응에서 적갈색을, 아밀로펙틴은 청색을 띤다. (O / X)

해설 아밀로오스는 요오드 정색반응에서 청색을, 아밀로펙틴은 적갈색을 띤다.

정답 X

ⓛ 호화 **2020년 기출**

전분에 물을 가하여 가열하면 수분을 흡수하여 팽창하고 부드러워지면서 점성도와 투명도가 증가하는 현상이다. 전분이 호화되면 아밀라아제나 말타아제 등의 전분분해 효소에 의한 가수분해가 쉬워져 소화가 잘된다. 전분은 종류에 따라 입자의 크기나 구조가 다른데 전분의 입자가 클수록 팽윤이 빠르고 호화온도가 낮으며, 아밀로오스 함량이 높아도 팽윤이 빠르고 호화온도가 낮다. 전분의 호화는 이 밖에도 여러 요인에 따라 달라진다.

- 수분함량 : 전분의 수분함량이 높아 전분현탁액의 농도가 낮을수록 호화가 잘된다. 떡 제조 시 충분한 시간을 두어 수침하고 수분을 많이 줄수록 호화가 잘된다.
- 가열온도 : 가열온도가 높을수록 호화도가 높다.
- pH : 알칼리성에서는 전분의 팽윤이 쉬워 호화가 촉진되지만 산성에서는 산에 의한 가수분해로 점도가 감소된다.
- 당도 : 떡의 맛과 노화방지를 위해 설탕을 사용하지만 그 농도가 지나치면 호화에 영향을 미칠 수 있다. 당류의 농도가 20% 이상일 경우 호화를 억제하고 점도를 저하시킨다.
- 염도 : 소금의 염소이온이 낮은 온도에서도 호화가 일어나도록 촉진시키는 팽윤제 역할을 한다.

핵심 체크 OX

1. 수분을 많이 줄수록 호화가 잘된다. (○ / ×)
2. 전분이 호화되면 소화가 잘된다. (○ / ×)
3. 가열온도가 높을수록 호화도가 낮다. (○ / ×)
4. 알칼리성에서는 호화가 촉진된다. (○ / ×)
5. 당류가 높을수록 호화가 잘된다. (○ / ×)

해설 가열온도가 높을수록 호화도가 높으며, 당류가 20% 이상이면 호화를 억제한다.

정답 1. ○ 2. ○ 3. × 4. ○ 5. ×

㉢ 노화 2019년 기출

호화된 전분의 수분이 빠져나가면서 전분 입자가 재결정화되는 현상이다. 전분은 호화되는 과정 중에 아밀로오스가 유리되어 액체상에 분산되고 점성이 증가하면서 걸쭉해지는 풀(Paste) 상태가 된다. 유리되었던 아밀로오스가 분자들 간의 수소결합을 통해 결합되거나 아밀로펙틴과 결합하면서 입체적인 망상구조를 형성하여 그 안에 수분이 고립되는데 이를 반고체의 겔화라고 한다. 이 과정을 지나 겔이 굳어서 단단해지면 노화되었다고 한다. 노화된 전분은 효소에 의해 쉽게 가수분해되지 않아 소화가 잘 되지 않는다. 노화는 전분의 종류, 수분함량, 온도, pH, 염류에 의해 영향을 받는다.

- 전분의 종류 : 아밀로오스(직선구조)가 아밀로펙틴(가지구조)보다 노화가 빠르므로 아밀로오스 함량이 높은 전분일수록 노화가 빨리 일어난다. 따라서 멥쌀이 찹쌀보다 노화가 빠르다. 또한 전분의 입자가 작을수록 노화가 빨리 일어난다.
- 수분함량 : 수분함량이 30~50%일 때 노화가 쉽게 일어나는데 떡은 수분이 40~60%이기 때문에 제조한 직후부터 노화가 일어나기 시작한다. 떡에 수분이 많을수록 노화가 더디다.
- 온도 : 0~60°C에서 노화가 촉진되는데 온도가 낮을수록(0~4°C) 노화가 더 빠르다. -20~-30°C, 60°C 이상에서는 노화가 거의 일어나지 않는다.
- pH : 산성에서는 수소결합이 촉진되면서 노화가 빨라지고 알칼리성에서는 노화가 억제된다.
- 염류 : 무기염류는 노화를 억제시킨다.

더 알아보기

노화의 억제 2019, 2021년 기출

- 당류는 수분유지를 도와 노화를 억제시킨다.
- 유화제 사용은 전분 분자의 침전과 결정형성을 억제하여 노화를 늦출 수 있다.
- 전분분해 효소인 아밀라아제 첨가로 노화를 늦출 수 있다.
- 수분의 증발을 막는 포장으로 노화를 늦출 수 있다.
- 식이섬유의 첨가로 떡의 노화를 늦출 수 있다.

전분의 겔화와 호정화 2019, 2020년 기출

- 전분의 겔화 : 호화전분을 급속히 냉각시키면 단단하게 굳는 현상을 말한다.
- 전분의 호정화 : 전분에 물을 가하지 않고 160~180°C 정도로 가열하면 가용성 전분을 거쳐 다양한 길이의 덱스트린(Dextrin)이 되는데 이러한 변화를 호정화라고 한다. 호정화된 식품으로는 뻥튀기, 누룽지 등이 있다.

더 알아보기

1. 찰떡을 '잘' 익히려면?

찹쌀은 뜨거운 수증기를 가하면 축 늘어지는 성질이 있다. 떡을 찌는 과정에서 쌀가루에 수증기가 원활하게 올라야 떡의 호화가 잘 이루어지는데 찹쌀의 축 늘어지는 성질로 인해 어느 한 곳의 숨구멍을 막으면 떡이 전체적으로 안 쪄질 수 있다.

찰떡을 잘 익히는 방법

① 쌀가루를 내릴 때 롤러의 손잡이를 풀어 거칠게 빻을수록 익히기 쉽다(쌀가루가 거칠수록 떡은 잘 익지만 떡은 쌀가루의 입자가 고울수록 맛이 좋기 때문에 떡의 맛은 떨어진다).
② 찹쌀가루를 얇게 안치면 수증기가 좀 더 수월하게 올라온다.
③ 찹쌀 중간에 고물을 여러 켜 깔아주는 것도 찰떡을 잘 익힐 수 있는 방법이다.
④ 쌀가루를 수북이 깔지 않고 주먹 쥐어 안치는 것도 한 방법이다.

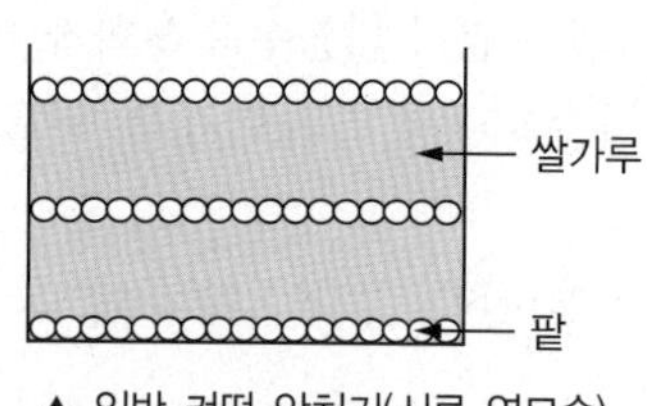

▲ 일반 켜떡 안치기(시루 옆모습)

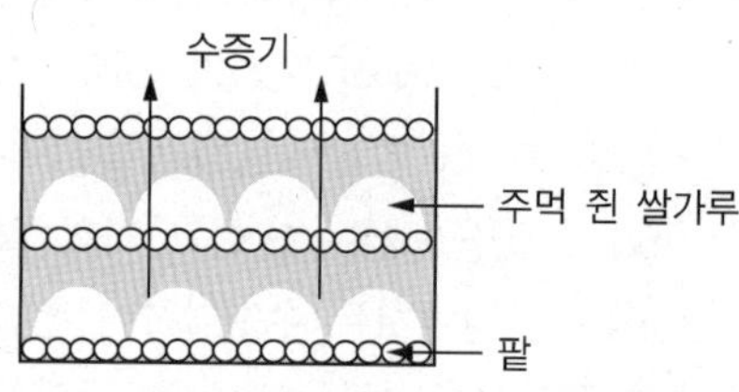

▲ 주먹 쥐어 안치기

2. 메떡을 '맛있게' 익히려면?

메떡은 찰떡과 달리 축 늘어지는 성질이 없기 때문에 메떡이 안 쪄지는 경우는 없다. 그래서 메떡은 잘 익히기보다 맛있게 익히는 것이 중요한데 설기의 포근한 식감은 쌀가루 사이에 형성되어 있는 공기층에서 나온다. 따라서 멥쌀을 시루에 안칠 때에는 누르거나 흔들어서 공기층을 꺼트리지 말고 쌀가루를 있는 그대로 부어 공기층을 살려주어야 한다. 떡을 찐 후 자르면 뭉개지기 때문에 고물이 없는 떡의 경우(고물 있는 떡의 경우, 칼금을 넣을 때 고물이 걸리기 때문에 칼금을 넣지 않는다) 미리 칼로 금을 그어주면 찌고 난 후 예쁘게 떨어진다.

▲ 칼금

멥쌀을 여러 번 체에 내릴수록 맛있는 이유 2020년 기출

① 멥쌀을 여러 번 체에 내리면 쌀가루의 입자가 고와져 떡을 더욱 부드럽게 해준다.
② 쌀가루에 공기층이 형성되어 포근포근한 식감을 준다.
③ 쌀가루에 천연색소 등의 부재료를 섞어 체를 여러 번 칠 경우 부재료와 쌀가루가 잘 어우러져 더 좋은 맛을 낸다.

04 부재료의 종류 및 특성

1. 채소류

채소류는 단백질과 지방 함량은 매우 적고, 수분은 평균 90% 정도로 그 함량이 높다. 비타민과 무기질 함량이 높으며 특유의 색과 향을 가진다. 채소류는 주로 생으로 섭취하지만 가열, 데치기 등의 조리과정을 거치기도 한다.

(1) 채소의 종류

① 엽채류

㉠ 가장 대표적인 채소류로 주로 잎을 식용으로 한다.
㉡ 배추, 상추, 양배추, 시금치, 미나리, 쑥갓 등이 있다.
㉢ 수분 함량이 많고 무기질과 비타민이 풍부하다.
㉣ 잎의 색이 짙을수록 비타민 A 함량이 높다.
㉤ 쑥에는 비타민 A, 비타민 C, 칼륨과 칼슘이 풍부하게 들어있어 피로회복에 좋다.

② 경채류

㉠ 줄기를 식용하는 채소류이다.
㉡ 아스파라거스, 땅두릅, 죽순 등이 대표적이다.
㉢ 종류도 생산량도 많지는 않다.

③ 근채류

㉠ 땅속뿌리나 줄기 등을 식용하는 채소류를 말한다.
㉡ 무, 당근, 토란, 고구마, 감자, 마늘, 양파 등이 있다.
㉢ 무에는 디아스타제(Diastase)라는 소화효소가 들어있어 소화에 도움을 준다. **2019년 기출**

④ 과채류

㉠ 채소 중에서 과실 또는 종실을 식용으로 하는 것을 말한다.
㉡ 토마토, 피망, 오이, 가지, 고추, 참외 등 종류가 많다.
㉢ 비타민 A, 비타민 C, 당질, 유기산이 많다.

⑤ 화채류

㉠ 꽃을 먹는 채소류를 말한다.
㉡ 콜리플라워, 브로콜리, 아티초크 등이 있다.
㉢ 국화나 진달래꽃은 화전에 사용하기도 한다.

(2) 채소의 조리

① 신선도의 변화

㉠ 채소는 수확 후 합성과정은 중단되지만 분해과정은 진행된다.

㉡ 비타민과 당분이 분해되고 수분의 증발로 무게는 감소하며 색 변화가 일어난다.

㉢ 채소의 분해효소와 산화효소, 채소에 묻어있는 각종 세균들은 채소를 수확한 후에도 작용하여 채소에서 열을 발생시키고 품질과 신선도를 떨어뜨린다.

② 조리에 의한 변화

㉠ 삶기 : 채소를 물에 넣고 끓이는 방법으로 수용성 물질의 손실이 가장 큰 조리방법이다.

㉡ 찌기 : 열도 높지 않고 수용성 성분이 용출될 우려도 없으므로 영양성분의 손실이 가장 적은 조리방법이다.

㉢ 굽기 : 채소가 직접 불에 노출되므로 열에 의한 성분 파괴가 큰 조리방법이다.

㉣ 볶기 : 물을 사용하지 않으므로 수용성 물질의 용출은 없지만 주로 채소를 잘게 썰어 익히므로 단면에 의한 영양소 파괴와 영양성분의 산화가 일어나는 조리방법이다.

㉤ 튀기기 : 물을 사용하지 않기 때문에 수용성 물질이 용출될 염려도 없고 단시간 조리로 영양성분이 많이 파괴되지 않는 조리방법이다.

㉥ 지지기 : 프라이팬에 기름을 넣고 익히는 방법으로 채소에 계란이나 밀가루를 입혀 기름에 지져낸다. 영양소의 손실이 적은 조리방법이다.

③ 녹색채소 데치기

㉠ 끓는 물에서 데쳐야 한다.

- 끓는 물에 채소를 넣으면 물의 온도가 내려갔다가 시간이 지나면 다시 끓는점으로 올라간다.
- 물의 양이 적어 다시 끓는 데 시간이 오래 걸리면 채소의 색이 누렇게 변하고 수용성 물질의 손상이 크다.
- 그러므로 조리수의 양은 재료의 5배가 적당하다.

㉡ 색을 선명하게 하기 위해 식소다를 넣는 경우가 있다.

- 식소다는 알칼리성 물질로 클로로필을 클로로필린으로 변하게 한다.
- 클로로필린은 선명한 녹색 물질이므로 채소의 색은 선명한 녹색을 띤다.
- 그러나 알칼리성 물질은 세포의 벽면을 쉽게 끊어지게 하므로 식소다를 넣고 데쳤을 경우 채소가 뭉그러질 수 있다.
- 소금은 중성염으로 녹색채소를 데칠 때 조금 넣으면 채소의 색을 선명하게 한다.

핵심 체크 OX

녹색채소를 데칠 때 식소다를 넣으면 선명한 녹색을 낼 수 있지만 알칼리성 물질이기 때문에 채소가 뭉그러질 수 있다. (○ / ×)

정답 ○

2. 과일류

과일은 수분이 70~95%, 단백질 0.5%~1%, 지방 0.3% 정도이다. 비타민 C, 베타카로틴이 많이 함유되어 있어 암 발병의 위험을 줄여주며, 펙틴과 가용성 섬유질이 많아 혈당량과 혈중 콜레스테롤을 낮추어 주기도 한다.

(1) 과일의 호흡작용

① 호흡기 과일

㉠ 수확 후에 호흡률이 증가하는 과일이다.

㉡ 사과, 배, 수박, 살구, 토마토 등 대부분의 과일은 수확 후에 호흡속도가 증가하기 시작하여 숙성될 때까지 호흡률이 최대로 증가한다.

② 비호흡기 과일

㉠ 수확 후에 호흡률이 증가하지 않는 과일이다.

㉡ 감귤류, 딸기와 포도 등이 해당하며, 수확 후에도 호흡률이 증가하지 않기 때문에 충분히 숙성 후 수확하는 것이 맛이 좋다.

(2) 과일의 가공

① 통조림

㉠ 과일을 가공하는 방법 중에 가장 많이 이용된다.

㉡ 복숭아, 파인애플, 프루트 칵테일 등이 주로 이용된다.

② 냉동과일

㉠ 과일을 냉동했을 때는 색과 맛은 비교적 잘 유지되나 해동 후 조직이 물러져 질감이 크게 떨어지므로 −18°C를 유지하여 보관, 운반해야 한다.

㉡ 체리나 딸기, 블루베리, 산딸기 등을 주로 냉동 가공한다.

③ 건과류

㉠ 과일을 건조하여 가공하면 수분함량이 30% 이하로 낮아지므로 미생물이 잘 번식하지 못해 보관하기 좋다.

㉡ 건포도, 무화과, 프룬, 살구 등을 건과류로 많이 이용한다.

핵심 체크 OX

호흡기 과일은 덜 익은 상태에서 수확한 후 유통시켜 실온에서 숙성시키고, 비호흡기 과일은 충분히 익은 상태에서 수확하는 것이 좋다. (O / X)

정답 O

3. 서 류

덩이줄기나 덩이뿌리를 이용하는 작물로 전분을 주성분으로 하는 것이 특징이다.

(1) 감 자

① **단백질** : 튜베린(Tuberin)

② **유독물질(감자싹)** : 솔라닌(Solanine) **2020년 기출**

③ **부패물질** : 셉신(Sepsin)

④ **감자의 갈변현상** : 멜라닌 색소를 형성하여 일어나는데 물에 담가 산소를 차단하면 갈변을 막아준다.

(2) 고구마

① 밤고구마, 호박고구마, 베니하루카 고구마, 자색고구마 등의 품종이 있다.

② 식이섬유가 풍부하며 찜, 구이, 튀김 등에 이용된다.

③ 떡에서는 제주도 향토떡인 조침떡에 쓰인다.

(3) 마

① 미끈거리는 점액질인 '뮤신' 성분이 풍부해 위를 보호하는 효과가 탁월하다.

② 비타민 B1, B12, C와 칼륨, 인 등의 무기질이 풍부하게 들어있어 숙취해소와 변비예방에 도움이 된다.

4. 물

한 개의 산소에 두 개의 수소가 공유 결합되어 있는 화합물로 무색, 무취의 액체이다. 0°C 이하에서는 고체의 형태로 100°C 이상에서는 기체로 존재한다. 물은 생물의 생존에 꼭 필요한 것으로 생물체 중량의 70~80%를 차지한다. 식품에서도 가장 많은 양을 차지하고 있고 다양한 기능을 한다. 식품의 맛과 텍스처(Texture), 외관의 형태에도 영향을 주며 조리, 가공, 저장 중 일어나는 물리적, 화학적, 미생물학적 변화에도 영향을 준다.

(1) 물의 기능

① **세포 구성 성분** : 식물성 식품과 동물성 식품의 세포 구성 성분이다.

② **용매** : 수용성 성분 중 염이나 당을 용해하는 용매 역할을 한다.

③ **안정제** : 단백질과 무기질의 구조적 안정성에 중요한 역할을 한다.

④ **수송체** : 수용성 영양소의 흡수와 이동을 도와준다.

⑤ **반응체** : 식품에서 일어나는 효소반응에 반응물이 되거나 반응매개체 역할을 한다.

(2) 물의 경도

① 물에 녹아있는 칼슘(Ca)과 마그네슘(Mg)의 합계량을 탄산칼슘($CaCO_3$)의 양으로 수치화해 ppm으로 표시한 것을 경도라 한다.

② 우리나라에서는 대개 탄산칼슘이 0~60ppm이면 연수, 61~120ppm 아연수, 121~180ppm 아경수, 181ppm 이상이면 경수라고 한다.

분 류	연 수		경 수	
	연 수	아연수	아경수	경 수
경도(ppm)	60 미만	60~120 미만	120 이상~180 미만	180 이상

㉠ 연수(軟水)
- 단물이라고도 하며 증류수와 빗물, 보통 우리가 마시는 수돗물 등이 여기에 속한다.
- 연하고 목넘김이 부드럽다.
- 본 재료의 맛을 살릴 수 있는 멸치나 다시마 국물을 우릴 때, 밥을 지을 때, 차를 끓일 때 적당하다.

㉡ 경수(硬水)
- 센물이라고도 하며 바닷물, 광천수, 온천수, 지하수 등이 여기에 속한다.
- 단단하고 목넘김이 묵직하며 쓰다.
- 일시적 경수 : 탄산수소이온이 들어있는 경수로 끓이면 탄산염으로 분해되고 침전하여 연수가 된다.
- 영구적 경수 : 황산이온이 들어있어 끓여도 연수가 되지 않는다.

더 알아보기

물의 여과

물에 들어있는 불순물을 제거하는 과정으로 일반적으로 모래여과기가 주로 사용된다.

물의 연화

수중에 함유하는 칼슘, 마그네슘 등의 경도 성분을 제거하는 것으로 이온교환법, 석회·소다법, 증류법 등이 있다.
- 이온교환법 : 원수가 가진 이온을 교환 수지에 흡착시켜 물을 연화시키는 방법
- 석회·소다법 : 물의 경도의 주 물질인 탄산수소칼슘과 마그네슘을 석회·소다와 반응시켜 침전시키는 방법이다.
- 증류법 : 비용이 많이 들기 때문에 실용성이 낮다.

핵심 체크 OX

일시적 경수는 끓여도 연수가 되지 않는다. (O / ×)

해설 일시적 경수는 탄산수소이온이 들어있어 끓이면 탄산염으로 분해되고 침전하여 연수가 된다. 영구적 경수는 황산이온이 들어있어 끓여도 연수가 되지 않는다.

정답 ×

5. 소 금

소금은 생리적작용에 도움을 주는 나트륨(Na)과 짠 맛을 내는 염소(Cl)의 화합물로, 화학명은 염화나트륨(NaCl)이다.

(1) 소금의 분류

① 호렴(천일염)

㉠ 흔히 천일염 또는 굵은소금이라고 하는 것으로 염전에서 바닷물을 끌어들여 햇볕에 건조시키는 과정을 반복하여 생긴 소금이다.

㉡ 배추를 절일 때나 장이나 젓갈을 담글 때 사용한다.

㉢ 불순물이 많고 수분도 많아 NaCl 농도가 약 80% 정도이다.

② 재제염

㉠ 꽃소금, 고운소금이라고 하는 것으로 호렴을 다시 물에 녹여 재결정한 것이다.

㉡ 호렴에 비해 색이 희며 결정이 고와 일반적으로 음식 조리에 많이 쓰인다.

㉢ NaCl 농도가 약 90% 정도이다.

③ 정제염

㉠ 깨끗한 바닷물을 끌어들여 공장에서 나트륨과 염소만을 걸러내어 만든 소금으로 불순물이 거의 없다.

㉡ 근래에 가장 많이 쓰이는 식탁염으로 NaCl 농도가 95%가 넘는다.

(2) 소금의 역할

① **방부작용** : 미생물의 발육을 억제시키는 역할을 하여 각종 염장에 사용한다.

② **탈수작용** : 채소 조직에 작용해 탈수를 일으킨다. 배추를 소금에 절일 때 숨이 죽는 것을 볼 수 있다.

③ **탄력증진** : 밀가루 반죽에 넣으면 탄력을 증진시켜 주어 빵이나 면류에 사용한다.

④ **응고성 유지** : 열 응고성을 높여주어 조직의 단단한 정도를 유지해준다. 육류나 달걀 및 생선요리에 쓰인다.

⑤ **호화촉진** : 전분의 호화를 촉진시킨다.

핵심 체크 OX

가정에서 가장 많이 쓰이는 소금으로 NaCl 농도가 95%가 넘는 소금은 천일염이다. (○ / ×)

해설 가정에서 가장 많이 쓰이는 소금으로 NaCl 농도가 95%가 넘는 소금은 정제염이다. 천일염의 NaCl 농도는 약 80% 정도이다.

정답 ×

더 알아보기

암염(岩鹽)

천연으로 땅 속에 층을 이루고 파묻혀 있던 것이 해수 또는 염호의 증발로 결정이 생성되며 대규모의 광상을 이룬다. 물에 잘 녹으며 짠맛이 난다.

해염(海鹽)

바닷물에 따라 성분이 달라지며 바닷물을 제염한 것이다. 식용 소금과 공업용 소금을 만든다.

6. 감미료

단맛을 느끼게 하는 조미료 및 식품첨가물을 통틀어 말한다. 단맛을 내는 것 외에도 보습·방부작용을 하며 음식에 광택을 주어 시각적으로 맛있어 보이도록 한다. 감미료는 크게 설탕, 꿀과 같은 천연감미료와 저열량 혹은 열량을 내지 않는 인공감미료로 나뉘며 열량 공급 여부에 따라 다시 영양감미료와 비영양감미료로 나뉜다. 단맛은 그 자체가 부드럽고 정서적으로 안정감을 주는 맛으로 각종 요리에 중요하게 쓰인다. 현재 가장 널리 사용되는 것은 설탕이지만 설탕이 발견되기 전에 최초로 사용된 감미료는 꿀이다.

(1) 감미료의 종류

① 꿀

㉠ 감미가 높고 종류별로 고유의 향미를 가지고 있다.

㉡ 꿀은 흡습성이 강하기 때문에 오랫동안 수분을 유지하여 마르지 않게 보관할 수 있다.

② 설 탕

㉠ 주로 사탕무, 사탕수수에서 얻는다.

㉡ 사탕무나 사탕수수에서 액즙을 채취하여 농축하고, 원심 분리하여 결정체의 원당을 얻는다.

㉢ 이것을 정제하면 백색의 정제당이 된다.

㉣ 감미료의 당도는 설탕이 100으로 다른 감미료의 기준이 된다.

㉤ 설탕의 캐러멜화 : 설탕을 170°C 이상 높은 온도에서 가열할 때 생성되는 갈색화현상으로 색과 향이 좋아 약식이나 각종 떡에 사용된다. 2019년 기출

③ 올리고당

㉠ 단당류가 글리코시드 결합을 한 것이다.

㉡ 칼로리는 설탕의 75% 정도이고, 감미는 30% 정도이다.

④ 조청과 물엿

㉠ 인공적으로 만들어진 꿀이라 해서 조청(造淸)이라고 하며, 보통 물엿이라고도 부른다.

㉡ 곡류의 전분을 엿기름으로 삭힌 후 졸여 꿀처럼 만든 감미료이다.

⑤ 스테비오사이드(Stevioside)

㉠ 국화과 다년생식물 스테비아(Stevia)의 잎에 함유되어 있는 감미물질이다.

㉡ 단맛은 설탕의 300배이고 칼로리는 100분의 1정도밖에 되지 않아 다이어트 식품으로도 좋다.

㉢ 소화기관에 흡수되지 않고 체외로 배출되어 당뇨환자들에게 좋다.

㉣ 차로 마시기도 하고 식품의 단맛을 내는 데 사용한다.

⑥ 사카린

㉠ 설탕의 300배의 단맛을 내는 인공감미료이다.

㉡ 체내에서 변형되지 않고 소변으로 배설된다.

㉢ 유해성 논란으로 사용 규제를 받고 있으나, 미국이나 유럽에서 유해성 논란이 해소되며 다시 주목받고 있다.

⑦ 아스파탐(Aspartame)

㉠ 현재 우리나라에서 가장 많이 쓰이고 있는 인공감미료이다.

㉡ 설탕의 200배에 달하는 단맛을 낸다.

㉢ 사카린, 스테비오사이드 등의 고감미 감미료와는 달리 쓴맛이 없어 깨끗하다.

㉣ 열을 가하면 쉽게 분해되어 단맛을 잃어버리기에 주로 가열조리가 필요하지 않는 가공품에 사용한다.

더 알아보기

꿀

인류가 가장 오래 사용해온 천연감미료로, 꿀에 들어있는 비타민과 미네랄은 내장이나 혈관을 튼튼하게 해주며 염산과 철분도 풍부해 빈혈에도 좋다. 즉시 에너지로 변하기 때문에 피로회복에도 좋다.

핵심 체크 OX

감미료는 천연감미료와 인공감미료가 있으며, 천연감미료는 열량이 있으나 인공감미료는 저열량 혹은 열량을 내지 않는다. (○ / ×)

정답 ○

감미료는 단맛을 내는 것 외에 식품의 보습유지, 방부역할, 광택부여 등의 역할도 한다. (○ / ×)

정답 ○

7. 향신료

음식에 풍미를 주어 식욕을 촉진시키는 식물성 물질이다. 영어로는 스파이스(Spice)라고 하며, 우리나라에서는 '양념'이라고 한다.

(1) 사용 목적

① **향기부여** : 식욕을 불러일으키는 좋은 향을 낸다.

② **산미부여** : 매운 향과 맛으로 코, 혀, 위장에 자극을 주어 타액이나 소화액 분비를 촉진시킨다.

③ **색감부여** : 색을 더해 요리에 식욕을 불러일으킨다.

④ **냄새제거** : 육류의 누린내나 생선의 비린내를 제거해준다.

⑤ **방부효과** : 부패균의 증식이나 병원균의 발생을 억제해준다.

(2) 향신료의 종류

① 계피/시나몬(Cinnamon)

㉠ 계피나무의 껍질을 말린 것으로 그 껍질을 우려서 사용하거나 가루를 내어 사용한다.

㉡ 후추, 정향(Clove)과 함께 세계 3대 향신료 중 하나로 음식에 다양하게 활용된다.

㉢ 계피나무 껍질은 뜨거운 음료, 피클, 과일절임 등에 사용되고 계핏가루는 빵, 푸딩, 케이크 등에 사용한다.

② 생 강

㉠ 생강은 우리나라뿐 아니라 아시아 요리에 많이 쓰인다.

㉡ 특유의 알싸한 맛과 향으로 각종 양념이나 소스의 재료로 쓰이고, 차나 디저트에도 다양하게 활용된다.

㉢ 생강을 먹으면 몸을 따뜻하게 해주고 살균 효과, 항염 효과, 식욕 증진 및 소화 흡수를 돕는 등 다양한 효능을 갖고 있다.

③ 강 황

㉠ 생강과 비슷하고 갈아서 가루를 내어 사용한다.

㉡ 맵고 쓴 맛이 나는 황색의 가루로 약재, 향신료, 색소로도 사용된다.

㉢ 약으로는 타박상이나 염좌에 발라 통증완화에 도움을 준다.

㉣ 카레가루의 향신료로 사용되며 각종 음식에 색을 더하는 천연색소로도 사용된다.

④ 올스파이스(All Spice)

㉠ 자메이카 향신료라고도 한다.

㉡ 올스파이스 나무의 열매를 따서 말린 것으로 그 향이 시나몬, 너트메그(Nutmeg), 정향 등을 합친 것과 비슷하다고 하여 올스파이스라는 이름이 붙었다.

㉢ 매콤하거나 달콤한 요리에 풍미를 더하기 위해 사용한다.

⑤ 겨 자

㉠ 잎은 쌈 채소 및 샐러드의 재료 혹은 김치를 담가 먹는다.

㉡ 씨를 제분하여 가공한 겨자 소스는 특유의 맛과 향으로 각종 요리의 향신료로 사용한다.

⑥ 후 추

㉠ 조선시대까지 귀중한 향신료로 취급되었다.

㉡ 후추의 독특한 매운맛 성분은 차비신(Chavicine)으로 고기의 누린내나 생선의 비린내를 없애는 데 좋다.

㉢ 가루로 된 후추보다는 통후추를 사서 필요할 때 갈아서 사용하면 매운맛과 향이 더 좋다.

⑦ 사프란(Saffron)

㉠ 백합목 붓꽃과의 일종으로 그 암술을 말려서 사용한다.

㉡ 진한 노란색으로 독특한 향과 맛을 낸다.

㉢ 1g의 사프란을 얻기 위해서는 500개 정도의 암술을 말려야 하며, 세계에서 가장 비싼 향신료인 만큼 가격도 비싸다.

㉣ 사프란의 노란색은 수용성으로 물에 잘 녹아 천연색소로도 사용한다.

㉤ 스페인 파에야, 이탈리아 리소토에 오랜 기간 사용했으며 각종 수프, 쌀요리, 감자요리, 빵에 사용한다.

⑧ 박 하

㉠ 자소과의 다년생식물인 박하잎에서 추출한다.

㉡ 주요 성분은 멘톨(Menthol)로 독특한 강한 맛과 향을 가지고 있다.

㉢ 박하에는 여러 종류가 있는데 매운맛을 내는 페퍼민트(Peppermint)와 향을 내는 스피어민트(Spearmint)를 가장 많이 사용한다.

㉣ 육류나 생선 수프, 소스, 음료, 케이크, 아이스크림 등에 주로 사용한다.

⑨ 바닐라

㉠ 바닐라 콩깍지에 증기를 쏘여 발효와 건조과정을 거치면 겉은 짙은 갈색으로 변하고, 껍질 속은 수천 개의 씨앗이 들어있는 바닐라 향신료가 된다.

㉡ 디저트에 쓰이는 대표적인 향신료로 아이스크림, 과자, 케이크, 푸딩, 커피, 술 등에 사용된다.

더 알아보기

실론 시나몬 vs 카시아 시나몬

인도 남부와 스리랑카(1972년 국명을 실론에서 스리랑카로 개칭)가 원산지인 실론 시나몬은 단맛이 강하고 향미가 부드럽다. 카시아 시나몬은 중국 남부와 베트남이 원산지이며 매운맛이 강한 특징이 있다.

8. 발색제

식품의 조리 시 천연색소를 넣어 외관을 보기 좋게 하고 향과 맛을 더해주는 역할을 한다. 각종 천연색소를 떡에 사용할 때에는 수분 첨가량을 늘려준다.

(1) 붉은색

① 백년초

㉠ 부채선인장 또는 손바닥선인장으로도 불린다.

㉡ 제주 월령리 선인장 군락은 천연기념물 429호로 지정되어 있다.

㉢ 열매와 줄기 모두 식용으로 가능한데 열매를 자르면 붉은 적색을 띤다.

㉣ 초콜릿, 떡, 음료에 사용되며 식이섬유, 무기질, 칼슘, 철분 등이 풍부해 노화방지와 심장병과 성인병 예방에도 좋다.

㉤ 백년초가루는 열을 가하면 색이 옅어지기 때문에 떡을 익힌 후에 색을 첨가한다.

② 비 트

㉠ 빨간무라고도 불린다.

㉡ 선명한 붉은색을 띈다.

㉢ 식혜, 물김치, 피클, 각종 음료에 색과 맛을 더해주며 샐러드와 튀김 등 다양한 요리에 사용된다.

③ 딸 기

㉠ 비타민 C가 풍부하다.

㉡ 물에 오래 담그면 비타민 C가 물에 녹아 빠져나가므로 흐르는 물에 재빠르게 헹구어준다.

㉢ 열량이 낮아 다이어트에 좋으며, 비타민 C가 풍부해 항산화 작용이 뛰어나다.

④ 홍국쌀

㉠ 일반 쌀을 모나스쿠스(Monascus)란 곰팡이균으로 15~30분 정도 발효시킨 진분홍색 쌀이다.

㉡ 콜레스테롤 수치 개선에 도움을 주어 식품의약품안전청에 건강기능성 식품으로 인정받았다.

㉢ 약술이나 곡주를 담그는 데에 사용하며 곱게 가루로 만들어 빵이나 떡에 사용한다.

(2) 주황색 2020년 기출

① 파프리카가루

㉠ '피멘톤(Pimenton)'이라고도 불리며 파프리카를 말린 후 곱게 빻아 사용한다.

㉡ 색을 낼 때도 사용하며 매콤한 향과 맛을 낼 때도 사용한다.

② 황치즈가루

㉠ 치즈를 곱게 가루 낸 것으로 주황색을 띠며 치즈의 향과 맛을 낸다.

(3) 노란색 2022년 기출

① 단호박

㉠ 서양계 호박의 한 품종으로 단단한 껍질 속에 노란빛의 달콤한 과육을 가지고 있다.

㉡ 표면이 상처 없이 매끄럽고 묵직한 것이 좋다.

㉢ 후숙 과정을 거치면 당도가 더 높아져 요리에 사용하기 좋다.

㉣ 비타민 A와 베타카로틴이 풍부하게 들어있어 노화를 억제하고 성인병을 예방해준다.

㉤ 샐러드, 죽, 수프, 튀김, 찜, 디저트 등 다양한 요리에 활용된다.

② 치 자

㉠ 치자나무의 성숙한 과실을 건조한 것이다.

㉡ 통치자를 물에 담가 그 물을 사용하거나 곱게 가루 내어 사용한다.

㉢ 황색계의 대표적인 색소로 그 색이 곱고 변색이 적어 안정적인 색소이다.

③ 울 금

㉠ 생강과의 식물로 카레의 주원료이다.

㉡ 덩이뿌리를 씻어 증기에 찌거나 물에 삶은 후 건조시킨다.

㉢ 울금의 대표적인 성분인 커큐민(Curcumin)은 소화작용을 돕고 혈액순환을 원활하게 해주며 치매 예방에도 좋다.

(4) 녹 색

① 쑥

㉠ 이른 봄 쑥으로 길이는 4~5cm 정도 크지 않은 여린 잎이 좋다.

㉡ 잎과 줄기에 하얀 털이 있고 만졌을 때 연한 것이 맛과 향이 좋다.

㉢ 비타민과 미네랄이 풍부하여 체내 탄수화물과 에너지대사를 촉진하고 해독 기능을 하여 피로 회복에 도움을 준다.

㉣ 개똥쑥, 참쑥, 제비쑥 등 다양한 품종이 있다.

㉤ 음식의 재료뿐 아니라 차나 약재, 화장품, 염색제 등으로도 활용되어 쓰임새가 다양하다.

② 녹 차

㉠ 녹차의 쌉싸름한 맛은 카테킨(Catechin)이라 불리는 탄닌 성분 때문이다.

㉡ 카테킨은 위암, 폐암 등을 예방하고 혈압을 낮추며 심장을 튼튼하게 한다.

㉢ 다이어트와 피부미용에도 좋다.

㉣ 차로 즐겨 마시며 가루를 내어 면류와 디저트류 등 각종 요리에 다양하게 활용한다.

③ 보리새싹

㉠ 보리에 싹을 틔워 일주일에서 열흘 정도 자라는 약 15~20cm의 어린잎을 말한다.

㉡ 씨앗이 지닌 좋은 영양성분들이 새싹으로 이동하여 칼슘, 칼륨, 식이섬유, 비타민, 아미노산 등 각종 영양성분이 많이 함유되어 있다.

④ 클로렐라(Chlorella)

㉠ 녹조류 단세포 생물로 단백질, 엽록소, 비타민, 무기질 등이 풍부해 우리 신체의 신진대사를 원활하게 하고 면역력을 증진시킨다.

㉡ 건강식품과 면류, 우유 등의 식품첨가물로 활용된다.

⑤ 시금치

㉠ 비타민, 철분, 식이섬유 등 각종 영양 성분이 다량 함유된 녹황색 채소로 완전 영양 식품이다.

㉡ 빈혈과 치매예방에 좋으며 성장기 어린이, 여성과 노인 등 남녀노소에게 좋은 식품이다.

(5) 보라색

① 자색고구마

㉠ 보랏빛을 띠며, 안토시아닌과 식이섬유가 풍부하다.

㉡ 칼로리가 낮고 포만감을 주어 다이어트 식품으로도 좋다.

(6) 검정색

① 석이버섯

㉠ 석이과에 속하는 버섯으로 깊은 산속의 바위 표면에서 채취한다.

㉡ 전체적으로 검은색을 띠며 가루로 내어 각종 요리에 활용한다.

㉢ 석이버섯 가루를 넣어 석이편을 만든다.

② 흑임자

㉠ 검은참깨, 검은깨로 불린다.

㉡ 낟알의 크기가 고르고 검은 윤기가 흐르는 것이 좋다.

㉢ 혈액순환, 탈모방지, 빈혈예방에 도움이 된다.

③ 흑 미

㉠ 단백질과 지방, 비타민 B군과, D・E, 칼슘과 인, 철 등이 풍부해서 빈혈과 심혈관 등의 질병예방에 좋다.

㉡ 흑미를 떡에 사용할 때에는 쌀을 세게 비벼 씻지 말고, 가볍게 헹구어 수침하여야 떡의 색이 더 좋다.

(7) 갈 색

① 코코아가루

㉠ 카카오나무의 종자를 말린 가루이다.

㉡ 단백질, 지방, 무기질 등을 포함하고 있어 영양가가 높다.

㉢ 음료, 과자, 제빵, 디저트에 사용된다.

② 계피가루

05 과채류의 종류 및 특성

1. 오 이

① 95%가 수분으로 되어 있어 시원한 맛이 특징이다.
② 우리나라에서는 주로 생채 · 김치 · 장아찌 등으로, 서양에서는 주로 샐러드나 피클로 많이 활용된다.
③ 수분과 칼륨이 풍부해 갈증해소를 돕고 체내 노폐물을 배출한다.
④ 비타민 C가 많이 함유되어 있어 피부건강과 피로회복에 좋다.

2. 호 박

① 크게 동양계 호박(애호박, 풋호박), 서양계 호박(단호박, 늙은호박), 페포계 호박(주키니, 국수호박)이 있다.
② 비타민 A와 비타민 C의 함량이 높아 피로회복, 노화방지, 항암효과를 가지고 있다.
③ 풍부한 식이섬유로 장운동을 돕고 변비를 예방한다.
④ 죽, 튀김, 각종 나물 등 각종 요리의 재료로 폭넓게 쓰인다.
⑤ 얇게 썰어 말린 호박고지나 곱게 가루 낸 호박가루 등 떡의 재료로도 많이 사용된다.

3. 가 지

① 보라색 색소인 안토시아닌은 강력한 항산화제로 암을 예방하고 콜레스테롤을 낮춰준다.
② 나물, 전, 볶음, 튀김 등에 활용된다.

4. 피 망

① 고추보다는 매운맛이 덜하고 과육은 두꺼워 아삭거리는 식감이 특징이다.
② 빨간색과 초록색 두 종류가 있다.
③ 비타민 C가 풍부해 피로회복에 좋으며 고혈압과 동맥경화 예방에 효과가 있다.

5. 토마토

① 라이코펜, 베타카로틴 등 항산화 물질이 많다.
② 수프나 각종 소스의 샐러드나 냉채, 볶음요리, 피클 등 다양한 요리에 활용된다.

06 견과류 · 종실류의 종류 및 특성

견과류는 먹을 수 있는 속알맹이를 단단하고 마른 껍질이 감싸고 있는 나무 열매 종류를 말하며, 10대 건강식품 중에 하나로 각종 영양소가 풍부하게 들어있다. 종실류는 종자를 식용으로 섭취할 수 있는 식물의 종류다. 견과류는 지방 함량이 높아 잘못 보관하면 색이 진해지거나 냄새와 맛이 나빠질 수 있으므로 공기 차단을 위해 밀봉한 후 냉장 또는 냉동보관한다.

(1) 호 두

① 주산지는 미국과 프랑스, 인도, 이탈리아 등이다.

② 대표적인 견과류로 양질의 지방과 단백질을 많이 함유하고 있어 칼로리가 높다.

③ 호두 껍데기를 깐 알맹이는 산패되기 쉬우므로 껍질째 밀폐용기에 담아 냉동보관하는 것이 제일 좋다.

(2) 아몬드

① 주산지는 미국 캘리포니아주, 호주, 남아프리카 등이며 지방과 비타민 E가 풍부하게 들어있다.

② 다른 음식의 냄새를 잘 흡수하기 때문에 반드시 밀봉하여 보관한다.

③ 통째로 사용하는 블랜치 아몬드, 얇게 자른 슬라이스 아몬드, 잘게 다진 아몬드 다이스, 가루로 만든 파우더 아몬드 등 여러 형태로 가공되어 생식으로 먹거나 다양한 요리에 활용된다.

견과류는 지방 함량이 높아 산패가 빠르므로 장기 보관할 때에는 반드시 냉동보관해야 한다. (○ / ×)

정답 ○

(3) 호박씨

① 모양이 고르고 이물질이 없는 것이 좋다.

② 비타민 E가 풍부하여 정서적 안정과 피로회복에 좋다.

③ 불포화 지방산이 풍부하여 성장기 아동이나 청소년, 임산부에게 두루 좋다.

(4) 잣

① 한국, 일본, 중국 등에서 생산된다.

② 통잣 그대로 쓰기도 하고, 비늘잣이나 잣가루로 만들어 각종 요리에 고명으로 쓰인다.

③ 죽을 끓여 먹기도 한다.

④ 잣은 비타민 B가 많고 철분이 풍부하다. **2020년 기출**

(5) 은 행

① 청산배당체를 함유하고 있어 많이 먹으면 중독을 일으킬 수 있다.

② 알이 고르며 은행 특유의 냄새가 나는 것이 좋다.

③ 볶아서 그냥 먹거나 여러 음식과 떡에 고명과 부재료로 쓴다.

④ 혈액순환을 좋게 하고 혈액의 노화를 막는다.

(6) 밤

① 밤나무의 열매로 아시아·유럽·북아메리카·북아프리카 등이 원산지이다.

② 한국밤은 서양밤에 비해 육질이 좋고 단맛이 강해서 우수한 종으로 꼽힌다.

③ 탄수화물, 단백질, 지방, 칼슘, 비타민이 풍부해 발육과 성장에 좋다.

(7) 참 깨

① 비타민 B1, B2, 철분, 칼슘 등이 많다.

② 향이 강해 소량을 사용해도 충분한 맛을 낼 수 있다.

③ 잘 쉬지 않아 여름철 떡의 고물로 사용한다.

(8) 들 깨

① 조선시대 궁중음식의 양념으로 탕에 많이 쓰였다.

② 종자는 볶아서 가루를 내어 양념으로 쓰기도 하고 기름을 짜서 사용하기도 하였다.

(9) 흑임자

① 다른 깨와는 달리 안토시아닌 색소가 함유되어 있어 강력한 항산화작용을 한다.

② 시력 회복과 당뇨 치료에 효과적이며 탈모 예방에 좋다.

③ 흑임자죽, 흑임자편, 흑임자강정, 다식, 경단 등 다양한 음식의 재료로 활용된다.

07 두류의 종류 및 특성

1. 두 류

콩과에 속하는 작물인 두류는 단백질과 필수지방산이 풍부해 밭에서 나는 소고기로 불린다. 지방과 단백질원으로 이용되는 대두류와 땅콩류, 탄수화물원으로 이용되는 팥, 완두, 녹두, 그 밖에 채소의 성질을 띠는 강낭콩 등 다양한 종류가 있다. 떡의 주재료인 쌀에 부족한 아미노산을 함유하고 있어 떡의 맛과 영양소를 높이는 데 중요한 역할을 한다. 두류에는 소화를 방해하는 트립신억제제가 있는데, 가열하면 변성되어 불활성화 된다.

(1) 대 두

① 흰콩, 백태, 대두콩이라고도 불린다.

② 다른 콩보다 단백질과 지방산, 수분이 풍부하다.

③ 껍질이 얇고 깨끗한 것, 색이 노랗고 윤기가 많이 나는 것, 황색의 타원형인 것이 좋다.

④ 두부, 된장, 청국장, 두유, 과자, 콩기름의 원료가 된다.

⑤ 항암, 항노화, 심혈관질환 예방에 도움이 된다.

(2) 땅 콩

① 대표적인 고지방, 고단백 건강식품이다.

② 땅콩은 지질(45%), 단백질(24%), 탄수화물(26%)과 무기질, 비타민을 풍부하게 함유하고 있다. 땅콩에 함유된 지방성분 중 87%가 혈관건강에 좋은 불포화지방산으로 이루어져 있고 필수지방산이 풍부하여 콜레스테롤을 씻어내는 효과가 있다. 또한 칼륨과 비타민 B1, B2, E 등이 풍부하게 함유되어 있어 피로 회복에 좋으며 노화예방에 도움이 된다. 2019년 기출

③ 알이 꽉 차고 표피가 매끈하면서 윤기가 있는 것이 좋다. 볶을 때 껍질이 잘 벗겨지지 않고 다 볶은 후에 벗겨지는 것이 좋다.

④ 밥, 수프, 샐러드, 볶음, 조림, 쿠키, 땅콩버터 등 다양한 요리에 활용된다.

(3) 흑 태

① 흑대두, 서리태, 서목태 등과 같이 검은빛을 띠는 콩을 통틀어 말한다.

② 대표적인 블랙푸드로 단백질, 지방이 풍부하며 안토시아닌과 이소플라본이 풍부하게 함유되어 있다.

③ 낟알의 굵기가 고르고 껍질이 균일하게 검은색을 띠고 윤기가 나는 것이 좋다.

④ 불린 콩은 물기를 제거하고 냉동실에 보관하여 필요할 때마다 꺼내어 바로 쓴다.

⑤ 몸의 독소를 배출해주는 해독작용을 하고 콜레스테롤을 낮춰준다.

⑥ 밥에 넣어 먹거나 검은콩국수, 검은콩수제비, 검은콩강정, 검은콩두부, 검은콩차 등 검은콩을 이용한 다양한 제품이 있다.

(4) 동 부

① 강두(豇豆), 장두(长豆), 동부콩, 돈부로도 불린다.

② 껍질이 얇고 깨끗하며 윤기가 나는 것이 좋다.

③ 맛이 달고 고소하며 그 식감이 아삭한 것이 특징이다.

④ 떡의 소, 묵, 빈대떡, 떡고물, 과자, 죽 등으로 활용하며 해외에서는 수프, 스튜, 커리, 페이스트 등으로도 활용한다.

⑤ 식이섬유가 많아 포만감을 주고 칼로리가 높지 않아 다이어트 음식으로 좋다.

핵심 체크 OX

대표적인 블랙푸드로 안토시아닌과 이소플라본이 풍부하게 함유되어 있는 식품은 흑태이다. (○ / ×)

정답 ○

(5) 팥 2019, 2022년 기출

① 줄기로 보통팥, 넝쿨팥으로 구분하고 계절에 따라 여름팥, 가을팥으로 구분한다. 껍질색에 따라 적팥, 검정팥, 얼룩팥, 푸른팥 등으로도 구분한다.

② 붉은색과, 하얀 띠가 선명하고 껍질이 얇으면서 손상된 낟알이 없는 팥이 좋다.

③ 팥의 주성분은 탄수화물이 68%, 단백질이 19%이며 비타민 B1이 풍부하게 들어있어 각기병 예방에 좋다.

④ 이뇨작용이 뛰어나 체내의 불필요한 수분을 배출시키고 성인병예방, 변비, 신장염 및 부기제거에 효과가 있다.

⑤ 팥죽과 떡의 고물, 아이스크림, 빙수, 빵에 많이 쓰인다.

⑥ 팥의 사포닌 성분은 설사와 속쓰림을 유발하기 때문에 팥을 삶을 때에는 팥 삶은 첫 물을 버리고 다시 삶는다.

(6) 완두콩

① 콩의 모양이 고르고 탄력이 있으며 짙은 녹색을 띠는 것이 좋다.

② 탄수화물과 단백질, 비타민 B1, 비타민 A가 풍부하다.

③ 배기 형태로도 만들어 빵이나 떡에 사용한다.

④ 청산을 함유하고 있어 하루에 40g 이상 섭취하면 안 된다.

(7) 녹 두

① 원산지는 인도이고 한국·중국 등의 아시아 지역에서 주로 재배한다.

② 껍질이 거칠고 광택이 나지 않으며 낟알이 짙은 녹색인 것이 좋다.

③ 몸을 차갑게 하는 성질이 있어 열이 많은 사람에 좋고 혈압을 낮춰주는 역할을 한다.

④ 필수아미노산과 불포화지방산이 풍부하여 피부질환에 좋고 체내 노폐물을 제거하는 효과가 있다.

⑤ 녹두빈대떡, 청포묵, 떡고물로 많이 쓰인다.

(8) 강낭콩

① 콩류 중에서 재배 면적이 가장 넓다.

② 윤기가 있고 모양이 일정하며 선명한 적색이나 적갈색을 띠는 것이 좋다.

③ 칼슘과 칼륨, 아연과 미네랄이 풍부하다.

④ 밥에 넣어 먹거나 떡, 빵, 과자의 소로도 부재료로도 쓰인다.

핵심 체크 OX

팥은 붉은 색깔에 하얀 띠가 선명한 것이 좋으며 단백질과 비타민 B1, 사포닌이 풍부하게 들어있다. (○ / ×)

정답 ○

08 떡류 재료의 영양학적 특성

1. 영양의 의의와 영양소

(1) 영 양

생명체가 생명을 성장·유지하기 위해 외부에서 물질을 섭취한 후 이것을 이용하고 배설하면서 성장하고 유지하는 현상을 말한다.

(2) 영양소

① 식품에 함유되어 있는 여러 물질 중 체내로 흡수되어 영양작용을 하는 물질을 말한다.

② 일반적으로 탄수화물, 단백질, 지방, 무기질, 비타민, 수분 등 여섯 종류의 영양소가 있다.

③ 체내에서 에너지를 공급하고 세포와 조직을 구성·유지하며 체내의 대사과정을 조절한다.

2. 영양소의 분류

영양소는 체내의 작용에 따라 열량소, 구성소, 조절소로 분류할 수 있다.

(1) 열량소

① 체내에서 산화·연소하여 열을 발생하는 것으로 에너지를 공급한다.

② 탄수화물, 지방, 단백질은 1g당 각각 4kcal, 9kcal, 4kcal의 열량을 낸다.

(2) 구성소

① 인체의 조직을 구성하는 영양소이다.

② 단백질, 무기질 등이 있다.

(3) 조절소

① 인체의 생리기능을 조절하는 영양소이다.

② 무기질, 비타민 등이 있다.

핵심 체크 OX

6대 영양소는 탄수화물, 단백질, 지방, 무기질, 비타민, 수분이다. (○ / ×)

○

3. 떡류 재료의 영양소 종류와 기능

(1) 탄수화물(Carbohydrate)

① 탄수화물의 특성

㉠ 구성 : 탄소(C), 수소(H), 산소(O) 3원소로 이루어진 유기화합물이며, 주된 에너지 공급원으로 1g당 4kcal를 낸다.

㉡ 식물계에 널리 분포되어 있으며 가장 값싸고 쉽게 얻을 수 있는 열량원이다.

㉢ 체내에서는 혈액 중 포도당 형태로, 간과 근육에는 글리코겐 형태로 저장되어 있다.

② 탄수화물의 분류

㉠ 탄수화물은 식품에 여러 형태로 존재하며 가수분해에 의해 생성되는 가장 간단한 단당류의 수에 따라 분류된다.

㉡ 가장 대표적인 단당류는 포도당이며 이 단당류가 두 개 결합된 것을 이당류, 단당류가 3~10개 결합된 것을 올리고당, 단당류가 10개 이상 결합된 것을 다당류라고 한다.

- 단당류 : 더 이상 가수분해되지 않는 기본적인 탄수화물의 단위이다.

포도당(Glucose)
- 영양상 가장 중요한 단당류이다.
- 과일, 채소, 꿀, 엿기름 등에 다량 함유되어 있으며 특히 포도(약 20%)에 많다.
- 전분을 가수분해하여 얻을 수 있다.
- 혈액에는 포도당의 형태로 존재하며 혈당 농도는 0.1%이다.
- 소화과정을 거치지 않으며 소장에서 바로 흡수된다.
- 섭취량이 과다하면 글리코겐과 지방의 형태로 저장된다.

과당(Fructose)
- 과일, 꿀 등에 다량 함유되어 있다.
- 당류 중 가장 단맛이 강하다.
- 소화과정을 거치지 않고 바로 흡수된다.
- 자당(설탕), 이눌린(Inulin)의 가수분해로 얻을 수 있다.

갈락토오스(Galactose) 2020년 기출
- 독립적으로 존재하지 않고 포도당과 결합된 형태로 존재하며 유당의 구성성분이다.
- 해조류나 고무질(Gum) 속에 존재한다.
- 체내에서 당단백질과 당지질의 형태로 존재하며 이 성분은 뇌, 신경조직의 성분이 되므로 유아에게 특히 중요하다.

- 이당류 : 단당류 두 분자가 결합된 것으로 소화효소나 산에 의해 쉽게 가수분해되어 단당류가 된다.

자당(Sucrose) : 포도당 + 과당 2020년 기출
- 사탕무나 사탕수수 속에 많이 들어있으며 농축·정제하여 설탕을 제조한다.
- 수크레이스(Sucrase)에 의해 쉽게 포도당과 과당으로 가수분해된다.
- 산이나 효소로 가수분해하면 단맛이 더 강한 전화당이 된다.

맥아당(Maltose) : 포도당 + 포도당
- 곡식의 싹이나 우유, 맥주 등에 함유되어 있으며 엿기름(식혜)에 많이 들어있다.
- 전분이 가수분해되는 중간산물이다(전분–덱스트린–맥아당–포도당).

유당(젖당, Lactose) : 포도당 + 갈락토오스
- 포유동물의 유즙에만 존재한다.
- 당류 중 가장 단맛이 약하며 물에 잘 녹지 않는다.
- 위에서 잘 발효하지 않아 위 자극이 적으므로 어린이나 소화기 계통의 환자에게 좋다.
- 장내 유산균의 발육을 왕성하게 하여 잡균의 번식을 억제한다.

핵심 체크 OX

탄수화물은 체내에서 혈액 중 포도당 형태로, 간과 근육에서는 글리코겐 형태로 저장되어 있다. (○ / ×)

정답 ○

- 다당류 : 여러 개의 단당류가 결합된 것으로 물에 용해되지 않으며 단맛이 없다.

전분(Stach) 2019년 기출
- 곡류, 감자류, 콩류의 주성분이다.
- 대부분 열량섭취원이 되며 단맛이 없다.
- 전분은 아밀로오스(Amylose)와 아밀로펙틴(Amylopectin)으로 되어 있다.
- 메곡류의 20~30%는 아밀로오스, 나머지 70~80%는 아밀로펙틴으로 되어 있다.
- 찰곡류는 아밀로오스가 거의 없이 아밀로펙틴으로 되어 있다.
- 찬물에 녹지 않고 물을 넣어 가열하면 소화하기 쉬운 형태인 호화상태가 된다.

글리코겐(Glycogen)
- 동물이 사용하고 남은 에너지를 간이나 근육에 저장하는 탄수화물로, 포도당으로 쉽게 전환되어 에너지원으로 쓰인다.
- 육류, 조개류, 효모에 들어있다.

섬유소(Cellulose) 2019년 기출

- 식물 세포막을 이루는 주성분으로 채소의 줄기와 잎, 열매의 껍질 등에 들어있다.
- 체내에서 소화되지 않고 배설되며, 장을 자극하여 대변의 배설작용을 촉진시킨다.

구 분	특 징	종 류
불용성 섬유소	물에 녹지 않는다.	셀룰로오스(Cellulose), 리그닌(Lignin), 헤미셀룰로오스(Hemicellulose)
수용성 섬유소	물에 잘 녹는다.	난소화성 덱스트린(Dextrin), 글루코만난(Glucomannan)

펙틴(Pectin)

- 감귤류, 사과, 해조류에 들어있으며 과일 껍질부분에 많다.
- 겔(Gel)을 형성하여 잼, 젤리를 만드는 데 사용한다.
- 소화·흡수는 되지 않지만 세균 및 유독물질을 흡착하여 배설한다.

한 천

- 홍조류를 동결 → 해동 → 건조시킨 것이다.
- 펙틴과 함께 응고제로 사용한다.

이눌린(Inulin)

- 체내에서 분해, 합성, 축적되지 않는다.
- 돼지감자나 우엉 등 땅속줄기나 뿌리식품에 들어있다.

③ 탄수화물의 소화

탄수화물의 소화는 구강에서 저작작용을 받아 이루어지며 위를 거쳐 소장에서 단당류로 분해된 후 흡수된다.

㉠ 구 강

- 물리적 소화작용 : 치아의 저작활동에 의해 음식물의 분쇄가 이루어진다. 음식물을 잘게 부수어 맛을 느끼게 하고 표면적을 넓게 하여 소화효소의 작용을 잘 받을 수 있게 한다.
- 화학적 분해작용 : 잘게 부수어진 음식물은 침 속 아밀라아제에 의해 전분 분자의 화학적 분해가 일어난다.

㉡ 위

- 위는 소화에 꼭 필요한 위액을 분비한다.
- 위액에 들어있는 염산은 자당을 포도당과 과당으로 가수분해시킨다.
- 저작작용으로 잘게 부수어진 음식물은 위의 물리적 작용인 연동운동으로 인해 걸쭉한 반액체 상태인 유미즙(Chyme)이 된다.

㉢ 소 장

- 탄수화물이 소화·흡수되는 데 가장 중요한 장기이다.
- 모든 탄수화물을 단당류로 가수분해한다.
  - 말타아제(Maltase) : 맥아당 → 포도당 + 포도당
  - 수크라아제(Sucrase) : 설탕 → 포도당 + 과당
  - 락타아제(Lactase) : 유당 → 포도당 + 갈락토오스
- 섬유소와 소화되지 않은 탄수화물은 대장으로 이동한 후 대변으로 배설된다.

핵심 체크 OX

전분은 체내에서 주로 대사 작용을 조절하는 역할을 한다. (○ / ×)

해설 전분은 체내에서 주로 열량을 공급한다.

정답 ×

④ 탄수화물의 흡수

㉠ 소화 가능한 탄수화물이 단당류로 분해된 후 소장에서 흡수된다.

㉡ 소장의 융모는 흡수표면적이 넓어 소화를 효과적으로 할 수 있게 해준다.

㉢ 소장의 융모로 흡수된 단당류는 모세혈관을 통해 간으로 운반된 후 혈액을 통해 각 조직세포로 이동된다.

핵심 체크 OX

콩에 당질 25%, 단백질 38%, 지질 16%가 들어있을 때 콩 100g의 열량은 396kcal이다. (○ / ×)

해설 당질 × 4 + 단백질 × 4 + 지질 × 9

25 × 4 + 38 × 4 + 16 × 9 = 396

정답 ○

⑤ 탄수화물의 기능

㉠ 에너지 공급원이다(1g당 4kcal).

㉡ 혈당량을 유지해준다.

㉢ 단백질을 절약한다.

㉣ 중추신경계의 활동에 필수적으로 필요한 영양소이다.

㉤ 장 기능을 도와 배변작용을 원활하게 한다.

㉥ 감미료로 쓰인다.

⑥ 탄수화물의 섭취

㉠ 탄수화물의 권장량은 1일 총에너지 필요량의 55~70%이다.

㉡ 곡류나 감자류의 식물성 식품에서 주로 공급된다.

㉢ 과잉 섭취 시에는 비만증, 소화불량, 동맥경화증 등이 유발될 수 있다.

핵심 체크 

더 이상 가수분해되지 않는 탄수화물인 단당류 → 단당류 2분자가 결합된 이당류 → 여러 개의 단당류가 결합된 다당류 순으로 단당류가 많이 결합될수록 단맛이 커진다. (O / ×)

해설 단당류와 이당류는 단맛이 있으나 다당류는 단맛이 없으며, 당류의 용해도는 단맛의 크기와 같다. 당도의 순서는 과당 > 설탕 > 포도당 > 맥아당, 갈락토오스 > 유당 순이다.

정답 ×

(2) 단백질(Protein)

① 단백질의 특성

㉠ 탄소(C), 수소(H), 산소(O) 외에 질소 등을 함유하는 유기화합물로 에너지 공급원이며 1g당 4kcal를 낸다.

㉡ 신체의 기본 구성 성분으로 몸의 근육을 비롯해 여러 조직을 형성하는 생명유지에 필수적인 영양소이다.

㉢ 기본구성 단위는 아미노산으로 단백질은 여러 가지 아미노산의 펩티드(Peptide) 결합으로 이루어진 것이다.

㉣ 현재까지 알려진 아미노산의 종류는 주요 아미노산 22종, 각종 80종 이상, 표준 아미노산 20종이다.

- 필수아미노산 : 체내 합성이 되지 않아 반드시 음식물을 통해서 섭취해야 하는 아미노산으로 주로 동물성 단백질에 많이 들어있다.
- 불필수아미노산 : 체내 합성이 가능한 아미노산이다.

필수아미노산(9개)	불필수아미노산(11개)
아이소루신 루신 리신 메티오닌 페닐알라닌 트레오닌 트립토판 발린 히스티딘	알라닌 글리신 세린 아스파르트산 아스파라긴 아르기닌 글루타민 프롤린 타이로신 글루타메이트 시스테인

② 단백질의 분류

㉠ 화학적 분류

• 단순단백질(Simple Protein) : 아미노산만으로 이루어진 단백질이다.

알부민	알부민(혈청, 달걀), 류코신(밀), 레구멜린(콩), 미오겐(근육)
글로불린	글리신(콩), 투베린(감자), 아라킨(땅콩)
글루텔린	글루테닌(밀), 오리제닌(쌀)
프로타민	클루페인(청어), 살민(연어)
프롤라민	제인(옥수수), 호르데인(보리), 글리아딘(밀)
알부미노이드	콜라겐(뼈), 케라틴(모발)
히스톤	글로빈(적혈구), 히스톤(흉선)

• 복합단백질(Conjugated Protein) : 아미노산만으로 이루어진 단순단백질에 다른 유기화합물이 결합된 것이다.

핵단백질	단백질과 핵산이 결합되어 있으며 체내의 단백질 합성에 중요한 역할을 한다.	뉴클레오히스톤, 뉴클레오프로타민
당단백질	단백질과 탄수화물이 결합하여 형성된다.	뮤신, 오보뮤코이드
인단백질	단백질과 인산이 결합하여 형성된다.	카세인, 오보비텔린, 포스비틴
색소단백질	색소 성분과 결합된 단백질이다.	헤모글로빈, 미오글로빈, 플라보프로테인
지단백질	지질이 결합하여 형성된다.	리포비텔린, 리포비텔레린

• 유도단백질(Derived Protein) : 단순단백질 또는 복합단백질이 다른 물리적 작용에 의해 변성된 것을 말한다. 변성된 정도에 따라 1차 유도단백질, 2차 유도단백질로 나뉜다.

– 1차 유도단백질 : 파라카세인, 젤라틴, 응고단백질

– 2차 유도단백질 : 프로테오스, 펩톤, 펩티드

㉡ 영양적 분류

• 완전단백질 : 생식에 필요한 모든 필수아미노산을 함유한 단백질로 정상적 성장을 돕고 체중을 증가시키며 생리적 기능을 도와준다.

우 유	카세인, 락트알부민
달 걀	오브알부민, 오보비텔린
콩	글리시닌
밀	글루테닌, 글루텔린
생 선	미오겐

• 부분적 완전단백질 : 생명을 유지는 시키지만 성장을 돕지는 못한다.

밀	글리아딘
보 리	호르데인
쌀	오리제닌
귀 리	프롤라민

• 불완전단백질 : 생명유지나 성장에 모두 관계가 없는 단백질로 단백질 급원으로 이것만 섭취하였을 경우 성장이 지연되고 체중이 감소하여 장기간 지속되었을 경우 사망에까지 이를 수 있다.

옥수수	제인
육 류	젤라틴

더 알아보기

식품별 단백질 함량(100g당)

소고기 20.8g	새우 22.0g	계란 12.7g	두부 9.3g
돼지고기 16.3g	고등어 20.2g	치즈 17.5g	콩 36.0g
닭고기 19.0g	꽁치 19.6g	우유 3.2g	감자 2.8g
햄 16.5g	굴 10.5g	요구르트 3.2g	두유 4.4g

핵심 체크 OX

우유의 카세인과 노른자의 오보비텔린은 복합단백질 중 인단백질에 속한다. (O / X)

정답 O

③ 단백질의 소화

㉠ 구강 : 단백질은 구강 내에서의 화학반응은 일어나지 않으나 저작작용으로 침과 혼합되어 기계적으로 분해된다.

더 알아보기

알레르기(Allergy)

특이체질을 가진 사람의 경우 특정 단백질이 아미노산으로 분해되지 않은 채로 소화관을 통과할 수 있는데 이 단백질이 소화관 장벽을 통과하면, 체내에서는 항체를 생성하고 후에 같은 단백질이 또 흡수되면 방어기능으로 알레르기 반응이 나타난다. 이렇게 분해되지 않은 단백질 분자가 흡수된 경우 호흡곤란, 발진, 설사, 구토 등의 증상이 나타나기도 하며 급성 알레르기 반응인 아나필락시스(Anaphylaxis) 증상으로 심하면 사망할 수도 있다.

㉡ 위
- 단백질 소화효소인 펩신(Pepsin)에 의해 펩티드 결합을 가수분해한다.
- 위에서는 단백질 일부만 소화되며 유미즙(Chyme)의 형태로 십이지장으로 내려간다.

㉢ 소장 : 위에서 내려온 단백질은 소장액에 있는 단백질 분해효소와 췌장액의 분해효소에 의해 아미노산으로 완전히 가수분해된다.

④ 단백질의 흡수

㉠ 단백질은 아미노산과 디펩티드로 분해되어 소장에서 흡수된다.

㉡ 흡수된 아미노산은 모세혈관으로 운반되고 각 조직에 운반되어 조직 단백질을 구성한다.

㉢ 나머지 단백질은 혈액과 함께 간으로 운반되어 필요에 따라 분해된다.

⑤ 단백질의 기능

㉠ 단백질은 체조직과 혈액단백질, 효소, 호르몬 등을 구성하며 근육, 뼈, 피부 조직을 형성한다.

㉡ 에너지 공급원이다(1g당 4kcal).

㉢ 삼투압 조절로 체내 수분 함량을 조절하고 체내 pH를 일정하게 조절한다.

㉣ 인체 내 중요한 생리활성물질을 합성한다.

㉤ r-글로불린은 항체로서 병원균에 대한 방어작용을 한다.

⑥ 단백질의 섭취

㉠ 1일 총에너지 필요량의 10~20%를 섭취하는 것이 적당하며 1일 총필요량의 30~35%는 필수아미노산이 많은 동물성 단백질로 섭취한다.

㉡ 단백질이 부족하면 콰시오커와 마라스무스 증상이 나타날 수 있으며 과잉 섭취 시에는 혈압이 상승하고 불면증이 생길 수 있다.

단백질 r-글로불린은 항체로서 병원균에 대한 방어작용을 한다. (○ / ×)

정답 ○

(3) 지질(Lipid)

① 지질의 특성

㉠ 탄소(C), 산소(O), 수소(H) 3원소로 구성되어 있다.

㉡ 지방산을 포함하거나 지방산과 결합되어 있는 물질을 말한다.

㉢ 중요한 열량원이며 성장 발육에 필수적인 지방산도 있다.

㉣ 형태에 따라 상온에서 고체로 있는 지방과 상온에서 액체로 있는 기름으로 나뉜다.

㉤ 물에 녹지 않고 에테르, 벤젠 등의 유기용매에 녹는다.

② 지질의 분류

㉠ 단순지질(Simple Lipid) : 글리세롤과 지방산이 결합된 지질이다.

• 중성지방(Triglyceride) : 한 분자의 글리세롤에 세 분자의 지방산이 결합된 것이다.

– 포화지방산 : 탄소와 탄소 사이의 결합이 단일결합으로 이루어진 지방산을 말한다. 상온에서 고체형태이며 동물성 유지에 많이 들어있다.

– 불포화지방산 : 탄소 사이에 이중결합이 있는 지방산을 말한다. 상온에서 액체형태이며 식물성 유지에 많이 들어있다.

– 트랜스지방산 : 액체의 유지를 고체의 유지로 가공할 때 생성된다. 트랜스지방은 좋은 콜레스테롤 HDL(고밀도지방단백질)을 낮추고 나쁜 콜레스테롤 LDL(저밀도지방단백질)을 높여 인체에 해롭기 때문에 사용을 규제하고 있다.

• 밀랍(Wax) : 지방산과 글리세롤에 알코올이 결합된 것으로 식물의 줄기나 잎, 동물의 뼈, 피부, 모발 등에 함유되어 있으나 영양적 가치는 없다.

㉡ 복합지질(Compound Lipid) : 글리세롤과 지방산 외에 다른 분자군(질소, 인, 당 등)이 결합된 지질이다.

• 인지질 : 중성지방에 글리세롤, 인산이 결합된 것을 말하며 레시틴, 세팔린, 스핑고미엘린 등이 있다.

– 레시틴 : 신체세포의 중요성분으로 뇌, 신경, 심장, 간 등에 많이 들어있다. 달걀노른자에 많이 들어있으며 유화제로도 쓰인다.

– 세팔린 : 뇌세포에 많이 들어있으며 식품 중에는 달걀노른자와 콩에 들어있다.

• 당지질 : 중성지방과 당류가 결합된 것으로 세포의 구성성분이다.

• 지단백질 : 중성지방과 단백질이 결합된 것으로 지질대사와 운반작용을 하는 중요한 물질이다.

㉢ 유도지질(Derived Lipid) : 중성지방과 복합지방을 가수분해할 때 유도되는 지방으로 스테로이드, 지방산 등이 있으며 스테로이드에는 콜레스테롤과 에르고스테롤이 있다.

• 콜레스테롤(Cholesterol) : 생체조직 세포막의 구성물질로 뇌와 신경조직에 많이 들어있다. 생체 내에서 합성되며 식품으로도 흡수된다. 동물성 식품에만 함유되어 있으며 육류, 계란, 오징어, 새우 등에 들어있다. 과잉 섭취 시 혈관내부에 축적되어 고혈압, 동맥경화를 일으킬 수 있다.

• 에르고스테롤(Ergosterol) : 효모나 버섯류, 어류 말린 것에 많이 들어있다.

핵심 체크 OX

단순지질 중 중성지방은 포화지방산, 불포화지방산, 트랜스지방산으로 나뉘며 그중 트랜스지방산은 좋은 콜레스테롤은 낮추고 나쁜 콜레스테롤은 높이기 때문에 인체에 해로워 그 사용량을 규제한다. (O / ×)

해설 트랜스지방은 1% 미만으로 섭취하는 것이 좋다.

정답 O

③ 지질의 소화

지질은 구강에서 물리적인 상태가 변화하여 식도를 거쳐 위로 내려간다. 위에서 소화가 시작되며 소장에서 소화가 거의 일어난다.

㉠ 위 : 리파아제(Lipase)에 의해서 소화되지만 리파아제는 수용성이고 유지류는 지용성이기 때문에 소화되는 양은 매우 적다.

㉡ 소장 : 지질의 소화는 소장에서 거의 이루어지는데 지질 식품이 위에서 내려오면 담즙과 호르몬의 분비가 활발해져 모노글리세리드(Monoglyceride), 지방산, 콜레스테롤, 인지질, 글리세롤 등으로 분해하여 흡수된다.

④ 지질의 흡수

지질의 흡수는 매우 효율적으로 이루어지는데 약 95%가 흡수된다. 지질의 소화물인 모노글리세리드와 지방산 등이 담즙산과 결합되어 주로 소장의 중부와 하부에서 흡수된다.

⑤ 지질의 기능

㉠ 에너지 공급원으로 1g당 9kcal의 열량을 발생하여 적은 양으로도 높은 열량을 낼 수 있다.

㉡ 신체를 구성하는 중요 성분이다.

㉢ 피하지방은 체내의 열이 외부로 나가는 것을 막아 체온유지를 하며 내장지방은 외부로부터 물리적 충격을 받았을 때 충격을 흡수하여 내장기관을 보호한다.

㉣ 체내에서 윤활제 역할을 해 변비를 예방할 수 있다.

㉤ 지질은 필수영양소로 성장기 어린이에게 반드시 필요하며 지용성비타민의 흡수를 돕는다.

⑥ 지질의 섭취

㉠ 1일 총에너지 필요량의 약 15~25% 정도의 지질을 섭취하는 것이 적당하다.

㉡ 필수지방산은 전체 열량의 1~2%를 섭취해야 한다.

㉢ 필수지방산은 체내에서 합성되지 못하여 식품으로 반드시 섭취해야 하며 주로 식물성 기름에 많이 들어있다.

㉣ 트랜스지방은 1% 미만, 콜레스테롤은 300mg 미만으로 섭취하는 것이 좋다.

(4) 무기질(Minerals)

① 무기질의 특성

㉠ 체조직은 탄소, 수소, 산소, 질소 등의 원소로 구성되어 있으며, 이 유기화합물들이 수분과 함께 인체의 약 96%를 차지한다. 나머지 4%는 무기질이다.

㉡ 무기질은 체내에서 직접적인 열량원이 되지 못하고 합성되지 못하므로 반드시 식품으로 섭취해야 한다.

㉢ 체조직을 구성한다. 칼슘, 인, 마그네슘 등은 뼈와 치아를 구성한다. 철은 헤모글로빈의 구성성분이며 아연은 인슐린의 구성성분이다.

㉣ 체내의 산-염기의 평형을 조절하고 수분 함량의 평형을 유지한다.

㉤ 신경의 흥분을 뇌로 전달하는 것을 돕는다.

㉥ 혈액을 응고시킨다.

② 무기질의 종류

㉠ 칼슘(Ca)

- 기 능
  - 체내 무기질 중 가장 많은 양을 차지한다.
  - 99%는 뼈와 치아를 형성하고 나머지 1%는 혈액과 근육에 존재한다.
  - 근육의 수축과 이완을 조절한다.
  - 중추신경을 통해 외부자극을 뇌에 전달한다.
  - 혈액을 응고하는 데 반드시 필요하다.
  - 혈압을 낮추는 데 도움을 준다.
- 흡 수
  - 칼슘의 흡수율은 개인차와 성장단계에 따라 크게 차이가 난다.
  - 일반 성인의 경우 20~40% 정도가 흡수된다.
  - 모유를 먹는 아기는 50~70%가 흡수되며 성장기 어린이와 임신부는 60%까지 흡수율이 높아진다.
  - 일반적으로 노년기가 되면 칼슘의 흡수율은 떨어진다.
  - 비타민 D와 유당은 칼슘의 흡수를 촉진시키며 옥살산(Oxalic Acid), 피트산(Phytic Acid)은 칼슘의 흡수를 방해한다.
- 결핍 : 구루병(O형 다리, X형 다리), 골연화증, 골다공증
- 급원식품 : 우유 및 유제품, 뼈째 먹는 생선, 두부, 계란

㉡ 인(P)

- 기 능
  - 체내 무기질 중 칼슘 다음으로 많은 양을 차지한다.
  - 인의 85% 정도가 뼈와 치아에 존재하며 칼슘, 마그네슘과 함께 뼈와 치아를 구성한다.
  - 비타민과 결합하여 효소를 활성화시킨다.
  - 산과 염기의 평형을 조절한다.
  - 탄수화물, 단백질, 지방의 연소과정에 작용한다.
- 흡 수
  - 인은 거의 모든 식품에 들어있어 하루 필요량을 충분히 섭취할 수 있다.
  - 성인의 경우 섭취한 인의 70% 정도가 흡수된다.
  - 필요량이 많은 성장기와 임신기, 수유기에는 인의 흡수율이 증가한다.
  - 체내 사용된 인은 신장을 통하여 배설되며 그 양은 섭취량에 비례한다.
- 결 핍
  - 인은 거의 모든 식품에 들어있어 사람에게 결핍되는 일은 거의 드물다.
  - 인의 장기결핍이 있을 경우 근육과 뼈가 약화되며 통증이 생길 수 있다.
- 급원식품 : 육류, 우유, 치즈, 달걀, 어패류

㉢ 마그네슘(Mg)

- 기 능
  - 60% 정도는 뼈와 치아에 들어있고 나머지는 근육과 혈액, 뇌와 신경에 들어있다.
  - 마그네슘은 신경을 흥분시키는 칼슘과 반대로 신경을 안정시키고 근육의 긴장을 완화시킨다.
  - 탄수화물 대사에 관여한다.
  - 효소의 활성제로 작용한다.
- 흡 수
  - 식물 색소인 엽록소의 구성성분으로 식물성 식품에 다량 함유되어 있다.
  - 마그네슘은 섭취량의 40% 정도가 흡수되며 함량은 일정하지 않다.
  - 마그네슘 섭취량이 많고 적음에 따라 소장에서의 흡수량과 신장에서의 배설량이 조절된다.
  - 칼슘과 마그네슘은 서로 흡수를 방해한다.
- 결 핍
  - 마그네슘은 식물성 식품에 널리 분포되어 있기 때문에 결핍되는 일은 거의 드물다.
  - 단, 장기간 결핍되거나 설사나 구토로 인해 갑자기 다량 분출되면 혈청 내 마그네슘이 저하되어 경련과 근육통이 일어날 수 있다.
- 급원식품 : 녹색채소, 곡류, 견과류, 콩류

㉣ 황(S)

- 기 능
  - 체내 모든 세포에 존재한다.
  - 피부, 손톱, 모발에 다량 함유되어 있다.
  - 신체의 구성성분이다.
  - 산과 염기의 평형을 유지하는 데 관여한다.
  - 독성이 있는 물질과 결합하여 소변으로 배설시킨다.
- 급원식품 : 육류, 치즈, 달걀, 콩류

㉤ 철(Fe)

- 기 능
  - 헤모글로빈의 구성성분으로 산소를 운반하며 조혈작용을 한다.
  - 간장, 근육, 골수에 함유되어 있다.
  - 미오글로빈의 형태로 산소를 저장하고 제공한다.
- 흡수 : 철은 섭취량의 10%가 흡수되며 영양소 중 흡수율이 가장 낮다.
- 결핍 : 빈혈
- 급원식품 : 육류, 가금류, 어패류, 곡류, 콩류

㉥ 아연(Zn)

- 기 능
  - 생체막의 구조를 안정화시키며 기능을 정상적으로 유지한다.
  - 체내 효소의 활성을 촉매시킨다.

- 인슐린 합성에 관여한다.
- 세포분열과 증식에 필요한 호르몬과 효소의 구성성분이다.

• 흡수 : 아연의 흡수율은 20~40%로 체내 저장량에 따라 흡수율이 달라진다.

• 급원식품 : 붉은 살코기, 해산물, 콩류

ⓢ 구리(Cu)

• 기 능
- 철과 유사한 작용이 많으며 간, 뇌, 심장, 혈액에 들어있다.
- 철의 흡수와 운반을 돕는다.
- 철의 헤모글로빈의 합성을 돕는다.

• 결핍 : 빈혈

• 급원식품 : 간, 굴, 달걀, 콩류

ⓞ 요오드(I)

• 기 능
- 갑상선 호르몬인 티록신(Thyroxine)의 필수 구성성분이다.
- 에너지 대사에 관여하며 성장과 지능 발달을 돕는다.

• 결핍 : 갑상선종, 크레틴병, 성장지연, 피로

• 과잉 : 바세도우씨병(갑상선기능항진증)

• 급원식품 : 해조류, 어패류

ⓩ 나트륨(Na)

• 기 능
- 체중의 약 0.2%를 차지한다.
- 혈액과 체액의 삼투압을 조절한다.
- 근육의 수축과 이완을 조절한다.
- 신경과 근육의 자극을 전달한다.

• 흡 수
- 섭취한 양의 95% 이상이 흡수되며 혈액을 통해 각 조직으로 이동된다.
- 혈액 내 함유량이 많으면 신장과 소변·땀을 통하여 배설된다.

• 결 핍
- 정상적인 식생활을 하는 사람에게 나트륨 결핍은 거의 일어나지 않지만 설사와 구토 같은 소화기관의 장애나 땀을 많이 흘렸을 경우 나트륨 결핍이 일어날 수 있다.
- 결핍 시 근육경련과 메스꺼움, 식욕부진이 나타날 수 있다.

• 과잉 : 동맥경화

• 급원식품 : 소금, 육류, 생선, 달걀, 유제품, 두류

ⓩ 칼륨(K)
- 기 능
  - 칼슘과 인 다음으로 체내에 많이 존재한다.
  - 근육과 장기에 존재한다.
  - 삼투압 유지와 수분 평형에 관여한다.
  - 산과 염기의 평형유지에 관여한다.
  - 근육수축과 신경자극을 전달한다.
- 급원식품 : 채소, 과일, 우유, 육류

ⓚ 염소(Cl)
- 기 능
  - 위액 중 염산의 성분으로 소화를 돕는다.
  - 산과 염기의 평형유지에 관여한다.
  - 삼투압 유지와 수분 평형에 관여한다.
- 결핍 : 소화불량, 식욕부진
- 급원식품 : 해조류, 절임식품

핵심 체크 OX

무기질은 체조직을 구성하고 체내에서 열량을 낸다. (○ / ×)

해설 무기질은 체내에서 직접적인 열량원이 되지 못하고 합성되지 못하므로 반드시 식품으로 섭취해야 한다.

정답 ×

(5) 비타민(Vitamin)

① 비타민의 특성

㉠ 다양한 종류로 구성되어 있으며 생리기능도 각각 다르다.

㉡ 체내에 미량 함유되어 있으나 생리작용 조절과 성장유지에 꼭 필요한 영양소이다.

㉢ 스스로 에너지를 생성하지는 않지만 에너지가 생성되는 대사를 돕는다.

㉣ 체내에서 합성되지 않으므로 음식물로 섭취해야 한다.

㉤ 물과 기름의 용해도에 따라 지용성비타민과 수용성비타민으로 나뉜다.

② 지용성비타민

지방이나 지방을 녹이는 유기용매에 녹는 비타민으로 비타민 A, D, E, K가 있다.

㉠ 비타민 A
- 기 능
  - 로돕신(Rhodopsin) 형성에 관여하여 야맹증을 방지한다.
  - 체중과 신장의 정상적인 성장을 돕는다.

- 뱃속 태아의 정상적인 발달을 도우며 남자의 정자형성에 관여한다.
- 질병 감염에 대한 면역력을 높여준다.
- 카로틴(Carotene)은 체내에서 비타민 A로 전환되어 이용되므로 프로비타민 A라고도 불린다.

• 결핍 : 야맹증, 안구건조증, 소화기능 약화, 호흡기기관 약화

• 과 잉
- 비타민 A는 과잉섭취 시 다른 비타민에 비해 독성증상이 심각하다.
- 일반적인 식생활을 하는 사람에게는 잘 나타나지 않지만 영양보조제나 강화식품의 과잉으로 나타날 수 있다.
- 급성증세로는 구토, 두통이 있을 수 있으며 만성으로는 탈모, 피부건조, 골밀도 저하가 나타날 수 있다.

• 급원식품 : 간, 당근, 달걀, 김, 호박

ⓛ 비타민 D

• 기 능
- 칼슘의 혈중 농도를 조절한다.
- 인의 체내 흡수력을 높여준다.
- 세포증식에 관여한다.

• 결핍 : 구루병, 골연화증, 골다공증
- 비타민 D는 햇볕에 의해 합성되기 때문에 식품으로 충분히 섭취하지 못해도 결핍될 염려가 적다.
- 그러나 실내 활동을 하는 사람에게는 부족현상이 나타날 수 있다.

• 급원식품 : 청어, 고등어, 시리얼

ⓒ 비타민 E

• 기 능
- 간, 지방조직에 많이 들어있다.
- 천연 항산화작용을 한다.
- 적혈구, 세포막을 보호한다.

• 결핍 : 빈혈, 근육위축

• 급원식품 : 식물성기름, 곡류의 배아, 땅콩

ⓡ 비타민 K

• 기 능
- 혈액응고인자들의 활성을 돕는다.
- 뼈의 발달을 돕는다.
- 지용성비타민이지만 체내에서 빨리 배출된다.

• 결핍 : 혈액응고 지연, 출혈

• 급원식품 : 녹색채소, 콩류

③ 수용성비타민

물에 녹는 비타민으로 비타민 B군과 비타민 C 등이 있다.

㉠ 비타민 B1(티아민)

- 기 능
  - 에너지 대사에 관여한다.
  - 신경조직의 유지에 관여하고 신경자극의 전달이 이루어지게 한다.
  - 식욕을 촉진시킨다.
- 결 핍
  - 각기병 : 운동기능이 떨어지며 심할 경우 심부전이 나타난다.
  - 소화기능 저하 : 소화가 잘 안 되고 식욕이 감퇴하며 무력증이 나타난다.
  - 베르니케-코르사코프 증후군 : 알코올 중독자에게서 발견되는 티아민 결핍 증상으로 비틀거림, 정신혼란, 기억상실 등의 증상이 나타난다.
- 급원식품 : 돼지고기, 쌀겨, 두류, 땅콩

㉡ 비타민 B2(리보플라빈)

- 기 능
  - 수용성이지만 물에 쉽게 녹지 않으며 염기에 약하고 자외선에 쉽게 파괴된다.
  - 체내 산화·환원 반응에 관여한다.
  - 수소이온을 받아서 전달하는 수소 운반작용을 한다.
  - 포도당과 지방산이 에너지를 생성하는 과정에 관여한다.
- 결핍 : 구순염, 구각염, 설염, 지루성 피부염
- 급원식품 : 우유, 유제품, 간, 녹색채소

㉢ 비타민 B3(니아신)

- 기 능
  - ATP(아데노신 삼인산)를 생산하는 에너지대사에 관여한다.
  - 열과 빛, 산과 알칼리 등에 안정한 수용성비타민이다.
- 결핍 : 펠리그라(치매, 설사, 피부염)
- 급원식품 : 육류, 생선, 견과류, 버섯

㉣ 비타민 B5(판토텐산)

- 기 능
  - 거의 코엔자임 A(Coenzyme A, CoA)의 구성성분으로 존재한다.
  - 탄수화물, 단백질, 지질 대사에서 필요한 효소의 구성성분이다.
  - 콜린을 신경전달 물질인 아세틸콜린으로 합성한다.
- 결핍 : 피로, 불면증, 마비
- 급원식품 : 간, 땅콩, 달걀

ⓜ 비타민 B6(피리독신)

- 기 능
  - 조효소 PLP(비타민 B6의 활성형태)로 체내에서 다양한 반응에 작용한다.
  - 아미노산 대사에 관여한다.
  - 헴(Heme) 형성과 백혈구 생성에 작용한다.
  - 탄수화물과 지질의 대사에 관여한다.
  - 열과 빛에 약하여 조리 시 손실될 수 있다.
- 결핍 : 피부염, 빈혈, 면역력 약화
- 급원식품 : 육류, 생선류, 바나나

ⓑ 비타민 B7(비오틴)

- 기 능
  - 황을 함유하는 비타민이다.
  - 탄수화물, 지방, 아미노산 대사에 관여한다.
- 결핍 : 피부염, 탈모
- 급원식품 : 간, 달걀, 콩류

ⓢ 비타민 B9(엽산)

- 기 능
  - 공복에 보충제를 통한 엽산 섭취 시 흡수율이 높아진다.
  - DNA 합성에 필요하다.
  - 아미노산 대사에 조효소 역할을 한다.
- 결핍 : 거대적아구성 빈혈, 신경관 손상
- 급원식품 : 녹색채소, 간, 콩류

ⓞ 비타민 B12(시아노코발라민)

- 기 능
  - 동물성 식품에만 들어있어 채식주의자의 경우 결핍 우려가 있다.
  - 체내 저장성이 좋고 손실량이 낮다.
  - 적혈구 생성에 관여한다.
  - 신경계 기능 유지에 필수적이다.
- 결핍 : 악성빈혈, 성장 지연
- 급원식품 : 생선, 육류, 가다랑어

ⓧ 비타민 C(아스코르브산)

• 기 능

- 모든 생명체에 필요하며 식물과 대부분의 동물은 체내 합성이 가능하나 인간과 영장류, 조류, 생선류 등 일부는 체내 합성을 할 수 없어 식품으로 섭취해야 한다.
- 열, 산소에 불안정하여 조리나 가공 시에 쉽게 파괴된다.
- 뼈와 피부 등에 많이 함유된 콜라겐 합성에 필요하다.
- 수용성 항산화제이다.
- 칼슘과 철의 흡수를 돕는다.
- 백혈구세포에 많이 들어있어 면역작용에 관여한다.
- 에너지 대사에 관여하며 세포 간 결합을 강화시킨다.

• 결핍 : 괴혈병

• 급원식품 : 녹색채소, 과일

핵심 체크 OX

지용성비타민에는 비타민 A, D, E, K가 있으며 비타민 A가 결핍되면 구루병이, 비타민 D가 결핍되면 야맹증이 나타날 수 있다. (○ / ×)

해설 비타민 A 결핍 : 야맹증, 안구건조증, 소화기능 약화, 호흡기기관 약화
비타민 D 결핍 : 구루병, 골연화증, 골다공증

정답 ×

(6) 수 분

① 수분의 특성

㉠ 수소 두 원자와 산소 한 원자가 결합된 물질로 생명체에 필수적인 물질이다.

㉡ 신생아는 체중의 약 75%, 성인은 체중의 약 60%를 구성한다.

㉢ 다른 영양소와 달리 저장고가 없어 반드시 섭취해야 한다.

② 수분의 기능

㉠ 영양소와 노폐물을 운반한다.

㉡ 체온을 조절한다.

㉢ 영양소의 용매로 체내 대사과정에 작용한다.

㉣ 외부 자극으로부터 내장기관을 보호한다.

㉤ 산과 염기의 평형을 유지하고 전해질의 평형을 유지한다.

③ 결핍과 과잉

㉠ 결 핍

• 운동으로 인한 과다한 수분배출, 설사나 구토, 출혈 등으로 인한 체수분의 저하 시 뇌와 각 조직으로 산소와 영양분이 원활히 공급되지 않아 갈증을 느끼게 된다. 탈수를 방지하기 위해 뇌에서는 뇌하수체를 자극시켜 요를 통한 수분배출을 줄이게 한다.
• 정상체중의 1~2%의 수분이 손실되면 갈증을 느끼고 체중의 4%의 수분이 손실되면 운동 능력이 떨어진다. 10%의 수분이 손실되면 근육경련이나 정신착란증상이 일어나며, 20%가 손실되면 사망에 이른다.

㉡ 과 잉

과도한 수분섭취로 체내 수분이 많아지면 근육경련, 착란, 사망에까지 이를 수 있다.

④ 권장량

성인은 1kcal당 1ml(1일 약 1,800~2,500ml), 유아는 1kcal당 1.5ml가 필요하다.

⑤ 급원식품

오이(약 96%), 수박(약 95%), 무(약 90%), 우유(약 89%), 소고기(약 76%), 떡(약 43%), 쌀(약 13%)

핵심 체크 OX

물은 6대 영양소에 속하며 체내에서 영양소와 노폐물을 운반하고 체온을 조절하는 중요한 역할을 한다. (O / X)

정답 O

Chapter 02

떡의 분류 및 제조도구

key point

- 제조법에 따른 떡의 종류를 알 수 있다.
- 제조도구와 장비의 종류 및 용도를 알 수 있다.

01 떡의 종류

1. 제조법에 따른 떡의 분류

(1) 찌는 떡류(증병, 甑餠)

물에 불린 곡물을 롤러로 분쇄하여 곱게 가루 낸 뒤 시루에 안쳐 수증기로 쪄내는 형태의 떡류이다. 가장 기본이 되는 떡류로 설기떡류와 켜떡류, 빚어 찌는 떡류, 찌는 찰떡류 등이 있다. 멥쌀, 찹쌀, 팥, 녹두, 콩, 깨, 호박, 밤, 대추, 감, 호두, 무, 쑥 등의 곡류와 두류, 과일과 견과류가 다양하게 사용된다.

① 설기떡 2019년 기출

㉠ 곱게 분쇄한 쌀가루에 물이나 꿀물, 막걸리 등으로 수분을 첨가하고 체에 내려 입자를 고르게 한 다음 고물 등을 섞어 한 덩어리가 되게 찐 떡이다.

㉡ 멥쌀가루만으로 만든 흰색의 떡은 백설기라 하며 밤, 콩, 건포도, 쑥, 감 등의 첨가하는 고물에 따라 밤설기, 콩설기, 건포도설기, 쑥설기, 감설기라고 부르기도 한다.

㉢ 무리병이라고도 한다.

② 켜 떡

㉠ 멥쌀가루와 찹쌀가루를 시루에 안칠 때 쌀가루를 한 번에 다 안치지 않고 쌀가루를 나누어 중간 켜와 켜 사이에 고물을 얹어가며 찌는 떡이다.

㉡ 보통 시루떡이라고도 하는데 쓰이는 쌀 종류에 따라 메시루떡과 찰시루떡으로 나뉜다.

㉢ 켜떡의 고물로는 주로 콩고물과 팥고물, 녹두고물이 쓰이며 켜떡의 종류로는 붉은팥 메(찰)시루떡, 거피팥 시루떡, 녹두시루떡, 느티떡, 신과병, 콩찰편, 깨찰편 등이 있다. 2019, 2021년 기출

(2) 치는 떡류(도병, 搗餠) 2019, 2021, 2022년 기출

시루로 찐 메떡이나 찰떡을 안반이나 절구로 쳐 끈기가 나게 한 떡이다. 멥쌀로 쪄서 치는 가래떡과 절편, 찹쌀로 쪄서 치는 인절미가 있다.

① 가래떡

㉠ 멥쌀가루에 수분을 첨가하여 찐 후 끈기나게 쳐서 길게 만든 떡이다.

㉡ 먹기 좋은 크기로 잘라 그냥 먹기도 하고 얇게 썰어 떡국으로 끓여 먹기도 한다.

㉢ 새해를 맞이하는 설날, 나이를 한 살 더하는 떡이라 하여 첨세병(添歲餠)이라고도 불렀다.

② 절 편

㉠ 가래떡을 떡살로 눌러 다양한 모양을 낸 떡이다. 떡살 문양의 크기대로 잘라냈기 때문에 절편이라는 이름이 붙었다.

㉡ 쑥절편, 각색절편, 수리취절편 등 들어가는 재료에 따라 종류가 다양하다.

③ 인절미

㉠ 찹쌀을 불려 시루에 찐 후 뜨거울 때 안반이나 절구로 쳐 끈기가 나게 한다.

㉡ 적당한 크기로 잘라 콩고물이나 거피팥고물, 깨고물 등을 묻혀 만든다.

㉢ 떡을 칠 때 데친 쑥이나 찐 호박 등을 넣어 쑥 인절미, 호박 인절미 등을 만들기도 한다.

④ 개피떡(바람떡)

㉠ 곱게 빻은 멥쌀가루에 물을 넣어 버무려 찐 후 끈기 나게 친다.

㉡ 치댄 떡 덩어리를 얇게 밀어 콩이나 팥소를 넣고 반달 모양으로 찍어내어 만든다.

㉢ 절구에 치댈 때 삶은 쑥을 넣어 쑥개피떡을 만들기도 하며, 찍어낼 때 공기가 들어가 부푼 모양이 되기 때문에 바람떡이라고도 한다.

⑤ 단자류

㉠ 찹쌀가루를 각종 재료와 섞어 반죽한다.

㉡ 반죽을 쪄서 잘 치댄 후 잘라 고물을 묻히거나 소를 넣고 동글게 빚어 고물을 묻힌다.

㉢ 대추단자, 밤단자, 잣단자, 유자단자 등이 있다.

(3) 빚는 떡류(찌는 떡, 삶는 떡)

① 찌는 떡

㉠ 송편 : 송편은 곱게 빻은 쌀가루를 익반죽한 후 소를 넣고 모양을 성형하여 찐다.

㉡ 개떡 : 쌀가루나 보릿가루에 어린 쑥을 넣고 반죽한 뒤 둥글납작하게 빚어 찐다.

② 삶는 떡

㉠ 각색경단 : 각양각색의 고물을 묻혀서 맛과 색을 다양하게 한 경단으로 고물로는 콩가루, 깨, 팥가루, 흑임자가루를 묻히거나 밤, 대추, 곶감 등을 채로 썰어 쓴다.

㉡ 수수경단 : 찰수수가루를 익반죽한 후 물에 삶아 찬물에 헹궈 팥고물을 묻힌 떡으로, 액을 면하게 한다고 하여 백일이나 돌상에 빠지지 않고 올렸다.

(4) 지지는 떡(유전병, 油煎餠) 2021, 2022년 기출

곱게 빻은 곡물가루를 반죽하여 모양을 만든 후 기름에 지져 만든 떡이다. 화전과 주악, 부꾸미 등이 있다.

① 화 전

㉠ 봄에는 진달래꽃, 여름에는 장미, 가을에는 국화꽃, 꽃이 흔하지 않은 겨울철에는 대추와 쑥갓잎 등을 올려 기름에 지진 떡이다.

㉡ 올린 꽃에 따라 진달래화전, 장미화전 등 이름이 달라지며 꽃전이라고도 한다.

② 주 악

㉠ 찹쌀가루는 익반죽한 후 볶은 팥고물, 볶은 깨에 꿀과 계핏가루를 넣고 소를 만든다.

㉡ 소를 넣고 오므려 동글게 빚어 기름에 지져 집청한 떡이다. 대추, 치자, 밤, 후추주악 등이 있다.

③ 부꾸미

㉠ 찹쌀가루나 찰수수가루를 익반죽하여 팥소를 넣고 반달모양으로 빚는다.

㉡ 주로 찰수수가루로 만드는데 찰수수 대신 찹쌀가루로 만들면 찹쌀부꾸미가 된다.

④ 기타 전병류

㉠ 이 밖에 지지는 떡으로는 메밀총떡, 서여향병, 토란병, 권전병, 빙자병 등이 있다.

(5) 기타 떡류

① **약밥** : 약식, 약반이라고도 불렀으며 정월대보름에 만들어 먹는 절식 중 하나다.

② **증 편**

㉠ 증편은 멥쌀가루에 술을 넣어 발효시킨 떡으로, 술은 주로 막걸리를 사용한다.

㉡ 막걸리에 들어있는 효모가 포도당을 분해해 이산화탄소와 알코올을 생성하는데 이산화탄소는 쌀 반죽을 부풀게 하는 역할을 하고, 알코올은 증편 특유의 냄새를 내는 역할을 한다.

㉢ 부푼 쌀 반죽을 증편틀에 담고 대추, 잣, 석이버섯 등으로 고명을 얹어 찐다.

㉣ 기주떡, 기지떡, 기정떡, 술떡, 벙거지떡 등 지방마다 부르는 이름이 다르며, 술을 사용하므로 빨리 쉬지 않아 여름철에 주로 해먹는다.

③ **두텁떡** : 두텁떡은 거피팥에 간장, 계피가루를 넣고 볶아 고물을 만들고 찹쌀가루, 꿀, 대추, 잣, 밤, 유자 등의 다양한 재료를 더해 만든다. 고물을 뿌리고 찹쌀가루를 한 수저씩 떠올린 후 속고물을 넣고 다시 찹쌀가루, 고물 순으로 덮어 안친다.

④ **혼돈병** : 볶은 거피팥고물을 맨 밑에 깔고 쌀가루와 속고물을 올린 후 그 위에 다시 쌀가루와 거피팥 고물을 덮어 작은 봉우리 모양으로 만들어 찌는 떡이다. 손이 많이 가기는 하나 정성이 많이 들어가는 만큼 맛이 뛰어나다.

02 제조기기(롤밀, 제병기, 펀칭기 등)의 종류 및 용도

1. 현대적 떡 제조기기

(1) 쌀가루 제조 관련 설비

① 쌀·곡물 세척기

㉠ 쌀이나 곡물을 깨끗이 세척하는 기계로 쌀과 물이 회전되면서 씻기는 원리이다.

㉡ 여러 번 회전하며 세척한 후 쌀은 걸러내고 물은 배수된다.

▲ 세척기

② 쌀 분쇄기(롤밀)

㉠ 불린 쌀을 가루로 분쇄하는 기계로 스테인리스 롤러, 돌(대리석) 롤러가 있다.

㉡ 롤러의 회전속도나 사이 폭에 따라 쌀가루의 고운 정도가 결정되므로 용도에 맞게 조절하여 사용한다.

㉢ 기계 하단으로 빻아진 쌀가루가 나오므로 기계 작동 전 하단부에 그릇을 받쳐놓는다.

▲ 쌀 분쇄기

③ 설기체(쌀가루분리기)

㉠ 브러시가 회전하면서 쌀가루를 빠르고 곱게 풀어주는 기계로, 일일이 손으로 체를 치는 번거로움을 덜어준다.

㉡ 백설기, 쑥설기, 호박설기 등 다양한 설기를 만들 때 사용하며 재료를 통에 투입 후 즉시 받을 수 있어 많은 양을 빠르게 분리할 수 있다.

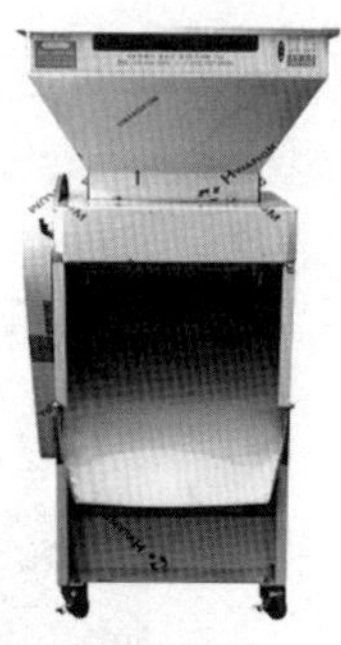

▲ 설기체

(2) 떡을 찌고 치는 설비

① 시루대(스팀받침대)

㉠ 시루를 받쳐놓는 받침대로 수증기가 올라올 수 있도록 제작되었다.

㉡ 시루 여러 개를 위로 올려 한꺼번에 같이 찔 수 있다.

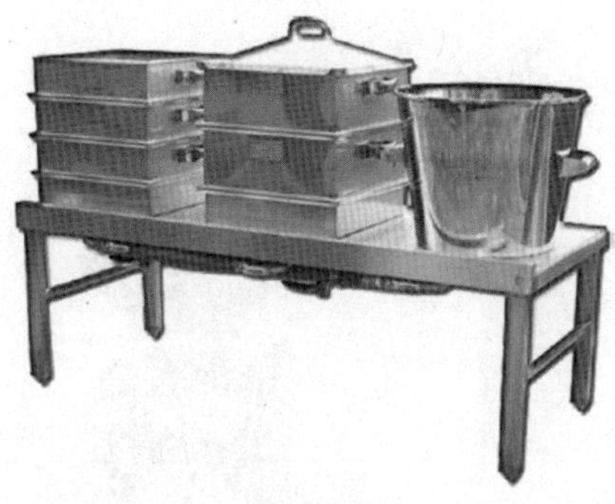

▲ 시루대

② 기름 · 전기스팀보일러

㉠ 물을 데워 수증기를 만드는 기계이다.

㉡ 짧은 시간에 지속적으로 같은 온도의 수증기를 만들어 떡을 찔 수 있게 한다.

▲ 기름스팀보일러

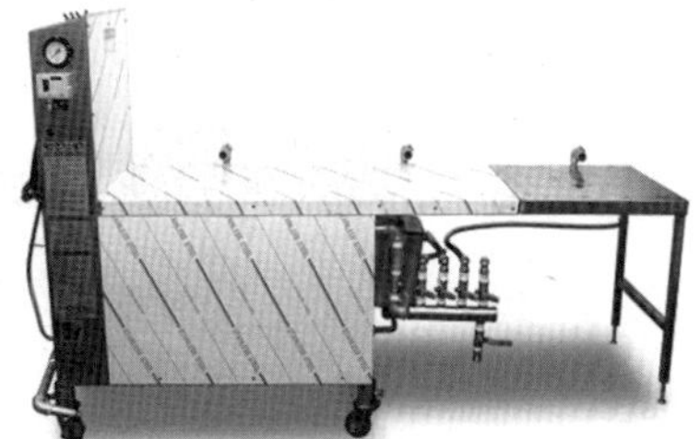
▲ 전기스팀보일러

③ 증편기

㉠ 스팀 보일러와 연결해 증편이나 송편을 시루 없이 편리하게 찔 수 있는 기계다.

㉡ 한 번에 40kg정도를 찔 수 있어 대량 생산에 좋다.

▲ 증편기

④ 일반 펀칭기·스팀 펀칭기

㉠ 바람떡, 꿀떡, 인절미, 송편반죽 등을 치대거나 반죽할 때 사용한다.

㉡ 다 쪄진 떡을 넣어 치대는 일반 펀칭기와 쌀가루를 넣으면 스팀으로 떡을 찐 후 치대주는 스팀 펀칭기가 있다.

▲ 일반 펀칭기

▲ 스팀 펀칭기

(3) 떡을 성형하는 설비

① 제병기

㉠ 제병기에 다양한 모양틀(가래떡, 절편, 떡볶이떡) 중 원하는 모양틀을 꽂은 후 시루에서 찐 떡 반죽을 넣어 각종 떡을 뽑아낸다.

㉡ 기계를 작동하기 전에 찬물을 넣은 그릇을 밑에 두고 떡이 완성되어 뽑혀 나오면 자연스레 찬물에 떡이 떨어질 수 있도록 하면 더 쫄깃한 떡을 만들 수 있다.

▲ 1단 제병기

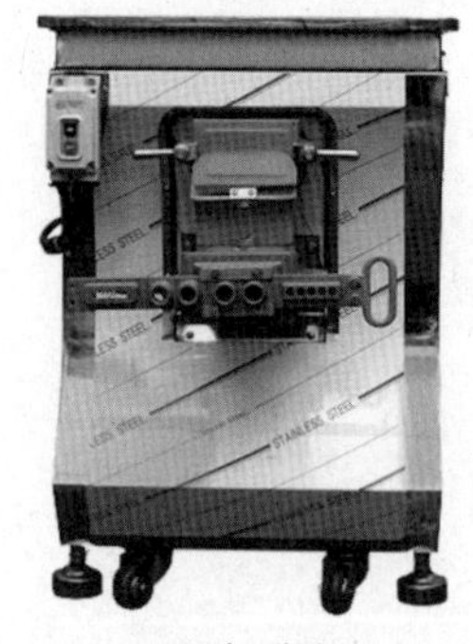

▲ 2단 제병기

② 개피떡(바람떡) 기계

㉠ 떡 반죽과 소를 각각 투입구에 넣으면 개피떡 모양으로 성형되어 나온다.

㉡ 쪄진 떡 반죽이 적당한 두께로 밀리면서 소가 가운데 놓아지고 떡 반죽이 오므려진다.

㉢ 떡이 들러붙지 않게 기름통에 기름을 넣어주어야 한다.

▲ 개피떡 기계

③ 자동 떡 성형기

㉠ 떡을 여러 가지 모양으로 만들 수 있는 기계로 같은 떡이라도 다양한 크기로 조절하여 만들 수 있다.

㉡ 주로 꿀떡, 송편, 찹쌀떡, 경단 등을 만든다.

▲ 자동 떡 성형기

(4) 떡을 절단하는 설비

① 인절미 절단기

㉠ 다 쪄진 인절미 반죽 덩어리를 기계에 넣으면 원하는 크기로 잘려 나온다.

㉡ 밑에 고물이 담긴 그릇을 놓아 떡이 잘려 나오면 바로 고물을 묻힌다.

▲ 인절미 절단기

② 절편, 떡볶이떡, 조랭이떡 절단기

㉠ 제병기에서 입구 앞쪽에 붙여 사용한다.

㉡ 제병기에서 떡이 나오면 절단기로 떡이 들어가고 용도에 맞게 끼워놓은 모양틀에 맞게 떡이 절단되어 나온다.

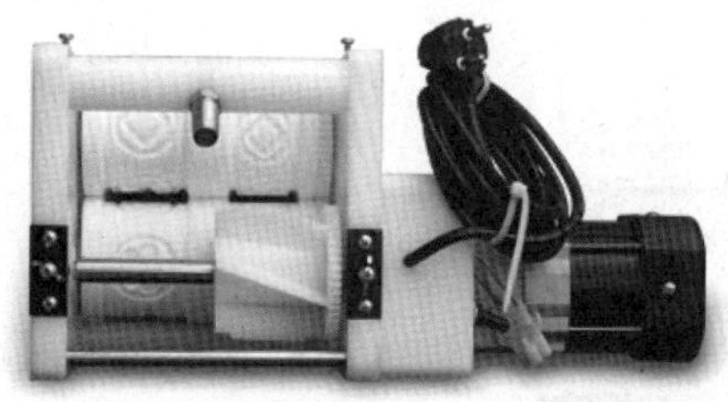

▲ 절편 절단기

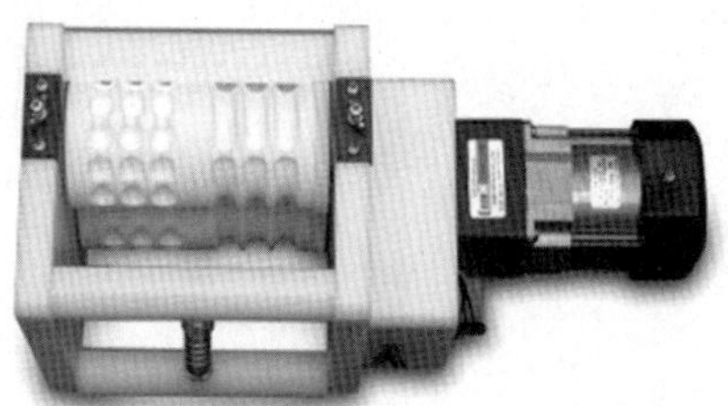

▲ 떡볶이떡, 조랭이떡 절단기

③ 가래떡 절단기

㉠ 제병기에서 나온 가래떡을 찬물에서 건져 가래떡 절단기에 넣으면 일정한 크기로 잘라 떡국떡 모양으로 만들 수 있다.

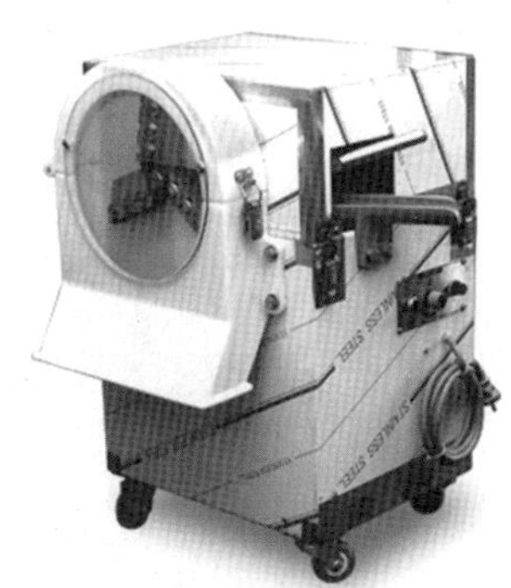

▲ 가래떡 절단기

(5) 기타 설비

① 삼면 포장기

㉠ 떡을 삼면으로 자동포장하는 기계이다.

㉡ 빠른 시간 내에 포장이 가능하기 때문에 떡의 보온을 유지하는 데 효과가 있다.

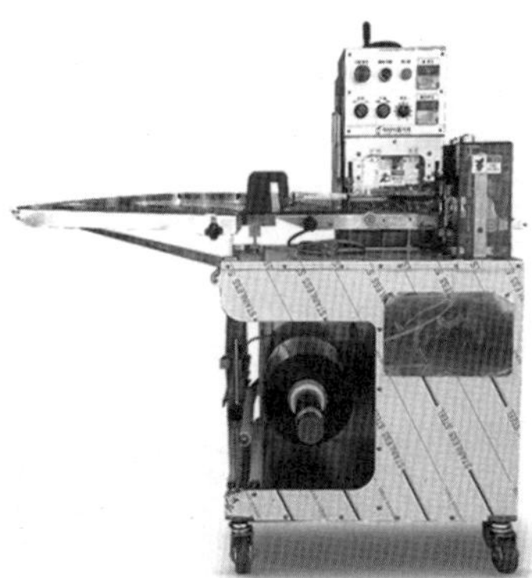

▲ 삼면 포장기

② 볶음솥

㉠ 많은 양의 부재료 콩, 깨, 팥 등을 볶을 때 쓴다.

㉡ 주걱으로 일일이 저어가며 볶을 필요가 없어 편리하고, 고온으로 일정하게 볶아주기 때문에 재료가 덜 상해 보관기간도 늘어난다.

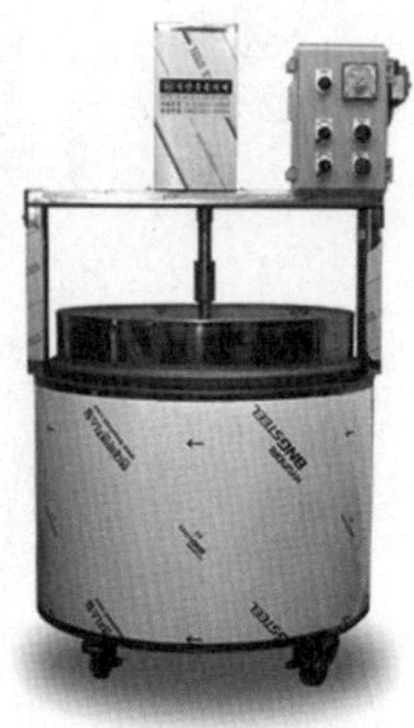

▲ 볶음솥

03 전통도구의 종류 및 용도

1. 전통적 떡 제조기기

(1) 곡물 도정 및 분쇄 도구

① 조 리

쌀을 일어 돌을 걸러내는 데 쓰인다.

▲ 조 리

② 방 아

곡물을 넣어 찧거나 빻아 곱게 가루 내는 도구로 물방아, 물레방아, 연자방아 등이 있다.

▲ 디딜방아

③ 절 구

㉠ 쌀을 곱게 가루로 만들거나 찐 떡을 치댈 때 사용하는 도구이다.

㉡ 나무나 돌의 속을 파낸 구멍에 곡식을 넣고 절굿공이로 찧는다.

㉢ 절구는 통나무나 돌 또는 쇠로 만들었으며 만든 재료에 따라 나무절구, 돌절구, 쇠절구 등으로 구별하여 부른다.

▲ 절 구

④ 맷 돌 2019년 기출

㉠ 곡물을 가는 데 쓰는 도구이다.

㉡ 둥글넓적한 돌 두 개(암쇠와 수쇠)를 중쇠로 연결하고 ㄱ자 모양의 손잡이를 윗돌 구멍에 박거나, 칡이나 대나무로 테를 메워 고정시키기도 한다.

㉢ 위쪽에 곡물을 넣어 손잡이를 돌리면 곡물이 갈아지면서 아래로 흘러내리는 원리이다.

㉣ 맨 밑에 흘러내린 곡물을 받아내는 돌을 맷방석이라 한다.

㉤ 맷방석은 멍석보다는 작고 둥글며 곡식을 널 때 사용한다.

▲ 맷 돌

(2) 익히는 도구

① 시 루

㉠ 떡을 찔 때 사용하는 그릇이다. 시루에는 김이 통하도록 바닥에 구멍이 여러 개 나 있는데 이 구멍을 통하여 뜨거운 증기가 올라와 시루 안의 음식이 쪄지는 원리이다.

㉡ 시루의 바닥과 둘레가 맞는 솥을 골라 물을 붓고 시루를 안치는데 시루와 솥이 닿는 부분에서 김이 새는 것을 막기 위해 시룻번을 발랐다.

㉢ 시룻번은 밀가루나 멥쌀가루를 지름 1cm 정도로 가늘고 길게 만들어 솥과 시루 둘레에 밀착시키면서 돌려 붙여준다.

▲ 시 루

② **번 철** 2019년 기출

㉠ 부침개질・지짐질을 할 때 쓰는 둥글넓적한 철판이다.

㉡ 떡에서는 지지는 떡(화전, 부꾸미)을 만들 때나 거피팥을 볶을 때 사용한다.

▲ 번 철

(3) 떡 성형과 모양내기 도구

① 안반과 떡메 2019년 기출

㉠ 안반은 흰떡이나 인절미 등을 치는 데 쓰이는 받침으로, 주로 나무판을 쓰며 네 귀퉁이에 짧은 다리를 붙인다.

㉡ 떡메는 떡을 치는 공이로, 둥글고 긴 나무토막에 긴 자루가 붙어있다.

▲ 안반(떡판)

▲ 떡 메

② **떡 살** 2019년 기출

㉠ 주로 나무로 만들며 사기나 자기로도 만들었다.

㉡ 문양에는 꽃문양 · 선문양 · 길상문양을 많이 쓴다.

㉢ 수리취절편에는 수레문양을, 잔칫날에는 꽃모양을, 사돈이나 친지에게 보내는 선물용에는 길상문양을 넣어 용도마다 그 모양을 달리했다.

㉣ 떡도장은 찰떡에 쓰이지 않고 메떡(치대는 떡)에 쓰인다.

▲ 나무떡살

▲ 백자떡살

③ **밀판과 밀방망이** : 개피떡을 만들 때 떡 반죽을 넓고 얇게 밀기 위해 사용하는 도구이다.

④ **편칼** : 떡을 썰 때 사용하는 칼로 인절미나 절편 등 형태를 잡아가며 모양을 내어 썰기 좋게 만든 떡 전용칼로 일반 식칼처럼 외날이지만 칼날이 무디며 크기는 50~100cm 내외로 다양하다.

(4) 기 타

① **이남박**

㉠ 쌀을 씻고 일어 건지는 데 쓰였던 나무바가지로, 크기는 일정하지 않으나 대개 지름이 30~70cm 정도이다.

㉡ 바가지 안쪽에는 여러 줄의 골이 가늘게 패어 있는데 쌀을 씻을 때 이 부분에서 가벼운 마찰이 생겨 쌀을 깨끗이 씻을 수 있다.

▲ 이남박

② **체** 2019, 2020, 2021년 기출

㉠ 분쇄된 곡물가루를 일정하게 쳐내거나 거르는 도구로 얇은 송판을 휘어 몸통을 만들고 여기에 말총이나 명주실, 철사 등으로 그물 모양을 만들어 밑판에 끼워 사용했다.

㉡ 체는 쳇바퀴 · 아들바퀴 · 쳇불로 이루어지는데 쳇바퀴는 체의 몸이 되는 부분이고 아들바퀴는 쳇바퀴 안쪽으로 들어가는 바퀴이며 쳇불은 쳇바퀴에 매는 그물이다.

㉢ 체의 단위를 메시(Mesh)라고 한다.

㉣ 쳇불 구멍에 따라 나뉘며, 어레미는 쳇불이 가장 넓은 것이다. 2020년 기출

깁체, 가루체, 고운체	지름 0.5~0.7mm
중간체, 중거리	지름 2mm
굵은체, 도드미, 어레미	지름 3mm 이상

▲ 체

③ **동구리 · 모재비 · 석작** 2021년 기출

㉠ 껍질 벗긴 버들가지나 싸리채 혹은 대오리 등으로 엮어서 상자같이 만든 저장용기로 동그랗게 생긴 것을 동구리라 하고 약간 모난 것을 모재비라고 한다.

㉡ 옷감이나 책을 넣어 두기도 하고 떡이나 한과를 담기도 했다.

㉢ 석작은 대나무로 만든 뚜껑이 있는 바구니로 혼인 때 이바지 음식이나 폐백음식을 담는데 사용한 고급 그릇이다.

④ **쳇다리** : 체로 가루를 내거나 액체를 거를 때에 체를 받치는 도구이다.

⑤ **채반 · 소쿠리** : 재료를 널어 말리거나 물기를 뺄 때 사용했다.

Part 01

출제예상문제

01

멥쌀과 찹쌀로 구분되며 떡을 만드는 데 주로 사용되는 쌀의 종류는?

① 자포니카형(Japonica Type)
② 인디카형(Indica Type)
③ 자바니카형(Javanica Type)
④ 장립종(Long Grain)

02

요오드 정색반응에 청남색으로 변하며, 아밀로오스 함량이 20~30%로 낟알이 반투명한 쌀의 종류는?

① 현미 ② 흑미
③ 멥쌀 ④ 찹쌀

03

도정하여 배유만 남은 것으로, 도정으로 인한 영양분의 손실이 있으나 소화율이 높은 쌀의 종류는?

① 현미 ② 백미
③ 흑미 ④ 찹쌀

01

해설 떡을 만드는 쌀은 자포니카형으로 멥쌀과 찹쌀로 구분된다.

02

해설 멥쌀은 아밀로오스 함량이 20~30%로 낟알이 반투명하고 요오드 정색반응을 하면 청남색으로 변한다.

03

해설 백미는 현미를 도정하여 배유만 남은 것이다. 도정 정도가 많을수록 단백질, 지방, 섬유질 등 영양분이 감소한다.

정답 01 ① 02 ③ 03 ②

04

인조미의 한 종류로 도정미에 비타민 B1, B2를 증강하여 영양가를 높인 쌀은?

① 강화미 ② 향미
③ 합성미 ④ 백미

05

왕겨층만 벗겨낸 것으로 영양분은 많으나 소화율이 떨어지는 쌀의 종류는?

① 현미 ② 흑미
③ 멥쌀 ④ 찹쌀

06

겨울밀의 파종 및 수확시기로 알맞은 것은?

① 파종 : 봄, 수확 : 여름
② 파종 : 봄, 수확 : 가을
③ 파종 : 가을, 수확 : 늦여름
④ 파종 : 봄, 수확 : 봄

07

주로 제빵용으로 사용되며 단백질 함량이 13% 이상으로 입자의 단면이 반투명한 밀의 종류는?

① 경질밀(강력분)
② 중질밀(중력분)
③ 연질밀(박력분)
④ 겨울밀

04

해설 강화미는 인조미(人造米)의 한 종류로 도정미에 비타민 B1, B2를 증강하여 영양가를 높인 쌀이다.

05

해설 벼는 왕겨층, 과피, 종피, 호분층, 배유, 배아로 구성되어 있다. 왕겨층만 제거하면 현미라 한다.

06

해설 겨울밀은 가을에 파종하여 늦여름에 수확한다.

07

해설 경질밀은 단백질 함량이 13% 이상으로 입자의 단면이 반투명하다(제빵용 – 식빵).

정답 04 ① 05 ① 06 ③ 07 ①

안심Touch

08

배유에 존재하며 물을 첨가하여 반죽하면 점성이 생기는 둥근 모양의 저분자 단백질 성분은?

① 글루테닌　　② 글리아딘
③ 알부민　　④ 글로불린

08

해설 글리아딘은 배유에 존재하며 저장 단백질로 불용성이다. 둥근 모양의 저분자 단백질로 물을 첨가하여 반죽하면 점성이 생긴다.

09

수수에는 어떤 성분이 많아 떫은맛이 나는가?

① 탄닌　　② 폴리페놀
③ 트립토판　　④ 루틴

09

해설 수수에는 탄닌(Tannin) 성분이 많아 떫은맛이 난다.

10

밀가루에 함유되어 있는 탄수화물 중 가장 많은 것은?

① 전분　　② 섬유소
③ 덱스트린　　④ 당류

10

해설 밀가루에 함유되어 있는 탄수화물은 전분이 약 80%로 가장 많다.

11

여러 곡류 중 저장성이 가장 좋고 폭립종, 경립종, 마치종, 연립종 등 다양한 품종을 가진 곡류는?

① 밀　　② 옥수수
③ 보리　　④ 수수

11

해설 옥수수는 여러 곡류 중 저상성이 가장 좋고 품종도 다양하다.

정답 08 ② 09 ① 10 ① 11 ②

12

제분하여 떡, 과자, 엿, 주정 원료 등으로 이용하며 아프리카 · 중남미 등에서 주로 재배되는 곡물은?

① 밀
② 옥수수
③ 보리
④ 수수

13

대두에 대한 설명으로 옳지 않은 것은?

① 흰콩, 백태, 대두콩이라고도 불린다.
② 다른 콩과 비교하여 단백질과 지방산, 수분이 많이 부족하다는 단점이 있다.
③ 두부, 된장, 청국장, 두유, 과자, 콩기름의 원료가 된다.
④ 항암, 항노화, 심혈관질환 예방에 도움이 된다.

14

땅콩에 대한 설명으로 옳지 않은 것은?

① 고소한 맛이 특징인 땅콩은 대표적인 저지방, 고단백 건강식품이다.
② 일반 콩보다 지질이 3배가량 높고, 13종의 비타민과 26종의 무기질 등 각종 영양성분이 풍부하게 함유되어 있다.
③ 볶을 때 껍질이 잘 벗겨지지 않고 다 볶은 후에 벗겨지는 것이 좋다.
④ 밥, 수프, 샐러드, 볶음, 조림, 쿠키, 땅콩버터 등 다양한 요리에 활용된다.

12

해설 수수는 덥고 건조한 지역에서 재배되는 작물로 아프리카 · 중남미 등에서 주로 재배된다.

13

해설 대두는 다른 콩과 비교하여 단백질과 지방산, 수분이 풍부하다.

14

해설 고소한 맛이 특징인 땅콩은 대표적인 고지방, 고단백 건강식품이다.

정답 12 ④ 13 ② 14 ①

15

흑태에 대한 설명으로 옳지 않은 것은?

① 흑대두, 서리태, 서목태 등과 같이 검은빛을 띠는 콩이 여럿 있지만 그중에서 오직 흑대두만을 흑태라고 부른다.
② 대표적인 블랙푸드로 단백질, 지방이 풍부하며 안토시아닌과 이소플라본이 풍부하게 함유되어 있다.
③ 몸의 독소를 배출해주는 해독작용을 하고 콜레스테롤을 낮춰준다.
④ 밥에 넣어 먹거나 검은콩국수, 검은콩수제비, 검은콩강정, 검은콩두부, 검은콩차 등 검은콩을 이용한 다양한 제품이 있다.

16

동부에 대한 설명으로 옳지 않은 것은?

① 강두(豇豆), 장두(长豆), 동부콩, 돈부로도 불린다.
② 맛이 쓰고 시큼하며 그 식감이 물컹한 것이 특징이다.
③ 떡의 소, 묵, 빈대떡, 떡고물, 과자, 죽 등으로 활용하며 해외에서는 수프, 스튜, 커리, 페이스트 등으로도 활용한다.
④ 식이섬유가 많아 포만감을 주고 칼로리가 높지 않아 다이어트 음식으로 좋다.

17

떡을 보관할 때 노화가 가장 빨리 일어나는 보관방법은?

① 냉동보관(−18°C 이하)
② 냉장보관(0~10°C)
③ 상온보관(15~25°C)
④ 실온보관(1~30°C)

15

해설 흑태란 흑대두, 서리태, 서목태 등과 같이 검은빛을 띠는 콩을 통틀어 말한다.

16

해설 동부는 맛이 달고 고소하며 그 식감이 아삭한 것이 특징이다.

17

해설 떡의 노화는 0~60°C에서 일어나는데 온도가 낮을수록 그 노화가 빠르다.

정답 15 ① 16 ② 17 ②

18

백미 1kg을 불렸을 때의 무게로 맞는 것은?

① 1.2~1.3kg
② 1.5~1.6kg
③ 1.7~1.8kg
④ 1.8~2.0kg

18

해설 백미 1kg는 불렸을 때 1.2~1.3kg로 불어난다.

19

메떡의 노화가 찰떡보다 빠른 것은 어느 성분 때문인가?

① 아밀로펙틴
② 아밀로오스
③ 펙틴
④ 글리코겐

19

해설 메떡 재료인 멥쌀의 아밀로오스 성분 때문에 찹쌀보다 노화가 빠르다.

20

특유의 색과 향을 가지며, 수분함량이 평균 90% 정도로 매우 높고, 단백질과 지방함량은 매우 적으며 비타민과 무기질 함량이 높은 떡의 부재료는?

① 두류 ② 채소류
③ 과일류 ④ 견과류

20

해설 채소류는 단백질과 지방함량은 매우 적고 수분은 평균 90% 정도로 그 함량이 높다. 또 비타민과 무기질 함량이 높으며 특유의 색과 향을 가진다.

21

다음 중 엽채류 채소가 아닌 것은?

① 배추 ② 쑥갓
③ 시금치 ④ 땅두릅

21

해설 엽채류 채소에는 배추, 상추, 양배추, 시금치, 미나리, 쑥갓 등이 있다.

정답 18 ① 19 ② 20 ② 21 ④

22

다음 중 근채류 채소가 아닌 것은?

① 당근 ② 마늘
③ 토란 ④ 죽순

23

다음 중 화채류 채소가 아닌 것은?

① 콜리플라워 ② 브로콜리
③ 아티초크 ④ 아스파라거스

24

채소의 조리방법 중 열도 높지 않고 수용성 성분이 용출될 우려도 없어 영양성분의 손실이 가장 적은 방법은?

① 삶기 ② 찌기
③ 굽기 ④ 볶기

25

녹색채소를 데치는 방법으로 알맞은 것은?

① 녹색채소를 데칠 때는 미지근한 물에서 끓을 때까지 데쳐야 한다.
② 녹색채소를 데칠 때 색을 선명하게 하기 위해 식소다를 넣어주면 좋다.
③ 조리수의 양은 적을수록 좋다.
④ 소금은 중성염으로 녹색채소를 데칠 때 조금 넣으면 채소의 색을 선명하게 한다.

22

해설 근채류 채소는 무, 당근, 토란, 고구마, 감자, 마늘, 양파 등이 있다. 죽순은 경채류 채소에 속한다.

23

해설 화채류 채소는 콜리플라워, 브로콜리, 아티초크 등이 있다. 아스파라거스는 경채류 채소에 속한다.

24

해설 찌기는 열도 높지 않고 수용성 성분이 용출될 우려도 없으므로 영양성분의 손실이 가장 적은 좋은 방법이다.

25

해설 녹색채소는 끓는 물에서 데쳐야 한다. 또한 알칼리성 물질은 세포의 벽면을 쉽게 끊어지게 하므로 식소다를 넣고 데쳤을 경우 채소가 뭉그러질 수 있다. 조리수의 양은 재료의 5배가 적당하다.

정답 22 ④ 23 ④ 24 ② 25 ④

26

다음 과채류에 대한 설명으로 틀린 것은?

① 오이 : 칼륨이 풍부하고 95%가 수분으로 되어 있어 맛이 시원하다.
② 호박 : 비타민 A와 비타민 C의 함량이 높고, 라이코펜, 베타카로틴 등을 함유하고 있다.
③ 가지 : 항산화제인 안토시아닌을 함유하고 있어 암을 예방하고 콜레스테롤을 낮춘다.
④ 피망 : 비타민 C가 풍부해 피로회복에 좋으며 고혈압과 동맥경화 예방에 효과가 있다.

26

해설 라이코펜, 베타카로틴 등 항산화 물질을 많이 함유하고 있는 것은 토마토다. 호박은 비타민 A와 비타민 C의 함량이 높아 피로회복, 노화방지, 항암효과를 가지고 있다.

27

소금의 분류에 대한 설명으로 옳지 않은 것은?

① 호렴은 염전에서 바닷물을 끌어들여 햇볕에 건조시키는 과정을 반복하여 생긴 소금으로 흔히 천일염 또는 굵은소금이라고도 한다.
② 호렴은 불순물이 많고 수분도 많아 NaCl 농도가 약 80% 정도인 것으로, 배추를 절일 때나 장이나 젓갈을 담글 때 사용한다.
③ 재제염은 꽃소금, 고운소금이라고 하는 것으로 호렴에 비해 색이 희며 결정이 고와 일반적으로 음식 조리에 많이 쓰인다.
④ 정제염은 근래에 가장 많이 쓰이는 식탁염으로 바닷물을 끌어들여 공장에서 나트륨과 염소만을 걸러내어 불순물이 거의 없으나 NaCl 농도가 보통 90%를 넘지 않는다.

27

해설 정제염은 깨끗한 바닷물을 끌어들여 공장에서 나트륨과 염소만을 걸러내어 만든 소금으로 불순물이 거의 없다. 근래에 가장 많이 쓰이는 식탁염으로 NaCl 농도가 95%가 넘는다.

정답 26 ② 27 ④

28

현재 우리나라에서 가장 많이 쓰이고 있는 인공감미료로 설탕의 200배에 달하는 단맛을 내며, 열을 가하면 쉽게 분해되어 단맛을 잃어버리는 감미료는?

① 아스파탐
② 사카린
③ 조청
④ 스테비오사이드

29

부채선인장 또는 손바닥선인장으로도 불리며, 천연기념물 429호로 지정되어 있는 발색제는?

① 비트 ② 백년초
③ 딸기 ④ 홍국쌀

30

쑥에 대한 설명으로 옳지 않은 것은?

① 이른 가을에 길이는 4~5cm 정도로 큰 장쑥이 좋다.
② 잎과 줄기에 하얀 털이 있고 만졌을 때 연한 것이 맛과 향이 좋다.
③ 비타민과 미네랄이 풍부하여 체내 탄수화물과 에너지대사를 촉신하고 해독 기능을 하여 피로 회복에 도움을 준다.
④ 개똥쑥, 참쑥, 제비쑥 등 다양한 품종이 있으며 음식의 재료뿐 아니라 차나 약재, 화장품, 염색제 등으로도 활용되어 쓰임새가 다양하다.

28

해설 아스파탐(Aspartame)은 현재 우리나라에서 가장 많이 쓰이고 있는 인공감미료로 설탕의 200배에 달하는 단맛을 낸다.

29

해설 백년초는 부채선인장 또는 손바닥선인장으로도 불린다. 천연기념물 429호로 지정되어 있으며 제주도 북제주군에서 주로 서식한다.

30

해설 이른 봄에 길이는 4~5cm 정도로 크지 않은 여린 잎이 좋다. 잎과 줄기에 하얀 털이 있고 만졌을 때 연한 것이 맛과 향이 좋다.

정답 28 ① 29 ② 30 ①

31

탄수화물에 대한 설명으로 옳지 않은 것은?

① 포도당은 영양상 가장 중요한 단당류이다.
② 과당은 과일, 꿀 등에 다량 함유되어 있으며 당류 중 가장 단맛이 강하다.
③ 전분은 곡류, 감자류, 콩류의 주성분이며 단맛이 매우 강하다.
④ 섬유소는 식물 세포막을 이루는 주성분으로 채소의 줄기와 잎, 열매의 껍질 등에 들어있다.

31

해설 전분은 곡류, 감자류, 콩류의 주성분이고 대부분 열량섭취원이 되며 단맛이 없다.

32

무기질에 대한 설명으로 옳지 않은 것은?

① 무기질은 체내에서 직접적인 열량원이 되지 못하고 합성되지 못하므로 반드시 식품으로 섭취해야 한다.
② 칼슘, 인, 마그네슘 등은 뼈와 치아를 구성한다.
③ 철은 헤모글로빈의 구성성분이며 아연은 인슐린의 구성성분이다.
④ 신경의 흥분을 뇌로 전달하는 것을 억제한다.

32

해설 무기질은 신경의 흥분을 뇌로 전달하는 것을 돕는다.

33

단백질에 대한 설명으로 옳지 않은 것은?

① 단백질은 체조직과 혈액단백질, 효소, 호르몬 등을 구성하며 근육, 뼈, 피부 조직을 형성한다.
② 탄소, 산소, 수소 3원소로 구성되어 있다.
③ 인체 내 중요한 생리활성물질을 합성한다.
④ r-글로불린은 항체로서 병원균에 대한 방어작용을 한다.

33

해설 탄소(C), 산소(O), 수소(H) 3원소로 구성되어 있는 것은 지질이다.

정답 31 ③ 32 ④ 33 ②

34

지질의 기능에 대한 설명으로 옳지 않은 것은?

① 에너지 공급원으로 1g당 9kcal의 열량을 발생하여 적은 양으로도 높은 열량을 낼 수 있다.
② 피하지방은 체내의 열이 외부로 나가는 것을 막아 체온유지를 한다.
③ 내장지방은 외부로부터 물리적 충격을 받았을 때 충격을 흡수하여 내장기관을 보호한다.
④ 지질은 필수영양소로 성장기 어린이에게 반드시 필요하며, 수용성비타민의 흡수를 돕는다.

35

탄수화물에 대한 설명으로 옳지 않은 것은?

① 1g당 4kcal의 에너지 공급원이다.
② 혈당량을 감소시킨다.
③ 단백질을 절약한다.
④ 중추신경계의 활동에 필수적으로 필요한 영양소이다.

36

마그네슘에 대한 설명으로 옳지 않은 것은?

① 칼슘과 마그네슘은 서로의 흡수를 돕는다.
② 식물 색소인 엽록소의 구성성분으로 식물성 식품에 다량 함유되어 있다.
③ 마그네슘 섭취량이 많고 적음에 따라 소장에서의 흡수량과 신장에서의 배설량이 조절된다.
④ 마그네슘은 신경을 흥분시키는 칼슘과 반대로 신경을 안정시키고 근육의 긴장을 완화시킨다.

34

해설 지질은 필수영양소로 성장기 어린이에게 반드시 필요하며, 지용성비타민의 흡수를 돕는다.

35

해설 탄수화물은 혈당량을 유지해준다.

36

해설 칼슘과 마그네슘은 서로 흡수를 방해한다.

정답 34 ④ 35 ② 36 ①

37

다음 중 지용성비타민이 아닌 것은?

① 비타민 A
② 비타민 C
③ 비타민 D
④ 비타민 K

37

해설 지용성비타민은 지방이나 지방을 녹이는 유기용매에 녹는 비타민으로 비타민 A, D, E, K가 있다.

38

비타민과 그 비타민의 결핍이 가져올 수 있는 증상의 연결이 바르지 않은 것은?

① 비타민 A : 야맹증, 안구건조증
② 비타민 C : 혈액응고 지연, 출혈
③ 비타민 D : 구루병, 골연화증, 골다공증
④ 비타민 E : 빈혈, 근육위축

38

해설 비타민 C의 결핍은 괴혈병을 가져올 수 있다. 혈액응고 지연, 출혈은 비타민 K가 결핍되면 나타나는 증상이다.

39

다음 중 찌는 떡이 아닌 것은?

① 설기떡　　② 켜떡
③ 증편　　④ 단자

39

해설 단자는 치는 떡류에 해당한다.

40

다음 중 치는 떡이 아닌 것은?

① 가래떡　　② 절편
③ 인절미　　④ 송편

40

해설 치는 떡류(도병)는 가래떡, 절편, 인절미, 개피떡, 단자류 등이 있다. 송편은 빚어 찌는 떡이다.

정답 37 ② 38 ② 39 ④ 40 ④

41

다음 중 지지는 떡이 아닌 것은?

① 화전
② 주악
③ 부꾸미
④ 경단

41

해설 지지는 떡류(유전병)는 화전, 주악, 부꾸미, 기타 전병류 등이 있다. 경단은 빚어 삶는 떡이다.

42

떡의 제조원리 중 노화에 대한 설명으로 틀린 것은?

① 노화된 전분은 효소에 의해 쉽게 가수분해되지 않아 소화가 잘 안 된다.
② 찹쌀이 멥쌀보다 노화가 빠르다.
③ 0~60°C에서 노화가 촉진되는데 온도가 낮을수록(0~4°C) 노화가 더 빠르다.
④ 아밀로오스 함량이 높은 전분일수록 노화가 빨리 일어난다.

42

해설 멥쌀이 찹쌀보다 노화가 빠르다.

43

노화의 억제에 대한 설명으로 바르지 않은 것은?

① 당류는 수분유지를 도와 노화를 억제시킨다.
② 유화제 사용은 전분 분자의 침전과 결성형성을 억제하여 노화를 늦출 수 있다.
③ 전분분해 효소인 아밀라아제를 제거하면 노화를 늦출 수 있다.
④ 수분의 증발을 막는 포장으로 노화를 늦출 수 있다.

43

해설 전분분해 효소인 아밀라아제 첨가로 노화를 늦출 수 있다.

정답 41 ④ 42 ② 43 ③

44

치는 떡 중 물이 가장 많이 들어가는 떡은?

① 인절미
② 가래떡
③ 절편
④ 바람떡

45

떡 제조 기본공정의 순서로 맞는 것은?

① 쌀 세척 – 수침 – 1차 분쇄 – 2차 분쇄 – 물주기 – 반죽하기 – 부재료 첨가하기 – 치기 – 찌기 – 냉각과 포장
② 쌀 세척 – 수침 – 1차 분쇄 – 물주기 – 2차 분쇄 – 반죽하기 – 부재료 첨가하기 – 치기 – 찌기 – 냉각과 포장
③ 쌀 세척 – 수침 – 1차 분쇄 – 물주기 – 2차 분쇄 – 반죽하기 – 부재료 첨가하기 – 찌기 – 치기 – 냉각과 포장
④ 쌀 세척 – 수침 – 1차 분쇄 – 2차 분쇄 – 물주기 – 반죽하기 – 찌기 – 치기 – 부재료 첨가하기 – 냉각과 포장

46

송편을 빚을 때 익반죽을 하는 이유는?

① 쌀가루에 설탕을 고루 잘 섞기 위해서
② 떡의 노화를 늦추기 위해서
③ 쌀가루의 전분을 일부분 호화시켜 반죽의 점성을 높이기 위해서
④ 떡의 맛을 좋게 하기 위해서

44

해설 인절미의 물 배합량은 1kg당 100~130g이고 가래떡, 절편의 물 배합량은 1kg당 200~230g이며 바람떡의 물 배합량은 1kg당 300~400g이다.

45

해설 쌀 세척 – 수침 – 1차 분쇄 – 물주기 – 2차 분쇄 – 반죽하기 – 부재료 첨가하기 – 찌기 – 치기 – 냉각과 포장

46

해설 익반죽을 하여 쌀가루를 호화시키면 반죽의 점성이 높아져 송편을 좀 더 수월하게 빚을 수 있다.

정답 44 ④ 45 ③ 46 ③

47

다당류의 종류와 설명의 연결이 바르지 않은 것은?

① 글리코겐 : 동물이 사용하고 남은 에너지를 간이나 근육에 저장하는 탄수화물로, 포도당으로 쉽게 전환되어 에너지원으로 쓰인다.
② 이눌린 : 돼지감자나 우엉 등 땅속줄기나 뿌리식품에 들어있다.
③ 펙틴 : 홍조류를 동결 → 해동 → 건조시킨 것이다.
④ 섬유소 : 식물 세포막을 이루는 주성분으로 채소의 줄기와 잎, 열매의 껍질 등에 들어있다.

48

쌀의 종류에 대한 설명으로 틀린 것은?

① 자포니카형은 쌀알이 굵고 모양이 둥글며 점성이 크다.
② 자바니카형은 자포니카형과 인디카형의 중간 특성을 가지며, 주로 인도네시아 자바섬에서 재배된다.
③ 인디카형의 주재배지는 한국과 일본이다.
④ 자포니카형은 멥쌀과 찹쌀로 구분된다.

49

떡의 주재료인 쌀에 대한 설명으로 틀린 것은?

① 멥쌀에 요오드 정색반응을 하면 청남색을 띠고 찹쌀은 적갈색을 띤다.
② 멥쌀보다 찹쌀이 소화가 잘된다.
③ 5분도미의 도정률은 96%이다.
④ 인조미의 한 종류로 비타민 B1, B2를 증강하여 영양가를 높인 쌀은 합성미이다.

47

해설 펙틴은 감귤류, 사과, 해조류에 들어있으며 과일 껍질 부분에 많다. 홍조류를 동결 → 해동 → 건조시킨 것은 한천이다.

48

해설 인디카형의 주재배지는 인도, 동남아시아이다. 자포니카형 주재배지가 한국과 일본이다.

49

해설 인조미의 한 종류로 비타민 B1, B2를 증강하여 영양가를 높인 쌀은 강화미이다.

- 5분도미의 도정률은?
  0.8 × 5 = 4
  100(현미 도정률) − 4(5분도미 감량률) = 96%(5분도미 도정률)

정답 47 ③ 48 ③ 49 ④

50

떡류 재료에 대한 설명으로 맞는 것은?

① 차조로 만드는 떡의 종류로는 오메기떡, 차좁쌀떡, 조침떡 등이 있다.
② 수수로는 수수부꾸미, 수수경단, 수수무살이 등을 만들며 수수에는 탄닌 성분이 많아 떫은맛이 있기 때문에 물에 최대한 오래 담가 불린다.
③ 땅콩에는 안토시아닌과 이소플라본이 풍부하게 함유되어 있다.
④ 완두콩은 몸에 좋기 때문에 많이 먹을수록 좋다.

51

다음 견과류와 종실류에 대한 설명으로 틀린 것은?

① 호박씨 : 비타민 E와 불포화 지방산을 풍부하게 함유하고 있다.
② 잣 : 통으로 그대로 쓰기도 하고, 가루를 내거나 얇게 썰어서 각종 요리에 고명으로 쓴다.
③ 참깨 : 조선시대 궁중음식의 양념으로서 탕에 많이 쓰였다.
④ 은행 : 청산배당체를 함유하고 있어 많이 먹으면 중독을 일으킬 수 있다.

50

해설 ② 수수에는 탄닌 성분이 많아 떫은맛이 있기 때문에 물에 불리기 전에 세게 문질러 씻어 불리며 이 과정을 3회 정도 반복한다.
③ 흑태에는 안토시아닌과 이소플라본이 풍부하게 함유되어 있으며 땅콩은 대표적인 고지방, 고단백 건강식품으로 13종의 비타민과 26종의 무기질 등 각종 영양성분이 풍부하다.
④ 완두콩에는 청산 성분이 소량 함유되어 있어 많이 섭취할 경우 복통을 일으킬 수 있기 때문에 하루에 40g 이하로 섭취한다.

51

해설 조선시대 궁중음식의 양념으로서 탕에 많이 쓰인 것은 들깨다. 참깨는 비타민 B1, B2, 철분, 칼슘 등이 많이 들어있고 잘 쉬지 않아 여름철 떡의 고물로 사용한다.

정답 50 ① 51 ③

52

탄수화물에 대한 설명으로 틀린 것은?

① 단당류가 3~10개 결합된 것을 올리고당, 단당류가 10개 이상 결합된 것을 다당류라고 한다.
② 탄수화물은 체내에서는 혈액 중 포도당의 형태로 간과 근육에는 글리코겐 형태로 저장되어 있다.
③ 갈락토오스는 당류 중 가장 단맛이 강하며 뇌, 신경조직의 성분이 되므로 유아에게 특히 중요하다.
④ 자당은 포도당과 과당으로 가수분해된다.

52

해설 과당은 당류 중 가장 단맛이 강하며 과일, 꿀 등에 다량 함유되어 있다.

53

영양소의 설명으로 맞는 것은?

① 부분적 완전단백질은 생명유지나 성장에 모두 관계가 없는 단백질로 단백질 급원으로 이것만 섭취하였을 경우 성장이 지연되고 체중이 감소한다.
② 칼슘이 결핍되면 야맹증과 안구건조증이 생길 수 있다.
③ 쌀의 단백질은 오리제닌, 밀의 단백질은 글리아딘이다.
④ 트랜스지방산은 HDL을 높이고 LDL을 낮춘다.

53

해설 ① 부분적 완전단백질은 생명을 유지는 시키지만 성장을 돕지는 못한다.
② 칼슘이 결핍되면 구루병, 골연화증, 골다공증이 생길 수 있다.
④ 트랜스지방산은 좋은 콜레스테롤 HDL을 낮추고 나쁜 콜레스테롤 LDL을 높여 인체에 해롭기 때문에 사용을 규제한다.

54

떡의 종류에 대한 설명으로 틀린 것은?

① 증편은 기주떡, 기지떡, 기정떡, 술떡, 벙거지떡 등 지방마다 부르는 이름이 다르다.
② 지지는 떡은 유전병이라고도 불린다.
③ 느티떡과 깨찰편은 켜떡이다.
④ 부꾸미는 대표적인 치는 떡에 해당한다.

54

해설 부꾸미, 화전, 전병 등은 기름에 지져 만드는 떡이다.

정답 52 ③ 53 ③ 54 ④

55

다음 전통 떡제조도구 중 떡의 모양을 내는 도구에 해당하지 않는 것은?

① 번철
② 안반과 떡메
③ 떡살
④ 밀판과 밀방망이

56

다음 현대 떡제조도구 중 불린 쌀을 가루로 분쇄하는 기계는?

① 펀칭기
② 증편기
③ 롤밀
④ 시루대

57

다음 중 용도가 비슷한 도구끼리 연결된 것은?

① 떡살 - 펀칭기
② 조리 - 설기체
③ 이남박 - 제병기
④ 시루 - 증편기

55

해설 번철은 부침개질·지짐질을 할 때 쓰는 둥글넓적한 철판이다. 떡에서는 지지는 떡(화전, 부꾸미)을 만들 때나 거피팥을 볶을 때 사용한다.

56

해설 롤밀(쌀 분쇄기)은 불린 쌀을 가루로 분쇄하는 기계로 스테인리스 롤러, 돌(대리석) 롤러가 있다. 롤러의 회전속도나 사이 폭에 따라 쌀가루의 고운 정도가 결정되므로 용도에 맞게 조절하여 사용한다. 기계 하단으로 빻아진 쌀가루가 나오므로 기계 작동 전 하단부에 그릇을 받쳐놓는다.

57

해설 전통도구인 시루는 떡을 찔 때 사용하는 그릇으로 김이 통하도록 바닥에 구멍이 여러 개 뚫려 있어 이 구멍으로 뜨거운 증기가 통과하여 떡이 익도록 한다. 현대도구인 증편기는 스팀 보일러와 연결해 증편이나 송편을 시루 없이 편리하게 찔 수 있는 기계다.

정답 55 ① 56 ③ 57 ④

PART 02

떡류 만들기

Chapter 01

재료준비

key point

- 재료의 관리를 할 수 있다.
- 재료의 전처리를 할 수 있다.

01 재료관리

1. 쌀

① 쌀은 뜨거운 열기와 습기가 없는 건조하고 통풍이 잘되는 장소에 보관하는데, 곤충이나 이물질을 차단할 수 있는 위생적인 용기에 담아 보관한다.

② 수분 함유율 15% 이하, 상대습도 75%로 저장하는 것이 해충이나 미생물로 인한 쌀의 변질을 막고, 쌀의 품질을 유지하는데 좋다.

③ 곰팡이가 피어 있거나, 색깔이 변한 쌀을 사용해서는 안 된다.

④ 쌀을 물에 불려 가루로 만든 후에는 수분이 함유되어 있어 금방 상하므로 반드시 냉장이나 냉동보관해야 한다.

2. 두 류

① **대두** : 18~22℃ 온도가 적당한데 생수병에 담아 통풍이 잘되는 곳에 보관하면 벌레도 생기지 않고 오래 보관할 수 있다. 불린 콩은 물기를 제거한 후 냉동보관하고 필요할 때마다 꺼내 쓴다.

② **서리태** : 생수병에 담아 통풍이 잘되는 곳에 보관하면 벌레도 생기지 않고 오래 보관할 수 있다. 불린 콩은 물기를 제거한 후 냉동보관하고 필요할 때마다 꺼내 쓴다.

③ **팥** : 습기가 없고 통풍이 잘되는 서늘한 곳에 보관해야 하며 온도가 높은 여름철에는 밀봉하여 냉장보관한다.

④ **완두** : 꼭지를 따지 않고 밀봉하여 냉장보관하거나 껍질을 벗기고 낱알만 밀봉하여 냉동보관한다.

⑤ **동부콩** : 통풍이 잘되는 곳에 수분함량 11% 이하로 유지하여 보관한다.

⑥ **울타리콩** : 완전히 익은 것은 껍질을 까서 말리고 풋콩은 냉동보관한다.

⑦ **땅콩** : 밀봉하여 서늘한 곳에 보관한다. 껍질을 깐 것은 밀봉하여 냉장이나 냉동보관한다.

3. 채소류

① 건조하면서도 서늘하고 통풍이 잘되는 위생적인 용기에 보관해야 한다.

② 채소는 반드시 물기를 제거한 후 냉장보관하며 씻은 채소와 씻지 않은 채소는 따로 보관한다.

③ 3℃ 이하의 냉장보관은 냉해를 가져올 수 있으므로 주의하여야 한다.

④ **쑥** : 물기가 없는 상태로 밀봉한 후 냉장보관한다. 장기보관 시 끓는 물에 데친 후 꽉 짜서 물기를 제거한 후 냉동보관한다.

⑤ **단호박** : 통풍이 잘되고 서늘한 곳에서 보관한다. 껍질을 벗기고 씨를 제거한 후에는 밀봉하여 냉장이나 냉동보관한다. 바짝 말려 고지로 만든 후에는 그늘지고 통풍이 잘되는 곳에 보관하거나 장기보관 시 냉동보관한다.

⑥ **감자** : 온도는 1~4°C 정도로 통풍이 잘되고 서늘하며, 직사광선을 받지 않는 어두운 곳에 저장한다. 싹이 나거나 푸르게 변한 감자는 독성이 있으므로 먹지 않도록 주의한다.

⑦ **고구마** : 12~15°C 정도의 실온에 보관하는 것이 적당하며 수확 후 넓게 펼쳐 말려 물기를 제거한 후 종이 등으로 개별포장해 통풍이 잘되는 곳에 보관하면 좋다.

4. 견과류

① **밤** : 밤을 밀봉한 후 −1~0°C 정도로 저온 저장한다. 껍질을 벗긴 밤은 적당한 크기로 썰어 냉동보관한 후 바로 꺼내 쓴다. 냉동 밤은 해동하면 물러지므로 해동하지 않고 바로 쓴다.

② **잣** : 어둡고 서늘한 곳에 껍질째로 보관하는 것이 좋으며 껍질을 깐 것은 냉동보관한다.

③ **호두** : 껍질을 깐 호두는 산패되기 쉬우므로 냉동보관한다.

④ **아몬드** : 다른 냄새를 잘 흡수하므로 반드시 밀봉하여 보관하며 산패되기 쉬우므로 냉동보관한다.

5. 가루류(호박가루, 쑥가루, 석이버섯가루, 참깨가루, 계피가루 등)

① 바짝 말려 가루 낸 것들은 실온보관이 가능하나 장기보관을 위해서는 냉동보관한다.

02 재료의 전처리

1. 재료의 계량 2019년 기출

(1) **전자저울** : 중량을 측정하며 g과 kg으로 나타낸다. 저울의 눈금이 0인지 확인한 후 계량한다.

(2) **수동저울** : 저울의 수평을 확인하고 저울의 정면에서 눈금을 읽는다.

(3) **계량컵** : 계량컵(1C)의 용량은 200cc이며 가득 계량할 때에는 계량컵의 높이만큼 채운 후 깎아서 계량한다.

(4) **계량스푼** : 부피를 측정하며 Ts(Table spoon : 큰술), ts(tea spoon : 작은술)로 표시한다. 1Ts는 15cc이며 1ts는 5cc이다.

(5) 액체류는 투명계량컵에 담아 계량하며, 눈높이와 수평을 맞춘 후 눈금을 읽는다.

(6) 곡류와 가루류는 계량컵에 가득 담아 살짝 흔들고 윗면을 편평하게 깎은 후 계량한다. 곡류와 가루류의 계량은 계량컵보다 저울이 정확한 계량에 좋다.

(7) 흑설탕과 버터같이 수분이 많아 빈공간이 생길 수 있는 재료를 계량할 때에는 꾹꾹 눌러 담아 계량한다. 이것 또한 저울이 정확한 계량에 좋다.

▲ 계량스푼

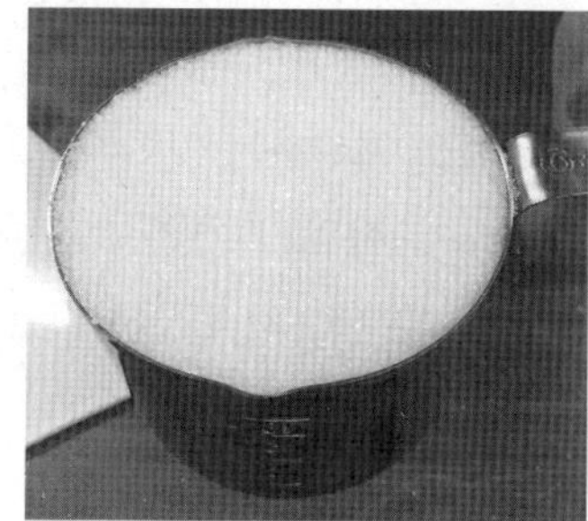
▲ 계량컵

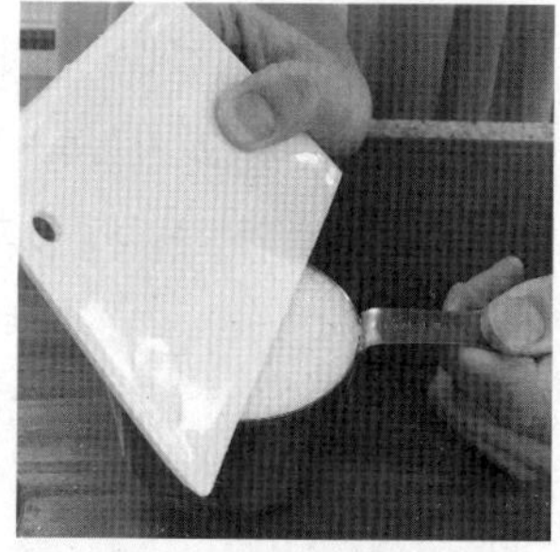
▲ 계량컵 계량하기

핵심 체크 OX

계량컵, 계량스푼은 부피를 측정하며 계량컵 1C=200cc(200ml), 계량스푼 1Ts=15cc, 1ts=5cc이다. (○ / ×)

정답 ○

2. 재료의 전처리

(1) **서리태** : 물에 여러 번 헹궈 깨끗이 씻은 후 12시간 이상 물에 불린다. 포근포근할 정도로 물에 삶거나 쪄서 사용한다.

(2) **밤** : 겉껍질과 속껍질을 깐 후 용도에 맞게 얇게 슬라이스하거나 깍둑썰기하여 사용한다.

(3) **완두배기** : 끓는 물에 살짝 데쳐 사용한다.

(4) **팥** : 팥을 삶을 때 첫 물은 버리고 다시 물을 받아 삶아준다.

(5) **호두** : 속껍질을 이쑤시개로 벗겨 사용한다(식초 넣은 끓는 물에 데치면 쉽게 벗길 수 있다).

(6) **호박고지** : 잘 마른 호박고지는 물로 한 번 헹궈 내거나 설탕을 푼 미지근한 물에 10분 정도 불려준 후 물기를 짜내어 적당한 크기로 잘라 사용한다(맹물에 불리면 삼투압 현상으로 호박의 단 성분이 물로 빠져나간다).

(7) **대추** : 쌀가루에 섞어 고물로 사용할 때는 끓는 물에 한 번 데친 후 사용한다(데치지 않고 쌀가루에 그냥 섞을 경우 대추 주름 사이에 낀 쌀가루는 설익을 수 있다).

(8) **거피팥, 거피녹두** : 6시간 정도 불린 후 여러 번 헹궈 남아있는 껍질을 완전히 제거하여 김 오른 찜기에 찐다.

(9) **호박** : 호박을 설탕에 절여 사용할 때에는 미리 절여두면 물이 생기므로 쌀가루에 섞기 바로 전에 설탕에 버무린다.

(10) **쑥** : 줄기는 질기고 억세기 때문에 제거하고 사용한다. 쑥을 깨끗이 잘 씻어 이물질을 제거한 후 소금이나 소다를 넣고 끓는 물에 데친다. 데친 후 찬물에 헹궈 물기를 뺀 후 소분하여 냉동보관한다.

Chapter 02

고물 만들기

key point

- 찌는 고물 제조과정을 알 수 있다.
- 삶는 고물 제조과정을 알 수 있다.
- 볶는 고물 제조과정을 알 수 있다.

01 찌는 고물 제조과정

1. 거피팥고물

① 거피팥을 물에 6시간 정도 담가 불린다.
② 불린 팥은 제물에서 비벼 씻어 남아 있는 껍질을 완전히 제거한 후 시루에 안친다.
③ 김 오른 찜기에 20~30분 정도 푹 쪄낸다.
④ 다 쪄진 거피팥은 스텐볼에 쏟아 부은 후 소금을 넣고 방망이로 대강 빻아준다.
⑤ 어레미체에 내린다.
⑥ 설탕을 섞어준다.

2. 녹두고물

① 거피녹두를 물에 6시간 정도 담가 불린다.
② 불린 녹두는 제물에서 비벼 씻어 남아 있는 껍질을 완전히 제거한 후 시루에 안친다.
③ 김 오른 찜기에 20~30분 정도 푹 쪄낸다.
④ 다 쪄진 거피녹두는 스텐볼에 쏟아 부은 후 소금을 넣고 방망이로 대강 빻아준다.
⑤ 어레미체에 내린다.
⑥ 설탕을 섞어준다.

3. 편콩고물

① 롤밀로 콩을 반을 쪼갠 후 물에 씻어준다.

② 물기를 뺀 후 찜기에 찐다.

③ 다 쪄진 콩을 스텐볼에 쏟아 부은 후 소금을 넣고 방망이로 대강 빻아준다.

④ 어레미체에 내린다.

⑤ 설탕을 섞어준다.

02 삶는 고물 제조과정

1. 붉은팥고물

① 붉은 팥은 이물질을 잘 골라내고 깨끗이 씻는다.

② 팥에 물을 넣고 끓으면 그 물을 버리고 다시 물을 부어 팥이 무를 때까지 삶는다.

③ 다 삶은 팥은 스텐볼에 쏟아 부은 후 소금을 넣고 방망이로 대강 빻아준다.

④ 설탕을 섞은 후 분이 생길 때까지 넓은 쟁반에 펼쳐 식히거나 팬에 볶아 분을 낸다.

더 알아보기

- 팥은 불리지 않고 삶는다.
- 물이 끓으면 3~5분 정도 더 끓이고 물을 버린다. 첫 물을 버리지 않고 삶으면 팥의 사포닌 성분이 속을 쓰리게 한다.

2. 밤고물

① 밤을 깨끗이 씻은 후 물에 넣고 푹 삶아준다.

② 겉껍질과 속껍질을 모두 벗긴 후 소금을 넣어 고루 섞어준다.

③ 방망이로 대강 빻은 후 어레미체에 내린다.

03 볶는 고물 제조과정

1. 콩고물

① 콩은 이물질을 잘 고르고 깨끗이 씻은 후 물기를 뺀다.
② 타지 않게 볶은 후 껍질을 벗겨 소금을 넣고 곱게 간다.
③ 설탕을 넣는다.

2. 참깨고물

① 깨를 물에 깨끗이 씻은 후 이물질 없이 잘 일어낸다.
② 손으로 비벼 껍질을 벗긴다.
③ 물에 뜬 빈 껍질을 조리로 건져낸 후 알맹이는 체에 받쳐 물기를 뺀다.
④ 타지 않게 볶는다.
⑤ 소금, 설탕간을 한다.

3. 흑임자고물

① 깨를 물에 깨끗이 씻은 후 이물질 없이 잘 일어낸다.
② 체에 받쳐 물기를 뺀 후 타지 않게 볶는다.
③ 소금을 넣고 곱게 빻는다.
④ 설탕을 넣는다.

Chapter

03

떡류 만들기

key point

찌는 떡류(설기떡, 켜떡 등) 제조과정을 알 수 있다.
치는 떡류(인절미, 절편, 가래떡 등) 제조과정을 알 수 있다.
빚는 떡류(찌는 떡, 삶는 떡) 제조과정을 알 수 있다.
지지는 떡류 제조과정을 알 수 있다.
기타 떡류(약밥, 증편 등)의 제조과정을 알 수 있다.

01 찌는 떡류(설기떡, 켜떡 등) 제조과정

1. 백설기

멥쌀가루에 물주기하여 깨끗하게 찌는 떡이다. '흰무리'라고도 하며 티 없이 맑고 깨끗하게 자라라는 뜻으로 아이의 삼칠일, 백일, 돌 때 빠지지 않는 떡이다.

(1) 재 료

멥쌀가루, 소금, 물, 설탕

(2) 만드는 법 2019년 기출

① 쌀가루에 소금을 넣고 섞는다.
② 수분을 준 후 체에 내린다.
③ 설탕을 넣은 후 찜기에 안친다.
④ 김 오른 물솥에 올려 찐다.
⑤ 뜸을 들인다.

안심Touch

2. 콩설기

멥쌀가루에 물주기하여 내린 뒤 서리태나 각종 콩을 섞어 만드는 떡이다. 떡에 부족한 단백질을 보충해 주어 영양적으로도 좋다.

(1) 재 료

멥쌀가루, 소금, 물, 설탕, 서리태

(2) 만드는 법

① 콩은 12시간 불린다.
② 불린 콩은 소금을 약간 넣고 물에 삶는다.
③ 체에 받쳐 물기를 뺀다.
④ 쌀가루에 소금을 넣고 섞는다.
⑤ 수분을 준 후 체에 내린다.
⑥ 콩을 넣은 후 고루 섞는다.
⑦ 설탕을 넣고 찜기에 안친다.
⑧ 김 오른 물솥에 올려 찐다.
⑨ 뜸을 들인다.

더 알아보기

- 콩을 삶을 때는 거품을 걷어 내며 삶는다.
- 10분 정도 콩이 포근해질 때까지 삶는다.

3. 쑥설기

멥쌀가루에 연한 쑥을 섞어 찐 떡으로 쑥향이 좋은 봄에 많이 해먹는 떡이다.

(1) 재 료

멥쌀가루, 소금, 물, 설탕, 쑥가루

(2) 만드는 법

① 쌀가루에 소금을 넣고 섞는다.
② 쑥가루를 넣고 고루 섞는다.
③ 수분을 준 후 체에 내린다.
④ 설탕을 넣은 후 찜기에 안친다.
⑤ 김 오른 물솥에 올려 찐다.
⑥ 뜸을 들인다.

4. 삼색설기

쌀가루에 색을 들여 안치고 대추와 비늘잣으로 장식하는 떡이다.

(1) 재 료

멥쌀가루, 소금, 물, 설탕, 치자, 쑥가루, 대추, 잣

(2) 만드는 법

① 치자는 반으로 으깬 후 물을 넣어 노란색을 우린다.
② 대추는 깨끗이 씻어 돌려 깎은 후 돌돌 말아 대추꽃을 만든다.
③ 잣은 반으로 잘라 비늘잣을 만든다.
④ 쌀가루에 소금을 넣고 섞는다.
⑤ 쌀가루를 3등분한다.
⑥ 쌀가루 1/3에 수분을 준 후 체에 내린다.
⑦ 쌀가루 1/3에 치자물을 넣어 수분을 잡은 후 체에 내린다.
⑧ 쌀가루 1/3에 쑥가루를 넣고 수분을 잡은 후 체에 내린다.
⑨ 각각의 쌀가루에 설탕을 섞는다.
⑩ 쑥쌀가루 – 치자쌀가루 – 쌀가루 순으로 찜기에 안친다.
⑪ 칼금을 넣는다.
⑫ 대추꽃과 잣으로 장식한다.
⑬ 김 오른 물솥에 올려 찐다.
⑭ 뜸을 들인다.

더 알아보기

대추꽃을 만들 때에는 대추를 돌려 깎은 후 밀대로 한 번 밀어 대추의 두께를 고루 맞춰주면 대추꽃이 더 깔끔하다.

5. 무지개떡

멥쌀가루를 나누어 각각의 색을 들이고 물주기하여 쪄낸 떡이다. 떡의 오색이 무지개 같다고 하여 무지개떡이라고 불렸으며 색편 또는 오색편이라고도 한다.

(1) 재 료

멥쌀가루, 소금, 물, 설탕, 홍국쌀가루, 호박가루, 쑥가루, 코코아가루

(2) 만드는 법

① 쌀가루에 소금을 넣고 섞는다.
② 쌀가루를 5등분한다.
③ 쌀가루 1/5에 수분을 준 후 체에 내린다.
④ 쌀가루 1/5에 홍국쌀가루를 넣고 고루 섞어 수분을 잡은 후 체에 내린다.
⑤ 쌀가루 1/5에 호박가루를 넣고 고루 섞어 수분을 잡은 후 체에 내린다.
⑥ 쌀가루 1/5에 쑥가루를 넣고 고루 섞어 수분을 잡은 후 체에 내린다.
⑦ 쌀가루 1/5에 코코아가루를 넣고 고루 섞어 수분을 잡은 후 체에 내린다.
⑧ 각각의 쌀가루에 설탕을 섞는다.
⑨ 코코아쌀가루 - 쑥쌀가루 - 호박쌀가루 - 홍국쌀가루 - 흰쌀가루 순으로 찜기에 안친다.
⑩ 김 오른 물솥에 올려 찐다.
⑪ 뜸을 들인다.

6. 석이병 2019, 2020, 2022년 기출

석이버섯을 곱게 가루 내어 멥쌀가루에 섞어 찐 떡으로 '석이편'이라고도 한다. 석이채와 비늘잣으로 장식하는 고급떡이다.

(1) 재 료

멥쌀가루, 소금, 물, 설탕, 석이버섯가루

(2) 만드는 법

① 쌀가루에 소금을 넣고 섞는다.
② 석이버섯가루를 넣고 고루 섞어 수분을 준 후 체에 내린다.
③ 설탕을 섞은 후 찜기에 안친다.
④ 김 오른 물솥에 올려 찐다.
⑤ 뜸을 들인다.

7. 잡과병

멥쌀가루에 여러 과일을 섞는다는 뜻으로 잡과병(雜果餠)이라는 이름이 붙여졌다. 상큼한 유자향에 여러 과일이 잘 어우러져 맛으로도 영양적으로도 우수한 떡이다.

(1) 재 료

멥쌀가루, 소금, 물, 설탕, 밤, 곶감, 대추, 호두, 잣, 유자건지

(2) 만드는 법

① 고물을 손질한다.
② 쌀가루에 소금을 넣고 섞는다.
③ 수분을 준 후 체에 내린다.
④ 설탕을 넣고 섞는다.
⑤ 손질한 고물을 넣고 고루 섞은 후 찜기에 안친다.
⑥ 김 오른 물솥에 올려 찐다.
⑦ 뜸을 들인다.

8. 붉은팥 메시루떡

멥쌀가루에 팥고물을 켜켜이 올려 안친 켜떡이다. 적팥의 붉은색이 잡귀를 물리쳐 액을 막을 수 있다고 하여 고사를 지내거나 이사를 할 때 만들어 이웃과 나누어 먹었다.

(1) 재 료

불린 멥쌀, 소금, 물, 설탕, 팥고물

(2) 만드는 법

① 팥은 이물질을 잘 골라낸 후 깨끗이 씻는다.
② 팥에 물을 넣고 끓으면 그 물을 버리고 다시 물을 부어 팥이 무를 때까지 삶는다.
③ 다 삶은 팥은 스텐볼에 쏟아 부은 후 소금을 넣고 방망이로 대강 빻는다.
④ 설탕을 섞은 후 분이 생길 때까지 넓은 쟁반에 펼쳐 식히거나 팬에 볶아 분을 낸다.
⑤ 멥쌀가루에 소금을 넣고 섞는다.
⑥ 수분을 준 후 체에 내린다.
⑦ 쌀가루에 설탕을 넣고 고루 섞는다.
⑧ 팥고물과 쌀가루를 번갈아 가며 켜켜이 안친다.
⑨ 김 오른 물솥에 올려 찐다.
⑩ 뜸을 들인다.

더 알아보기

켜떡을 만들 때에는 수증기가 쌀가루를 잘 치고 올라오는지 반드시 확인해야 한다.

9. 붉은팥 찰시루떡

찹쌀가루에 팥고물을 켜켜이 올려 안친 켜떡이다. 찹쌀에 팥고물을 여러 번 올릴수록 수증기가 잘 올라와 찰떡이 더 수월하게 쪄진다.

(1) 재 료

찹쌀가루, 소금, 물, 설탕, 팥고물

(2) 만드는 법

① 팥은 이물질을 잘 골라낸 후 깨끗이 씻는다.
② 팥에 물을 넣고 끓으면 그 물을 버리고 다시 물을 부어 팥이 무를 때까지 삶는다.
③ 다 삶은 팥은 스텐볼에 쏟아 부은 후 소금을 넣고 방망이로 대강 빻는다.
④ 설탕을 섞은 후 분이 생길 때까지 넓은 쟁반에 펼쳐 식히거나 팬에 볶아 분을 낸다.
⑤ 찹쌀가루에 소금을 넣고 섞는다.
⑥ 수분을 준 후 손바닥으로 고루 비벼 섞는다.
⑦ 팥고물과 쌀가루를 번갈아 가며 켜켜이 안친다.
⑧ 김 오른 물솥에 올려 찐다.

10. 거피팥 시루떡

찹쌀가루에 거피팥고물을 켜켜이 올려 안친 켜떡이다. 붉은팥보다 껍질이 얇아 벗기기 쉬운 검은팥의 껍질을 제거(거피)하여 고물로 만든다.

(1) 재 료

찹쌀가루, 소금, 물, 설탕, 거피팥고물

(2) 만드는 법

① 거피팥을 물에 6시간 정도 담가 불린다.
② 불린 팥은 제물에서 비벼 씻어 남아 있는 껍질을 완전히 제거한 후 시루에 안친다.
③ 김 오른 찜기에 20~30분 정도 푹 쪄낸다.
④ 다 쪄진 거피팥은 스텐볼에 쏟아 부은 후 소금을 넣고 방망이로 대강 빻는다.
⑤ 어레미체에 내린 후 설탕을 섞는다.

⑥ 찹쌀가루에 소금을 넣고 섞는다.
⑦ 수분을 준 후 손바닥으로 고루 비벼 섞는다.
⑧ 거피팥고물과 쌀가루를 번갈아 가며 켜켜이 안친다.
⑨ 김 오른 물솥에 올려 찐다.

11. 녹두시루떡

찹쌀가루에 녹두고물을 켜켜이 올려 안친 켜떡이다.

(1) 재 료

찹쌀가루, 소금, 물, 설탕, 녹두고물

(2) 만드는 법

① 거피녹두를 물에 6시간 정도 담가 불린다.
② 불린 녹두는 제물에서 비벼 씻어 남아 있는 껍질을 완전히 제거한 후 시루에 안친다.
③ 김 오른 찜기에 20~30분 정도 푹 쪄낸다.
④ 다 쪄진 거피녹두는 스텐볼에 쏟아 부은 후 소금을 넣고 방망이로 대강 빻아준다.
⑤ 어레미체에 내린 후 설탕을 섞는다.
⑥ 찹쌀가루에 소금을 넣고 섞는다.
⑦ 수분을 준 후 손바닥으로 고루 비벼 섞는다.
⑧ 녹두고물과 쌀가루를 번갈아 가며 켜켜이 안친다.
⑨ 김 오른 물솥에 올려 찐다.

12. 콩찰편

불린 서리태 콩에 소금, 설탕간을 하고 찹쌀가루에 켜켜이 올려 안친 켜떡이다.

(1) 재 료

불린 찹쌀, 소금, 물, 설탕, 서리태, 소금, 흑설탕

(2) 만드는 법

① 서리태는 물에 12시간 정도 불린다.
② 불린 서리태에 소금, 흑설탕을 넣고 팬에 볶는다.
③ 찹쌀가루에 소금을 넣고 섞는다.
④ 수분을 준 후 손바닥으로 고루 비벼 섞는다.
⑤ 서리태고물 - 찹쌀가루 - 서리태고물 순으로 안친다.
⑥ 김 오른 물솥에 올려 찐다.
⑦ 쪄낸 떡의 서리태고물 위에 흑설탕을 뿌린다.

더 알아보기

서리태고물 만들기

가. 서리태는 미지근한 물에 담가 충분히 불린다.
나. 소금과 흑설탕을 넣은 후 팬에 볶아 조려준다.
다. 식힌다.

13. 깨찰편

찹쌀가루에 깨고물을 켜켜이 올려 안친 켜떡이다. 잘 상하지 않아 여름철에 주로 해먹는다.

(1) 재 료

찹쌀가루, 소금, 물, 설탕, 깨고물

(2) 만드는 법

① 찹쌀가루에 소금을 넣고 섞는다.

② 수분을 준 후 손바닥으로 고루 비벼 섞는다.

③ 설탕을 넣고 고루 섞어준다.

④ 녹두고물과 쌀가루를 번갈아 가며 켜켜이 안친다.

⑤ 김 오른 물솥에 올려 찐다.

14. 두텁떡

쌀가루와 고물을 간장으로 간을 한 궁중의 대표적인 떡으로 임금님 생신 때 빠지지 않고 올랐다. 봉긋한 봉우리 모양을 닮았다고 해서 '봉우리떡', '후병'(厚餠)이라고도 불린다. 2019년 기출

(1) 재 료

찹쌀가루, 진간장, 설탕, 꿀, 물, 계피가루, 거피팥, 호두분태, 잣, 대추채, 밤채

(2) 만드는 법

① 찹쌀가루에 진간장과 꿀을 넣고 손바닥으로 고루 비벼 섞는다.
② 거피팥은 6시간 불려 무르게 찐다.
③ 간장, 계피가루를 넣고 어레미체에 내린다.
④ 설탕을 섞은 후 번철에 포슬포슬하게 볶는다.
⑤ 볶은 두텁고물에 호두분태, 잣, 대추채, 밤채를 섞어 뭉치고 동그랗게 속고물을 빚는다.
⑥ 두텁고물을 시루에 충분히 뿌린 후 찹쌀가루를 서로 붙지 않게 한수저씩 떠 놓는다.
⑦ 찹쌀가루 위에 소를 하나씩 얹은 후 다시 찹쌀가루를 봉우리처럼 덮는다.

⑧ 봉우리 위에 두텁고물을 충분히 뿌려준다.
⑨ 김 오른 물솥에 올려 찐다.

15. 물호박떡 2020년 기출

멥쌀가루에 늙은 호박과 팥고물을 켜켜이 올려 안친 켜떡이다.

(1) 재 료

멥쌀가루, 소금, 설탕, 물, 늙은 호박, 팥고물

(2) 만드는 법

① 붉은 팥은 이물질을 잘 골라내고 깨끗이 씻는다.

② 팥에 물을 넣고 끓으면 그 물을 버리고 다시 물을 부어 팥이 무를 때까지 삶는다.

③ 다 삶은 팥은 스텐볼에 쏟아 부은 후 소금을 넣고 방망이로 대강 빻는다.

④ 어레미체에 한 번 내린다.

⑤ 설탕을 섞은 후 분이 생길 때까지 넓은 쟁반에 펼쳐 식히거나 팬에 볶아 분을 낸다.

⑥ 늙은 호박은 껍질을 벗긴 후 속을 긁어내고 두께 1~2cm 정도로 슬라이스 한다.

⑦ 쌀가루에 소금을 넣고 섞는다.

⑧ 수분을 준 후 체에 내리고 설탕을 섞는다.

⑨ 늙은 호박에 설탕을 넣어 버무린다.

⑩ 멥쌀가루에 팥고물과 호박을 번갈아 켜켜이 안친다.

⑪ 김 오른 물솥에 올려 찐다.

⑫ 뜸을 들인다.

더 알아보기

썰어놓은 호박은 미리 설탕에 버무리지 말고 쌀가루와 섞기 바로 전에 소금, 설탕을 버무려 주어야 물이 생기지 않는다.

16. 구름떡 2019년 기출

찹쌀가루에 여러 고물을 섞어 찐 후 흑임자고물을 묻혀 구름떡틀에 켜켜이 넣어 굳힌 켜떡으로 자른 모양이 구름을 닮았다 하여 구름떡이라 불린다.

(1) 재 료

찹쌀가루, 소금, 물, 설탕, 밤, 호박씨, 완두배기, 대추, 흑임자고물

(2) 만드는 법

① 찹쌀가루에 소금을 넣고 섞는다.
② 수분을 준 후 손바닥으로 고루 비벼 섞는다.
③ 설탕을 넣고 고루 섞는다.
④ 쌀가루에 밤, 호박씨, 완두배기, 대추를 넣어 섞은 후 가볍게 주먹 쥐어 찜기에 안친다.
⑤ 김 오른 물솥에 올려 찐다.
⑥ 찐 떡은 적당히 떼어 내 흑임자고물을 묻혀준다.
⑦ 구름떡틀에 켜켜이 넣어 굳힌다.
⑧ 모양이 잡히면 일정한 크기로 썬다.

02 치는 떡류(인절미, 절편, 가래떡 등) 제조과정

1. 인절미 2022년 기출

불린 찹쌀을 가루 내 찐 다음 쫄깃하게 치대어 콩고물을 묻혀낸 떡이다.

(1) 재 료

찹쌀가루, 소금, 물, 설탕, 콩고물

(2) 만드는 법

① 찹쌀가루에 소금을 넣고 섞는다.
② 수분을 준 후 손바닥으로 고루 비벼 섞어준다.
③ 설탕을 넣고 고루 섞은 후 가볍게 주먹 쥐어 찜기에 안친다.
④ 김 오른 물솥에 올려 30분 정도 찐다.
⑤ 떡 반죽을 스텐볼에 쏟아 부은 후 소금물을 조금씩 더해가며 방망이로 친다.
⑥ 다 치댄 떡은 모양을 잡아준 후 적당한 크기로 자른다.
⑦ 콩고물을 묻힌다.

더 알아보기

인절미를 찔 때에는 찜기에 쌀가루를 얹기 전 시루 밑에 설탕을 조금 뿌려줘야 다 쪄진 찰떡이 들러붙지 않는다.

2. 가래떡

멥쌀에 물을 주어 찐 후 치대어 길게 뽑아낸다. 길게 만들어 장수하라는 뜻을 갖고 있다.

(1) 재 료

멥쌀가루, 소금, 물

(2) 만드는 법

① 쌀가루에 소금을 넣고 섞는다.

② 수분을 준 후 손바닥으로 고루 비벼 섞는다.

③ 찜기에 가볍게 주먹 쥐어 안친다.

④ 김 오른 물솥에 올려 찐다.

⑤ 떡 반죽을 스텐볼에 쏟아 부은 후 방망이로 친다.

⑥ 다 치댄 떡은 가래떡 모양으로 성형한다.

3. 떡국떡 2019년 기출

가래떡을 얇게 썰어낸 떡으로 설날에 떡국이나 떡만둣국으로 끓여 먹었다. 엽전모양으로 썰어 재물을 많이 벌라는 뜻이 담겨있다. 떡국은 첨세병, 백탕, 병탕이라고도 불렀다.

(1) 재 료

멥쌀가루, 소금, 물

(2) 만드는 법

① 쌀가루에 소금을 넣고 섞는다.

② 수분을 준 후 손바닥으로 고루 비벼 섞는다.

③ 찜기에 가볍게 주먹 쥐어 안친다.

④ 김 오른 물솥에 올려 찐다.

⑤ 떡 반죽을 스텐볼에 쏟아 부은 후 방망이로 친다.

⑥ 다 치댄 떡은 가래떡 모양으로 성형한다.

⑦ 어슷썰기 하여 마무리한다.

4. 절 편

멥쌀에 물을 주어 찐 후 치대어 길게 뽑아낸다.

(1) 재 료

멥쌀가루, 소금, 물, 설탕, 쑥, 참기름

(2) 만드는 법

① 쌀가루에 소금을 넣고 섞는다.

② 수분을 준 후 손바닥으로 고루 비벼 섞는다.

③ 찜기에 가볍게 주먹 쥐어 안친다.

④ 김 오른 물솥에 올려 찐다.

⑤ 떡 반죽을 스텐볼에 쏟아 부은 후 방망이로 친다.

⑥ 다 치댄 떡은 절편 모양으로 성형한다.

⑦ 참기름을 바른다.

5. 개피떡

녹두소나 팥소를 넣어 반달모양으로 만든 떡으로 소를 넣고 접을 때 공기가 들어가 볼록하게 만들었다고 해서 바람떡이라고도 불렸다.

(1) 재 료

멥쌀가루, 소금, 팥앙금, 참기름

(2) 만드는 법

① 쌀가루에 소금을 넣고 섞는다.

② 수분을 준 후 손바닥으로 고루 비벼 섞는다.

③ 찜기에 가볍게 주먹 쥐어 안친다.

④ 김 오른 물솥에 올려 찐다.

⑤ 떡 반죽을 스텐볼에 쏟아 부은 후 방망이로 친다.

⑥ 팥앙금은 손가락 한마디 정도 크기로 만든다.

⑦ 다 치댄 떡은 얇게 밀어 팥앙금을 넣고 원형틀로 찍는다.

⑧ 참기름을 바른다.

03 빚는 떡류(찌는 떡, 삶는 떡)제조과정

1. 송 편 2022년 기출

멥쌀을 반죽해서 소를 넣고 오므려 반달모양으로 성형한 떡으로 추석의 대표적인 음식이다. 소를 꽉 차게 넣고 오므리는 과정이 복을 달아나지 않게 싸맨다고 하여 복떡이라고도 불렸다. 아이 돌상에 백설기, 팥수수경단과 함께 오르는 떡이다.

(1) 재 료

멥쌀가루, 소금, 물, 서리태, 참기름

(2) 만드는 법

① 콩은 12시간 불린다.
② 불린 콩은 소금을 약간 넣고 물에 삶는다.
③ 체에 받쳐 물기를 뺀다.
④ 쌀가루에 소금을 넣고 섞는다.
⑤ 끓인 물로 익반죽한다.
⑥ 반죽은 적당한 크기로 떼어 소를 넣고 송편모양으로 성형한다.
⑦ 찜기에 안쳐 김 오른 물솥에 올려 찐다.
⑧ 뜸을 들인다.
⑨ 참기름을 바른다.

더 알아보기

송편 중 모싯잎을 넣고 반죽하여 만든 모싯잎 송편은 전라남도 영광 지역에서 지리적 특성과 품질 우수성을 인정받아 농산물 지리적 표시 104호로 등록되어 영광 향토음식특산품으로 계승·발전됐다.

2. 쑥개떡 2019년 기출

멥쌀가루에 쑥을 넣고 반죽하여 둥글넓적하게 빚어 만든 떡이다.

(1) 재 료

멥쌀가루, 소금, 물, 쑥가루, 참기름

(2) 만드는 법

① 쌀가루에 소금을 넣고 섞는다.
② 쌀가루에 쑥가루를 넣어 고루 섞는다.
③ 끓인 물로 익반죽한다.
④ 반죽을 적당한 크기로 동그랗게 떼어 둥글넓적하게 만든다.
⑤ 찜기에 안쳐 김 오른 물솥에 올려 찐다.
⑥ 뜸을 들인다.
⑦ 참기름을 바른다.

3. 꿀 떡

멥쌀을 쪄서 잘 치댄 후 설탕과 참깨가루를 넣고 오므려 작은 원형으로 만든 떡이다. 꿀떡 안에 들어가는 설탕은 제조 후 2~3시간 지나야 녹기 때문에 미리 만들어놓는 것이 좋다.

(1) 재 료

멥쌀가루, 소금, 물, 깨가루, 설탕, 참기름

(2) 만드는 법

① 쌀가루에 소금을 넣고 섞는다.
② 수분을 준 후 손바닥으로 고루 비벼 섞는다.
③ 찜기에 가볍게 주먹 쥐어 안친다.
④ 김 오른 물솥에 올려 찐다.
⑤ 떡 반죽을 스텐볼에 쏟아 부은 후 방망이로 친다.
⑥ 치댄 떡에 깨소를 넣어 동그랗게 성형한다.
⑦ 참기름을 바른다.

4. 경 단

찹쌀가루를 끓는 물로 익반죽하여 동그랗게 빚은 후 끓는 물에 삶아 콩고물을 묻힌 떡이다.

(1) 재 료

찹쌀가루, 소금, 물, 콩고물

(2) 만드는 법

① 찹쌀가루에 소금을 넣고 섞는다.
② 끓인 물로 익반죽한다.
③ 적당한 크기로 떼어 동그랗게 빚는다.
④ 끓는 물에 넣어 삶는다.
⑤ 반죽이 떠오르면 건져 찬물에 헹군다.
⑥ 콩고물을 묻힌다.

04 지지는 떡류 제조과정

1. 부꾸미

찹쌀가루에 소를 넣고 반달모양으로 지져낸 유전병이다.

(1) 재 료

찹쌀가루, 설탕, 소금, 팥앙금, 대추, 쑥갓, 식용유

(2) 만드는 법

① 찹쌀가루에 소금을 넣고 섞는다.
② 끓인 물로 익반죽한다.
③ 적당한 크기로 떼어 둥글넓적하게 빚는다.
④ 팥앙금은 손가락 한마디 정도 크기로 만든다.
⑤ 대추는 돌려 깎아 대추꽃을 만든다.

⑥ 쑥갓은 적당한 크기로 떼어놓는다.
⑦ 기름을 넣고 달군 프라이팬에 올려 한쪽 면을 익힌다.
⑧ 한쪽 면이 익으면 뒤집은 후 팥앙금소를 넣고 반으로 접어준다.
⑨ 다른 한쪽 면을 마저 익힌 후 대추와 쑥갓으로 장식한다.
⑩ 설탕 뿌린 그릇에 올려낸다.

2. 진달래화전

찹쌀가루를 익반죽하여 둥글게 빚은 후 진달래 꽃잎을 얹어 기름에 지져낸 유전병이다.

(1) 재 료

찹쌀가루, 설탕, 소금, 진달래꽃, 식용유

(2) 만드는 법

① 찹쌀가루에 소금을 넣고 섞는다.
② 끓인 물로 익반죽한다.
③ 적당한 크기로 떼어 둥글넓적하게 빚는다.
④ 진달래꽃은 꽃술을 떼고 물에 씻어 물기를 뺀다.
⑤ 팬에 기름을 두른 후 달궈지면 반죽을 올려 익힌다.
⑥ 한쪽 면이 익으면 뒤집어 꽃을 올려 장식한다.
⑦ 다른 한쪽도 마저 익힌다.
⑧ 설탕 뿌린 그릇에 올려낸다.

05 기타 떡류(약밥, 증편 등)의 제조과정

1. 약 밥 2019, 2022년 기출

찹쌀에 밤, 대추, 잣, 호박씨 등을 섞어 찐 다음 참기름과 꿀, 간장으로 버무려 만든 음식으로 예부터 꿀을 '약'이라 했기 때문에 약식, 약반이라고도 불렸다. 정월대보름에 만들어 먹는 절식 중 하나다.

(1) 재 료

불린 찹쌀, 소금, 흑설탕, 꿀, 물, 대추고, 진간장, 참기름, 밤, 대추, 잣

(2) 만드는 법

① 찹쌀은 불린 후 물기를 빼고 찜기에 안친다.
② 김 오른 물솥에 올려 찐다.
③ 40분 정도 찐 후 찹쌀에 소금물을 끼얹고 위아래를 뒤집어 준다.
④ 20분 정도 더 찐다.
⑤ 밤은 깍뚝썰기한다.
⑥ 대추는 돌려 깎아 적당한 크기로 자른다.
⑦ 잣은 고깔을 떼어 놓는다.
⑧ 캐러멜 소스를 만든다.
⑨ 흑설탕, 간장, 계피가루, 대추고, 참기름, 캐러멜 소스를 섞어 약식소스를 만든다.
⑩ 1시간 정도 찐 찹쌀에 약식소스를 버무린다.
⑪ 고물을 섞어 중탕으로 찐다.

더 알아보기

- 찹쌀을 약식소스에 버무린 후에는?
  - 면보를 씌운 후 약 30분간 두어 약식소스를 잘 흡수하게 해서 중탕으로 쪄 진한 갈색이 나도록 한다.
- 전통음식에서 '약(藥)'자가 들어가는 음식의 의미는?
  - 꿀과 참기름 등을 많이 넣은 음식이다.
  - 몸에 이로운 음식이라는 개념도 함께 있다.
  - 꿀을 넣은 과자는 약과, 꿀을 넣은 밥은 약식이라 하였다.

캐러멜소스 만들기 **2019, 2021년 기출**

1. 냄비에 설탕과 물을 넣어 중간불에 올린 뒤 젓지 않고 끓인다.
2. 가장자리부터 갈색이 나기 시작하면 불을 약하게 줄여서 전체적으로 진한 갈색이 되게 한다.
3. 설탕이 진한 갈색으로 변하면 불을 끄고 물엿을 넣고 고루 섞는다(170°C에서 갈색이 된다).

2. 증 편

멥쌀가루에 막걸리를 넣고 부풀려 찐 떡이다.

(1) 재 료

멥쌀가루, 소금, 물, 막걸리, 설탕

(2) 만드는 법

① 쌀가루에 소금을 넣고 체에 2~3회 내린다.

② 막걸리는 중탕으로 데운다.

③ 쌀가루에 막걸리와 설탕을 넣고 잘 섞는다.

④ 40~45°C 정도를 유지하여 발효시킨다.

⑤ 반죽이 부풀어 오르면 고루 저어 공기를 빼고 2차 발효시킨다.

⑥ 반죽이 부풀어 오르면 고루 저어 공기를 빼고 3차 발효시킨다.

⑦ 증편틀에 넣어 찐다.

3. 쇠머리찰떡 2020년 기출

찹쌀에 각종 고물을 섞은 후 흑설탕을 얹어 쪄낸 떡으로 흑설탕이 녹아 흐른 모습이 쇠머리편육의 모양을 닮았다 해서 쇠머리찰떡이라 불린다. 충청도에서 즐겨 먹으며 모두배기 또는 모듬백이떡이라고도 불린다.

(1) 재 료

찹쌀가루, 소금, 물, 설탕, 밤, 서리태, 호박고지, 대추

(2) 만드는 법

① 밤은 껍질을 벗긴 후 적당한 크기로 자른다.
② 서리태는 12시간 불린 후 소금을 약간 넣고 포근할 때까지 삶는다.
③ 대추는 돌려 깎은 후 적당한 크기로 자른다.
④ 호박고지는 설탕을 넣은 미지근한 물에 불린 후 물기를 짜고 적당한 크기로 자른다.
⑤ 찹쌀가루에 소금을 넣고 섞는다.
⑥ 수분을 준 후 손바닥으로 고루 비벼준다.
⑦ 설탕을 넣고 고루 섞는다.
⑧ 고물을 넣은 후 시루에 가볍게 주먹 쥐어 찜기에 안친다.
⑨ 김 오른 물솥에 올려 찐다.

Chapter 04

떡류 포장 및 보관

key point

- 떡류 포장 및 보관 시 주의사항을 알 수 있다.
- 떡류 포장재료의 특성을 알 수 있다.

01 떡류 포장 및 보관 시 주의사항

1. 포장의 기능

(1) 계량의 기능

① 포장을 통하여 식품의 용량과 모양을 규격화할 수 있다.

② 소비자는 포장을 보고 제품의 성분, 중량을 파악할 수 있다.

(2) 식품의 보존

① 포장은 외부로부터의 빛, 산소, 수분, 이물질, 오염 등을 차단하여 식품의 저장과 위생을 도와준다.

② 또한 소비자가 식품을 구매할 때 포장의 상태로 내용물의 변질이나 오염여부를 확인할 수 있다.

(3) 식품의 유통

① 포장은 판매단위에 맞게 분배하여 운반하고 유통시키는 데 필요하다.

② 포장 상태에 따라 식품의 유통범위를 확대하기도 하고 유통 중 손실을 줄일 수도 있으며 유통 중의 물리적인 손상으로부터 제품을 보호한다.

(4) 판매촉진

① 포장의 디자인이 판매에 중요한 요인으로 떠올랐다.

② 포장은 소비자의 구매 욕구를 불러일으키며 제품의 광고효과까지 갖는다.

③ 포장은 소비자의 욕구를 충족시키고 식품에 대한 정보를 제공해야 하며 식품위생법 등의 여러 규정을 지켜 과장 광고의 범위를 넘지 않아야 한다.

2. 포장의 종류

(1) 일반포장

① 기계적인 방법을 거치지 않고 포장 비닐로 감싸 접착하거나 포장트레이에 넣어 랩핑하는 재래식 방법이다.

② 일반 떡집에서 가장 흔하게 많이 쓰인다.

㉠ 낱개포장 : 한 번 먹기 좋은 크기로 잘라 비닐로 포장하는 방법으로 찹쌀떡이나 찰떡, 조각설기 등을 포장할 때 쓰인다.

㉡ 트레이포장 : 도시락만한 크기의 트레이에 떡을 넣어 랩으로 감싸는 방법이다. 트레이는 종이나 떡의 따뜻함을 보존하기 위한 스티로폼 용기를 주로 사용한다. 설기, 꿀떡, 찰떡, 약식 등 거의 모든 떡에 활용 가능하다.

(2) 냉동포장

① 냉동할 때에는 일반적으로 식품의 온도를 -18°C 이하로 냉각시킨다.

② 식품 속에 존재하는 수분을 결정화시켜 미생물의 증식을 차단하고 화학적 반응을 억제시켜 떡을 장기 저장하기 위한 방법이다.

③ 떡을 냉동시키면 그 속의 전분의 노화는 일시적으로 억제되며 쪄서 뜨거운 상태의 떡을 급냉한 후 자연해동하면 금방 만든 떡과 비슷한 식감을 유지할 수 있다.

④ 동결된 떡은 -18°C 정도에 저장・보관하는데 냉동 저장 중에 여러 품질변화가 생긴다.

⑤ 색소 및 비타민이 파괴되며 단백질과 지방의 화학적 변화도 일어나기 때문에 이러한 변화가 최소화되도록 포장재 선택에 신경 써야 한다.

⑥ 포장재는 내수성이 있고 산소와 외부의 수분을 차단할 수 있어야 하며 저장과 운반과정에서의 압력에 잘 견뎌야 한다. 또한 무독성이고 위생적이어야 하며 어떠한 냄새나 맛도 떡에 영향을 주어서는 안 된다.

(3) 레토르트 포장

① 레토르트(Retort)는 가압증기(스팀) 또는 가압열수로 가열・살균하는 압력 가마솥으로 식품을 통조림이나 레토르트 포장재에 넣어 100~120°C로 가열처리하여 살균한다.

② 상온에서 장기간 보관・유통이 가능하다.

③ 떡의 경우 레토르트 파우치에 담아 살균하면 호화가 다시 일어나므로 떡의 모양과 맛이 변형될 수 있다.

④ 따라서 쌀가루와 부재료를 배합하여 파우치에 담아 레토르트에서 호화와 살균을 동시에 하는 방법이 있다.

(4) 무균포장

① 무균적으로 가공한 식품을 무균실에서 무균상태의 포장재에 담아 밀봉하는 포장방법이다.

② 살균한 식품이 무균적으로 포장되었기 때문에 포장 후 다시 살균할 필요가 없다.

③ 대표적인 무균포장 식품은 햇반이다.

④ 떡을 무균포장할 경우 저장기간 동안의 미생물로 인한 변질을 방지할 수 있다.

핵심 체크 OX

포장은 계량의 기능, 식품의 보존, 식품의 유통, 판매촉진의 기능이 있다. (O / ×)

정답 O

3. 포장용기 표시사항

(1) 식품표시의 기능

① 소비자에게 제품의 기본사항, 안전, 영양 및 건강에 관한 정보를 제공한다.

② 식품선택에 광고・홍보의 효과를 주어 소비자가 식품을 선택하는 데 쉽게 구분하고 선택할 수 있게 한다.

(2) 식품표시의 방법

① 소비자에게 판매하는 제품의 최소 판매단위별 용기・포장에 개별표시사항 및 표시기준에 따른 표시사항을 표시하여야 한다.

② 표시는 한글로 하여야 하나 소비자의 이해를 돕기 위하여 한자나 외국어는 혼용하거나 병기하여 표시할 수 있으며, 이 경우 한자나 외국어는 한글표시 활자와 같거나 작은 크기의 활자로 표시하여야 한다.

③ 표시사항을 표시할 때는 소비자가 쉽게 알아볼 수 있도록 주표시면 및 정보표시면으로 구분하여 바탕색과 대비되는 색상으로 표시하여야 하며, 이 경우 '표시사항 표시서식도안'을 활용할 수 있다.

주표시면(앞면) 정보표시면(뒷면) 주표시면(앞면, 윗면) 정보표시면(뒷면)

㉠ 주표시면에는 제품명, 내용량 및 내용량에 해당하는 열량을 표시하여야 한다.

㉡ 다만, 주표시면에 제품명과 내용량 및 내용량에 해당하는 열량 이외의 사항을 표시한 경우 정보표시면에는 그 표시사항을 생략할 수 있다.

㉢ 정보표시면에는 식품유형, 영업소(장)의 명칭(상호) 및 소재지, 유통기한(제조연월일 또는 품질유지기한), 원재료명, 주의사항 등을 표시사항별로 표 또는 단락 등으로 나누어 표시하되, 정보표시면 면적이 100cm^2 미만인 경우에는 표 또는 단락으로 표시하지 않을 수 있다. **2020년 기출**

표시사항 표시서식도안

<table>
<tr><td>제품명</td><td>OOO OO</td><td rowspan="8">■ (예시) 이 제품은 OOO를 사용한 제품과 같은 시설에서 제조
■ (타법 의무표시사항 예시) 정당한 소비자의 피해에 대해 교환, 환불
■ (업체 추가표시사항 예시) 서늘하고 건조한 곳에 보관
■ 부정·불량식품 신고 : 국번없이 1399
■ (업체 추가표시사항 예시)
고객상담실 : OOO-OOO-OOOO</td></tr>
<tr><td>식품유형</td><td>OOO(OOOOOO*)
*기타표시사항</td></tr>
<tr><td>영업소(장)의 명칭(상호) 및 소재지</td><td>OO식품, OO시 OO구 OO로 OO길 OO</td></tr>
<tr><td>유통기한</td><td>OO년 OO월 OO일 까지</td></tr>
<tr><td>내용량</td><td>OOOg</td></tr>
<tr><td rowspan="2">원재료명</td><td>OO, OOOO, OOOOOO, OOOOO, OO, OOOOOOO, OOO, OOOOO</td></tr>
<tr><td>OO*, OOO*, OO* 함유
(*알레르기 유발물질)</td></tr>
<tr><td>성분명 및 함량</td><td>OOO(OOmg)</td></tr>
<tr><td>용기(포장)재질</td><td>OOOOO</td><td rowspan="2">영양성분*
(주표시면 표시 가능)</td></tr>
<tr><td>품목보고번호</td><td>OOOOOOOOOOO-OOO</td></tr>
</table>

(3) 포장용기 표시사항 2019, 2020년 기출

	과자류, 빵류 또는 떡류
표시사항	제품명 식품유형 영업소(장)의 명칭(상호) 및 소재지 유통기한 내용량 및 내용량에 해당하는 열량(단, 열량은 과자, 캔디류, 빵류에 한하며 내용량 뒤에 괄호로 표시) 원재료명 영양성분(과자, 캔디류, 빵류에 한함) 용기 · 포장 재질 품목보고번호 성분명 및 함량(해당 경우에 한함) 보관방법(해당 경우에 한함) 주의사항 방사선조사(해당 경우에 한함) 유전자변형식품(해당 경우에 한함) 기타표시사항

4. 보관 시 주의사항

(1) 냉 장

① 냉장보관 온도는 0~10°C 이하이다.

② 미생물의 증식, 효소에 의한 화학반응, 변패반응을 억제시킨다.

③ 식품의 저장기간을 늘린다.

④ 떡은 0~60°C에서 노화가 일어나는데 온도가 낮을수록 0~4°C에서 노화가 가장 빠르게 일어나기 때문에 떡을 보관할 때에는 냉장고 온도를 피하여야 한다.

(2) 냉 동

① 냉동보관 온도는 -18°C 이하이다.

② 미생물의 증식을 차단하고 화학반응을 억제시킨다.

③ 색소 및 비타민 파괴나 단백질과 지방의 화학적 변화가 일어날 수 있다.

④ 떡은 -20°C ~ -30°C에서 노화가 거의 일어나지 않기 때문에 떡의 장기보관을 위해서라면 냉동 보관한다.

⑤ 2019년 기출

완만냉동	얼음 결정의 크기가 크고 식품의 텍스처 품질 손상 정도가 크다.
급속냉동, 초급속냉동	식품의 냉동속도가 빠를수록 품질의 손상을 줄일 수 있기 때문에 최근에 많이 이루어지는 냉동 방식이다.

더 알아보기

떡류의 보관 · 관리법

- 떡은 당일 제조 · 당일 판매를 원칙으로 한다.
- 오래 보관된 제품은 판매하지 않는다.
- 떡을 진열하기 전에는 서늘하고 빛이 들지 않는 곳에 보관한다.
- 여름철에는 떡이 금방 상할 수 있기 때문에 오래 보관할 때에는 냉동보관한다.

핵심 체크 OX

주표시면에는 제품명과 내용량 및 내용량의 열량이 표시되어야 하고, 정보표시면에는 식품유형과 영업장의 명칭 및 소재지, 유통기한, 원재료명, 주의사항 등이 표시되어야 한다. (○ / ×)

정답 ○

02 떡류 포장 재료의 특성

1. 포장재의 종류

식품포장재는 위생성, 안전성, 보호성, 상품성, 경제성, 간편성 등의 조건을 갖추어야 한다. 포장 재료로는 종이, 유리, 플라스틱, 셀로판, 금속 등이 사용되는데 물리적인 변형이 없어야 한다.

(1) 종 이

① 종이는 식품용으로 많이 사용되는 포장재로 간편하고 경제적이라는 장점이 있지만 내수성, 내습성, 내유성 등에 취약하다는 단점이 있다.

② 단점을 보완하기 위해 파라핀을 침투시키거나 알루미늄박, 플라스틱수지, 왁스 등을 코팅하여 사용한다.

(2) 유 리

① 유리는 인체에 무해하고 투명하여 내용물이 보인다는 장점이 있다.

② 또한 내수성, 내습성, 내약품성, 차단성이 좋아 거의 모든 식품 포장에 적합하며 열에도 강해 가열살균이 가능하다.

③ 그러나 충격에 의해 파손되기가 쉽고 무거워 유통이나 취급이 불편한 것이 단점이다.

(3) 플라스틱 필름

① 식품 포장용으로 가장 많이 쓰이는 플라스틱 필름은 투명하고 적당히 단단하며 가볍고 가격이 저렴하다.

② 가소성이 좋아 다양한 형태로 성형이 가능한 것도 큰 장점이다. 방수성, 방습성, 내유성, 내약품성도 좋다.

③ 하지만 열에 약하고 충격이나 압력에 의해 찢어질 수 있다. 단점을 보완하기 위해 종이나 알루미늄박과 함께 사용하기도 한다.

(4) 셀로판

① 셀로판은 펄프(Pulp)를 원료로 하여 만들어진 필름으로 인체에 무해하고 광택이 있으며 투명성과 인쇄성이 좋다.

② 그러나 산과 알칼리, 습기에 약하고 열접착이 안 된다.

③ 셀로판의 장점은 살리고 단점을 보완하기 위해 단독으로 쓰이지 않고 주로 다른 포장재와 접합하여 사용한다.

(5) 금 속

① 캔이나 금속박의 재료로 주로 쓰이는 금속은 통조림용으로 널리 사용된다.

② 식품포장용으로 가장 안전하고 오래 보관할 수 있는 포장재이다.

③ 금속박으로는 알루미늄박이 사용되고 있는데 알루미늄박은 내열성, 내한성, 내유성, 방습성, 내수성 등은 좋으나 투명성, 열접착성, 열성형성 등은 좋지 못하므로 종이나 플라스틱에 접합하여 사용한다.

(6) 폴리에틸렌(PE ; Polyethylene) 2020년 기출

① 내수성이 좋고 식품이 직접 닿아도 무해한 소재로 식품 포장용으로 많이 쓰인다.

② 열가소성 플라스틱의 하나로 가볍다.

③ 페트병, 에어캡, 선물 포장지 등에 두루 사용된다.

④ 떡 포장지로 가장 많이 쓰인다.

(7) 폴리프로필렌(PP ; Polypropylene)

① 안전한 소재이며 성형과 가공이 쉽다.

② 기름기에 강해 빵이나 도넛, 쿠키 등의 포장지나 일회용 도시락 용기에 쓰인다.

(8) 폴리스티렌(PS ; Polystyrene)

① 투명하고 흡수성이 적으며 성형가공이 쉽다.

② 내열성이 떨어지고 충격에 약하다.

③ 1회용 컵이나 과자의 포장용기 등에 쓰인다.

식품포장재는 위생성, 안전성, 보호성, 상품성, 경제성, 간편성 등의 조건을 갖추어야 한다. (○ / ×)

정답 ○

Part

02 출제예상문제

01

쌀을 관리하는 방법으로 잘못된 것은?

① 뜨거운 열기와 습기가 없는 통풍이 잘되는 서늘한 곳에 보관한다.
② 쌀의 변질을 막기 위해서 수분 함유율 15% 이하, 상대습도 75%로 저장한다.
③ 색이 변한 쌀은 사용해서는 안 된다.
④ 물에 불려 쌀가루로 만든 후에는 비닐봉지에 담아 밀봉한 후 실온보관한다.

02

떡 재료를 보관할 때 방법으로 잘못된 것은?

① 단호박을 바짝 말려 호박고지로 만든 후 바람이 잘 통하는 곳에 보관한다.
② 감자는 직사광선을 받지 않는 어두운 곳에 보관한다.
③ 고구마는 종이 등으로 개별 포장해 12~15°C 정도의 실온에 보관한다.
④ 쑥은 깨끗이 씻은 후 곱게 갈아 냉동 보관한다.

01

해설 물에 불려 습식쌀가루로 만든 후에는 쉽게 상할 수 있으므로 반드시 냉장·냉동 보관한다.

02

해설 쑥은 끓는 물에 데친 후 물기를 제거해 냉동 보관한다.

정답 01 ④ 02 ④

03

재료의 전처리 방법으로 알맞지 않은 것은?

① 완두배기 : 끓는 물에 살짝 데쳐 사용한다.
② 거피팥 : 껍질을 가급적 제거하지 않고 온전히 사용한다.
③ 대추 : 쌀가루에 섞어 고물로 사용할 때는 끓는 물에 살짝 데친 후 사용한다.
④ 호두 : 속껍질을 이쑤시개로 벗겨 사용한다.

04

콩설기를 만드는 방법으로 잘못된 것은?

① 서리태는 12시간 이상 충분히 물에 불려준 후 설탕에 버무려둔다.
② 빻은 쌀가루에 소금을 섞어준다.
③ 서리태를 섞은 후 시루에 고루 안친다.
④ 김 오른 물솥에 올려 찐다.

05

붉은팥 메시루떡을 만드는 방법으로 잘못된 것은?

① 팥에 물을 넣고 끓으면 그 물을 버리고 다시 물을 부어 팥이 무를 때까지 삶는다.
② 다 삶은 팥은 스텐볼에 쏟아 부은 후 소금을 넣고 방망이로 대강 빻아, 팬에 볶아 분을 낸다.
③ 팥고물과 쌀가루를 한데 섞어 안친다.
④ 김 오른 물솥에 올려 찐 후 뜸을 들인다.

03

해설 거피팥, 거피녹두는 6시간 정도 불린 후 여러 번 헹궈 남아있는 껍질을 완전히 제거하여 김 오른 찜기에 찐다.

04

해설 콩설기의 서리태는 달지 않아야 맛있으므로 설탕 간을 하지 않고 12시간 불린 상태 그대로 사용한다.

05

해설 팥고물과 쌀가루를 번갈아 가며 켜켜이 안친다.

정답 03 ② 04 ① 05 ③

06

아래 순서와 같이 만드는 고물은?

> ① 롤밀로 반을 쪼갠 후 물에 씻어준다.
> ② 물기를 뺀 후 찜기에 찐다.
> ③ 스텐볼에 쏟아 부은 후 소금을 넣고 방망이로 대강 빻아 준다.
> ④ 어레미체에 내린다.
> ⑤ 설탕을 섞어준다.

① 편콩고물
② 밤고물
③ 녹두고물
④ 거피팥고물

07

다음 중 볶는 고물이 아닌 것은?

① 밤고물
② 콩고물
③ 깨고물
④ 흑임자고물

08

녹두고물을 만드는 과정 중 잘못된 것은?

① 거피녹두를 물에 6시간 정도 담가 불린다.
② 불린 녹두는 제물에서 비벼 씻어 남아 있는 껍질을 완전히 제거한 후 물에 푹 삶는다.
③ 스텐볼에 쏟아 부은 후 소금을 넣고 방망이로 대강 빻아 준다.
④ 어레미체에 내린다.

06
해설 편콩고물을 만드는 방법이다.

07
해설 밤고물은 물에 삶아 만드는 고물이다.

08
해설 녹두고물은 찜기에 무르게 찐다.

정답 06 ① 07 ① 08 ②

09

다음 중 찌는 고물이 아닌 것은?

① 콩고물
② 녹두고물
③ 거피팥고물
④ 편콩고물

10

팥고물을 만드는 과정 중 잘못된 것은?

① 팥의 이물질을 잘 골라내고 깨끗이 씻는다.
② 팥을 불리지 않고 삶는다.
③ 물을 넣고 끓으면 버리지 않고 팥이 무를 때까지 삶는다.
④ 설탕을 섞은 후 분이 생길 때까지 넓은 쟁반에 펼쳐 식히거나 팬에 볶아 분을 낸다.

11

물호박떡을 만드는 방법으로 잘못된 것은?

① 늙은 호박은 껍질을 벗겨 속을 긁어내고 슬라이스로 썬다.
② 썰어놓은 호박은 미리 설탕에 버무려 놓는다.
③ 쌀가루에 소금을 넣은 후 수분을 주고 채에 내려 설탕을 섞는다.
④ 쌀가루에 팥고물과 호박을 번갈아 켜켜이 안친다.

09

해설 콩고물은 볶는 고물이다.

10

해설 팥을 삶는 물이 끓으면 3~5분 정도 더 끓이고 물을 버린다. 첫 물을 버리지 않고 삶으면 팥의 사포닌 성분이 속을 쓰리게 한다.

11

해설 썰어놓은 호박은 미리 설탕에 버무리지 말고 쌀가루와 섞기 바로 전에 소금, 설탕을 버무려 주어야 물이 생기지 않는다.

정답 09 ① 10 ③ 11 ②

12

인절미를 만드는 방법으로 잘못된 것은?

① 쌀가루에 수분을 주고 설탕을 섞은 후 가볍게 주먹 쥐어 안친다.
② 김 오른 물솥에 올려 30분 정도 찐다.
③ 떡 반죽을 스텐볼에 쏟아 부은 후 설탕물을 조금씩 더해가며 방망이로 친다.
④ 다 치댄 떡은 모양을 잡아준 후 적당한 크기로 자른다.

13

포장의 기능 중 다음이 설명하는 기능은?

> 소비자가 식품을 구매할 때 포장의 상태로 내용물의 변질이나 오염여부를 확인할 수 있다.

① 계량의 기능
② 식품의 보존
③ 식품의 유통
④ 판매 촉진

14

다음이 설명하는 포장의 종류는?

> 가압증기(스팀) 또는 가압열수로 가열·살균하는 압력 가마솥으로 식품을 통조림이나 이 포장재에 넣어 100~120°C로 가열처리하여 살균한다.

① 트레이 포장
② 냉동포장
③ 레토르트 포장
④ 무균포장

12

해설 떡 반죽을 스텐볼에 쏟아 부은 후 소금물을 조금씩 더해가며 방망이로 친다.

13

해설 포장의 기능 중 식품의 보존 기능은 외부로부터의 빛, 산소, 수분, 이물질, 오염 등을 차단하여 식품의 저장과 위생을 도와준다. 또한 소비자가 식품을 구매할 때 포장의 상태로 내용물의 변질이나 오염여부를 확인할 수 있다.

14

해설 트레이 포장은 도시락만한 크기의 트레이에 떡을 넣어 랩으로 감싸는 방법이다. 냉동포장은 식품의 온도를 −18℃ 이하로 냉각시키는 방법이다. 무균포장은 무균실에서 무균상태의 포장재에 담아 밀봉하는 방법이다.

정답 12 ③ 13 ② 14 ③

15

다음 중 떡의 보관·관리법에 대한 설명으로 틀린 것은?

① 당일 제조·판매가 원칙이다.
② 오래 보관된 제품은 판매하지 않는다.
③ 여름철에는 떡이 금방 상할 수 있음을 유념한다.
④ 떡을 진열하기 전에는 반드시 냉동보관한다.

15

해설 떡을 진열하기 전에는 서늘하고 빛이 들지 않는 곳에 보관한다. 여름철에는 떡이 금방 상할 수 있기 때문에 오래 보관할 때에는 냉동보관한다.

16

다음 중 계량컵과 계량스푼의 용량이 바르게 연결된 것은?

① 계량컵 100cc, 큰술 15cc, 작은술 5cc
② 계량컵 200cc, 큰술 15cc, 작은술 5cc
③ 계량컵 250cc, 큰술 25cc, 작은술 10cc
④ 계량컵 250cc, 큰술 25cc, 작은술 15cc

16

해설 계량컵의 용량은 200cc이며 1Ts(Table spoon : 큰술)은 15cc, 1ts(tea spoon : 작은술)는 5cc이다.

17

구름떡을 만드는 방법으로 잘못된 것은?

① 수분을 준 쌀가루에 설탕과 고물을 넣어 섞은 후 가볍게 주먹 쥐어 찜기에 안친다.
② 김 오른 물솥에 올려 찐다.
③ 다 쪄진 떡을 적당히 떼어 낸다.
④ 떡을 구름떡틀에 넣어 굳힌 후 흑임자고물을 묻혀준다.

17

해설 구름떡틀에 넣기 전, 찐 떡에 흑임자고물을 묻힌 후 굳힌다.

18

여름철 쉽게 상하는 고물은?

① 카스테라고물　② 깨고물
③ 거피팥고물　④ 코코넛고물

18

해설 카스테라고물, 깨고물, 코코넛고물은 쉽게 상하지 않아 여름철에 해먹기 좋다. 거피팥고물은 여름철에 쉽게 상하기 때문에 보관에 주의해야 한다.

정답 15 ④　16 ②　17 ④　18 ③

19

다음 중 설기떡류가 아닌 것은?

① 흰무리
② 무지개떡
③ 석이병
④ 붉은팥 메시루떡

20

다음 중 켜떡류가 아닌 것은?

① 콩찰편
② 깨찰편
③ 물호박떡
④ 잡과병

21

다음 중 켜켜이 안치는 켜떡류인 것은?

① 송편
② 거피팥 시루떡
③ 꿀떡
④ 쑥개떡

22

다음 중 일반적으로 약밥에 들어가는 재료가 아닌 것은?

① 밤 ② 대추
③ 잣 ④ 땅콩

19

해설 붉은팥 메시루떡은 켜떡류이다.

20

해설 잡과병은 설기떡류이다.

21

해설 거피팥 시루떡은 켜떡류이다.

22

해설 약밥에는 밤, 대추, 잣, 호박씨, 건포도, 완두배기 등이 들어간다.

정답 19 ④ 20 ④ 21 ② 22 ④

23

다음 중 식품포장재가 갖추어야 할 조건에 해당하지 않는 것은?

① 유연성, 투명성 ② 위생성, 안전성
③ 보호성, 간편성 ④ 상품성, 경제성

24

내수성, 내습성, 내약품성, 차단성이 좋아 거의 모든 식품 포장에 적합하며 열에도 강해 가열살균이 가능한 포장재는?

① 종이 ② 셀로판
③ 플라스틱 필름 ④ 유리

25

간편하고 경제적이라는 장점이 있지만 내수성, 내습성, 내유성 등에 취약하다는 단점이 있는 포장재는?

① 종이 ② 셀로판
③ 플라스틱 필름 ④ 유리

26

투명하고 적당히 단단하며 가볍고 가격이 저렴하여 식품포장용으로 가장 많이 쓰이는 포장재는?

① 종이 ② 셀로판
③ 플라스틱 필름 ④ 유리

23

해설 식품포장재는 위생성, 안전성, 보호성, 상품성, 경제성, 간편성 등의 조건을 갖추어야 한다. 종이, 유리, 플라스틱, 셀로판, 금속 등이 포장재료로 사용되는데 물리적인 변형이 없어야 한다.

24

해설 유리는 인체에 무해하고 투명하여 내용물이 보인다는 장점이 있다. 또한 내수성, 내습성, 내약품성, 차단성이 좋아 거의 모든 식품 포장에 적합하며 열에도 강해 가열살균이 가능하다.

25

해설 종이는 식품용으로 많이 사용되는 포장재로 간편하고 경제적이라는 장점이 있지만 내수성, 내습성, 내유성 등에 취약하다는 단점이 있다.

26

해설 식품푸장용으로 가장 많이 쓰이는 플라스틱 필름은 투명하고 적당히 단단하며 가볍고 가격이 저렴하다. 가소성이 좋아 다양한 형태로 성형이 가능한 것도 큰 장점이다.

정답 23 ① 24 ④ 25 ① 26 ③

27

펄프(Pulp)를 원료로 만들어진 필름으로 인체에 무해하며 광택이 있고 투명성과 인쇄성이 좋지만 산과 알칼리, 습기에 약하고 열접착이 안 되는 단점을 가진 포장재는?

① 종이 ② 셀로판
③ 플라스틱 필름 ④ 유리

28

다음 중 표시사항 표시서식도안의 주표시면에 들어갈 내용이 아닌 것은?

① 제품명
② 내용량
③ 식품유형
④ 내용량에 해당하는 열량

29

다음 중 표시사항 표시서식도안의 정보표시면에 들어갈 내용이 아닌 것은?

① 원재료명 ② 주의사항
③ 내용량 ④ 영업소의 명칭

30

다음 중 떡을 장기보관하기에 가장 적합한 온도는?

① 0~4°C
② 4~60°C
③ 60°C 이상
④ -20~-30°C

27

해설 셀로판은 펄프(Pulp)를 원료로 만들어진 필름으로 인체에 무해하며 광택이 있고 투명성과 인쇄성이 좋다. 그러나 산과 알칼리, 습기에 약하고 열접착이 안 된다. 이 셀로판은 단독으로 쓰이지 않고 주로 다른 포장재와 접합하여 사용한다.

28

해설 표시사항 표시서식도안의 주표시면에는 제품명, 내용량 및 내용량에 해당하는 열량을 표시하여야 한다.

29

해설 표시사항 표시서식도안의 정보표시면에는 식품유형, 영업소(장)의 명칭(상호) 및 소재지, 유통기한, 원재료명, 주의사항 등을 표시한다.

30

해설 -20~-30°C에서 떡의 노화가 거의 일어나지 않기 때문에 떡의 장기보관을 위해서라면 냉동보관한다.

정답 27 ② 28 ③ 29 ③ 30 ④

31

재료의 계량 방법으로 맞는 것은?

① 우리나라 계량컵의 용량은 200ml이고 미국이나 외국의 계량컵의 용량은 250ml이다.
② 액체류는 내용물이 잘 보일 수 있게 투명 계량컵에 계량하며 눈높이와 수평을 맞춘 후 눈금을 읽는다.
③ 계량스푼은 부피와 무게를 측정하며 Ts(Table spoon : 큰술), ts(tea spoon : 작은술)로 표시한다.
④ 가루류를 계량할 때에는 수북하게 담아 계량한다.

32

쑥설기에 대한 설명으로 틀린 것은?

① 멥쌀가루에 쑥을 넣어 찐 떡으로 줄기는 사용하지 않고 잎만 사용한다.
② 쑥설기, 쑥버무리라고도 부른다.
③ 쑥을 데칠 때 소다나 소금을 넣으면 색이 더 푸릇해진다.
④ 쑥의 양은 많을수록 좋으며 불린 쌀 5kg 기준으로 소금은 50g, 설탕은 500g 넣는다.

33

떡에 대한 설명으로 맞지 않는 것은?

① 무지개떡은 오색편 또는 색편으로도 불렸으며 색이 화려하여 잔칫상에도 많이 올렸다.
② 깨찰편은 치는 떡에 속하며 깨고물이 잘 상하지 않아 여름철에 주로 해먹는다.
③ 두텁떡은 쌀가루와 고물을 간장으로 간을 한 궁중의 대표적인 떡으로 봉긋한 봉우리 모양을 닮았다고 해서 '봉우리떡'이라고도 불린다.
④ 구름떡은 여러 고물을 섞어 찐 찰떡에 흑임자고물을 묻혀 떡틀에 켜켜이 넣어 굳힌 떡으로 자른 모양이 구름을 닮았다 하여 구름떡이라고 불린다.

31

해설 ① 우리나라 계량컵의 용량은 200ml이고 미국이나 외국의 계량컵의 용량은 240ml이다.
③ 계량스푼은 부피를 측정한다.
④ 가루류를 계량할 때에는 수북하게 담은 후 윗면을 편평하게 깎은 후 계량한다.

32

해설 불린 쌀 5kg 기준으로 소금은 50g, 설탕은 500g, 데친쑥은 1500g~2kg 정도 넣는다.

33

해설 깨찰편은 찹쌀과 깨고물을 켜켜이 안쳐 찌는 켜떡에 속한다.

정답 31 ② 32 ④ 33 ②

34

송편에 대한 설명으로 틀린 것은?

① 추수가 끝난 후 햅쌀로 빚은 송편을 오려송편이라고 부르며 삼짇날에 만들었던 노비송편과는 그 의미를 달리했다.
② 묵은쌀로 송편을 만들 때에는 솔잎을 깔아 쪄서 묵은쌀의 향을 없애고 송편의 향을 좋게 했다.
③ 소를 꽉 차게 넣고 오므리는 과정이 복을 달아나지 않게 싸맨다고 하여 복떡이라고도 불렸다.
④ 아이 돌상에 백설기, 팥수수경단과 함께 올려주었다.

34

해설 추수가 끝난 후 햅쌀로 빚은 송편을 오려송편이라고 부르며 중화절(노비일)에 만들었던 노비송편과는 그 의미를 달리했다.

35

폴리에틸렌(PE ; Polyethylene) 용기에 대한 설명으로 맞는 것은?

① 전자레인지에 사용해도 무해하다.
② 인체무독성으로 식품이 직접 닿아도 되는 소재이며 수분차단성이 좋아 식품 포장용으로 많이 쓰인다.
③ 기름기나 산성 성분에도 강하다.
④ 투명하고 형상을 만들기 쉬워 가벼운 1회용 컵이나 과자, 장난감 상자의 속포장 용기를 주로 만든다.

35

해설 ① 폴리에틸렌 용기는 전자레인지 사용을 피한다.
③ 알코올이나 기름기, 산성 성분에는 인체에 좋지 않은 화학물질이 흘러나올 수 있다.
④ 폴리스티렌(PS ; Polystyrene) 용기는 스티렌을 종합하여 만든 합성수지로 투명하고 형상을 만들기 쉬워 가벼운 1회용 컵이나 과자, 장난감 상자의 속포장 용기를 주로 만든다.

36

포장재에 대한 설명으로 틀린 것은?

① 플라스틱 필름은 열에 약하고 충격이나 압력에 찢어질 수 있다는 단점이 있으나 가소성이 좋고 다양한 형태로 성형이 용이한 것이 장점이다.
② 금속은 식품 포장용으로 가장 안전하고 오래 보관할 수 있는 포장재이다.
③ 종이는 식품용으로 많이 사용되며 내수성, 내습성, 내유성 등에도 강하다.
④ 유리는 거의 모든 식품 포장에 적합하며 가열살균도 가능하나 파손되기가 쉽고 무거워 유통이나 취급이 불편하다는 단점이 있다.

36

해설 종이는 식품용으로 많이 사용되는 포장재로 간편하고 경제적이라는 장점이 있지만 내수성(수분을 막아 견디는 성질), 내습성(습기에 견디어 내는 성질), 내유성(기름의 작용을 잘 견디어 내는 성질)에 취약하다는 단점이 있다.

정답 34 ① 35 ② 36 ③

PART 03

위생 · 안전관리

Chapter 01

개인 위생관리

key point

- 개인 위생관리 방법을 알 수 있다.
- 오염 및 변질의 원인을 알 수 있다.
- 감염병 및 식중독의 원인과 예방대책을 알 수 있다.

01 개인 위생관리 방법

1. 건강진단

(1) 의무 건강진단

① 식품 또는 식품첨가물을 채취・제조・가공・조리・저장・운반 또는 판매하는 일에 직접 종사하는 영업자 및 종업원은 「식품위생법」 및 「식품위생법 시행규칙」에 따라 영업 개시 전 또는 영업에 종사하기 전에 미리 건강 검진을 받아야 한다. 다만, 완전 포장된 식품 또는 식품첨가물을 운반하거나 판매하는 일에 종사하는 사람은 제외한다.

② 또한 「식품위생 분야 종사자의 건강진단 규칙」에 따라 매년 1회의 건강 검진을 받아야 한다.

(2) 영업에 종사하지 못하는 질병 2020, 2022년 기출

「식품위생법 시행규칙」에서 정하는 타인에게 위해를 끼칠 우려가 있는 다음의 질병에 걸린 사람은 영업에 종사하지 못한다.

① 「감염병의 예방 및 관리에 관한 법률」에 따른 제1군감염병
(콜레라, 장티푸스, 파라티푸스, 세균성 이질, 장출혈성대장균감염증, A형간염)

② 「감염병의 예방 및 관리에 관한 법률」에 따른 결핵(비감염성인 경우는 제외한다)

③ 피부병 또는 그 밖의 화농성(化膿性)질환

④ 후천성면역결핍증(AIDS) : 성병건강진단이 필요한 영업 종사자에 한함

(3) 그 외 주의를 요하는 때

다음과 같은 증상이 있는 경우에는 식품 취급 및 조리, 급식 업무에 주의를 요해야 한다.

① 복통이나 설사의 경우

② 콧물이나 목 간지러움의 경우

③ 피부 가려움이나 발진의 경우

④ 구토나 황달 등의 경우

핵심 체크 OX

식품 또는 식품첨가물을 채취・제조・가공・조리・저장・운반 또는 판매하는 일에 직접 종사하는 영업자 및 종업원은 「식품위생 분야 종사자의 건강진단 규칙」에 따라 매년 2회의 건강 검진을 받아야 한다. (O / ×)

해설 매년 1회의 건강 검진을 받아야 한다.

정답 ×

2. 개인 위생관리 2019년 기출

(1) 머리카락 및 위생모자

① 머리는 기름기, 비듬 등으로 세균 오염이 있을 수 있으므로 자주 감아야 한다.

② 머리카락이 빠져 음식에 들어갈 수 있으므로 위생모자 밖으로 머리카락이 나오지 않도록 머리카락을 잘 정리하여 써야 한다.

③ 위생모자 역시 깨끗한 것을 사용해야 한다.

(2) 얼 굴

① 얼굴에 여드름 등 피부염이 있는 경우, 얼굴에 땀이 난 경우 등 손으로 이를 만지거나 닦지 않도록 하는 것이 바람직하다.

② 지나친 화장을 피하고 인조 속눈썹을 부착하지 않는다.

③ 향수의 사용을 자제한다.

(3) 돈, 휴대전화, 시계, 반지 등

① 돈, 휴대전화, 시계 등에는 많은 세균이 존재하기 때문에 작업장에서는 반입・사용하지 않는다.

② 반지나 귀걸이 등 장신구는 착용하지 않는다.

(4) 발, 위생화(장화) 등

① 평소의 발, 발톱의 위생관리도 깨끗이 하면 간접 오염을 줄이는 데 도움이 된다.

② 작업장 바닥의 기름기나 물기는 수시로 제거해야 하며, 위생화나 장화 등을 신고 작업장 외부를 드나들지 않도록 하는 것이 좋다.

③ 위생화나 장화는 건조하고 소독이 된 것을 사용해야 한다.

(5) 작업복 등

① 가운, 방수 앞치마, 방수 작업복 등은 항상 깨끗하고 청결해야 한다.

② 유색 이물질 등을 쉽게 식별할 수 있도록 흰색으로 하는 것이 좋다.

③ 작업복을 입은 채로 작업장 외부를 나갔다가 들어오는 것은 외부의 오염된 균을 내부로 들일 수 있으므로 주의해야 한다.

④ 작업 변경시마다 위생장갑을 교체한다.

⑤ 마스크를 착용한다.

3. 손의 위생관리

(1) 손의 위생관리

① 손에는 직접적으로는 다양한 미생물이 살고 있으며, 또 간접적으로는 외부의 오염물질이나 세균의 전달 경로가 되기도 하므로, 손을 위생적으로 관리하는 것은 매우 중요하다.

② 특히 화장실 이용 후, 동물을 만진 후, 오물을 만진 후, 원재료 세척 후, 작업장 입실 전, 기타 오염물질을 만진 후에는 반드시 손을 씻거나 소독을 하는 것이 좋다.

(2) 손 씻는 법

① 손을 씻을 때에는 손톱 끝이나 손가락 사이, 손바닥, 손등을 꼼꼼히 문질러 닦아야 한다.

② 수돗물로만 손을 닦는 것도 세균 제거에 효과가 있으나 비누를 사용하는 것이 더욱 효과가 좋다.

③ 담아놓은 물보다는 흐르는 물로 씻는 것이 더욱 효과가 좋다.

더 알아보기

역성비누 2019년 기출

- 원액을 희석하여 사용한다.
- 무미, 무색, 무해하며 일반 비누보다 살균효과가 좋다.
- 일반 비누와 같이 사용하거나 유기물이 존재하면 살균효과가 떨어지기 때문에 같이 사용하지 않는다.
- 손소독이나 식기소독에 적합하다.
- 양이온 계면활성제, 양성비누라고도 한다.

핵심 체크 OX

「식품위생법 시행규칙」에서는 콜레라, 장티푸스, A형간염, 피부 가려움, 후천성면역결핍증에 걸린 사람은 타인에게 위해를 끼칠 우려가 있으므로 영업에 종사하지 못한다고 규정하고 있다. (○ / ×)

해설 피부 가려움은 주의를 요하는 때에 속하며 피부병 또는 그 밖의 화농성질환은 영업에 종사하지 못한다.

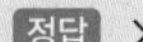

×

02 오염 및 변질의 원인

1. 식품의 변질

(1) 식품은 시간의 경과에 따라 '미생물이나 효소의 작용에 의해' 또는 '수분의 증발, 광선이나 공기에 의한 산화에 의해' 식품 본래의 외관·색상·맛·향·영양성분이 변화하여 결국 섭취가 불가능한 상태로 변한다.

(2) 이러한 식품의 변질은 식품위생의 문제를 일으킨다.

2. 미생물

미생물은 적당한 영양소, 수분, 온도, 산소, pH가 있어야 생육할 수 있다.

(1) 영양소

미생물의 발육과 증식에는 탄소, 질소, 무기질, 비타민 등이 필요하다.

(2) 수 분

세균의 발육을 위해서는 약 40% 정도의 수분이 필요하며 곰팡이는 15% 이상에서 잘 번식한다. 수분이 13% 이하일 때에는 세균, 곰팡이의 발육을 억제할 수 있다.

(3) 온 도

미생물	증식온도
저온균	0~20°C
중온균	25~40°C
고온균	45~60°C

(4) 산 소

① **호기성 세균** : 산소가 있어야 발육 가능(결핵)

② **혐기성 세균** : 산소가 거의 없는 곳에서 번식하는 균

㉠ 통성혐기성 세균 : 산소의 유무에 상관없이 발육하는 균(대장균, 효모)

㉡ 편성혐기성 세균 : 산소가 없는 곳에서만 자라는 균(보툴리누스균, 파상풍균)

3. 변질의 종류

(1) 부 패 2022년 기출

① 아민이나 황화수소 등 유독성 물질을 생성하여 취식이 불가능해지는 현상을 말하며, 쉽게 단백질이 분해되는 것으로 말하기도 한다.

② 식품 등의 유기물이 미생물의 작용에 의해 본래의 여러 가지 성질을 잃고 악취를 발생시키는 것이다.

(2) 변 패

① 탄수화물이나 지질식품이 미생물 등의 작용에 의해 변화하여 산미를 내거나 정상적이지 않은 맛과 특이한 냄새가 나는 현상을 말한다.

② 부패의 경우보다 유해물질의 생성이 비교적 적다.

더 알아보기

부패와 변패

부패는 주로 단백질의 변질이고, 변패는 주로 탄수화물의 변질이다.

(3) 산 패

① 지방이 분해될 때 독성물질이나 악취가 발생하는 것인데, 특히 유지를 공기 중에 방치하였을 때, 산소에 의해 산화되어 불쾌한 냄새 혹은 나쁜 맛이 나거나 색깔이 변하는 일이다.

② 차갑고 어두운 곳에 보관하면 어느 정도 예방이 가능하다.

(4) 발 효

① 식품 등 유기물에 미생물이 작용하여 식품(유기물)의 성질이 변화 또는 분해되는 현상으로, 그 변화가 유익한 경우를 말한다.

② 빵, 알코올음료, 간장·된장 등의 양조제품은 모두 발효현상을 이용한 것이다.

4. 식품 변질의 원인 2019, 2020년 기출

(1) 미생물의 작용이 주요 원인으로 미생물은 적당한 영양소, 수분, 온도, 산소, pH가 있어야 생육할 수 있다.

(2) 압력, 냉동, 건조 등의 과정에서 발생한 물리적인 변화

(3) 천연 효소의 작용

(4) 미생물이나 천연 효소의 작용 외의 화학적 변화

(5) 곤충 및 벌레에 의한 손상

(6) 식품이 변질되면 과산화물, 암모니아, 황화수소 등이 생성됨

핵심 체크 OX

부패와 변패 모두 미생물 등의 작용에 의해 변화하여 악취를 내거나 섭취 불가능한 상태가 되는 것으로, 변패의 경우 부패보다 유해물질의 생성이 비교적 적다. (○ / ×)

정답 ○

03 감염병 및 식중독의 원인과 예방대책

1. 감염병

(1) 감염병의 개념

① 병원체의 감염에 의해 발생하는 질환이 사람 또는 동물로부터 직접적으로 혹은 매개체를 통해 간접적으로 전파되는 질환이다.

② 감염원, 감염경로, 숙주의 감수성이 감염병 발생의 3대 요인이다.

③ 감염병과 식중독의 주요한 차이는 감염병은 사람에서 사람에게 전파되지만, 식중독은 대부분 섭취한 사람에게서 끝난다는 것이다.

④ 세균성 감염으로는 세균성 이질, 장티푸스, 파라티푸스, 콜레라 등이 있다.

⑤ 바이러스성 감염으로는 폴리오, 급성회백수염, 전염성 설사증 등이 있다.

⑥ 기생충성 감염으로는 아메바성 이질 등이 있다.

(2) 감염병의 예방 및 대책

① 감염병 예방 3대원칙

㉠ 감염원 대책 : 환자를 격리 또는 병원체를 살균(소독)하는 등 병원체를 제거하는 대책

㉡ 감염경로 대책 : 식품, 기구, 곤충 및 동물 등의 매개체(전파경로)를 차단하는 대책

㉢ 감수성자 대책 : 감염을 당하는 사람에 대한 대책(예방접종 등)

2. 식중독

(1) 식중독의 개념

식중독이란 식품위생법에서 정의한 바, 식품 섭취로 인하여 인체에 유해한 미생물 또는 유독물질에 의하여 발생하였거나 발생한 것으로 판단되는 감염성 질환 또는 독소형 질환을 말한다.

(2) 식중독의 분류

① 세균성 식중독 2019, 2020년 기출

㉠ 감염형 식중독 : 식품 내에서 증식한 세균이 식품을 섭취할 때 함께 섭취됨으로써 세균이 장점막에 직접 작용하여 발병한다.

종 류	특 징
살모넬라 식중독	원인균 : 살모넬라균 원인식품 : 육류 및 그 가공품, 어패류 및 그 가공품, 우유 및 유제품, 채소 등 감염경로 : 1차 오염된 식품, 2차 쥐·바퀴벌레·파리 등에 의한 식품의 오염 잠복기 : 12~24시간 증상 : 복통 및 발열, 급성위장염 예방법 : 식품의 냉장·냉동보관, 가열섭취, 쥐·바퀴벌레·파리 등에 의한 식품 오염 방지
장염비브리오 식중독	원인균 : 비브리오균 원인식품 : 어패류 및 그 가공품 감염경로 : 1차 오염된 어패류를 생식하거나 조리 기구를 통해 2차 오염된 식품을 섭취 잠복기 : 10~18시간 증상 : 급성위장염 예방법 : 여름철 어패류 생식 금지, 냉장보관, 조리기구의 열탕 소독
병원성 대장균 식중독	원인균 : 병원성 대장균, 동물 장관 내에 서식하는 균 원인식품 : 우유, 햄, 치즈, 소시지, 샐러드 등 감염경로 : 환자와 보균자의 분변으로부터 직·간접적으로 오염되는 식품이나 물 증상 : 발열, 설사, 두통, 복통 예방법 : 분변오염이 되지 않도록 위생을 철저, 식품의 냉장 또는 냉장보관

㉡ 독소형 식중독 : 식품 내에서 증식한 세균이 독소를 생산하고 사람이 그 독소를 섭취하여 발병한다.

종 류	특 징
포도상구균 식중독	원인균 : 포도상구균 원인독소 : 엔테로톡신(열에 강해 일반 조리법으로 파괴되지 않음) 원인식품 : 유가공품이나 조리된 식품(예 김밥, 떡, 도시락 등) 감염경로 : 식품 중에 증식한 균이 장독소를 생산하여 이를 섭취하면 식중독이 발생 잠복기 : 1~6시간 증상 : 구토, 복통, 설사 예방법 : 오염 방지, 식품 멸균, 냉장보관
보툴리늄 식중독	원인균 : 보툴리눔균 원인독소 : 뉴로톡신(신경독소 : 열에 의해 파괴됨) 원인식품 : 햄, 소시지, 살균이 덜된 통조림이나 병조림

	감염경로 : 식품 중에 증식한 균이 분비하는 독소에 의해 발생 잠복기 : 12~36시간 증상 : 신경마비증상 예방법 : 식품의 가열, 위생 철저

㉢ 세균성 식중독과 소화기계 감염병(경구감염병)의 차이 2020, 2021년 기출

구 분	세균성 식중독	경구감염병
감염원	식중독균에 오염된 식품	오염된 식품과 물
감염균양	대량의 균과 독소	소량의 균
2차 감염	없다(장염비브리오, 살모넬라 제외)	있다
잠복기	짧다	길다
면역성	없다	있다

더 알아보기

황색포도상구균 2020년 기출

포도상구균의 한 종류로 비교적 열에 강한 세균이며, 80°C에서 30분간 가열하면 죽는다. 그러나 황색포도상구균이 생산한 독소는 100°C에서 30분간 가열해도 파괴되지 않아 열처리한 식품을 섭취했을 경우에도 식중독을 일으킬 수 있다.

② 바이러스성 식중독

㉠ 바이러스에 의한 식중독은 매우 소량의 원인 바이러스에 감염되어도 발병하는 것이 특징이다.

㉡ 구역질, 구토, 설사, 두통, 발열 등의 증상을 보인다.

㉢ 주로 노로바이러스에 의해 일어나지만 로타바이러스나 장아데노바이러스, 아스트로바이러스에 의한 사례도 있다.

더 알아보기

세균과 바이러스의 차이는?

- 세균은 생물이고, 바이러스는 생물이 아니다.
- 세균은 음식을 섭취하여 에너지를 만들고 스스로 복제할 수 있지만, 바이러스는 스스로 증식하지 못하고 숙주에 들어가야만 활동을 하고 번식할 수 있다.
- 세균은 독소로 세포를 죽이고, 바이러스는 세포에 침입해서 파괴한다.

③ 자연독 식중독

㉠ 자연독 식중독이란 천연물질 속에 들어있는 독성물질을 사람이 먹을 수 있는 것으로 오인하고 섭취하여 발생하는 질환이다.

㉡ 적절한 조리를 통해 제거가 가능한 경우도 있으나, 자칫 사망에 이르기까지 한다.

- 동물성 식중독
  - 복어류가 가진 복어독 : 테트로도톡신
  - 열대나 아열대의 시구아톡식 어류 : 시구아테라독
  - 패류가 가진 패류중독 : 삭시톡신 등
  - 모시조개, 바지락, 굴 : 베네루핀
- 식물성 식중독
  - 버섯독 : 아마니틴, 무스카린(무스카리딘), 팔로톡신, 사일로시빈(사일로신), 이보텐산, 무시몰, 부포테닌 등
  - 감자독 : 솔라닌, 셉신
  - 시안배당체 함유식품(청매, 복숭아씨, 살구씨, 수수, 아몬드, 카사바) : 히드로시안산
  - 목화씨(정제되지 않은 면실유) : 고시폴
  - 고사리 : 프타퀴로사이드
  - 콩류 : 사포닌
  - 피마자씨 : 리신
- 곰팡이 2019년 기출
  - 아플라톡신 : 강한 발암성 물질로 땅콩, 옥수수, 쌀, 보리, 된장, 간장 등에 번식
  - 황변미 중독 : 페니실륨속과 아스퍼질러스속 곰팡이들에 의해 쌀이 황색으로 변색
  - 맥각 중독 : 호밀, 밀, 귀리, 보리 등에서 주로 발생하며, 맥각 알랄로이드(에르고타민, 에르고톡신, 에르고메트린)가 원인물질
  - 푸모니신(붉은곰팡이독) : 곡류(옥수수, 밀, 쌀)에서 생성되는데, 주로 옥수수에서 발생

④ 화학적 식중독

㉠ 중금속 : 수은(어패류), 카드뮴(수산물), 납(멍게, 미더덕), 비소(해조류, 갑각류) 2020년 기출

㉡ 농약 : 유기인계(광선에 의한 분해 빠름), 카바메이트계(생체 내에서의 대사 빠름), 유기염소계(자연계에서 분해 어려움)

㉢ 기타 잔류 동물용 의약품, 유전자변형식품, 방사선 및 불량 첨가물 등

(3) 식중독의 예방 및 대책

① 식재료의 청결 및 신선도 유지

② 식재료의 저온 저장

③ 시설, 기구, 용기, 포장, 식품취급자 청결 유지

④ 식품원료 및 이를 가공한 식품의 가열살균 실시

3. 소독과 살균

(1) 소 독

물리적 방법이나 화학적 방법을 사용하여 병원균을 제거하는 것

(2) 살 균

물리적 방법이나 화학적 방법을 사용하여 급속히 미생물을 제거하는 것

(3) 멸 균

살균보다 강력한 물리적 방법이나 화학적 방법을 사용하여 세포, 세균, 미생물을 전부 사멸하는 것

(4) 방 부

미생물의 번식으로 부패나 발효하는 것을 막는 방법

더 알아보기

소독력

(강) 멸균 > 살균 > 소독 > 방부 (약)

(5) 살균의 종류

물리적 방법	화학적 방법
일광 소독법	석탄산
자외선 살균법	역성비누
방사선 살균법	알코올(70% 에탄올)
여과 멸균법	포름알데히드
소각법	과산화수소
화염멸균법	크레졸
건열멸균법	염소
열탕 소독법(자비 소독법)	차염소산나트륨
간혈 멸균법	머큐로크롬
증기 멸균법	생석회
고온 증기 멸균법	승홍

4. 잠재적 위해식품

수분 함유량과 단백질 함유량이 높은 식품들은 세균이 쉽게 증식할 수 있는데 이러한 식품들을 '잠재적 위해식품'이라고 한다. 여기엔 육류, 가금류, 조개류, 갑각류, 달걀, 유제품, 곡류, 단백식품 등이 포함된다. Food Danger Zone(5~60℃)에서는 미생물 증식이 높아지기 때문에 조리된 식품을 2시간 이상 실온에 방치하지 않는다.

5. 교차오염

식재료나 기구, 용수 등에 오염되어 있던 미생물이 오염되어 있지 않은 식재료, 기구, 용수 등에 접촉 또는 혼입되면서 전이되는 현상이다.

① 칼, 도마 등의 조리기구는 식품군별로 구별하여(채소 → 육류 → 어류) 사용

② 오염된 행주는 교차오염을 일으키기 쉽기 때문에 깨끗이 세척한 후 소독하여 사용하거나 한 가지 작업이 끝나면 즉시 교체

③ 식재료를 보관할 때에는 오염원이 이동되지 않도록 오염도에 따라 구분하여 보관한다.

감염병 발생 3대 요인은 감염원, 감염경로, 숙주의 감수성이다. (○ / ×)

정답 ○

Chapter

02 작업환경 위생관리

key point

• 공정별 위해요소를 관리 및 예방할 수 있다.

01 공정별 위해요소 관리 및 예방(HACCP)

1. 식품안전관리인증기준 제도(HACCP System)

(1) HACCP의 정의

① 식품의 원재료 생산부터 소비자의 식품 섭취 때까지의 모든 단계에서 식품의 안전성을 확보하는 예방적 차원의 식품공정의 체계적 관리이다.

② HA는 위해요소분석(Hazard Analysis), CCP는 중점관리점(Critical Control Point)으로 HACCP는 위해요소중점관리기준의 약자이다. 2020년 기출

③ 우리나라의 「식품위생법」에서는 식품안전관리인증기준(식품의 원료관리 및 제조·가공·조리·소분·유통의 모든 과정에서 위해한 물질이 식품에 섞이거나 식품이 오염되는 것을 방지하기 위하여 각 과정의 위해요소를 확인·평가하여 중점적으로 관리하는 기준)이라고 명칭하고 있다.

▲ HACCP 인증마크

(2) HACCP의 7원칙 12단계

HACCP 관리는 전 세계 공통적으로 준비절차 5단계와 HACCP의 7가지 원칙을 합쳐 총 12단계로 이루어진다.

HACCP의 7원칙 12단계			
준비단계	1단계	HACCP 팀 구성	
	2단계	제품설명서 작성	
	3단계	사용용도 확인	
	4단계	공정 흐름도 작성	
	5단계	공정 흐름도 현장 확인	
본단계	6단계	모든 잠재적 위해요소 분석	1원칙
	7단계	중요관리점의 결정	2원칙
	8단계	중요관리점 한계기준 설정	3원칙
	9단계	중요관리점 모니터링체계 확립	4원칙
	10단계	개선조치 방법 수립	5원칙
	11단계	검증절차 및 방법 수립	6원칙
	12단계	문서화 및 기록유지	7원칙

(3) HACCP 도입의 장점

종래의 위생관리와 비교하여 HACCP를 도입했을 때의 장점은 관리자의 입장과 소비자의 입장에서 나누어 생각해볼 수 있다.

관리자(업체) 입장	소비자 입장
1. 체계적인 위생관리시스템 구축 2. 위생적이고 안전한 식품 생산 3. 문제 발생 시 빠른 조치 및 대처 가능 4. 비숙련자의 제품 안전성 관리 가능 5. 제품 안정성 확보 및 브랜드 이미지 제고 6. 수출경쟁력 확보	1. 소비자의 식품 선택 기준 제공 2. 위생과 안전이 확보된 식품 소비 가능

핵심 체크 OX

HACCP 관리는 전 세계 공통적으로 준비절차 7단계와 HACCP의 5가지 원칙을 합쳐 총 12단계로 이루어진다. (O / ×)

해설 준비절차 5단계와 HACCP의 7가지 원칙을 합쳐 12단계로 이루어져 있다.

정답 ×

(4) 안전관리인증기준(HACCP) 적용업소의 선행요건

① '선행요건(Pre-requisite Program)'이란 「식품위생법」, 「건강기능식품에 관한 법률」, 「축산물 위생관리법」에 따라 안전관리인증기준(HACCP)을 적용하기 위한 위생관리프로그램을 말한다.

② 즉, HACCP이 성공적으로 구축되기 위해서 우선적으로 지켜야 하는 위생조건과 행위 및 설비를 규정한 것이 선행요건이다.

③ 식품의약품안전처에서 고시한 식품 및 축산물안전관리인증기준 제5조에는 선행요건에 포함되어야 할 사항을 다음과 같이 규정하고 있다.

식품(식품첨가물 포함)제조 · 가공업소, 건강기능식품제조업소, 집단급식소식품판매업소, 축산물작업장 · 업소	가. 영업장 관리 나. 위생 관리 다. 제조 · 가공 · 조리 시설 · 설비 관리 라. 냉장 · 냉동 시설 · 설비 관리 마. 용수 관리 바. 보관 · 운송 관리 사. 검사 관리 아. 회수 프로그램 관리
집단급식소, 식품접객업소(위탁급식영업), 도시락제조 · 가공업소(운반급식 포함)	가. 영업장 관리 나. 위생 관리 다. 제조 · 가공 · 조리 시설 · 설비 관리 라. 냉장 · 냉동 시설 · 설비 관리 마. 용수 관리 바. 보관 · 운송 관리 사. 검사 관리 아. 회수 프로그램 관리
기타 식품판매업소	가. 입고 관리 나. 보관 관리 다. 작업 관리 라. 포장 관리 마. 진열 · 판매 관리 바. 반품 · 회수 관리
소규모업소, 즉석판매제조가공업소, 식품소분업소, 식품접객업소 (일반음식점 · 휴게음식점 · 제과점)	가. 작업장(조리장), 개인위생 관리 나. 방충 · 방서관리 다. 종업원 교육 라. 세척 · 소독관리 마. 입고 · 보관관리 바. 용수관리 사. 검사관리 아. 냉장 · 냉동창고 온도관리 자. 이물관리

핵심 체크 OX

HACCP은 위해요소중점관리기준의 약자이며 식품의 원료관리 및 제조 · 가공 · 조리 · 소분 · 유통의 모든 과정에서 위해한 물질이 식품에 섞이거나 식품이 오염되는 것을 방지하기 위하여 각 과정의 위해요소를 확인 · 평가하여 중점적으로 관리하는 기준을 말한다. (○ / ×)

정답 ○

2. 식품제조 · 가공업체의 영업장 관리

(1) 조리장 2020년 기출

① 시설 · 설비

㉠ 조리장은 침수될 우려가 없고, 먼지 등의 오염원으로부터 차단될 수 있는 등 주변 환경이 위생적이며 쾌적한 곳에 위치하여야 하고, 조리장의 소음 · 냄새 등으로 인하여 학생의 학습에 지장을 주지 않도록 해야 한다.

㉡ 조리장은 작업과정에서 교차오염이 발생되지 않도록 전처리실(前處理室), 조리실 및 식기구세척실 등을 벽과 문으로 구획하여 일반작업구역과 청결작업구역으로 분리한다. 다만, 이러한 구획이 적절하지 않을 경우에는 교차오염을 방지할 수 있는 다른 조치를 취하여야 한다.

㉢ 조리장은 급식설비 · 기구의 배치와 작업자의 동선(動線) 등을 고려하여 작업과 청결유지에 필요한 적정한 면적이 확보되어야 한다.

㉣ 내부벽은 내구성, 내수성(耐水性)이 있는 표면이 매끈한 재질이어야 한다.

㉤ 바닥은 내구성, 내수성이 있는 재질로 하되, 미끄럽지 않아야 한다.

㉥ 천장은 내수성 및 내화성(耐火性)이 있고 청소가 용이한 재질로 한다.

㉦ 바닥에는 적당한 위치에 상당한 크기의 배수구 및 덮개를 설치하되 청소하기 쉽게 설치한다.

㉧ 출입구와 창문에는 해충 및 쥐의 침입을 막을 수 있는 방충망 등 적절한 설비를 갖추어야 한다.

㉨ 조리장 출입구에는 신발소독 설비를 갖추어야 한다.

㉩ 조리장내의 증기, 불쾌한 냄새 등을 신속히 배출할 수 있도록 환기시설을 설치하여야 한다.

㉪ 조리장의 조명은 220룩스(lx) 이상이 되도록 한다. 다만, 검수구역은 540룩스(lx) 이상이 되도록 한다.

㉫ 조리장에는 필요한 위치에 손 씻는 시설을 설치하여야 한다.

㉬ 조리장에는 온도 및 습도관리를 위하여 적정 용량의 급배기시설, 냉 · 난방시설 또는 공기조화시설(空氣調和施設) 등을 갖추도록 한다.

② 설비 · 기구

㉠ 밥솥, 국솥, 가스테이블 등의 조리기기는 화재, 폭발 등의 위험성이 없는 제품을 선정하되, 재질의 안전성과 기기의 내구성, 경제성 등을 고려하여 능률적인 기기를 설치하여야 한다.

㉡ 냉장고(냉장실)와 냉동고는 식재료의 보관, 냉동 식재료의 해동(解凍), 가열조리된 식품의 냉각 등에 충분한 용량과 온도(냉장고 5℃ 이하, 냉동고 −18℃ 이하)를 유지하여야 한다.

㉢ 조리, 배식 등의 작업을 위생적으로 하기 위하여 식품 세척시설, 조리시설, 식기구 세척시설, 식기구 보관장, 덮개가 있는 폐기물 용기 등을 갖추어야 하며, 식품과 접촉하는 부분은 내수성 및 내부식성 재질로 씻기 쉽고 소독 · 살균이 가능한 것이어야 한다.

㉣ 식기세척기는 세척, 헹굼 기능이 자동적으로 이루어지는 것이어야 한다.

㉤ 식기구를 소독하기 위하여 전기살균소독기 또는 열탕소독시설을 갖추거나 충분히 세척 · 소독할 수 있는 세정대(洗淨臺)를 설치하여야 한다.

ⓗ 급식기구 및 배식도구 등을 안전하고 위생적으로 세척할 수 있도록 온수공급 설비를 갖추어야 한다.

(2) 식품보관실 등

① 식품보관실과 소모품보관실을 별도로 설치하여야 한다. 다만, 부득이하게 별도로 설치하지 못할 경우에는 공간구획 등으로 구분하여야 한다.

② 바닥의 재질은 물청소가 쉽고 미끄럽지 않으며, 배수가 잘 되어야 한다.

③ 환기시설과 충분한 보관선반 등이 설치되어야 하며, 보관선반은 청소 및 통풍이 쉬운 구조이어야 한다.

(3) 급식관리실, 편의시설

① 급식관리실, 휴게실은 외부로부터 조리실을 통하지 않고 출입이 가능하여야 하며, 외부로 통하는 환기시설을 갖추어야 한다. 다만, 시설 구조상 외부로의 출입문 설치가 어려운 경우에는 출입시에 조리실 오염이 일어나지 않도록 필요한 조치를 취하여야 한다.

② 휴게실은 외출복장으로 인하여 위생복장이 오염되지 않도록 외출복장과 위생복장을 구분하여 보관할 수 있는 옷장을 두어야 한다.

③ 샤워실을 설치하는 경우 외부로 통하는 환기시설을 설치하여 조리실 오염이 일어나지 않도록 하여야 한다.

(4) 식 당

안전하고 위생적인 공간에서 식사를 할 수 있도록 급식인원 수를 고려한 크기의 식당을 갖추어야 한다. 다만, 공간이 부족한 경우 등 식당을 따로 갖추기 곤란한 학교는 교실배식에 필요한 운반기구와 위생적인 배식도구를 갖추어야 한다.

(5) 이 기준에서 정하지 않은 사항에 대하여는 식품위생법령의 집단급식소 시설기준에 따른다.

Chapter 03

안전관리

key point

- 안전사고 예방지침에 따라 개인 안전을 점검할 수 있다.
- 도구 및 장비 안전 지침에 따라 도구 · 장비류 안전을 점검할 수 있다.

01 개인 안전 점검

1. 작업자의 피로도가 높은 경우 작업 시 안전에 더욱 주의하거나 피로를 풀 정도의 충분한 휴식을 취한 후 작업을 해야 한다.
2. 작업자의 작업 숙련도가 낮은 경우 작업 시 더욱 위험에 노출되기 쉽다. 따라서 초심자는 정확한 절차와 과정을 서두르지 않고 진행하는 것이 좋다.
3. 작업자가 도구 및 장비류 사용법을 정확히 숙지하는 것이 작업의 안정성을 높인다. 도구 및 장비의 잘못된 사용에서 많은 사고가 발생한다.
4. 안전예방교육을 실시하여야 한다. 적절한 안전교육은 안전사고를 사전에 방지할 수 있으므로 가장 바람직하다.
5. 안전도구를 올바른 방식으로 사용하여야 한다.

02 도구 및 장비류의 안전 점검

1. 도구 및 장비류는 잦은 세척, 소독, 살균 등에 견딜 수 있어야 한다. 식품을 다루는 도구의 특성상 세척, 소독, 살균 등을 많이 하여야 하기 때문이다.
2. 세척하기 쉬운 구조로 되어 있는 것이 청결 유지에 유리하다. 여러 번 세척을 반복하여야 하므로 세척하기 어려운 구조의 도구는 청결을 유지하기가 어렵다.
3. 식품과 직접 접촉하는 도구 및 장비류는 독성이 있어서는 안 된다. 미량의 독성일지라도 한번 오염되면, 직접 섭취되는 식품의 특성상 자칫 치명적인 사고를 일으킬 수 있다.
4. 식품 취급 시 파손되거나 하면 자칫 식품에 섞이거나 할 수 있으므로 단단한 내구성을 가져야 한다.
5. 물기 등에 자주 닿으므로 부식에도 강해야 한다.

Chapter 04

식품위생법 관련 법규 및 규정

key point

- 기구와 용기 · 포장 규정을 알 수 있다.
- 식품등의 공전(公典) 규정을 알 수 있다.
- 영업 · 벌칙 등 떡제조 관련 법령 및 식품의약품안전처 개별 고시를 알 수 있다.

01 기구와 용기 · 포장

1. 제3장 기구와 용기 · 포장

(1) 제8조(유독기구등의 판매 · 사용 금지)

유독 · 유해물질이 들어 있거나 묻어 있어 인체의 건강을 해칠 우려가 있는 기구 및 용기 · 포장과 식품 또는 식품첨가물에 직접 닿으면 해로운 영향을 끼쳐 인체의 건강을 해칠 우려가 있는 기구 및 용기 · 포장을 판매하거나 판매할 목적으로 제조 · 수입 · 저장 · 운반 · 진열하거나 영업에 사용하여서는 아니 된다.

02 식품등의 공전(公典)

1. 제5장 식품등의 공전(公典)

(1) 제14조(식품등의 공전)

식품의약품안전처장은 다음 각 호의 기준 등을 실은 식품등의 공전을 작성 · 보급하여야 한다.

① 판매를 목적으로 하는 식품 또는 식품첨가물의 제조 · 가공 · 사용 · 조리 · 보존 방법에 관한 기준

② 판매 · 영업에 사용하는 기구 및 용기의 제조 방법에 관한 기준

③ 판매 · 영업에 사용하는 기구 및 용기 · 포장과 그 원재료에 관한 규격

03 영업 · 벌칙 등 떡제조 관련 법령 및 식품의약품안전처 개별고시

1. 제7장 영업

(1) 제36조 시설기준

다음의 영업을 하려는 자는 총리령으로 정하는 시설기준에 맞는 시설을 갖추어야 한다.

1. 식품 또는 식품첨가물의 제조업, 가공업, 운반업, 판매업 및 보존업
2. 기구 또는 용기·포장의 제조업
3. 식품접객업
4. 공유주방 운영업

(2) 제40조 건강진단

① 총리령으로 정하는 영업자 및 그 종업원은 건강진단을 받아야 한다. 다만, 다른 법령에 따라 같은 내용의 건강진단을 받는 경우에는 이 법에 따른 건강진단을 받은 것으로 본다.

② 제1항에 따라 건강진단을 받은 결과 타인에게 위해를 끼칠 우려가 있는 질병이 있다고 인정된 자는 그 영업에 종사하지 못한다.

③ 영업자는 제1항을 위반하여 건강진단을 받지 아니한 자나 제2항에 따른 건강진단 결과 타인에게 위해를 끼칠 우려가 있는 질병이 있는 자를 그 영업에 종사시키지 못한다.

④ 제1항에 따른 건강진단의 실시방법 등과 제2항 및 제3항에 따른 타인에게 위해를 끼칠 우려가 있는 질병의 종류는 총리령으로 정한다.

(3) 제41조 식품위생교육

① 대통령령으로 정하는 영업자 및 유흥종사자를 둘 수 있는 식품접객업 영업자의 종업원은 매년 식품위생에 관한 교육을 받아야 한다.

② 제36조 제1항 각 호에 따른 영업을 하려는 자는 미리 식품위생교육을 받아야 한다. 다만, 부득이한 사유로 미리 식품위생교육을 받을 수 없는 경우에는 영업을 시작한 뒤에 식품의약품안전처장이 정하는 바에 따라 식품위생교육을 받을 수 있다.

※ ③~④항 생략

⑤ 영업자는 특별한 사유가 없는 한 식품위생교육을 받지 아니한 자를 그 영업에 종사하게 하여서는 아니 된다.

(4) 제44조 영업자 등의 준수사항

① 제36조 제1항 각 호의 영업을 하는 자 중 대통령령으로 정하는 영업자와 그 종업원은 영업의 위생관리와 질서유지, 국민의 보건위생 증진을 위하여 영업의 종류에 따라 다음 각 호에 해당하는 사항을 지켜야 한다.

1. 「축산물 위생관리법」 제12조에 따른 검사를 받지 아니한 축산물 또는 실험 등의 용도로 사용한 동물은 운반・보관・진열・판매하거나 식품의 제조・가공에 사용하지 말 것
2. 「야생생물 보호 및 관리에 관한 법률」을 위반하여 포획・채취한 야생생물은 이를 식품의 제조・가공에 사용하거나 판매하지 말 것
3. 소비기한이 경과된 제품・식품 또는 그 원재료를 제조・가공・조리・판매의 목적으로 소분・운반・진열・보관하거나 이를 판매 또는 식품의 제조・가공・조리에 사용하지 말 것
4. 수돗물이 아닌 지하수 등을 먹는 물 또는 식품의 조리・세척 등에 사용하는 경우에는 「먹는물관리법」 제43조에 따른 먹는물 수질검사기관에서 총리령으로 정하는 바에 따라 검사를 받아 마시기에 적합하다고 인정된 물을 사용할 것
5. 제15조 제2항에 따라 위해평가가 완료되기 전까지 일시적으로 금지된 식품등을 제조・가공・판매・수입・사용 및 운반하지 말 것
6. 식중독 발생 시 보관 또는 사용 중인 식품은 역학조사가 완료될 때까지 폐기하거나 소독 등으로 현장을 훼손하여서는 아니 되고 원상태로 보존하여야 하며, 식중독 원인규명을 위한 행위를 방해하지 말 것
7. 손님을 꾀어서 끌어들이는 행위를 하지 말 것
8. 그 밖에 영업의 원료관리, 제조공정 및 위생관리와 질서유지, 국민의 보건위생 증진 등을 위하여 총리령으로 정하는 사항

※ ②~③항 생략

(5) 제46조 식품등의 이물 발견보고 등

① 판매의 목적으로 식품등을 제조・가공・소분・수입 또는 판매하는 영업자는 소비자로부터 판매제품에서 식품의 제조・가공・조리・유통 과정에서 정상적으로 사용된 원료 또는 재료가 아닌 것으로서 섭취할 때 위생상 위해가 발생할 우려가 있거나 섭취하기에 부적합한 물질을 발견한 사실을 신고받은 경우 지체 없이 이를 식품의약품안전처장, 시・도지사 또는 시장・군수・구청장에게 보고하여야 한다.

② 「소비자기본법」에 따른 한국소비자원 및 소비자단체와 「전자상거래 등에서의 소비자보호에 관한 법률」에 따른 통신판매중개업자로서 식품접객업소에서 조리한 식품의 통신판매를 전문적으로 알선하는 자는 소비자로부터 이물 발견의 신고를 접수하는 경우 지체 없이 이를 식품의약품안전처장에게 통보하여야 한다.

③ 시・도지사 또는 시장・군수・구청장은 소비자로부터 이물 발견의 신고를 접수하는 경우 이를 식품의약품안전처장에게 통보하여야 한다.

※ ④~⑤항 생략

2. 제13장 벌칙

(1) 제93조(벌칙)

① **3년 이상의 징역** : 소해면상뇌증, 탄저병, 가금 인플루엔자 중 하나에 해당하는 질병에 걸린 동물을 사용하여 판매할 목적으로 식품 또는 식품첨가물을 제조・가공・수입 또는 조리한 자

② **1년 이상의 징역** : 마황, 부자, 천오, 초오, 백부자, 섬수, 백선피, 사리풀 중 하나에 해당하는 원료 또는 성분 등을 사용하여 판매할 목적으로 식품 또는 식품첨가물을 제조・가공・수입 또는 조리한 자

※ ③~④항 생략

(2) 제94조(벌칙) 2019, 2021년 기출

① 10년 이하의 징역 또는 1억원 이하의 벌금, 또는 병과

1. 위해식품등의 판매 등 금지(제4조), 병든 동물 고기 등의 판매 등 금지(제5조), 기준・규격이 정하여지지 아니한 화학적 합성품 등의 판매 등 금지(제6조)를 위반한 자
2. 유독기구 등의 판매・사용 금지(제8조)를 위반한 자
3. 제37조 제1항(영업을 하려는 자는 영업 종류별 또는 영업소별로 식품의약품안전처장 또는 특별자치시장・특별자치도지사・시장・군수・구청장의 허가를 받아야 한다)을 위반한 자

※ ②~③항 생략

(3) 제95조(벌칙)

① 5년 이하의 징역 또는 5천만원 이하의 벌금, 또는 병과

1. 제7조 제4항(그 기준과 규격에 맞지 아니하는 식품 또는 식품첨가물은 판매하거나 판매할 목적으로 제조・수입・가공・사용・조리・저장・소분・운반・보존 또는 진열하여서는 아니 된다) 또는 제9조 제4항(기준과 규격에 맞지 아니한 기구 및 용기・포장은 판매하거나 판매할 목적으로 제조・수입・저장・운반・진열하거나 영업에 사용하여서는 아니 된다)을 위반한 자

2의2. 제37조 제5항(영업을 하려는 자는 영업 종류별 또는 영업소별로 식품의약품안전처장 또는 특별자치시장・특별자치도지사・시장・군수・구청장에게 등록하여야 하며, 등록한 사항 중 대통령령으로 정하는 중요한 사항을 변경할 때에도 또한 같다)을 위반한 자

3. 제43조에 따른 영업 제한을 위반한 자

3의2. 제45조(위해식품등의 회수) 제1항 전단(식품 등이 위해와 관련한 조항들을 위반한 사실을 알게 된 경우에는 지체 없이 유통 중인 해당 식품 등을 회수하거나 회수하는 데에 필요한 조치를 하여야 한다)을 위반한 자

4. 제72조(폐기처분 등) 제1항・제3항 또는 제73조(위해식품등의 공표)제1항에 따른 명령을 위반한 자

5. 제75조 제1항에 따른 영업정지 명령을 위반하여 영업(제37조 제1항에 따른 영업)을 계속한 자

※ 제2호 삭제

(4) 제96조(벌칙)

① 3년 이하의 징역 또는 3천만원 이하의 벌금, 또는 병과 : 제51조(집단급식소 운영자와 식품접객업자는 조리사를 두어야 한다) 또는 제52조(집단급식소 운영자는 영양사를 두어야 한다)를 위반한 자

(5) 제97조(벌칙)

① 3년 이하의 징역 또는 3천만원 이하의 벌금

1. ㉠ 유전자변형식품등의 표시(제12조의2 제2항)를 위반한 자
   ㉡ 위해식품등에 대한 긴급대응(제17조 제4항)을 위반한 자
   ㉢ 자가품질검사 및 보고 의무(제31조 제1항 · 제3항)를 위반한 자
   ㉣ 영업허가 및 신고 등(제37조 제3항 · 제4항)을 위반한 자
   ㉤ 영업 승계 및 신고 등(제39조 제3항)을 위반한 자
   ㉥ 식품안전관리인증기준 및 위탁 제조 · 가공 금지(제48조 제2항 · 제10항)를 위반한 자
   ㉦ 영유아식 제조 · 가공업자, 일정 매출액 · 매장면적 이상의 식품판매업자 등 총리령으로 정하는 자가 식품의약품안전처장에게 등록을 하지 않은 경우(제49조 제1항 단서)
   ㉧ 조리사가 아니면서 조리사라는 명칭을 사용한 자(제55조)
2. 제22조 제1항(출입 · 검사 · 수거 등) 또는 제72조 제1항 · 제2항(폐기처분 등)에 따른 검사 · 출입 · 수거 · 압류 · 폐기를 거부 · 방해 또는 기피한 자
4. 제36조(시설기준)에 따른 시설기준을 갖추지 못한 영업자
5. 제37조 제2항(영업허가에 붙은 조건)에 따른 조건을 갖추지 못한 영업자
6. 제44조 제1항(영업자 등의 준수사항)에 따라 영업자가 지켜야 할 사항을 지키지 아니한 자
7. ㉠ 제75조 제1항(허가취소 등)에 따른 영업정지 명령을 위반하여 계속 영업(제37조 제4항 또는 제5항에 따른 영업)한 자
   ㉡ 제75조 제1항 및 제2항에 따른 영업소 폐쇄명령을 위반하여 영업을 계속한 자
8. 제76조 제1항(품목 제조정지 등)에 따른 제조정지 명령을 위반한 자
9. 제79조 제1항(폐쇄조치 등)에 따라 관계 공무원이 부착한 봉인 또는 게시문 등을 함부로 제거하거나 손상시킨 자

※ 제3호 삭제

(6) 제98조(벌칙)

① 1년 이하의 징역 또는 1천만원 이하의 벌금

1. 제44조 제3항을 위반하여 접객행위(손님과 함께 술을 마시거나 노래 또는 춤으로 손님의 유흥을 돋우는 접객행위)를 하거나 다른 사람에게 그 행위를 알선한 자
2. 제46조(식품등의 이물 발견보고 등) 제1항을 위반하여 소비자로부터 이물 발견의 신고를 접수하고 이를 거짓으로 보고한 자

3. 이물의 발견을 거짓으로 신고한 자
4. 제45조(위해식품등의 회수) 제1항 후단을 위반하여 (회수계획을) 보고를 하지 아니하거나 거짓으로 보고한 자

(7) 제101조(과태료)

① 500만원 이하의 과태료

1. ㉠ 식품 등의 깨끗하고 위생적인 취급(제3조)을 위반한 자
   ㉡ 영업자 및 종업원의 건강진단 실시(제40조 제1항 및 제3항)를 위반한 자
   ㉢ 식품위생교육 실시(제41조 제1항 및 제5항)를 위반한 자
   ㉣ 식중독에 관한 조사 보고(제86조 제1항)를 위반한 자

1의3. 제19조의4 제2항(위해우려 검사명령)을 위반하여 검사기한 내에 검사를 받지 아니하거나 자료 등을 제출하지 아니한 영업자

3. 제37조 제6항(식품 또는 식품첨가물을 제조·가공 사실보고)을 위반하여 보고를 하지 아니하거나 허위의 보고를 한 자
4. 제42조 제2항(실적보고)을 위반하여 보고를 하지 아니하거나 허위의 보고를 한 자
6. 제48조 제9항을 위반하여 식품안전관리인증기준적용업소라는 명칭을 거짓 사용한 자
7. 제56조 제1항(조리사와 영양사의 교육)을 위반하여 교육을 받지 아니한 자
8. 제74조 제1항(시설 개수명령)에 따른 명령에 위반한 자
9. 제88조 제1항 전단(집단급식소를 설치·운영 신고)을 위반하여 신고를 하지 아니하거나 허위의 신고를 한 자
10. 제88조 제2항(집단급식소를 설치·운영하는 자가 위생관리를 위해 지켜야 할 사항)을 위반한 자

※ 제1의2, 제1의4, 제2호, 제5호 삭제

3. 식품의약품안전처 개별고시(식품위생법 제5장 식품등의 공전 관련)

(1) 식품일반에 대한 공통기준

① 식품 제조·가공에 사용되는 원료, 기계·기구류와 부대시설물은 항상 위생적으로 유지·관리하여야 한다.

② 식품용수는 「먹는물관리법」의 먹는물 수질기준에 적합한 것이거나, 「해양심층수의 개발 및 관리에 관한 법률」의 기준·규격에 적합한 원수, 농축수, 미네랄탈염수, 미네랄농축수이어야 한다.

③ 식품 제조·가공 및 조리 중에는 이물의 혼입이나 병원성 미생물 등이 오염되지 않도록 하여야 하며, 제조 과정 중 다른 제조 공정에 들어가기 위해 일시적으로 보관되는 경우 위생적으로 취급 및 보관되어야 한다.

④ 냉동된 원료의 해동은 별도의 청결한 해동공간에서 위생적으로 실시하여야 한다.

⑤ 식품의 제조, 가공, 조리, 보존 및 유통 중에는 동물용의약품을 사용할 수 없다.

⑥ 가공식품은 미생물 등에 오염되지 않도록 위생적으로 포장하여야 한다.

⑦ 식품의 처리·가공 중 건조, 농축, 열처리, 냉각 또는 냉동 등의 공정은 제품의 영양성, 안전성을 고려하여 적절한 방법으로 실시하여야 한다.

⑧ 기구 및 용기·포장류는 「식품위생법」 제9조의 규정에 의한 기구 및 용기·포장의 기준 및 규격에 적합한 것이어야 한다.

⑨ 식품포장 내부의 습기, 냄새, 산소 등을 제거하여 제품의 신선도를 유지시킬 목적으로 사용되는 물질은 기구 및 용기·포장의 기준·규격에 적합한 재질로 포장하여야 하고 식품에 이행되지 않도록 포장하여야 한다.

⑩ 식품의 용기·포장은 용기·포장류 제조업 신고를 필한 업소에서 제조한 것이어야 한다. 다만, 그 자신의 제품을 포장하기 위하여 용기·포장류를 직접 제조하는 경우는 제외한다.

⑪ 분말, 가루, 환제품을 제조하기 위하여 원료를 금속재질의 분쇄기로 분쇄하는 경우에는 분쇄 이후(여러 번의 분쇄를 거치는 경우 최종 분쇄 이후) 충분한 자력을 가진 자석을 이용하여 금속성이물(쇳가루)을 제거하는 공정을 거쳐야 한다. 이 때 제거공정 중 자석에 부착된 분말 등을 주기적으로 제거하여 충분한 자력이 상시 유지될 수 있도록 관리하여야 한다.

(2) 용기·포장과 그 원재료에 관한 공통기준

① 기구 및 용기·포장은 물리적 또는 화학적으로 내용물을 쉽게 오염시키는 것이어서는 아니된다.

② 기구 및 용기·포장에서 용출되어 식품으로 이행될 수 있는 프탈레이트, 비스페놀 A 등 물질의 이행량은 필요 시 기준 및 규격에서 정하고 있는 재질별 용출규격을 적용할 수 있다.

③ 식품의 용기·포장을 회수하여 재사용하고자 할 때에는 「먹는물관리법」의 수질기준에 적합한 물, 「위생용품 관리법」에 따른 세척제 등으로 깨끗이 세척하여 일체의 불순물 등이 잔류하지 아니하였음을 확인한 후 사용하여야 한다.

Part

03 출제예상문제

01

식품위생법 시행규칙에서 정한 영업에 종사하지 못하는 질병이 아닌 것은?

① 콜레라, 장티푸스, 파라티푸스, 세균성 이질, 장출혈성대장균감염증, A형간염 등
② 결핵(비감염성인 경우는 제외)
③ 피부병 또는 그 밖의 화농성(化膿性)질환
④ 복통이나 설사

02

개인 위생관리 방법 중 잘못된 것은?

① 위생모자 : 머리카락이 빠져 음식에 들어갈 수 있으므로 위생모자 밖으로 머리카락이 나오지 않도록 머리카락을 잘 정리하여 써야 한다.
② 휴대전화, 시계, 반지 등 : 휴대전화, 시계, 반지 등에는 많은 세균이 존재하기 때문에 가급적 착용이나 사용을 줄이는 것이 좋다.
③ 발 : 평소의 발, 발톱의 위생관리도 깨끗이 하면 간접 오염을 줄이는데 도움이 된다.
④ 작업복 : 가운, 방수 앞치마, 방수 작업복 등은 화려한 색상의 것이 좋으며 작업복을 입은 채로 수시로 작업장 외부로 나갔다가 들어오는 것이 좋다.

01

해설 「식품위생법 시행규칙」에서 정한 영업에 종사하지 못하는 질병은 콜레라, 장티푸스, 파라티푸스, 세균성 이질, 장출혈성대장균감염증, A형간염, 결핵, 피부병 또는 그 밖의 화농성(化膿性)질환, 후천성면역결핍증(AIDS)이다. 복통이나 설사는 식품 취급 및 조리 업무에 주의를 요해야 하는 때이다.

02

해설 작업복을 입은 채로 작업장 외부를 나갔다가 들어오는 것은 외부의 오염된 균을 내부로 들일 수 있으므로 주의해야 한다.

정답 01 ④ 02 ④

03

다음 중 식품 변질의 종류가 아닌 것은?

① 혼합　　② 부패
③ 변패　　④ 산패

해설 변질의 종류는 부패, 변패, 산패가 있다.

04

식품 부패의 주요 원인은?

① 곤충에 의한 상해
② 압력, 냉동, 건조, 조사에 의한 식품의 물리적 변화
③ 미생물의 성장과 작용
④ 식물·동물조직에 자연적으로 존재하는 효소의 작용

해설 미생물의 성장과 작용이 식품 부패의 주요 원인이다.

05

다음 중 감염병의 3대 요인이 아닌 것은?

① 감염원　　② 감염요소
③ 감염경로　　④ 숙주의 감수성

해설 감염원, 감염경로, 숙주의 감수성이 감염병 발생의 3대 요인이다.

06

감염병과 식중독의 주요 차이점으로 틀린 것은?

① 감염병은 통상 독력이 강하나, 식중독은 독력이 약하다.
② 감염병은 잠복기가 일반적으로 길고, 식중독은 잠복기가 대체로 짧다.
③ 감염병은 섭취한 사람에게서 끝나지만, 식중독은 사람에서 사람에게 전파된다.
④ 감염병은 면역성이 있는 경우가 많아 예방접종으로 효과를 얻을 수 있으나, 식중독은 면역성이 없는 경우가 많다.

해설 감염병과 식중독의 주요한 차이는 감염병은 사람에서 사람에게 전파되지만, 식중독은 대부분 섭취한 사람에게서 끝난다는 것이다.

정답 03 ① 04 ③ 05 ② 06 ③

07

다음 중 감염병의 원인이 세균성 감염이 아닌 것은?

① 세균성 이질
② 장티푸스
③ 콜레라
④ 전염성 설사증

08

다음 중 감염병의 원인이 바이러스성 감염이 아닌 것은?

① 폴리오
② 급성회백수염
③ 전염성 설사증
④ 아메바성 이질

09

감염병의 예방 및 대책이 바르게 연결된 것은?

① 감염원 대책 : 감염을 당하는 사람에 대한 대책(예방접종 등)
② 감염경로 대책 : 식품, 기구, 곤충 및 동물 등의 매개체(전파경로)를 차단하는 대책
③ 감수성자 대책 : 환자를 격리 또는 병원체를 살균(소독)하는 등 병원체를 제거하는 대책
④ 감수성 대책 : 감염병에 민감한 정도를 측정하는 대책

07

해설 세균성 감염으로는 세균성 이질, 장티푸스, 파라티푸스, 콜레라 등이 있다. 전염성 설사증은 바이러스성 감염에 속한다.

08

해설 바이러스성 감염으로는 폴리오, 급성회백수염, 전염성 설사증 등이 있다. 아메바성 이질은 기생충성 감염에 속한다.

09

해설 ① 감염원 대책 : 환자를 격리 또는 병원체를 살균(소독)하는 등 병원체를 제거하는 대책
③ 감수성자 대책 : 감염을 당하는 사람에 대한 대책(예방접종 등)

정답 07 ④ 08 ④ 09 ②

10

다음 중 식중독의 개념으로 알맞은 것은?

① 식품 섭취로 인하여 인체에 유해한 미생물 또는 유독물질에 의하여 발생하였거나 발생한 것으로 판단되는 감염성 질환 또는 독소형 질환
② 병원체의 감염에 의해 발생하는 질환이, 사람 또는 동물로부터 직접적으로 혹은 매개체를 통해 간접적으로 전파되는 질환
③ 식품 등 유기물에 미생물이 작용하여 식품(유기물)의 성질이 변화 또는 분해되는 현상
④ 탄수화물이나 지질식품이 미생물 등의 작용에 의해 변화하여 산미를 내거나 정상적이지 않은 맛과 특이한 냄새가 나는 현상

10

해설 식중독이란 식품위생법에서 정의한 바, 식품 섭취로 인하여 인체에 유해한 미생물 또는 유독물질에 의하여 발생하였거나 발생한 것으로 판단되는 감염성 질환 또는 독소형 질환을 말한다.

11

다음 중 감염형 세균성 식중독이 아닌 것은?

① 장염비브리오
② 병원성 대장균
③ 살모넬라
④ 보툴리누스균

11

해설 감염형 세균성 식중독은 장염비브리오, 병원성 대장균, 살모넬라 등이 있다. 보툴리누스균은 독소형 세균성 식중독이다.

12

다음 중 중간형 세균성 식중독이 아닌 것은?

① 웰치균
② 바실러스 세레우스균
③ 포도상구균
④ 독소생성 대장균

12

해설 중간형 세균성 식중독은 웰치균, 바실러스 세레우스균, 독소생성 대장균 등이 있다.
※ 독소형 세균성 식중독 : 포도상구균, 보툴리누스균 등

정답 10 ① 11 ④ 12 ③

13

다음 중 주된 바이러스성 식중독의 원인은?

① 노로바이러스
② 로타바이러스
③ 장아데노바이러스
④ 아스트로바이러스

14

다음 자연독 식중독의 종류와 독성이 잘못 연결된 것은?

① 복어독 – 테트로도톡신
② 패류중독 – 삭시톡신
③ 버섯독 – 아마니틴, 무스카린
④ 목화씨(정제되지 않은 면실유) – 리신

15

다음 중 HACCP의 준비단계에 해당하지 않는 것은?

① HACCP 팀 구성
② 모든 잠재적 위해요소 분석
③ 제품설명서 작성
④ 사용용도 확인

13

해설 바이러스의 의한 식중독은 주로 노로바이러스에 의해 일어나지만 로타바이러스나 장아데노바이러스, 아스트로바이러스에 의한 사례도 있다.

14

해설 목화씨(정제되지 않은 면실유)의 독성은 고시폴이다.

15

해설 HACCP의 준비절차 5단계
- 1단계 : HACCP 팀 구성
- 2단계 : 제품설명서 작성
- 3단계 : 사용용도 확인
- 4단계 : 공정 흐름도 작성
- 5단계 : 공정 흐름도 현장 확인

정답 13 ① 14 ④ 15 ②

16

다음 중 HACCP의 7원칙에 해당하지 않는 것은?

① 중요관리점의 결정
② 중요관리점 모니터링체계 확립
③ 공정 흐름도 현장 확인
④ 개선조치 방법 수립

16

해설 HACCP의 7원칙
- 1원칙 : 모든 잠재적 위해요소 분석
- 2원칙 : 중요관리점의 결정
- 3원칙 : 중요관리점 한계기준 설정
- 4원칙 : 중요관리점 모니터링체계 확립
- 5원칙 : 개선조치 방법 수립
- 6원칙 : 검증절차 및 방법 수립
- 7원칙 : 문서화 및 기록유지

17

식품 및 축산물안전관리인증기준에서 고시한 HACCP 선행요건 중 식품(식품첨가물 포함)제조·가공업소, 건강기능식품제조업소, 집단급식소식품판매업소, 축산물작업장·업소의 선행요건에 해당하지 않는 것은?

① 영업장 관리
② 제조·가공·조리 시설·설비 관리
③ 입고 관리
④ 용수 관리

17

해설 식품(식품첨가물 포함)제조·가공업소, 건강기능식품제조업소, 집단급식소식품판매업소, 축산물작업장·업소의 선행요건은 영업장 관리, 위생 관리, 제조·가공·조리 시설·설비 관리, 냉장·냉동 시설·설비 관리, 용수 관리, 보관·운송 관리, 검사 관리, 회수 프로그램 관리이다.

18

식품 및 축산물안전관리인증기준에서 고시한 HACCP 선행요건 중 소규모업소, 즉석판매제조가공업소, 식품소분업소, 식품접객업소(일반음식점·휴게음식점·제과점)의 선행요건에 해당하지 않는 것은?

① 작업장(조리장), 개인위생 관리
② 종업원 교육
③ 세척·소독관리
④ 회수 프로그램 관리

18

해설 소규모업소, 즉석판매제조가공업소, 식품소분업소, 식품접객업소(일반음식·휴게음식점·제과점)의 선행요건은 작업장(조리장), 개인위생 관리, 방충·방서관리, 종업원 교육, 세척·소독관리, 입고·보관관리, 용수관리, 검사관리, 냉장·냉동창고 온도관리, 이물관리이다.

정답 16 ③ 17 ③ 18 ④

19

다음 중 올바른 채소 세척방법은?

① 수돗물로 한 차례 씻는다.
② 음용수에 적합한 흐르는 물에 3회 이상 씻는다.
③ 수돗물을 끓여 식힌 물을 받아 그 물로만 2회 정도 씻는다.
④ 소금물로 한 차례 헹군 뒤 씻는다.

20

부패와 변패에 대한 설명으로 틀린 것은?

① 부패는 아민이나 황화수소 등 유독성 물질을 생성하여 취식이 불가능해지는 현상을 말한다.
② 부패는 주로 단백질의 변질이다.
③ 변패는 주로 탄수화물의 변질이다.
④ 변패는 지방이 분해될 때 독성물질이나 악취가 발생하는 것이다.

21

발효를 이용한 식품이 아닌 것은?

① 증편
② 빵
③ 간장
④ 시루떡

19

해설 채소류는 음용수에 적합한 흐르는 물에 3회 이상 세척해야 한다.

20

해설 지방이 분해될 때 독성물질이나 악취가 발생하는 것은 산패이다.

21

해설 시루떡은 켜켜이 안치는 떡으로 발효를 하지 않는다.

정답 19 ② 20 ④ 21 ④

22

다음 중 식중독의 예방 및 대책으로 옳지 않은 것은?

① 식재료의 청결 및 신선도 유지
② 식재료의 고온 저장
③ 시설, 기구, 용기, 포장, 식품취급자 청결 유지
④ 식품원료 및 이를 가공한 식품의 가열살균 실시

22
해설 식재료는 저온 저장하여야 한다.

23

다음 중 세균성 식중독의 분류가 아닌 것은?

① 자연형 ② 독소형
③ 중간형 ④ 감염형

23
해설 세균성 식중독의 분류는 독소형, 중간형, 감염형이다.

24

자연독 식중독의 연결이 바르지 않은 것은?

① 피마자씨 – 리신
② 패류중독 – 삭시톡신
③ 감자독 – 고시폴
④ 콩류 – 사포닌

24
해설 감자독 – 솔라닌, 셉신
목화씨 – 고시폴

25

다음 중 땅콩, 옥수수, 쌀, 보리, 된장, 간장 등에 번식하는 곰팡이로 알맞은 것은?

① 아플라톡신
② 황변미 중독
③ 맥각 중독
④ 푸모니신(붉은곰팡이독)

25
해설 아플라톡신은 강한 발암성 물질로 땅콩, 옥수수, 쌀, 보리, 된장, 간장 등에 번식한다.

정답 22 ② 23 ① 24 ③ 25 ①

26

다음 중 페니실륨속과 아스퍼질러스속 곰팡이들에 의해 쌀이 황색으로 변색하는 것을 뜻하는 것은?

① 아플라톡신
② 황변미 중독
③ 맥각 중독
④ 푸모니신(붉은곰팡이독)

27

다음 중 호밀, 밀, 귀리, 보리 등에서 주로 발생하며 에르고타민, 에르고톡신, 에르고메트린 등이 원인물질인 것은?

① 아플라톡신
② 황변미 중독
③ 맥각 중독
④ 푸모니신(붉은곰팡이독)

28

곡류(옥수수, 밀, 쌀)에서 많이 발견되며, 주로 옥수수에서 발생하는 곰팡이는?

① 아플라톡신
② 황변미 중독
③ 맥각 중독
④ 푸모니신(붉은곰팡이독)

26

해설 황변미 중독은 페니실륨속과 아스퍼질러스속 곰팡이들에 의해 쌀이 황색으로 변색하는 것이다.

27

해설 맥각 중독은 호밀, 밀, 귀리, 보리 등에서 주로 발생하며, 맥각 알랄로이드(에르고타민, 에르고톡신, 에르고메트린)가 원인물질이다.

28

해설 푸모니신(붉은곰팡이독)은 곡류(옥수수, 밀, 쌀)에서 많이 발견되며, 주로 옥수수에서 발생한다.

정답 26 ② 27 ③ 28 ④

29

다음 중 개인의 안전 점검을 위해 주의해야 할 사항으로 옳지 않은 것은?

① 작업자의 피로도가 높은 경우 신속히 남은 작업을 마치기 위하여 다소 무리가 가더라도 더욱 집중해야 한다.
② 작업자의 작업 숙련도가 낮은 경우 작업 시 더욱 위험에 노출되기 쉽다.
③ 작업자가 도구 및 장비류 사용법을 정확히 숙지하는 것이 작업의 안정성을 높인다.
④ 안전예방교육을 실시하여야 한다.

30

다음 중 안전을 위해 도구 및 장비류의 선택 또는 사용시 주의해야 할 사항으로 옳지 않은 것은?

① 도구 및 장비류는 잦은 세척, 소독, 살균 등에 견딜 수 있어야 한다.
② 세척하기 다소 어렵더라도 복잡하고 정교한 구조로 되어 있는 것이 조리 시 도움이 된다.
③ 식품과 직접 접촉하는 도구 및 장비류는 독성이 있어서는 안 된다.
④ 식품 취급 시 파손되거나 하면 자칫 식품에 섞이거나 할 수 있으므로 단단한 내구성을 가져야 한다.

29

해설 작업자의 피로도가 높은 경우 작업 시 안전에 더욱 주의하거나 피로를 풀 정도의 충분한 휴식을 취한 후 작업을 해야 한다.

30

해설 세척하기 쉬운 구조로 되어 있는 것이 청결 유지에 유리하다. 여러 번 세척을 반복하여야 하므로 세척하기 어려운 구조의 도구는 청결을 유지하기가 어렵다.

정답 29 ① 30 ②

31

개인 위생관리에 대한 설명으로 틀린 것은?

① 손에는 다양한 미생물이 살고 있으며 외부의 오염물질이나 세균의 전달 경로가 되기도 하므로 손을 위생적으로 관리하는 것은 매우 중요하다.
② 식품위생법 시행규칙에 의해 A형간염에 걸린 사람은 식품위생 분야에 종사하지 못한다.
③ 식품 또는 식품첨가물 분야에 직접 종사하는 영업자 및 종업원은 식품위생 분야 종사자의 건강진단 규칙에 따라 매년 1회의 건강 검진을 받아야 한다.
④ 식품위생법 시행규칙에 의해 피부 가려움이나 피부 발진의 증상이 있을 때에는 식품 분야의 영업에 종사하지 못한다.

31

해설 피부 가려움이나 피부 발진의 증상이 있을 때에는 주의를 요하며 피부병 또는 그 밖의 화농성질환이 있을 때에는 영업에 종사하지 못한다.

32

교차오염에 대한 설명으로 틀린 것은?

① 칼이나 도마 주걱, 조리기구 등은 식품군별로 구분하여 사용하여야 한다.
② 오염된 물질과의 접촉으로 인해 비오염 물질이 오염되는 것을 말하며 조리하는 사람이 손을 제대로 씻지 않았을 경우, 날것과 익힌 것을 같이 보관했을 경우에 발생할 수 있다.
③ 앞치마를 착용하면 위생복에 세균이 오염되는 것을 방지할 수 있기 때문에 육류나 생선류를 취급할 때에는 앞치마를 착용하는 것이 좋다.
④ 하나의 칼과 도마로 조리해야 할 경우 육류 → 어류 → 채소 순으로 조리한다.

32

해설 하나의 칼과 도마로 조리해야 할 경우 채소 → 육류 → 어류 순으로 조리한다.

정답 31 ④ 32 ④

33

자연독 식중독에 대한 설명으로 틀린 것은?

① 자연독 식중독이란 천연물질 속에 들어있는 독성물질을 사람이 먹을 수 있는 것으로 오인하고 섭취하여 발생하는 질환이다.
② 동물성 식중독으로는 복어독인 테토로도톡신, 패류중독인 아플라톡신, 어류가 가진 시구아테라독 등이 있다.
③ 식물성 식중독으로는 감자의 싹에 솔라닌, 콩류의 사포닌, 피마자씨의 리신 등이 있다.
④ 곰팡이들에 의해 쌀이 황색으로 변색되는 것은 황변미 중독이다.

33

해설 패류중독에는 삭시톡신 등이 있다. 아플라톡신은 식물성 식중독으로 강한 발암성 물질이며 땅콩, 옥수수, 쌀, 보리 등에 번식한다.

34

식품위생법상 영업과 관련된 법령에 관한 내용으로 옳지 않은 것은?

① 식품의 제조업을 하려는 자는 총리령으로 정하는 시설기준에 맞는 시설을 갖추어야 한다.
② 영업자 및 그 종업원은 건강진단을 받아야 한다.
③ 영업자는 식중독 발생 시 보관 중인 식품을 역학조사가 완료되기 전까지 제조·가공해서는 안 된다.
④ 식품접객업 영업자의 종업원은 매월 식품 위생에 관련된 교육을 받아야 한다.

34

해설 식품위생법 제7장 제41조 식품위생교육에 따르면 대통령령으로 정하는 영업자 및 유흥종사자를 둘 수 있는 식품접객업 영업자의 종업원은 매년 식품위생에 관한 교육을 받아야 한다.

정답 33 ② 34 ④

35

HACCP 적용업소의 선행요건 중 소규모업소에 해당하지 않는 것은?

① 작업장, 개인위생 관리
② 종업원 교육
③ 회수 프로그램 관리
④ 냉장・냉동창고 온도 관리

36

집단급식소의 영업자가 조리사 또는 영양사를 두어야 한다는 조항을 위반한 때의 벌칙은?

① 1년 이하의 징역 또는 1천만원 이하의 벌금
② 3년 이하의 징역 또는 3천만원 이하의 벌금, 또는 병과
③ 5년 이하의 징역 또는 5천만원 이하의 벌금
④ 7년 이하의 징역 또는 7천만원 이하의 벌금, 또는 병과

35

해설 HACCP 적용업소의 선행요건

집단급식소 식품접객업소 도시락제조 ・가공업소	영업장 관리 위생 관리 제조・가공・조리 시설・설비 관리 냉장・냉동 시설・설비 관리 용수 관리 회수 프로그램 관리
소규모업소 즉석판매제조 ・가공업소 식품소분업소 식품접객업소	작업장, 개인위생 관리 방충・방서 관리 종업원 교육 세척・소독 관리 입고・보관 관리 용수 관리 냉장・냉동창고 온도 관리

36

해설 식품위생법 제51조(집단급식소 운영자와 식품접객업자는 조리사를 두어야 한다) 또는 제52조(집단급식소 운영자는 영양사를 두어야 한다)를 위반한 자는 3년 이하의 징역 또는 3천만원 이하의 벌금, 또는 병과에 처해지게 된다.

정답 35 ③ 36 ②

PART 04

우리나라 떡의 역사 및 문화

Chapter 01. 떡의 역사

Chapter 02. 시 · 절식으로서의 떡

Chapter 03. 통과의례와 떡

Chapter 04. 향토 떡

출제예상문제

Chapter 01

떡의 역사

key point

• 시대별 떡의 역사를 알 수 있다.

01 시대별 떡의 역사

1. 선사시대

(1) 구석기시대에는 동굴생활을 하며 수렵과 채취로 식량을 확보하였다. 구석기 후기부터 불을 사용하였을 것으로 추측하고 있다.

(2) 신석기시대에는 갈판과 갈돌로 곡식을 가루 내어 먹었으며, 신석기시대의 대표적인 유물인 빗살무늬 토기와 같은 그릇을 이용해 음식을 보관하고 만들어 먹었음을 알 수 있다.

▲ 갈판과 갈돌

▲ 빗살무늬 토기

(2) 청동기시대

① 청동기시대의 유적지인 나진초도패총에서 시루가 처음 발견되었다.

② 이 시루는 바닥에 구멍이 뚫려있고 손잡이가 달려있는데, 이로 보아 곡물을 갈판과 갈돌로 갈아 시루에 쪄 먹었다는 것을 알 수 있다.

③ 떡의 주재료인 곡물(쌀, 조, 피, 기장, 수수)의 생산으로 청동기 시대부터 떡을 즐겨 만들어 먹었을 것으로 추측할 수 있다.

▲ 시 루

(3) 고조선

① 단군 조선은 제정일치의 정치체제를 갖추었다.

② 제례가 존재한 사회였고 떡은 신께 올리는 음식으로 중요한 역할을 했을 것이다.

(4) 삼국시대 및 통일신라시대

쌀과 곡물들의 생산량이 증가하면서 떡이 다양해졌다.

문 헌	내 용
고구려 안악 3호분 고분벽화	한 아낙이 시루에 무언가를 찌고 그것을 젓가락으로 찔러보고 있는 모습이 그려져 있다.
〈삼국사기〉	• 〈신라본기〉에는 남해왕의 사후에 유리와 탈해가 서로 왕위를 사양하다 떡을 깨물어 잇자국이 많은 사람이 지혜롭고 성스럽다 하여 잇자국이 많은 유리왕이 왕위를 계승했다는 기록 • 가난하여 떡을 찧지 못하는 아내의 안타까운 마음을 달래주기 위해 백결선생이 거문고로 떡방아 소리를 내었다는 기록
〈삼국유사〉	• 〈가락국기〉에는 '조정의 뜻을 받들어 세시마다 술, 감주, 떡, 밥, 차, 과실 등 여러 가지를 갖추어 제사를 지냈다'는 기록 • 제32대 효소왕 때에 죽지랑이 부하인 득오가 부산성의 창직으로 급히 떠난 것을 알고 설병(舌餠) 한 합과 술 한 병을 가지고 가 술과 떡을 먹였다는 기록 – 설병(舌餠) : 설고(雪餻)와 음이 비슷한 점을 들어 백설기로 추측

핵심 체크 OX

시루가 처음 발견된 때는 철기시대로, 이때부터 떡을 만들어 먹었다는 것을 알 수 있다. (O / ×)

해설 시루는 청동기시대의 유적지인 나진초도패총에서 처음 발견되었다.

정답 ×

(5) 고려시대 2020, 2021, 2022년 기출

농업이 비약적으로 발전하게 되며 농업의 발전은 곧 음식의 발전으로 이어졌다. 불교가 번성함에 따라 차와 떡을 즐기는 풍속이 상류층을 중심으로 유행했다.

문 헌	내 용
〈지봉유설〉	상사일(上巳日)에 청애병을 으뜸가는 음식으로 삼았다 – 절식으로 떡이 사용되었음을 알 수 있다.
〈해동역사〉	고려사람들이 밤설기 떡인 고려율고를 잘 만들었다고 칭송
〈거가필용〉	고려율고를 소개하였다.
〈고려사〉	• 신돈이 떡을 부녀자에게 던져 주었다. • 광종이 걸인에게 떡을 시주하였다.
〈목은집〉	• 떡수단 : 몸이 눈같이 희고 맛이 달고 새콤하다. • 차수수전병 : 팥소를 넣고 지진 차수수전병
〈고려가요〉	• 아라비아 상인과 고려 여인과의 남녀관계를 노래한 속요로 쌍화점 등장 • 쌍화점 : 송도 개경에 있던 만두가게를 의미한다. 밀가루를 부풀려 고기와 야채, 팥소를 넣고 찐 증편류인 상화를 만들어 팔았다.

(6) 조선시대 2022년 기출

① 농업기술과 음식의 조리방법, 가공, 보관기술이 발전하여 식생활 문화가 향상되었다.

② 혼례 · 빈례 · 제례 등 각종 행사와 연회에 필수적인 음식으로 자리잡았으며, 이는 지금까지도 내려져 오고 있다.

③ 떡에서는 단순히 곡물을 찌는 방법에서 벗어나 다양한 곡물을 배합하거나 부재료로 꽃이나 열매나 향신료를 이용하기 시작하였다.

④ 떡의 재료로는 채소, 과일, 야생초, 한약재 등을 사용하였다.

⑤ 감미료로 조청, 꿀, 설탕 등이 소와 고물로는 깨, 팥, 밤, 대추 등이 이용되었으며, 치자, 수리취, 승검초, 오미자, 쑥 등이 천연색소로 이용되면서 떡은 좀 더 화려해지고 종류도 다양해졌으며 맛 또한 풍부해졌다.

문 헌	내 용
〈도문대작〉(1611)	우리나라의 가장 오래된 식품전문서로 19종류의 떡이 기록되어 있다.
〈음식디미방〉(1670)	• 안동 장씨가 쓴 조리서로 동아시아에서 최초로 여성이 쓴 한글 조리서 • 석이편, 밤설기, 잡과편, 섭산삼, 전화법, 빈자법, 상화 등에 대한 기록이 있다.
〈수문사설〉(1740)	• 오도증(황토흙으로 만든 찜기) • 토란떡, 사삼병이라는 떡이 기록되어 있다.
〈규합총서〉(1815)	• 일상생활에서 요긴한 생활의 슬기를 적어 모은 책 • 떡이란 호칭이 처음 나타남 • 기단가오, 혼돈병, 백설기, 석이병, 서여향병 등 27종의 떡이름과 만드는 방법을 기록 • 석탄병 : '그 맛이 좋아 차마 삼키기 아까운 떡'
〈조선세시기〉(1916~1917)	장지연이 편집한 〈조선세시기〉는 열두 달로 나누어 각 달에 먹는 음식을 기록하였다.

더 알아보기

〈규합총서〉 2019, 2020년 기출

일상생활에서 요긴한 생활의 슬기를 적어 모은 책으로 장담그기, 술빚기, 밥·떡·과줄·반찬만들기가 수록되어 있다. 떡이란 호칭은 〈규합총서〉에서 처음 나타나며, 〈규합총서〉에 기록된 떡으로는 기단가오, 혼돈병, 석탄병, 도행병, 신과병 등이 있다.

- 기단가오 – 메조가루에 대추, 통팥을 섞어 찐 떡
- 혼돈병 – 찹쌀가루, 승검초가루, 후춧가루, 계핏가루, 건강(乾薑), 꿀, 잣 등을 사용하여 두텁떡과 비슷하게 찐 떡
- 석탄병 – 석탄병을 만드는 방법과 함께 '그 맛이 좋아 차마 삼키기 아까운 떡'이라는 표현이 기록되어 있다.

(7) 근 대

① 한일합병과 일제강점기, 6·25전쟁 등 급격한 사회변화로 물밀듯이 밀려든 서양의 빵에 의해 떡은 그 자리를 잃어갔다.

② 집에서 만들어 먹었던 떡은 생활환경이 변화하면서 방앗간과 떡집 등 전문 업소에 맡겨 만들어 먹음에 따라 그 종류와 방법이 많이 간소화되었다.

핵심 체크 OX

고려시대에는 떡이 단순히 곡물을 찌는 방법에서 벗어나 다양한 곡물을 배합하거나 부재료로 꽃이나 열매, 향신료를 이용하기 시작하여 좀 더 화려해지고 종류도 다양해지며 맛 또한 풍부해졌다. (O / X)

해설 고려시대에는 불교가 번성하게 됨에 따라 차와 떡을 즐기는 풍속이 유행하고 조선시대에는 다양한 재료를 활용하여 떡이 좀 더 발전하였다.

정답 X

Chapter 02

시 · 절식으로서의 떡

key point

• 시, 절식으로서의 떡을 알 수 있다.

01 시 · 절식으로서의 떡

떡은 세시풍속과 절일에 없어서는 안 되는 중요한 음식으로 자리잡아 왔다.

1. 설 날 2019년 기출

(1) 한 해의 시작인 음력 정월 초하루를 일컫는다.

(2) 떡국을 주로 먹는다. 떡국을 먹으면 한 살을 더 먹는다고 하여 '첨세병(添歲餠)', 색이 희다고 하여 '백(白)탕', 떡을 넣은 탕이라고 해서 '병(餠)탕'이라고도 불렸다.

(3) 쌀이 귀한 북쪽지방에서는 만둣국이나 떡만둣국을 먹고, 개성지방에서는 조랭이떡국을 먹는다.

더 알아보기

가래떡과 떡국떡의 의미

가래떡은 떡의 하얀 색깔처럼 1년 내내 순수하고 무탈하기를 기원하고 길게 무병장수하라는 의미를 담고 있다. 가래떡을 얇게 썰은 떡국떡은 엽전모양으로 재물을 많이 모으라는 의미를 담고 있다(과거에는 가래떡을 직각으로 썰었다).

2. 정월대보름 2019년 기출

(1) 상원(上元)이라고도 하며 음력 정월 보름날, 즉 음력 1월 15일로 1년의 첫 보름을 기리는 날이다.

(2) 약식(약밥) · 오곡밥, 묵은 나물과 복쌈 · 부럼 · 귀밝이술 등을 먹는다.

(3) 약식은 신라 소지왕 때 목숨을 구해준 까마귀에 대한 고마움을 표하던 것으로 까마귀 깃털 색을 닮은 약밥에 귀한 재료를 넣어 만들었다.

더 알아보기

약식의 유래

삼국유사에 따르면 정월대보름에 신라 21대 소지왕이 경주 남산에 행차하던 중 까마귀 떼가 날아들어 그중 한 마리가 봉투 한 장을 떨어뜨렸다. 그 봉투에는 궁중으로 어서 돌아가 내전에 있는 "거문고 갑(琴匣)을 쏘라"고 쓰여 있어 문안대로 활로 거문고 갑을 쏘니 놀랍게도 그 안에 왕비와 내원(內院)의 분수승이 있었으며 왕을 죽일 모략을 하고 있었다. 이 사실을 알게 된 왕은 두 사람을 주살하고 역모를 평정하게 되었다. 이후 왕은 까마귀 덕분에 위기를 모면했다고 하여 그 은혜에 보답하기 위해 까마귀 깃털 색을 닮은 밥을 지어 정월대보름에 먹었다.

3. 중화절(노비일) 2019, 2022년 기출

(1) 농사철의 시작을 기념하는 음력 2월 1일을 말한다.

(2) 민간에서는 머슴날 또는 노비일이라고도 하여 농사를 시작하기 전 일꾼들에게 커다란 송편을 만들어주었다.

(3) 노비송편으로 불리며 2월 초하루를 삭일이라 하여 삭일송편이라고도 하였다.

4. 3월 삼짇날 2019년 기출

(1) 음력 3월 3일로 겨우내 움츠렸던 만물이 활기를 띠는 날이다.

(2) 이날에는 '화전놀이'라 하여 번철을 들고 야외로 나가 찹쌀가루로 반죽을 하고 진달래꽃으로 수를 놓은 진달래화전을 그 자리에서 만들어 먹었다.

5. 한 식

(1) 동지 후 105일째 되는 날로 설날, 단오, 추석과 함께 4대 명절 중 하나이다.

(2) 이때 돋아난 쑥을 뜯어 쑥떡을 해먹었다.

(3) 일정 기간 불의 사용을 금하며 찬 음식을 먹는 고대 중국의 풍습에서 시작되었다.

6. 초파일

(1) 음력 4월 8일은 석가탄신일을 기념하는 날이다.

(2) 초파일에는 새로 돋아난 느티나무 어린순을 멥쌀가루에 넣고 팥고물을 켜켜이 깔아 느티떡(유엽병)을 해먹었다.

(3) 찹쌀반죽에 그 시기에 핀 장미 잎으로 수를 놓아 장미화전을 해먹었다.

▲ 느티떡

7. 단 오 2019년 기출

(1) 3대 명절로 지켜질 만큼 큰 명절이었으며, 음력 5월 5일을 일컫는다. 수릿날, 천중절(天中節), 중오절(重五節)이라고도 부른다.

(2) 수릿날에서의 수리는 수레를 뜻하며, 이날은 수레바퀴 모양의 수리취절편을 만들어 먹었다.

(3) 수리취절편은 멥쌀가루에 수리취를 섞어 찐 다음, 떡메로 쳐서 쫄깃하게 반죽하고 동글납작하게 떼어내어 바퀴모양의 떡살로 찍어낸다.

(4) 바퀴모양의 떡이라 하여 차륜병(車輪餠)이라고도 불렀다.

▲ 수리취절편

8. 유두절

(1) 음력 6월 15일은 유두절(流頭節)로 유두란 흐르는 물에 머리를 감는다는 뜻이다.

(2) 곡식이 여물어갈 때쯤 몸을 깨끗이 하고 조상과 농신께 음식으로 제를 지내며 안녕과 평화를 기원하는 날이다.

(3) 꿀물에 동글게 빚은 흰떡을 넣어 시원하게 만든 수단을 즐겼으며, 밀가루를 술로 반죽하여 발효시켜 채소나 팥소를 넣고 둥글게 빚어 찐 상애떡(상화병)을 즐겼다.

▲ 상애떡

9. 삼 복 2019년 기출

(1) 초복, 중복, 말복을 통틀어 이르는 말로 그해 더위의 극치를 이루는 때이다.

(2) 한창 더울 때인 삼복에는 더위에 쉽게 상하지 않는 증편과 주악, 깨찰편을 주로 만들어 먹었다.

(3) 증편은 술로 반죽한 후 발효시켜 찜기에 찌는 떡이다.

(4) 주악은 찹쌀을 익반죽하여 소를 넣고 기름에 지져 만드는 떡이다.

▲ 주 악

단오는 우리나라 3대 명절 중 하나로 이날은 수레바퀴 모양의 수리취절편을 만들어먹었다. (○ / ×)

정답 ○

10. 칠 석

(1) 음력으로 칠월 초이렛날(7월 7일) 밤으로 은하의 서쪽에 있는 직녀와 동쪽에 있는 견우가 오작교에서 1년에 한 번 만난다는 전설이 있다.

(2) 칠석 때는 더위가 약간 주춤하고 장마가 대개 걷힌 시기로 햇벼가 익으면 흰쌀로 백설기를 만들어 먹었다.

11. 추 석 2019년 기출

(1) 음력 8월 15일인 추석은 가을의 한가운데 날이며 8월의 한가운데 날이라는 뜻으로 한가위, 중추절, 가배 등으로도 불린다. 설날과 함께 우리 민족의 2대 명절 중 하나이다.

(2) 햅쌀로 송편과 시루떡을 만들어 먹었는데 중화절의 노비송편(삭일송편)과는 그 의미가 다르다. 추석은 올벼로 빚어 오려송편이라고도 부른다.

(3) 쌀가루를 익반죽하여 햇녹두, 청태콩, 동부, 깨, 밤, 대추 같은 것을 소로 넣어 둥글게 빚어 솔잎을 켜켜이 깔아 찜기에 쪄서 만든다.

12. 중양절 2019년 기출

(1) 음력 9월 9일로 양수인 9가 겹쳤다고 해서 중양절이라고 불렀다.

(2) 국화꽃잎을 따다 국화주, 국화전, 밤떡을 만들어 먹었다.

(3) 추석에 햇곡식으로 제사를 올리지 못한 집안에서 뒤늦게 천신을 하였다.

(4) 시인과 묵객들은 야외로 나가 시를 읊거나 풍국놀이를 하였다.

▲ 국화전

13. 상 달

(1) 음력 10월로 거의 모든 농사가 끝나고 곡식과 과일이 가장 풍성한 달로 1년 중 으뜸이라 해서 상달이라 불렀다.

(2) 상달에는 햅쌀에 채 썬 무를 섞어 찐 팥시루떡을 쪄서 고사를 지냈다.

14. 동 지

(1) 낮의 길이가 가장 짧고 밤의 길이가 가장 긴 날로 예전에는 '작은 설날'로 부르며 이날 팥죽을 쑤어먹어야 한 살 더 먹는다고 하였다.

(2) 찹쌀경단을 만들어 나이 수만큼 팥죽에 넣어 먹었다.

(3) 팥의 붉은색이 악귀를 쫓아주고 액을 막아준다고 하여 팥죽을 쑤어먹었고 장독이나 집 대문에 뿌려 액을 쫓기도 하였다.

15. 납 일

(1) 동지로부터 세 번째의 미일(未日)로, 대개 음력으로 연말 정도이다.

(2) 1년을 되돌아보고 무사히 지내게 도와준 조상과 천지신명께 감사의 제사를 지낸다.

(3) 납일에는 색색으로 빚은 골무떡을 만들어서 나누어 먹었다.

(4) 크기가 골무만하다고 하여 골무떡이라고 불렀는데 멥쌀가루를 쪄서 떡메로 친 다음 조금씩 떼어 떡살에 박아 만든다.

▲ 골무떡

핵심 체크 OX

우리나라 4대 명절 중 하나였던 한식은 일정 기간 불의 사용을 금하여 찬 음식을 먹었으며, 이때는 돋아난 쑥을 뜯어 쑥떡을 해먹었다. (○ / ×)

정답 ○

더 알아보기

절식과 시식 떡

설 날	떡국, 떡만둣국, 조랭이 떡국	7월 삼복	증편, 주악, 깨찰편
정월대보름	약밥, 오곡밥	7월 칠석	백설기
중화절	노비송편(삭일송편)	8월 추석	송편(오려송편), 시루떡
3월 삼짇날	진달래화전, 쑥떡	9월 중양절	국화전
한 식	쑥떡, 쑥단자	10월 상달	팥시루떡, 무시루떡
4월 초파일	느티떡(유엽병), 장미화전	동 지	찹쌀경단, 팥죽
5월 단오	수리취절편(차륜병)	납 일	골무떡
6월 유두절	수단, 상애떡(상화병)	섣달그믐	따뜻한 시루떡

통과의례와 떡

key point

• 통과의례와 떡을 알 수 있다.

01 출생, 백일, 첫돌 떡의 종류 및 의미

1. 출생 전 후

(1) 삼신상은 아기를 점지해 준다는 세 신을 모신 상으로 복과 장수를 기원하는 의미에서 차렸다.

(2) 삼신상에는 미역, 쌀, 정화수를 떠놓고 산모가 출산 후 삼신상에 놓았던 미역과 쌀로 첫 밥을 지어 산모에게 먹인다.

2. 삼칠일

(1) 아이가 태어난 지 21일째 되는 날이다.

(2) 그동안 대문에 달아놓았던 금줄을 걷어 외부인의 출입을 허용하였다.

(3) 아무 것도 넣지 않은 순백색의 백설기를 준비한다.

(4) 이는 아이와 산모를 속세와 구별하여 산신(産神)의 보호 아래 둔다는 의미를 담고 있다.

(5) 그런 의미로 이때의 백설기는 집안에 모인 가족이나 가까운 이웃끼리만 나누어 먹으며 밖으로는 내보내지 않았다.

3. 백 일

(1) 아이가 태어난 지 100일째 되는 날이다.

(2) 백일에는 백설기를 만들어 이웃집 백 군데에 돌리는 풍습이 있었다.

(3) 백설기는 백 살까지 무병장수하라는 의미와 하얗게 맑고 티 없이 자라라는 의미가 있다.

(4) 떡을 받은 집에서는 빈 그릇을 그냥 보내지 않고 흰 실타래나 돈, 쌀을 담아 보냈다.

(5) 백설기와 함께 붉은팥수수경단, 오색송편을 함께 만들어주었다.

(6) 팥수수경단의 붉은색은 귀신으로부터 아이를 보호하는 액막이 의식이 담겨있고, 오색송편에는 만물과 조화를 이루며 살라는 의미가 담겨있다.

4. 돌 2019, 2020, 2021, 2022년 기출

(1) 아이가 태어난 지 만 1년이 되는 날로 태어나 가장 잘 차려진 잔칫상을 받는 날이기도 하다.

(2) 돌상에 올리는 떡으로는 백설기, 팥수수경단, 오색송편, 무지개떡이 있다.

(3) 백설기, 팥수수경단, 오색송편의 의미는 백일 때와 같으며, 무지개떡은 아이가 오색의 조화로운 사람으로 성장하라는 의미가 있다.

핵심 체크 OX

아이의 첫 생일인 돌에는 백설기, 팥수수경단, 꿀떡을 올렸다. (○ / ×)

해설 근래에는 오색송편 대신 꿀떡을 많이 올리지만 원래는 백설기, 팥수수경단, 오색송편, 무지개떡을 올렸다.

정답 ×

02 책례, 관례, 혼례 떡의 종류 및 의미

1. 책 례 2020년 기출

(1) 아이가 한 권의 책을 끝낼 때마다 떡과 음식으로 어려운 책을 뗀 것을 축하했다.

(2) 책례 때에는 오색송편을 속이 꽉 찬 것과 속이 빈 것 두 종류로 나누어 만들었다.

(3) 꽉 찬 것은 학문적으로 이룬 성과를 나타내고, 속이 빈 것은 자만하지 말고 마음을 비워 겸손할 것을 당부하는 의미가 담겨있다.

2. 관 례

(1) 아이가 어른이 되었을 때 치르는 성년식을 말한다.

(2) 남자는 어른이 되는 의례로 어른 옷을 입고 머리를 올려 상투를 틀어 갓을 쓰는 의식을 치렀다.

(3) 여자는 시집갈 때 성인이 된다 하여 머리를 쪽지고 비녀를 꽂았다.

(4) 약식을 만들어 먹었다.

3. 혼 례 2019, 2020, 2022년 기출

(1) 남자와 여자가 혼인 관계를 맺는 결혼식으로 대개 혼담, 사주, 택일, 납폐, 예식, 신행의 6단계의 절차를 거쳐 진행되었다.

(2) 납폐는 신랑 쪽에서 예물을 함에 담아 신부 쪽에 보내는 것으로 신부 집에서는 봉채떡(봉치떡)을 준비한다.

(3) 재료는 찹쌀 3되와 붉은팥 1되로 하여 시루에 2켜로 안친다. 위 켜 중앙에는 대추 7개와 밤을 둥글게 올렸다.

(4) 찹쌀은 부부의 금실이 찰떡처럼 화합하여 잘 살기를 기원하는 뜻이며, 붉은팥은 액을 면하라는 의미가 담겨있다.

(5) 대추와 밤은 자손 번창을 의미하고 떡을 두 켜만 안치는 것은 부부 한 쌍을 뜻한다.

(6) 찹쌀 3되와 대추 7개의 숫자는 길함을 나타낸다.

(7) 혼례 당일에는 달떡과 색떡을 올렸다.

(8) 달떡은 달 모양으로 둥글게 빚은 절편으로 보름달처럼 밝고 가득차게 살라는 의미가 담겨있다.

(9) 색떡은 여러 가지 색으로 물을 들인 절편으로 암수의 닭 모양으로 쌓아올렸으며 신랑신부를 의미한다.

(10) 이바지음식에도 떡은 빠지지 않았는데 주로 인절미와 절편으로 푸짐하고 크게 만들어 보냈다.

(11) 인절미는 부부가 찰떡처럼 좋은 금슬을 가지고 살라는 의미가 담겨있다.

핵심 체크 OX

혼례에는 봉채떡, 달떡과 색떡, 무지개떡, 인절미, 절편이 쓰였다. (○ / ×)

해설 무지개떡은 오색의 조화로운 사람으로 성장하라는 의미가 있으며 돌상에 쓰였다.

정답 ×

03 회갑, 회혼례 떡의 종류 및 의미

1. 회 갑

(1) 태어난 지 61년이 되는 해의 생일로 천간과 지지를 합쳐서 60갑자가 되므로 태어난 간지의 해가 다시 돌아왔음 뜻하는 회갑은 매우 경사스러운 일이었다.

(2) 회갑에는 백편, 꿀편, 승검초편을 주로 만들었다.

(3) 편으로 만들어진 떡은 여러 단 쌓아 높이 올렸다.

(4) 맨 위에는 화전이나 주악, 단자, 부꾸미 등을 웃기떡으로 올려 장식했다. 2020년 기출

2. 회혼례

(1) 혼인한 지 만 육십년이 되는 결혼 기념 예식을 말한다.

(2) 결혼 후 자녀가 성장하고 부부가 장수하여 다복하게 산 것을 기념한다.

(3) 주로 자손들이 그 부모를 위해 베푼다.

(4) 고배상은 혼례상처럼 차렸다.

04 상례, 제례 떡의 종류 및 의미

1. 상 례

(1) 죽은 사람을 장사지낼 때 수반되는 모든 의례를 말한다.

(2) **전** : 장례 전에 간단한 음식을 차려 놓는 예식으로 주, 과, 포 정도의 음식을 올렸다.

(3) **조석상식** : 아침저녁으로 올리는 상식으로 밥, 국, 김치, 나물, 구이, 조림 등을 올렸다.

2. 제 례

(1) 조상에 대해 올리는 제사로 제례에는 시루떡과 함께 약과, 매작과, 강정, 산자, 다식 등을 많이 올렸다.

(2) 붉은팥 고물은 귀신을 쫓는다고 하여 쓰지 않고 주로 흰색고물을 썼다. 2021년 기출

통과의례	떡의 종류
삼칠일	백설기
백 일	백설기, 붉은팥수수경단, 오색송편
돌	백설기, 붉은팥수수경단, 오색송편, 무지개떡
책 례	오색송편
관 례	약식
혼 례	봉채떡(봉치떡), 달떡, 색떡
회 갑	백편, 꿀편, 승검초편 화전, 주악, 부꾸미 등을 웃기떡으로 얹어 장식
제 례	녹두시루떡, 거피팥시루떡, 흑임자고물시루떡 귀신 쫓는 붉은팥고물 쓰지 않음

더 알아보기

떡의 의미 2019년 기출

가. 백설기 : 흰 백(白)과 100을 의미하며 티 없이 맑게 자라나고 백 살까지 무병장수하라는 염원이 담겨 있음
나. 붉은팥수수경단 : 붉은색으로 액을 막아준다는 의미
다. 오색송편 : 만물의 조화를 이루며 살아가라는 의미
라. 무지개떡 : 다양한 재능과 많은 복을 받으라는 의미
마. 인절미 : 찰떡궁합으로 부부 간의 금슬이 좋으라는 염원
바. 달떡 : 둥글고 꽉 차게 잘 살기를 염원
사. 색떡 : 한 쌍의 부부를 의미

Chapter 04

향토 떡

key point

• 전통 향토 떡의 특징과 유래를 알 수 있다.

01 전통 향토 떡의 특징과 유래

1. 서울 · 경기

(1) 서울·경기 지역은 농산물을 비롯하여 다양한 종류의 과일이 생산되고, 서해를 접하고 있기에 각종 해산물도 많이 잡혀 식재료가 풍성하다.

(2) 떡의 종류도 다양하고 모양도 화려하다.

(3) 고려시대 수도였던 개성의 영향을 받아 개성지역의 떡도 많다.

(4) 상추설기, 강화근대떡, 개성조랭이떡, 개성주악, 각색경단, 쑥버무리 등이 있다.

2. 강원도

(1) 강원도는 크게 산악지대로 이루어진 영서지역과 바다를 접하고 있는 영동지역으로 나뉜다.

(2) 영서지역에서 주로 나는 농작물로는 감자, 옥수수, 콩, 메밀 등의 밭작물과 도토리, 칡, 송이 등의 산채가 있다.

(3) 멥쌀과 찹쌀을 주로 이용하는 대신 감자와 옥수수의 밭작물과 산채를 이용한 떡이 발달하였다.

(4) 감자시루떡, 감자송편, 옥수수시루떡, 옥수수설기, 메밀총편, 도토리송편, 칡떡, 망개떡 등이 있다.

3. 충청도

(1) 양반과 서민의 떡을 구분하였다.

(2) 대표적인 떡으로는 증편과 해장떡이 있다.

(3) 증편은 반죽한 멥쌀가루를 막걸리로 발효시켜 찐 떡이고, 해장떡은 손바닥만한 인절미에 팥고물을 묻혀 먹은 떡으로 해장국과 함께 먹었다 하여 붙여진 이름이다.

(4) 약편은 멥쌀가루에 막걸리, 대추고, 설탕을 넣어 찐 떡으로 대추편이라고도 한다. 2022년 기출

(5) 이 외에도 색과 모양이 곱다 하여 곤떡, 호박떡, 호박송편, 햇보리떡 등이 있다.

4. 경상도

(1) 경상도는 낙동강이 흐르는 기름진 평야와, 난류와 한류가 만나는 동해바다의 풍부한 어장을 갖고 있다.

(2) 지리적 특성으로 인해 경상도의 주요 생산물은 수산물과 농산물이며, 과일도 많이 생산된다.

(3) 결명자떡, 유자잎인절미, 호박범벅떡, 감단자, 곶감화전, 부편 등이 있다.

5. 전라도

(1) 전라도는 우리나라 최대의 곡창지대로 먹을거리가 풍부하여 다른 지방에 비해 떡도 그 종류가 다양하고 사치스럽다.

(2) 다른 지역에서는 찾아보기 힘든 깨시루떡과 화려한 색의 장식을 더한 꽃송편, 콩대끼떡, 모시떡, 수리취떡, 구기자떡이 있다.

6. 제주도 2021년 기출

(1) 제주도는 물이 귀하여 논이 드물었다. 밭농사를 주로 해 조, 보리, 콩, 팥, 녹두, 감자, 고구마가 많이 난다.

(2) 다른 지방에 비해 떡이 귀하였고 주로 쌀보다는 곡물을 이용해 만들었다.

(3) 대표적인 떡은 오메기떡으로 차조에 팥고물을 묻혀 만들었다.

(4) 달떡, 빼대기떡, 빙떡, 약괴, 조쌀시리 등도 있다.

7. 함경도

(1) 함경도는 대체로 험준한 산악지대로 잡곡 중심의 빈약한 농경이 이루어졌다.

(2) 북쪽지방 떡이 대개 그렇듯 함경도 떡도 장식 없이 소박하고 구수하다.

(3) 날이 추워 언감자로 만든 언감자송편, 가람떡, 콩떡, 깻잎떡, 찹쌀구이 등이 있다.

8. 평안도 2019년 기출

(1) 평안도는 대륙과 가까워 진취적인 지역의 특성이 떡에도 잘 나타난다.

(2) 떡이 매우 크고 소담스럽다.

(3) 대표적인 떡으로는 조개송편, 강냉이골무떡, 골미떡, 꼬장떡, 뽕떡 등이 있다.

9. 황해도

(1) 황해도는 넓은 평야지대로 곡물 중심의 떡이 다양하게 발달하였다.

(2) 인심도 후하여 모양도 크기도 푸짐하게 만들었다.

(3) 대표적인 떡으로는 혼인인절미, 오쟁이떡, 큰송편, 닭알범벅, 무설기떡, 징편 등이 있다.

지 역	떡의 종류
서울·경기도	상추설기, 강화근대떡, 개성조랭이떡, 개성주악, 개성경단, 개성우메기, 각색경단, 단자(석이, 대추, 밤, 유자, 쑥), 쑥버무리, 여주산병, 색떡, 배피떡
강원도	감자시루떡, 감자송편, 방울증편, 옥수수시루떡, 옥수수설기, 옥수수보리개떡, 메밀총편, 메밀전병, 도토리송편, 칡떡, 망개떡, 감자경단, 각색차조인절미, 구름떡
충청도	해장떡, 쇠머리찰떡, 약편, 곤떡, 호박떡, 호박송편, 수수팥떡, 햇보리떡, 꽃산병, 장떡, 햇보리떡
전라도	깨시루떡, 꽃송편, 콩대기떡, 감시리떡, 감고지떡, 감단자, 감인절미, 나복병, 복령떡, 호박고지차시루떡, 전주경단, 수리취떡, 고치떡, 송피떡, 삐삐떡
경상도	모싯잎송편, 만경떡, 쑥굴레, 잣구리, 잡과병, 결명자찹쌀부꾸미, 유자잎인절미, 호박범벅떡, 부편, 감단자, 곶감화전, 망개떡
제주도	오메기떡, 조침떡, 빙떡, 약괴, 조쌀시리, 도돔떡, 침떡, 차좁쌀떡, 속떡, 돌레떡, 삐대기떡, 상애떡
함경도	언감자송편, 가람떡, 콩떡, 깻잎떡, 찰떡인절미, 찹쌀구이, 구절떡, 귀리절편, 꼬장떡
평안도	조개송편, 무지개떡, 골미떡, 뽕떡, 감자가루떡, 강냉이골무떡, 놋티, 송기절편, 송기개피떡, 니도래미
황해도	혼인인절미, 오쟁이떡, 큰송편, 닭알범벅떡, 무설기떡, 징편, 연안인절미, 꿀물경단, 수레비떡, 장떡, 우기, 수수무살이, 좁쌀떡

핵심 체크 OX

서울지역의 향토 떡으로는 꽃송편, 콩대끼떡, 모시떡, 수리취떡, 구기자떡이 있다. (O / ×)

해설 서울지역의 떡은 고려시대 수도였던 개성의 영향을 받아 개성지역의 떡이 많고 종류가 다양하며 모양도 화려하다는 특징이 있다. 떡의 종류로는 상추설기, 강화근대떡, 개성조랭이떡, 개성주악 등이 있다.

정답 ×

Part

04 출제예상문제

01

다음 중 시루가 처음 발견된 시기로 알맞은 것은?

① 구석기
② 신석기
③ 청동기
④ 고조선

02

다음 중 떡과 관련된 기록으로 알맞지 않은 것은?

① 〈음식디미방〉, 〈음식방문〉에는 고려인이 율고를 잘 만든다고 기록되어 있다.
② 〈삼국사기〉 중 〈신라본기〉에는 유리와 탈해가 서로 왕위를 사양하다 떡을 깨물어 잇자국이 많은 사람이 지혜롭고 성스럽다 하여 잇자국이 많은 유리왕이 왕위를 계승했다는 기록이 있다.
③ 고구려 안악 3호분 고분벽화에는 한 아낙이 시루에 무언가를 찌고 그것을 젓가락으로 찔러보고 있는 모습이 그려져 있다.
④ 〈삼국유사〉 중 〈가락국기〉에는 '세시마다 술, 감주, 떡, 밥, 과실, 차 등의 여러 가지를 갖추고 제사를 지냈다'고 하였다. 이는 제사 때 떡이 쓰였음을 알 수 있다.

01

해설 청동기시대의 유적지인 나진초도패총에서 시루가 처음 발견되었다.

02

해설 〈음식디미방〉, 〈음식방문〉에는 조선시대 떡을 만드는 방법이 기록되어 있다. 〈거가필용〉, 〈해동역사〉에는 고려인이 율고를 잘 만든다고 기록되어 있다.

정답 01 ③ 02 ①

03

회갑 때 주로 올린 떡인 아닌 것은?

① 백편　② 승검초편
③ 주악　④ 봉채떡

04

다음 중 절일과 절식으로의 떡이 잘못 연결된 것은?

① 설날 : 떡국
② 정월대보름 : 약밥
③ 중화절 : 노비송편
④ 3월 삼짇날 : 느티떡

05

다음 중 절일과 절식으로의 떡이 잘못 연결된 것은?

① 초파일 : 장미화전
② 단오 : 수리취절편
③ 유두절 : 화전
④ 삼복 : 증편과 주악

06

다음 중 절일과 절식으로의 떡이 잘못 연결된 것은?

① 칠석 : 백설기
② 중양절 : 골무떡
③ 추석 : 송편
④ 상달 : 팥시루떡

03

해설 혼례 중 납폐는 신랑 쪽에서 예물을 함에 담아 신부 쪽에 보내는 것으로 신부 집에서는 봉채떡을 준비했다.

04

해설 3월 삼짇날에는 '화전놀이'라 하여 번철을 들고 야외로 나가 찹쌀가루로 반죽을 하고 진달래꽃으로 수를 놓은 화전을 그 자리에서 만들어 먹었다.

05

해설 유두절에는 꿀물에 동글게 빚은 흰떡을 넣어 시원하게 만든 수단을 즐겼으며, 밀가루를 술로 반죽하여 발효시켜 채소나 팥소를 넣고 둥글게 빚어 찐 상애떡(상화병)을 즐겼다.

06

해설 음력 9월 9일로 양수인 9가 겹쳤다고 해서 중양절이라고 불렀다. 국화꽃잎을 따다 국화전을 부쳐 먹었다.

정답 03 ④　04 ④　05 ③　06 ②

07

다음 중 통과의례와 떡이 잘못 연결된 것은?

① 삼칠일 : 백설기
② 백일 : 백설기
③ 회갑 : 오색송편
④ 제례 : 시루떡

08

다음 중 혼례의 절차와 떡이 잘못 연결된 것은?

① 납폐 : 봉채떡
② 택일 : 가래떡
③ 이바지 : 인절미와 절편
④ 혼례일 : 달떡과 색떡

09

다음 중 서울·경기 지역의 향토 떡으로 옳지 않은 것은?

① 상추설기
② 각색경단
③ 쑥버무리
④ 도토리송편

10

다음 중 강원도 지역의 향토 떡으로 옳지 않은 것은?

① 망개떡
② 감자시루떡
③ 해장떡
④ 메밀총편

07
해설 회갑에는 백편, 꿀편, 승검초편을 주로 만들었다.

08
해설 혼례에는 봉채떡, 달떡과 색떡, 인절미와 절편이 쓰였다.

09
해설 서울·경기 지역의 향토 떡으로는 상추설기, 강화근대떡, 개성조랭이떡, 개성주악, 각색경단, 쑥버무리 등이 있다.

10
해설 해장떡은 충청도 지역의 향토 떡이다.

정답 07 ③ 08 ② 09 ④ 10 ③

안심Touch

11

다음 중 경상도 지역의 향토 떡으로 옳지 않은 것은?

① 쉬떡
② 유자잎인절미
③ 호박범벅떡
④ 곶감화전

12

다음 중 충청도 지역의 향토 떡으로 옳지 않은 것은?

① 증편
② 해장떡
③ 결명자떡
④ 햇보리떡

13

다음 중 전라도 지역의 향토 떡으로 옳지 않은 것은?

① 깨시루떡
② 호박송편
③ 꽃송편
④ 콩대끼떡

14

다음 중 제주도 지역의 향토 떡으로 옳지 않은 것은?

① 오메기떡
② 빙떡
③ 빼대기떡
④ 모시떡

11

해설 경상도 지역의 향토 떡으로는 결명자떡, 유자잎인절미, 호박범벅떡, 감단자, 곶감화전, 부편 등이 있다.

12

해설 충청도 지역의 향토 떡으로는 증편과 해장떡, 호박떡, 호박송편, 햇보리떡 등이 있다.

13

해설 전라도 지역의 향토 떡으로는 깨시루떡, 화려한 색의 장식을 더한 꽃송편, 콩대끼떡, 모시떡, 수리취떡, 구기자떡이 있다.

14

해설 제주도 지역의 향토 떡으로는 오메기떡, 달떡, 빼대기떡, 빙떡, 약괴, 조쌀시리 등이 있다.

정답 11 ① 12 ③ 13 ② 14 ④

15

다음 중 함경도 지역의 향토 떡으로 옳지 않은 것은?

① 쑥버무리 ② 언감자송편
③ 가람떡 ④ 콩떡

16

다음 중 평안도 지역의 향토 떡으로 옳지 않은 것은?

① 조개송편 ② 강냉이골무떡
③ 뽕떡 ④ 호박송편

17

다음 중 황해도 지역의 향토 떡으로 옳지 않은 것은?

① 혼인인절미 ② 꼬장떡
③ 오쟁이떡 ④ 닭알범벅

18

다음 중 떡의 발달과 관련한 그 지역의 특성으로 옳지 않은 것은?

① 강원도는 산악지대에서 나는 농작물인 감자와 옥수수를 이용한 떡이 발달하였다.
② 충청도는 양반과 서민의 떡을 구분하였다.
③ 서울·경기지역은 우리나라 최대의 곡창지대로 먹을거리가 풍부하여 다른 지방에 비해 떡도 그 종류가 다양하고 사치스럽다.
④ 경상도는 낙동강이 흐르는 기름진 평야와 동해바다의 풍부한 어장을 갖고 있다. 경상도의 주요 생산물은 수산물과 농산물이며 과일도 많이 생산된다.

15

해설 함경도 지역의 향토 떡으로는 언감자송편, 가람떡, 콩떡, 깻잎떡, 찹쌀구이 등이 있다.

16

해설 평안도 지역의 향토 떡으로는 조개송편, 강냉이골무떡, 골미떡, 꼬장떡, 뽕떡 등이 있다.

17

해설 황해도 지역의 향토 떡으로는 혼인인절미, 오쟁이떡, 큰송편, 닭알범벅, 무설기떡, 징편 등이 있다.

18

해설 우리나라 최대의 곡창지대로 먹을거리가 풍부하여 다른 지방에 비해 떡도 그 종류가 다양하고 사치스러운 것은 전라도 지역이다.

정답 15 ① 16 ④ 17 ② 18 ③

19

떡의 발달과 관련한 그 지역의 특성으로 옳지 않은 것은?

① 제주도는 물이 귀하여 논이 드물었다. 다른 지방에 비해 떡이 귀하였고 주로 쌀보다는 곡물을 이용해 만들었다.
② 함경도는 대체로 험준한 산악지대로 잡곡 중심의 빈약한 농경이 이루어졌다. 북쪽지방 떡이 대개 그렇듯 함경도 떡도 장식 없이 소박하고 구수하다.
③ 평안도는 대륙과 가까워 진취적인 지역의 특성이 떡에도 잘 나타난다. 떡이 매우 작고 소담스럽다.
④ 황해도는 넓은 평야지대로 곡물 중심의 떡이 다양하게 발달하였다. 인심도 후하여 모양도 크기도 푸짐하게 만들었다.

20

서울과 경기 지역의 향토 떡에 대한 설명으로 틀린 것은?

① 서울·경기 지역은 농산물을 비롯하여 다양한 종류의 과일이 생산되고, 서해를 접하고 있어 해산물도 많이 잡혀 식재료가 풍성하다.
② 양반과 서민의 떡을 구분하였다.
③ 고려시대 수도였던 개성의 영향을 받아 개성지역의 떡도 많다.
④ 풍성한 식재료를 바탕으로 다양한 떡을 만들어 먹었으며 그 모양도 화려하였다.

21

햅쌀에 채 썬 무를 섞어 찐 팥시루떡을 쪄서 고사를 지낸 날은 언제인가?

① 상달　② 칠석
③ 추석　④ 유두

19

해설 평안도는 대륙과 가까워 진취적인 지역의 특성이 떡에도 잘 나타난다. 떡이 매우 크고 소담스럽다.

20

해설 양반과 서민의 떡을 구분한 것은 충청도 지역의 향토 떡이다.

21

해설 상날은 음력 10월로 거의 모든 농사가 끝나고 곡식과 과일이 가장 풍부한 달이었다. 제철인 무를 넣어 무시루떡을 만들어 먹었다.

정답 19 ③ 20 ② 21 ①

22

어느 날에 대한 설명인가?

> 음력 6월 15일로 흐르는 물에 머리를 감는다는 뜻을 가진 날이다. 곡식이 여물어갈 때쯤 몸을 깨끗이 하고 조상과 농신께 음식으로 제를 지냈다. 꿀물에 동글게 빚은 흰떡을 넣어 시원하게 만든 수단과 밀가루를 술로 반죽하여 발효시켜 만든 상애떡을 즐겨 먹었다.

① 삼복
② 유두절
③ 정월대보름
④ 중화절

22

해설 유두절(流頭節)에 대한 설명이다.

23

다음 중 떡이라는 단어의 변천으로 알맞은 것은?

① 뗄기 → 떼기 → 떠기 → 떡
② 떼기 → 떠기 → 뗄기 → 떡
③ 찌기 → 떼기 → 떠기 → 떡
④ 떼기 → 떠기 → 찌기 → 떡

23

해설 떡이라는 단어는 옛말의 동사 '찌다'가 명사화되어 '찌기 → 떼기 → 떠기 → 떡' 순으로 변화한 것으로, 본래는 찐 것이라는 뜻이다.

24

○○송편의 ○○은/는 '올벼를 뜻하는 말로 그해 추수한 햅쌀로 빚는다' 하여 ○○송편이라고 이름 지었다고 한다. 다음 중 이 송편의 이름으로 알맞은 것은?

① 오려송편
② 모시송편
③ 깨송편
④ 호박송편

24

해설 '오려'는 '올벼'(제철보다 일찍 여무는 벼)의 옛말이다. 이 햅쌀로 빚었다고 하여 오려송편이라고 하였다.

정답 22 ② 23 ③ 24 ①

25

○○고물은 귀신이 두려워한다고 하여 고사를 지내거나 이사를 할 때 꼭 사용되지만, 잔치나 제사 때에는 이것 대신 다른 고물을 사용한다. 이 고물로 알맞은 것은?

① 붉은팥고물
② 서리태고물
③ 깨고물
④ 두텁고물

26

다음 중 봉채떡의 재료의 의미로 알맞지 않은 것은?

① 찹쌀은 부부의 좋은 금실을 비는 의미이다.
② 붉은팥고물은 따뜻한 사랑을 뜻한다.
③ 대추와 밤은 자손 번창을 상징한다.
④ 떡을 두 켜만 안치는 것은 한 쌍의 부부를 뜻한다.

27

통과의례와 떡에 대한 설명으로 틀린 것은?

① 책례 때에는 오색송편을 두 종류로 나누어 만들었는데 속이 꽉 찬 송편은 학문적으로 이룬 성과를 나타내고, 속이 빈 송편은 자만하지 말고 마음을 비워 겸손할 것을 당부하는 뜻이 담겨있다.
② 제례 때에는 붉은팥고물은 귀신을 쫓는다고 하여 쓰지 않고 흰색고물을 썼다.
③ 삼칠일은 아이가 태어난 지 21일째 되는 날로 백설기를 만들어 가까운 이웃끼리만 나누어 먹고 밖으로는 내보내지 않았다.
④ 돌 때에는 백편, 꿀편, 승검초편을 주로 만들어 여러 단 쌓아 높이 올렸다.

25

해설 예로부터 귀신이 두려워한다고 여겨진 고물은 붉은팥고물이다.

26

해설 붉은팥고물은 액을 면하기를 기원하는 의미를 가지고 있다.

27

해설 회갑 때에는 백편, 꿀편, 승검초편을 주로 만들어 여러 단 쌓아 높이 올렸다.

정답 25 ① 26 ② 27 ④

28

국화꽃잎을 따다 국화전을 부쳐 먹었던 날은?

① 상달
② 동지
③ 중양절
④ 납일

29

떡국의 다른 이름이 아닌 것은?

① 첨세병
② 백탕
③ 기주떡
④ 병탕

30

떡이 혼례 · 빈례 · 제례 등 각종 행사와 연회에 필수적인 음식으로 자리잡은 시기에 일어난 변화로 알맞지 않은 것은?

① 불교가 번성하게 됨에 따라 차와 떡을 즐기는 풍속이 상류층을 중심으로 유행한다.
② 단순히 곡물을 찌는 방법에서 벗어나 다양한 곡물을 배합하거나 부재료로 꽃이나 열매나 향신료를 이용하기 시작하였다.
③ 농업기술과 음식의 조리방법, 가공, 보관기술이 발전하여 식생활 문화가 향상되었다.
④ 채소, 과일, 야생초, 한약재 등을 재료로 이용하였으며, 치자, 수리취, 승검초, 오미자, 쑥 등이 천연색소로 이용되면서 떡은 좀 더 화려해졌다.

28

해설 중양절은 음력 9월 9일로 국화꽃잎을 따다 국화전을 부쳐 먹었다.

29

해설 떡국은 나이를 한 살 더 먹는다고 해서 '첨세병(添歲餠)', 색이 희다고 해서 '백(白)탕', 떡을 넣은 탕이라고 해서 '병(餠)탕'이라고도 불렀다.

30

해설 혼례 · 빈례 · 제례 등 각종 행사와 연회에 필수적인 음식으로 자리잡은 것은 조선시대이며, 불교가 번성하게 됨에 따라 차와 떡을 즐기는 풍속이 상류층을 중심으로 유행한 것은 고려시대이다.

정답 28 ③ 29 ③ 30 ①

31

떡에 대한 기록에 대한 설명으로 틀린 것은?

① 1145년에 기록된 〈삼국사기〉에는 가난하여 떡을 못치는 아내에 대한 안타까운 마음이 기록되어 있다.
② 〈삼국유사〉에는 세시마다 술, 감주, 떡, 밥 등의 여러 가지를 갖추고 제사 지냈다는 기록이 있다.
③ 〈지봉유설〉에 기록된 청애병은 느티나무 잎을 넣어 만든 떡을 말한다.
④ 우리나라 최초 한글 조리서인 〈음식디미방〉에는 석이편, 밤설기, 화전 만드는 방법이 기록되어 있다.

31

해설 청애병은 쑥을 넣어 만든 떡이다. 느티나무 잎을 넣어 만든 떡은 느티떡, 유엽병이라고 부른다.

32

중화절에 대한 설명으로 틀린 것은?

① 농사철의 시작을 기념하는 음력 1월 15일을 명절로 이르던 말이다.
② 콩을 넣은 송편을 빚어 나이 수대로 일꾼들에게 먹이고 하루를 즐기게 하였다.
③ 임금이 재상과 시종들에게 잔치를 베풀고 중화척(中和尺)이라는 자를 나누어 주면서 비롯되었다.
④ 전라도 일대에서는 허드렛날이라고도 하여 동네회의를 열고 1년간의 마을 대소사를 결정하였다.

32

해설 음력 1월 15일은 1년의 첫 보름을 기리는 정월대보름이다. 중화절은 음력 2월 1일을 말한다.

33

떡에 대한 설명으로 틀린 것은?

① 오메기떡은 차조로 만드는 떡으로 차조를 제주도 사투리로 오메기라 하여 붙여진 이름이다.
② 골무떡은 크기가 골무만하다고 하여 붙여진 이름이다.
③ 날떡은 흰 달처럼 티 없이 맑게 자라라는 염원에서 붙여진 이름이다.
④ 색떡은 한 쌍의 부부를 의미하며 혼례 당일에 달떡과 같이 혼례상에 올렸다.

33

해설 달떡은 둥글고 꽉 차게 잘 살기를 염원하는 의미에서 붙여진 이름이기도 하고, 달처럼 동그랗게 빚어 붙여진 이름이기도 하다.

정답 31 ③ 32 ① 33 ③

34

유두절에 대한 설명으로 틀린 것은?

① 음력 6월 15일로 유두절이란 흐르는 물에 머리를 감는다는 뜻이다.
② 꿀물에 동글게 빚은 흰떡을 넣어 시원하게 만든 수단을 즐겼다.
③ 햇밀가루로 만든 국수와 떡, 과일 등으로 유두제사를 지낸 후 나누어 먹었다.
④ 찹쌀반죽에 그 시기에 핀 장미 잎으로 수를 놓아 장미화전을 해 먹었다.

34

해설 장미화전은 초파일에 만들어 먹었던 떡이다.

35

다음 중 떡이라는 호칭이 처음 나타난 서적은?

① 〈도문대작〉
② 〈조선세시기〉
③ 〈삼국유사〉
④ 〈규합총서〉

35

해설 1815년 쓰인 〈규합총서〉는 일상생활에서 요긴한 생활의 슬기를 적어 모은 책으로 '떡'이라는 호칭이 처음 나타난 것으로 전해진다.

36

성년식인 관례 때 만들어 먹었던 떡은?

① 절편 ② 꿀떡
③ 백설기 ④ 약식

36

해설 관례는 아이가 어른이 되었을 때 치르는 성년식을 말한다. 남자는 어른 옷을 입고 머리를 올려 상투를 틀어 갓을 쓰는 의식을 치렀고, 여자는 머리를 쪽지고 비녀를 꽂았다. 이날에는 약식을 만들어 먹었다.

정답 34 ④ 35 ④ 36 ④

PART

05

실전모의고사

제1회 실전모의고사

제2회 실전모의고사

정답 및 해설

제 1 회 실전모의고사

제한 시간 : 60분 / 남은 시간 :

글자 크기 100% 150% 200% 화면 배치 전체 문제 수 : 안 푼 문제 수 :

01

아밀로오스 함량이 1~2% 정도로 매우 낮고 주로 아밀로펙틴으로 되어 있는 쌀의 종류는?

① 현미 ② 백미
③ 멥쌀 ④ 찹쌀

02

낟알 길이에 따른 분류 중 한국, 일본에서 주로 생산되고, 밥을 하면 끈기가 있으며, 자포니카형에 해당하는 쌀의 종류는?

① 장립종(Long Grain)
② 중립종(Medium Grain)
③ 단립종(Short Grain)
④ 인디카형(Indica Type)

03

다음 중 곡물의 성분에 대한 설명으로 틀린 것은?

① 조는 트립토판이 다른 곡류보다 많이 함유되어 있다.
② 메밀의 루틴 성분은 이뇨작용을 돕는다.
③ 수수에는 탄닌 성분이 많아 떫은맛이 난다.
④ 보리가 함유하고 있는 탄수화물의 종류는 호르데인이다.

답안 표기란

1	① ② ③ ④
2	① ② ③ ④
3	① ② ③ ④
4	① ② ③ ④
5	① ② ③ ④
6	① ② ③ ④
7	① ② ③ ④
8	① ② ③ ④
9	① ② ③ ④
10	① ② ③ ④
11	① ② ③ ④
12	① ② ③ ④
13	① ② ③ ④
14	① ② ③ ④
15	① ② ③ ④
16	① ② ③ ④
17	① ② ③ ④
18	① ② ③ ④
19	① ② ③ ④
20	① ② ③ ④
21	① ② ③ ④
22	① ② ③ ④
23	① ② ③ ④
24	① ② ③ ④
25	① ② ③ ④
26	① ② ③ ④
27	① ② ③ ④
28	① ② ③ ④
29	① ② ③ ④
30	① ② ③ ④

계산기   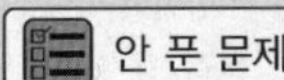 

글자 크기 100% 150% 200% 화면 배치 전체 문제 수 : 안 푼 문제 수 :

04

단백질 함량이 9% 이하로 입자의 단면이 백색이며 불투명한 밀의 종류는?

① 경질밀(강력분)
② 중질밀(중력분)
③ 연질밀(박력분)
④ 겨울밀

05

세계 4대 작물 중 하나로 쌀 다음으로 주식으로 많이 이용되는 곡물은?

① 밀
② 옥수수
③ 보리
④ 수수

06

쌀에 부족한 단백질과 아미노산을 풍부하게 함유하고 있어 떡의 맛과 영양소를 높이는 데 중요한 역할을 하는 떡의 부재료는?

① 두류
② 채소류
③ 과일류
④ 견과류

답안 표기란

번호	답안
1	① ② ③ ④
2	① ② ③ ④
3	① ② ③ ④
4	① ② ③ ④
5	① ② ③ ④
6	① ② ③ ④
7	① ② ③ ④
8	① ② ③ ④
9	① ② ③ ④
10	① ② ③ ④
11	① ② ③ ④
12	① ② ③ ④
13	① ② ③ ④
14	① ② ③ ④
15	① ② ③ ④
16	① ② ③ ④
17	① ② ③ ④
18	① ② ③ ④
19	① ② ③ ④
20	① ② ③ ④
21	① ② ③ ④
22	① ② ③ ④
23	① ② ③ ④
24	① ② ③ ④
25	① ② ③ ④
26	① ② ③ ④
27	① ② ③ ④
28	① ② ③ ④
29	① ② ③ ④
30	① ② ③ ④

계산기   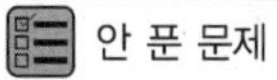 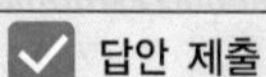

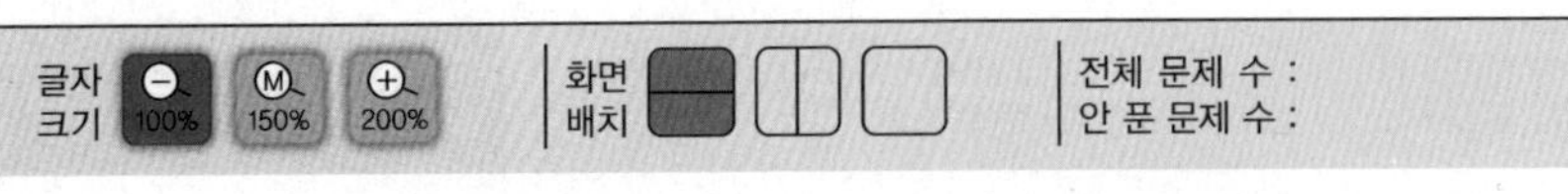

07

다음 중 엽채류 채소에 대한 설명으로 옳지 않은 것은?

① 가장 대표적인 채소류로 주로 잎을 식용으로 한다.
② 수분 함량이 많고 무기질과 비타민이 풍부하다.
③ 종류도 생산량도 많지 않다.
④ 잎의 색이 짙을수록 비타민 A 함량이 높다.

08

다음 중 물의 경도에 대한 설명으로 옳지 않은 것은?

① 연수는 단물이라고도 하며 증류수와 빗물, 보통 우리가 마시는 수돗물 등이 여기에 속한다.
② 경수는 센물이라고도 하며 바닷물, 광천수, 온천수, 지하수 등이 여기에 속한다.
③ 경수는 본 재료의 맛을 살릴 수 있는 멸치나 다시 국물을 우릴 때, 밥을 지을 때, 차를 끓일 때 적당하다.
④ 일시적 경수는 탄산수소이온이 들어있는 경수로 끓이면 탄산염으로 분해되고 침전하여 연수가 된다.

09

다음 향신료 중 나무의 껍질을 말린 것으로 그 껍질을 우려서 사용하거나 가루를 내어 사용하며, 후추·정향과 함께 세계 3대 향신료 중 하나로 음식에 다양하게 활용되는 것은?

① 시나몬　　② 생강
③ 강황　　④ 올스파이스

답안 표기란

1	① ② ③ ④
2	① ② ③ ④
3	① ② ③ ④
4	① ② ③ ④
5	① ② ③ ④
6	① ② ③ ④
7	① ② ③ ④
8	① ② ③ ④
9	① ② ③ ④
10	① ② ③ ④
11	① ② ③ ④
12	① ② ③ ④
13	① ② ③ ④
14	① ② ③ ④
15	① ② ③ ④
16	① ② ③ ④
17	① ② ③ ④
18	① ② ③ ④
19	① ② ③ ④
20	① ② ③ ④
21	① ② ③ ④
22	① ② ③ ④
23	① ② ③ ④
24	① ② ③ ④
25	① ② ③ ④
26	① ② ③ ④
27	① ② ③ ④
28	① ② ③ ④
29	① ② ③ ④
30	① ② ③ ④

계산기   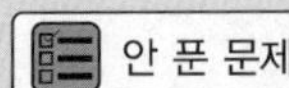

글자 크기 100% 150% 200% | 화면 배치 | 전체 문제 수 : 안 푼 문제 수 :

10

이것은 안토시아닌과 식이섬유가 풍부하며 칼로리가 낮고 포만감을 주어 다이어트 식품으로도 좋다고 알려져 있다. 또한 보라색 착색료로도 사용되는 이것은?

① 클로렐라
② 석이버섯
③ 코코아가루
④ 자색고구마

11

다음 중 체내 합성이 되지 않아 반드시 음식물을 통해서 섭취해야 하는 필수아미노산이 아닌 것은?

① 아이소루신
② 리신
③ 메티오닌
④ 아스파라긴

12

다음 중 식품의약품안전처가 정한 식품 알레르기 유발물질 표시 대상 식품이 아닌 것은?

① 보리
② 대두
③ 메밀
④ 땅콩

답안 표기란	
1	① ② ③ ④
2	① ② ③ ④
3	① ② ③ ④
4	① ② ③ ④
5	① ② ③ ④
6	① ② ③ ④
7	① ② ③ ④
8	① ② ③ ④
9	① ② ③ ④
10	① ② ③ ④
11	① ② ③ ④
12	① ② ③ ④
13	① ② ③ ④
14	① ② ③ ④
15	① ② ③ ④
16	① ② ③ ④
17	① ② ③ ④
18	① ② ③ ④
19	① ② ③ ④
20	① ② ③ ④
21	① ② ③ ④
22	① ② ③ ④
23	① ② ③ ④
24	① ② ③ ④
25	① ② ③ ④
26	① ② ③ ④
27	① ② ③ ④
28	① ② ③ ④
29	① ② ③ ④
30	① ② ③ ④

계산기

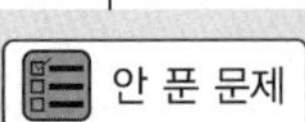

글자 크기 100% 150% 200% | 화면 배치 | 전체 문제 수 : 안 푼 문제 수 :

13

다음 중 칼슘에 대한 설명으로 옳지 않은 것은?

① 체내 무기질 중 가장 많은 양을 차지한다.
② 60% 정도는 뼈와 치아에 들어있고 나머지는 근육과 혈액, 뇌와 신경에 들어있다.
③ 근육의 수축과 이완을 조절한다.
④ 혈액을 응고하는 데 반드시 필요하다.

14

다음 중 비타민의 특성으로 옳지 않은 것은?

① 다양한 종류로 구성되어 있으나 그 생리기능은 모두 같다.
② 체내에 미량 함유되어 있으나 생리작용 조절과 성장유지에 꼭 필요한 영양소이다.
③ 스스로 에너지를 생성하지는 않지만 에너지가 생성되는 대사를 돕는다.
④ 체내에서 합성되지 않으므로 음식물로 섭취해야 한다.

15

떡의 제조원리 중 호화에 대한 설명으로 틀린 것은?

① 당류의 농도가 20% 이상일 경우 호화를 촉진하고 점도를 증가시킨다.
② 전분이 호화되면 아밀라아제나 말타아제 등의 전분분해 효소에 의한 가수분해가 쉬워져 소화가 잘된다.
③ 가열온도가 높을수록 호화도가 높다.
④ 떡 제조 시 충분한 시간을 두어 수침하고 수분을 많이 줄수록 호화가 잘 된다.

답안 표기란

번호	답안
1	① ② ③ ④
2	① ② ③ ④
3	① ② ③ ④
4	① ② ③ ④
5	① ② ③ ④
6	① ② ③ ④
7	① ② ③ ④
8	① ② ③ ④
9	① ② ③ ④
10	① ② ③ ④
11	① ② ③ ④
12	① ② ③ ④
13	① ② ③ ④
14	① ② ③ ④
15	① ② ③ ④
16	① ② ③ ④
17	① ② ③ ④
18	① ② ③ ④
19	① ② ③ ④
20	① ② ③ ④
21	① ② ③ ④
22	① ② ③ ④
23	① ② ③ ④
24	① ② ③ ④
25	① ② ③ ④
26	① ② ③ ④
27	① ② ③ ④
28	① ② ③ ④
29	① ② ③ ④
30	① ② ③ ④

계산기   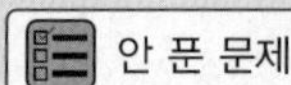 

글자 크기 100% 150% 200% 화면 배치 전체 문제 수 : 안 푼 문제 수 :

16

불린 멥쌀 5kg로 백설기를 찔 때 들어가는 소금, 물, 설탕의 양은?

① 소금 55g, 물 650g, 설탕 500g
② 소금 55g, 물 750g, 설탕 550g
③ 소금 50g, 물 650g, 설탕 500g
④ 소금 50g, 물 750g, 설탕 500g

17

다음 중 잡과병에 들어가는 재료가 아닌 것은?

① 밤
② 대추
③ 유자
④ 생강

18

쌀가루와 고물을 소금이 아닌 간장으로 간을 한 궁중의 대표적인 떡으로 임금님 생신 때 빠지지 않고 올랐던 떡은?

① 부편
② 두텁떡
③ 청애병
④ 상화병

답안 표기란

번호	답안
1	① ② ③ ④
2	① ② ③ ④
3	① ② ③ ④
4	① ② ③ ④
5	① ② ③ ④
6	① ② ③ ④
7	① ② ③ ④
8	① ② ③ ④
9	① ② ③ ④
10	① ② ③ ④
11	① ② ③ ④
12	① ② ③ ④
13	① ② ③ ④
14	① ② ③ ④
15	① ② ③ ④
16	① ② ③ ④
17	① ② ③ ④
18	① ② ③ ④
19	① ② ③ ④
20	① ② ③ ④
21	① ② ③ ④
22	① ② ③ ④
23	① ② ③ ④
24	① ② ③ ④
25	① ② ③ ④
26	① ② ③ ④
27	① ② ③ ④
28	① ② ③ ④
29	① ② ③ ④
30	① ② ③ ④

계산기  
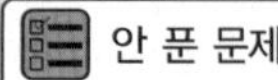

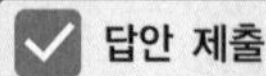

글자 크기 100% 150% 200% 화면 배치 전체 문제 수 : 안 푼 문제 수 :

19

계량하는 방법에 대한 설명으로 틀린 것은?

① 계량컵과 계량스푼은 부피를 측정하는 것으로, 계량컵의 용량은 200cc이고 계량스푼은 큰술(15cc), 작은술(5cc)로 계량한다.
② 저울은 중량을 측정하며 전자저울과 수동저울이 있다.
③ 계량컵이나 계량스푼으로 조청이나 꿀을 계량했을 때 볼록하게 올라오게 담기면 올라온 부분까지 1T로 본다.
④ 계량컵의 눈금을 읽을 때는 눈높이와 수평을 맞춰준다.

20

불린 멥쌀 5kg로 가래떡을 만들려고 한다. 필요한 재료로 맞는 것은?

① 불린 멥쌀 5kg, 소금 50g, 물 500g
② 불린 멥쌀 5kg, 소금 50g, 물 1kg
③ 불린 멥쌀 5kg, 소금 60g, 물 500g
④ 불린 멥쌀 5kg, 소금 60g, 물 1kg

21

포장의 기능에 대한 설명으로 틀린 것은?

① 포장을 통하여 식품의 용량과 모양을 규격화할 수 있다.
② 외부로터의 빛, 산소, 수분, 이물질, 오염 등을 차단하여 식품의 저장과 위생을 도와준다.
③ 과장 광고로 소비자의 욕구를 충족시켜 판매를 촉진할 수 있다.
④ 소비자의 구매 욕구를 불러일으키며 제품의 광고효과까지 갖는다.

답안 표기란	
1	① ② ③ ④
2	① ② ③ ④
3	① ② ③ ④
4	① ② ③ ④
5	① ② ③ ④
6	① ② ③ ④
7	① ② ③ ④
8	① ② ③ ④
9	① ② ③ ④
10	① ② ③ ④
11	① ② ③ ④
12	① ② ③ ④
13	① ② ③ ④
14	① ② ③ ④
15	① ② ③ ④
16	① ② ③ ④
17	① ② ③ ④
18	① ② ③ ④
19	① ② ③ ④
20	① ② ③ ④
21	① ② ③ ④
22	① ② ③ ④
23	① ② ③ ④
24	① ② ③ ④
25	① ② ③ ④
26	① ② ③ ④
27	① ② ③ ④
28	① ② ③ ④
29	① ② ③ ④
30	① ② ③ ④

계산기   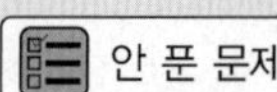 

글자 크기 100% 150% 200% 화면 배치 전체 문제 수 : 안 푼 문제 수 :

22

냉동포장에 대한 설명으로 틀린 것은?

① 냉동할 때에는 일반적으로 식품의 온도를 −18°C 이하로 한다.
② 색소 및 비타민의 파괴를 막을 수 있다.
③ 미생물의 증식을 차단하고 화학적 반응을 억제시켜 장기 저장에 좋다.
④ 떡의 냉동보관은 전분의 노화를 일시적으로 억제시켜 냉동 후 자연해동하면 금방 만든 떡과 비슷한 식감을 유지할 수 있다.

23

레토르트 포장에 대한 설명으로 틀린 것은?

① 레토르트(Retort)는 가압증기 또는 가압열수로 가열 · 살균하는 압력 가마솥을 말한다.
② 상온에서 장기간 보관 · 유통이 가능하다.
③ 식품을 통조림이나 레토르트 포장재에 넣어 100~120°C로 가열하여 살균한다.
④ 떡의 경우 레토르트 파우치에 담아 살균하면 떡의 모양과 맛의 변형이 없이 장기간 보관 · 유통이 가능하다.

24

재료의 전처리 방법으로 틀린 것은?

① 콩은 깨끗이 씻은 후 12시간 이상 충분히 물에 불린다.
② 거피팥은 6시간 정도 불린 후 여러 번 헹궈 남은 껍질을 완전히 제거한 후 물에 삶아준다.
③ 팥을 삶을 때에는 팔팔 끓은 첫 물은 버리고 다시 물을 받아 삶아준다.
④ 호박고지를 물에 불릴 때에는 물에 설탕을 풀어준다.

답안 표기란				
1	①	②	③	④
2	①	②	③	④
3	①	②	③	④
4	①	②	③	④
5	①	②	③	④
6	①	②	③	④
7	①	②	③	④
8	①	②	③	④
9	①	②	③	④
10	①	②	③	④
11	①	②	③	④
12	①	②	③	④
13	①	②	③	④
14	①	②	③	④
15	①	②	③	④
16	①	②	③	④
17	①	②	③	④
18	①	②	③	④
19	①	②	③	④
20	①	②	③	④
21	①	②	③	④
22	①	②	③	④
23	①	②	③	④
24	①	②	③	④
25	①	②	③	④
26	①	②	③	④
27	①	②	③	④
28	①	②	③	④
29	①	②	③	④
30	①	②	③	④

계산기   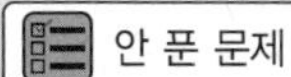 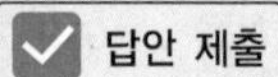

글자 크기 100% 150% 200% 화면 배치 전체 문제 수 : 안 푼 문제 수 :

25

무균포장에 대한 설명으로 틀린 것은?

① 무균적으로 가공한 식품을 무균실에서 무균상태의 포장재에 담아 밀봉하는 포장방법이다.
② 살균한 식품이 무균적으로 포장되었다고 하더라도 포장 후 다시 한 번 살균하여야 한다.
③ 떡을 무균포장할 경우 저장기간 동안의 미생물로 인한 변질을 방지할 수 있다.
④ 대표적인 무균포장 식품은 햇반이다.

26

다음은 어느 포장재에 대한 설명인가?

- 내수성, 내습성, 내약품성, 차단성이 좋아 거의 모든 식품 포장에 적합하다.
- 열에 강해 가열살균이 가능하다.
- 충격에 의해 파손되기가 쉽다.
- 무거워서 유통이나 취급이 불편하다.

① 종이 ② 플라스틱 필름
③ 금속 ④ 유리

27

약식에 들어가는 재료가 아닌 것은?

① 간장, 흑설탕 ② 참기름, 식용유
③ 대추, 잣 ④ 녹두, 소금

답안 표기란

번호	답안
1	① ② ③ ④
2	① ② ③ ④
3	① ② ③ ④
4	① ② ③ ④
5	① ② ③ ④
6	① ② ③ ④
7	① ② ③ ④
8	① ② ③ ④
9	① ② ③ ④
10	① ② ③ ④
11	① ② ③ ④
12	① ② ③ ④
13	① ② ③ ④
14	① ② ③ ④
15	① ② ③ ④
16	① ② ③ ④
17	① ② ③ ④
18	① ② ③ ④
19	① ② ③ ④
20	① ② ③ ④
21	① ② ③ ④
22	① ② ③ ④
23	① ② ③ ④
24	① ② ③ ④
25	① ② ③ ④
26	① ② ③ ④
27	① ② ③ ④
28	① ② ③ ④
29	① ② ③ ④
30	① ② ③ ④

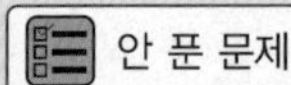

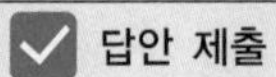

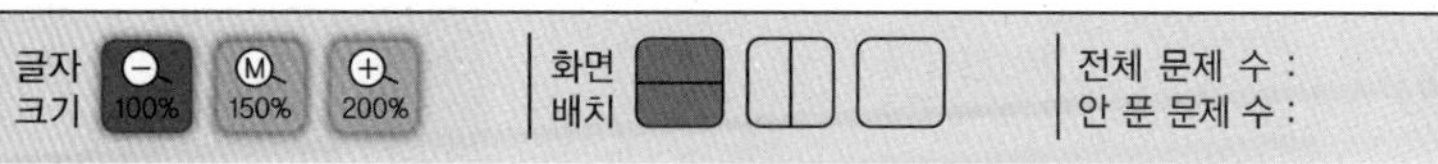

28

석이병의 장식으로 적당한 것은?

① 대추와 호박씨
② 밤채와 대추채
③ 호두정과
④ 석이채와 비늘잣

29

셀로판용기에 대한 설명으로 틀린 것은?

① 셀로판은 펄프를 원료로 만들어진 필름이다.
② 인체에 무해하며 광택이 있고 투명성과 인쇄성이 좋다.
③ 산과 알칼리, 습기에 강하다.
④ 열접착이 잘 안 된다.

30

떡과 재료의 연결이 틀린 것은?

① 무지개설기 : 코코아가루, 딸기주스가루, 호박가루
② 콩찰편 : 강낭콩, 흑설탕, 찹쌀
③ 녹두시루떡 : 녹두고물, 찹쌀
④ 두텁떡 : 밤채, 대추채, 계피가루

답안 표기란	
1	① ② ③ ④
2	① ② ③ ④
3	① ② ③ ④
4	① ② ③ ④
5	① ② ③ ④
6	① ② ③ ④
7	① ② ③ ④
8	① ② ③ ④
9	① ② ③ ④
10	① ② ③ ④
11	① ② ③ ④
12	① ② ③ ④
13	① ② ③ ④
14	① ② ③ ④
15	① ② ③ ④
16	① ② ③ ④
17	① ② ③ ④
18	① ② ③ ④
19	① ② ③ ④
20	① ② ③ ④
21	① ② ③ ④
22	① ② ③ ④
23	① ② ③ ④
24	① ② ③ ④
25	① ② ③ ④
26	① ② ③ ④
27	① ② ③ ④
28	① ② ③ ④
29	① ② ③ ④
30	① ② ③ ④

계산기

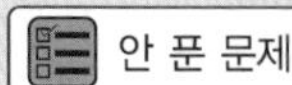

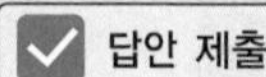

안심Touch

글자 크기 100% 150% 200% 화면 배치 전체 문제 수 : 안 푼 문제 수 :

31

다음 중 식품위생의 수단과 연관 없는 것은?

① 식욕 촉진
② 건강한 생육
③ 위해 제거
④ 안전한 제조

32

3℃ 이하의 냉장보관은 냉해를 가져올 수 있으므로 주의하여야 하는 재료는?

① 땅콩
② 밤
③ 잣
④ 상추

33

식품위생법에서 위해식품등의 판매 등 금지 규정을 위반한 자가 받는 벌칙은?

① 5년 이하의 징역 또는 5천만원 이하의 벌금, 또는 병과
② 10년 이하의 징역 또는 1억원 이하의 벌금, 또는 병과
③ 5년 이하의 징역 또는 5천만원 이하의 벌금
④ 10년 이하의 징역 또는 1억원 이하의 벌금

답안 표기란	
31	① ② ③ ④
32	① ② ③ ④
33	① ② ③ ④
34	① ② ③ ④
35	① ② ③ ④
36	① ② ③ ④
37	① ② ③ ④
38	① ② ③ ④
39	① ② ③ ④
40	① ② ③ ④
41	① ② ③ ④
42	① ② ③ ④
43	① ② ③ ④
44	① ② ③ ④
45	① ② ③ ④
46	① ② ③ ④
47	① ② ③ ④
48	① ② ③ ④
49	① ② ③ ④
50	① ② ③ ④
51	① ② ③ ④
52	① ② ③ ④
53	① ② ③ ④
54	① ② ③ ④
55	① ② ③ ④
56	① ② ③ ④
57	① ② ③ ④
58	① ② ③ ④
59	① ② ③ ④
60	① ② ③ ④

계산기 안 푼 문제 답안 제출

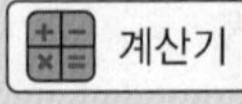

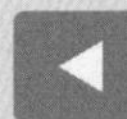

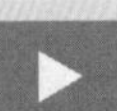

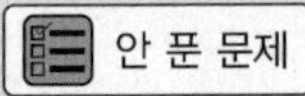

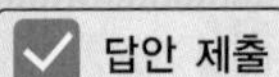

글자 크기 100% 150% 200% 화면 배치 전체 문제 수 : 안 푼 문제 수 :

34

식품위생법 시행규칙에서 정하는 영업에 종사하지 못하는 질병이 아닌 것은?

① 복통이나 설사
② 콜레라
③ A형간염
④ 피부병

35

개인위생관리에 대한 설명으로 틀린 것은?

① 머리카락이 빠져 음식에 들어갈 수 있으므로 위생모자 밖으로 머리카락이 나오지 않도록 머리카락을 잘 정리하여 위생모자를 착용한다.
② 작업복은 항상 깨끗하고 청결해야 하며 사람을 쉽게 식별할 수 있도록 밝은 원색으로 착용하는 것이 좋다.
③ 위생화나 장화는 건조하고 소독이 된 것을 사용해야 한다.
④ 작업장 바닥의 기름기나 물기는 수시로 제거해야 한다.

36

손의 위생관리에 대한 설명으로 틀린 것은?

① 손에는 다양한 미생물이 살고 있으므로 손을 위생적으로 관리하는 것은 매우 중요하다.
② 외부의 오염물질이나 세균의 전달 경로가 되기도 한다.
③ 손을 씻을 때에는 수돗물로만 닦는 것도 세균 제거에 효과가 있으나 비누를 사용하는 것이 더욱 효과가 좋다.
④ 손 씻는 물은 흐르는 물보다 가득 담아놓은 물로 씻는 것이 더욱 효과가 좋다.

답안 표기란

31	①	②	③	④
32	①	②	③	④
33	①	②	③	④
34	①	②	③	④
35	①	②	③	④
36	①	②	③	④
37	①	②	③	④
38	①	②	③	④
39	①	②	③	④
40	①	②	③	④
41	①	②	③	④
42	①	②	③	④
43	①	②	③	④
44	①	②	③	④
45	①	②	③	④
46	①	②	③	④
47	①	②	③	④
48	①	②	③	④
49	①	②	③	④
50	①	②	③	④
51	①	②	③	④
52	①	②	③	④
53	①	②	③	④
54	①	②	③	④
55	①	②	③	④
56	①	②	③	④
57	①	②	③	④
58	①	②	③	④
59	①	②	③	④
60	①	②	③	④

계산기   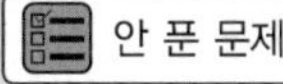 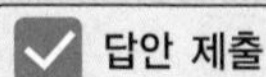

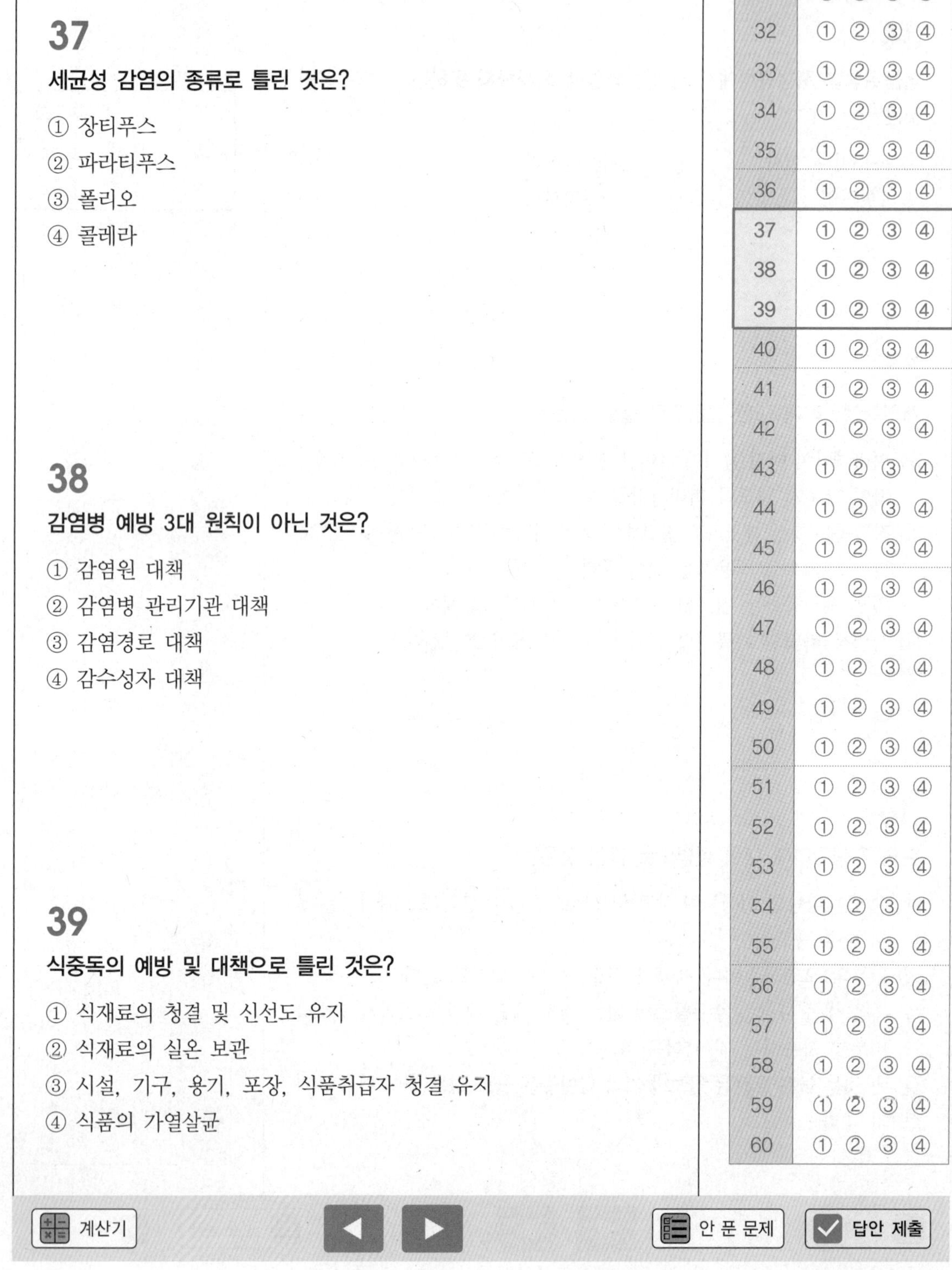

37

세균성 감염의 종류로 틀린 것은?

① 장티푸스
② 파라티푸스
③ 폴리오
④ 콜레라

38

감염병 예방 3대 원칙이 아닌 것은?

① 감염원 대책
② 감염병 관리기관 대책
③ 감염경로 대책
④ 감수성자 대책

39

식중독의 예방 및 대책으로 틀린 것은?

① 식재료의 청결 및 신선도 유지
② 식재료의 실온 보관
③ 시설, 기구, 용기, 포장, 식품취급자 청결 유지
④ 식품의 가열살균

40

다음 중 교차오염을 방지하기 위한 방법으로 적절하지 않은 것은?

① 식재료는 오염도에 구분 없이 보관한다.
② 칼, 도마 등의 조리도구는 식품군별로 구별해 사용한다.
③ 행주는 깨끗이 세척한 후 소독해 사용한다.
④ 오염원이 다른 식재료로 전이되지 않도록 주의한다.

41

다음 중 잠재적 위해식품에 대한 설명으로 틀린 것은?

① 세균이 쉽게 증식하기 쉬운 식품들이다.
② 2시간 이상 실온에 방치해서는 안 되는 식품들이다.
③ 수분과 단백질 함유량이 낮은 식품들이다.
④ 육류, 가금류, 달걀, 유제품 등이 해당한다.

42

다음 중 식품위생법에서 정의하는 '영업'에 해당하지 않는 것은?

① 식품의 제조·가공업
② 식품첨가물의 저장·소분업
③ 농업과 수산업에 속하는 식품 채취업
④ 기구 또는 용기·포장의 제조·운반업

답안 표기란

31	① ② ③ ④
32	① ② ③ ④
33	① ② ③ ④
34	① ② ③ ④
35	① ② ③ ④
36	① ② ③ ④
37	① ② ③ ④
38	① ② ③ ④
39	① ② ③ ④
40	① ② ③ ④
41	① ② ③ ④
42	① ② ③ ④
43	① ② ③ ④
44	① ② ③ ④
45	① ② ③ ④
46	① ② ③ ④
47	① ② ③ ④
48	① ② ③ ④
49	① ② ③ ④
50	① ② ③ ④
51	① ② ③ ④
52	① ② ③ ④
53	① ② ③ ④
54	① ② ③ ④
55	① ② ③ ④
56	① ② ③ ④
57	① ② ③ ④
58	① ② ③ ④
59	① ② ③ ④
60	① ② ③ ④

계산기

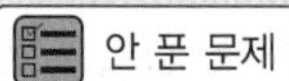

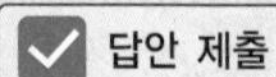

글자 크기 100% 150% 200% | 화면 배치 | 전체 문제 수 :
안 푼 문제 수 :

43

식품위생법에서 정한 식품과 관련 기구 및 용기·포장에 대한 기준 규정은 무엇인가?

① 식품등의 제조관리기준
② 식품등의 적합관리기준
③ 식품등의 상궤
④ 식품등의 공전

44

우리나라의 식품위생행정업무를 총괄하는 정부부처로 알맞은 것은?

① 고용노동부
② 과학기술정보통신부
③ 행정안전부
④ 보건복지부

45

기존 위생관리방법에 비하여 식품안전관리인증기준 제도(HACCP)가 갖는 장점이 아닌 것은?

① 체계적인 위생관리시스템 구축
② 위생적이고 안전한 식품 생산
③ 숙련자의 오랜 수행을 통한 제품 안전성 관리 가능
④ 제품 안정성 확보 및 브랜드 이미지 제고

답안 표기란	
31	① ② ③ ④
32	① ② ③ ④
33	① ② ③ ④
34	① ② ③ ④
35	① ② ③ ④
36	① ② ③ ④
37	① ② ③ ④
38	① ② ③ ④
39	① ② ③ ④
40	① ② ③ ④
41	① ② ③ ④
42	① ② ③ ④
43	① ② ③ ④
44	① ② ③ ④
45	① ② ③ ④
46	① ② ③ ④
47	① ② ③ ④
48	① ② ③ ④
49	① ② ③ ④
50	① ② ③ ④
51	① ② ③ ④
52	① ② ③ ④
53	① ② ③ ④
54	① ② ③ ④
55	① ② ③ ④
56	① ② ③ ④
57	① ② ③ ④
58	① ② ③ ④
59	① ② ③ ④
60	① ② ③ ④

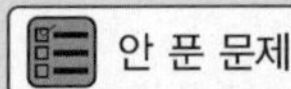

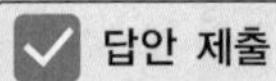

글자 크기 100% 150% 200% | 화면 배치 | 전체 문제 수 : 안 푼 문제 수 :

46

우리나라 4대 명절이 아닌 것은?

① 설날 ② 단오
③ 한식 ④ 정월대보름

47

송편의 소로 적당하지 않은 것은?

① 햇녹두 ② 동부
③ 깨 ④ 팥

48

예전에는 '작은 설날'로 부르며 이날 팥죽을 쑤어먹어야 한 살 더 먹는다고 하였다. 이날은 언제인가?

① 상달 ② 동지
③ 납일 ④ 중양절

49

다음 중 술을 넣어 만든 발효떡의 이름이 아닌 것은?

① 증편 ② 기주떡
③ 기정떡 ④ 색편

답안 표기란

번호	답안
31	① ② ③ ④
32	① ② ③ ④
33	① ② ③ ④
34	① ② ③ ④
35	① ② ③ ④
36	① ② ③ ④
37	① ② ③ ④
38	① ② ③ ④
39	① ② ③ ④
40	① ② ③ ④
41	① ② ③ ④
42	① ② ③ ④
43	① ② ③ ④
44	① ② ③ ④
45	① ② ③ ④
46	① ② ③ ④
47	① ② ③ ④
48	① ② ③ ④
49	① ② ③ ④
50	① ② ③ ④
51	① ② ③ ④
52	① ② ③ ④
53	① ② ③ ④
54	① ② ③ ④
55	① ② ③ ④
56	① ② ③ ④
57	① ② ③ ④
58	① ② ③ ④
59	① ② ③ ④
60	① ② ③ ④

계산기   안 푼 문제 답안 제출

글자 크기 100% 150% 200% | 화면 배치 | 전체 문제 수 : 안 푼 문제 수 :

50

음력 4월 8일 초파일에 만들어 먹은 떡으로 느티나무 어린순을 멥쌀가루에 넣고 팥고물을 쌓아 찐 떡은?

① 권전병
② 도행병
③ 유엽병
④ 나복병

51

떡 위에 수레바퀴 모양의 무늬가 박힌 단오의 절식을 부르는 이름이 아닌 것은?

① 차륜병
② 애엽병
③ 수리취절편
④ 오메기

52

충청도의 향토음식의 하나로 색과 모양이 곱다고 하여 이름 지어진 이 떡은?

① 곤떡
② 빙자병
③ 송편
④ 웃지지

답안 표기란	
31	① ② ③ ④
32	① ② ③ ④
33	① ② ③ ④
34	① ② ③ ④
35	① ② ③ ④
36	① ② ③ ④
37	① ② ③ ④
38	① ② ③ ④
39	① ② ③ ④
40	① ② ③ ④
41	① ② ③ ④
42	① ② ③ ④
43	① ② ③ ④
44	① ② ③ ④
45	① ② ③ ④
46	① ② ③ ④
47	① ② ③ ④
48	① ② ③ ④
49	① ② ③ ④
50	① ② ③ ④
51	① ② ③ ④
52	① ② ③ ④
53	① ② ③ ④
54	① ② ③ ④
55	① ② ③ ④
56	① ② ③ ④
57	① ② ③ ④
58	① ② ③ ④
59	① ② ③ ④
60	① ② ③ ④

계산기 | 안 푼 문제 | 답안 제출

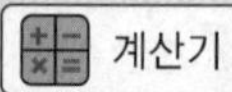

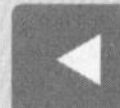

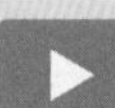

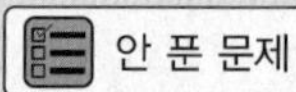

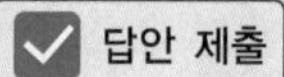

글자 크기 100% 150% 200% 화면 배치 전체 문제 수 : 안 푼 문제 수 :

53

쇠머리편육처럼 생겼다고 하여 쇠머리떡이라고 불리는 이 떡의 다른 이름으로 알맞은 것은?

① 모듬백이
② 잣구리
③ 용떡
④ 달떡

54

혼인 때 많이 만들어 먹는다 하여 혼인인절미라고도 하는 이 인절미는 어느 지방의 향토음식인가?

① 제주도
② 경기도
③ 강원도
④ 황해도

55

다음 중 개성지방에서 정월 초에 해먹는 떡으로 치는 떡에 속하는 이 떡은?

① 조랭이떡
② 화전
③ 경단
④ 꼬장떡

답안 표기란

번호	답안
31	① ② ③ ④
32	① ② ③ ④
33	① ② ③ ④
34	① ② ③ ④
35	① ② ③ ④
36	① ② ③ ④
37	① ② ③ ④
38	① ② ③ ④
39	① ② ③ ④
40	① ② ③ ④
41	① ② ③ ④
42	① ② ③ ④
43	① ② ③ ④
44	① ② ③ ④
45	① ② ③ ④
46	① ② ③ ④
47	① ② ③ ④
48	① ② ③ ④
49	① ② ③ ④
50	① ② ③ ④
51	① ② ③ ④
52	① ② ③ ④
53	① ② ③ ④
54	① ② ③ ④
55	① ② ③ ④
56	① ② ③ ④
57	① ② ③ ④
58	① ② ③ ④
59	① ② ③ ④
60	① ② ③ ④

계산기   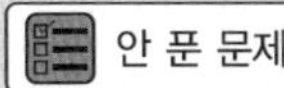 

글자 크기 100% 150% 200% 화면 배치 전체 문제 수 : 안 푼 문제 수 :

56

음력 2월 초하루인 중화절에 그 해의 풍년을 기원하며 노비들에게 나이 만큼 먹였다는 이 음식은?

① 노비송편
② 노비팥죽
③ 노비떡국
④ 노비빙떡

57

무시루떡은 몇 월의 절식인가?

① 3월
② 7월
③ 10월
④ 12월

58

다음 중 오메기떡의 주재료로 알맞은 것은?

① 수수
② 쌀
③ 보리
④ 차조

답안 표기란

31	①	②	③	④
32	①	②	③	④
33	①	②	③	④
34	①	②	③	④
35	①	②	③	④
36	①	②	③	④
37	①	②	③	④
38	①	②	③	④
39	①	②	③	④
40	①	②	③	④
41	①	②	③	④
42	①	②	③	④
43	①	②	③	④
44	①	②	③	④
45	①	②	③	④
46	①	②	③	④
47	①	②	③	④
48	①	②	③	④
49	①	②	③	④
50	①	②	③	④
51	①	②	③	④
52	①	②	③	④
53	①	②	③	④
54	①	②	③	④
55	①	②	③	④
56	①	②	③	④
57	①	②	③	④
58	①	②	③	④
59	①	②	③	④
60	①	②	③	④

계산기 안 푼 문제 답안 제출

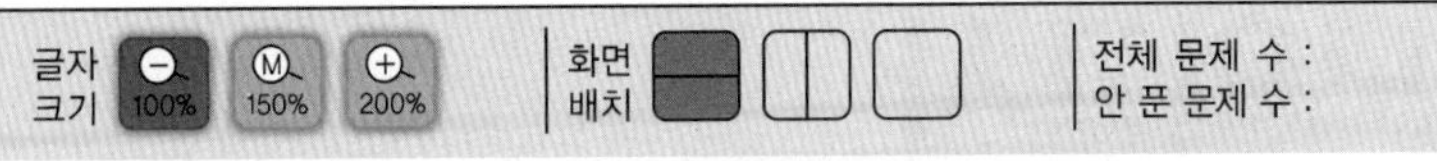

59

백일 때 올렸던 떡에 대한 설명으로 틀린 것은?

① 백일에는 백설기를 만들어 이웃집 백 군데에 돌리는 풍습이 있었다.
② 백설기는 백 살까지 무병장수하라는 의미와 하얗게 맑고 티 없이 자라라는 의미가 있다.
③ 떡을 받은 집에 있는 빈 그릇을 그냥 보내지 않고 흰 실타래나 돈, 쌀을 담아 보냈다.
④ 백설기와 함께 절편, 인절미를 함께 만들어주었다.

60

제주도 지역의 향토떡이 아닌 것은?

① 오메기떡
② 조쌀시리
③ 빙떡
④ 깻잎떡

답안 표기란

번호	답안
31	① ② ③ ④
32	① ② ③ ④
33	① ② ③ ④
34	① ② ③ ④
35	① ② ③ ④
36	① ② ③ ④
37	① ② ③ ④
38	① ② ③ ④
39	① ② ③ ④
40	① ② ③ ④
41	① ② ③ ④
42	① ② ③ ④
43	① ② ③ ④
44	① ② ③ ④
45	① ② ③ ④
46	① ② ③ ④
47	① ② ③ ④
48	① ② ③ ④
49	① ② ③ ④
50	① ② ③ ④
51	① ② ③ ④
52	① ② ③ ④
53	① ② ③ ④
54	① ② ③ ④
55	① ② ③ ④
56	① ② ③ ④
57	① ② ③ ④
58	① ② ③ ④
59	① ② ③ ④
60	① ② ③ ④

계산기   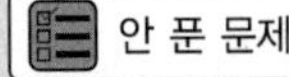

제2회 실전모의고사

 제한 시간 : 60분 / 남은 시간 :

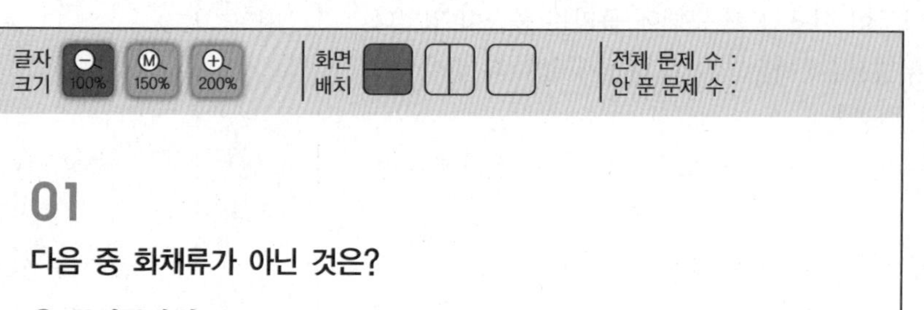

01

다음 중 화채류가 아닌 것은?

① 콜리플라워
② 아티초크
③ 아스파라거스
④ 브로콜리

02

채소의 조리에 대한 설명으로 틀린 것은?

① 삶기는 채소를 물에 넣고 끓이는 방법으로 수용성 물질의 손상이 가장 크다.
② 튀기기는 수용성 물질이 용출될 염려 없이 단시간 조리로 영양분의 손상을 줄일 수 있는 좋은 조리방법이다.
③ 녹색채소를 데칠 때 식소다를 넣으면 선명한 녹색을 낼 수 있지만 채소가 뭉그러질 수 있다.
④ 녹색채소를 데칠 때 조리수의 양은 재료의 10배가 적당하다.

답안 표기란	
1	① ② ③ ④
2	① ② ③ ④
3	① ② ③ ④
4	① ② ③ ④
5	① ② ③ ④
6	① ② ③ ④
7	① ② ③ ④
8	① ② ③ ④
9	① ② ③ ④
10	① ② ③ ④
11	① ② ③ ④
12	① ② ③ ④
13	① ② ③ ④
14	① ② ③ ④
15	① ② ③ ④
16	① ② ③ ④
17	① ② ③ ④
18	① ② ③ ④
19	① ② ③ ④
20	① ② ③ ④
21	① ② ③ ④
22	① ② ③ ④
23	① ② ③ ④
24	① ② ③ ④
25	① ② ③ ④
26	① ② ③ ④
27	① ② ③ ④
28	① ② ③ ④
29	① ② ③ ④
30	① ② ③ ④

계산기

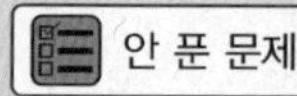

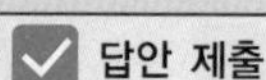

글자 크기 100% 150% 200% | 화면 배치 | 전체 문제 수 : 안 푼 문제 수 :

03

다음 중 소금의 역할이 아닌 것은?

① 방부작용 : 미생물의 발육을 억제시켜 부패를 방지한다.
② 안정작용 : 단백질과 무기질의 구조적 안정에 도움이 된다.
③ 탈수작용 : 채소 조직에 작용해 탈수를 일으킨다.
④ 탄력증진 : 밀가루 반죽에 넣으면 탄력을 증진시켜준다.

04

감미료에 대한 설명으로 틀린 것은?

① 현재 가장 널리 사용되는 감미료는 설탕이며, 당도는 100으로 다른 감미료의 기준이 된다.
② 최초로 사용된 감미료는 꿀이다.
③ 곡류의 전분을 엿기름으로 삭힌 후 졸여 꿀처럼 진득하게 만든 감미료는 올리고당이다.
④ 스테비오사이드의 당도는 설탕의 300배이며, 칼로리는 100분의 1정도이다.

05

후추의 매운맛 성분은?

① 멘톨
② 차비신
③ 커큐민
④ 피멘톤

답안 표기란

번호	답안
1	① ② ③ ④
2	① ② ③ ④
3	① ② ③ ④
4	① ② ③ ④
5	① ② ③ ④
6	① ② ③ ④
7	① ② ③ ④
8	① ② ③ ④
9	① ② ③ ④
10	① ② ③ ④
11	① ② ③ ④
12	① ② ③ ④
13	① ② ③ ④
14	① ② ③ ④
15	① ② ③ ④
16	① ② ③ ④
17	① ② ③ ④
18	① ② ③ ④
19	① ② ③ ④
20	① ② ③ ④
21	① ② ③ ④
22	① ② ③ ④
23	① ② ③ ④
24	① ② ③ ④
25	① ② ③ ④
26	① ② ③ ④
27	① ② ③ ④
28	① ② ③ ④
29	① ② ③ ④
30	① ② ③ ④

계산기   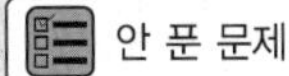 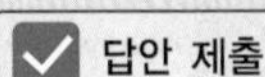

글자 크기 100% 150% 200% | 화면 배치 | 전체 문제 수 : 안 푼 문제 수 :

06

콩에 당질 30%, 단백질 42%, 지질 13%가 들어있다. 콩 100g의 열량은?

① 396 ② 405
③ 522 ④ 545

07

다음 중 필수아미노산이 아닌 것은?

① 루신 ② 리신
③ 글루타민 ④ 발린

08

다음 중 완전단백질의 종류가 잘못 연결된 것은?

① 우유 : 카세인 ② 달걀 : 오브알부민
③ 밀 : 글리시닌 ④ 생선 : 미오겐

09

다음 중 전분에 대한 설명으로 틀린 것은?

① 곡류, 감자류, 콩류의 주성분이다.
② 전분의 입자가 작을수록 노화가 빨리 일어난다.
③ 찬물에 잘 녹으며 물을 넣어 가열하면 호화된다.
④ 아밀로오스와 아밀로펙틴으로 되어 있다.

답안 표기란

1	① ② ③ ④
2	① ② ③ ④
3	① ② ③ ④
4	① ② ③ ④
5	① ② ③ ④
6	① ② ③ ④
7	① ② ③ ④
8	① ② ③ ④
9	① ② ③ ④
10	① ② ③ ④
11	① ② ③ ④
12	① ② ③ ④
13	① ② ③ ④
14	① ② ③ ④
15	① ② ③ ④
16	① ② ③ ④
17	① ② ③ ④
18	① ② ③ ④
19	① ② ③ ④
20	① ② ③ ④
21	① ② ③ ④
22	① ② ③ ④
23	① ② ③ ④
24	① ② ③ ④
25	① ② ③ ④
26	① ② ③ ④
27	① ② ③ ④
28	① ② ③ ④
29	① ② ③ ④
30	① ② ③ ④

계산기   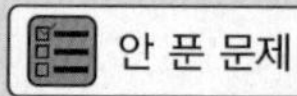

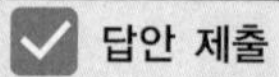

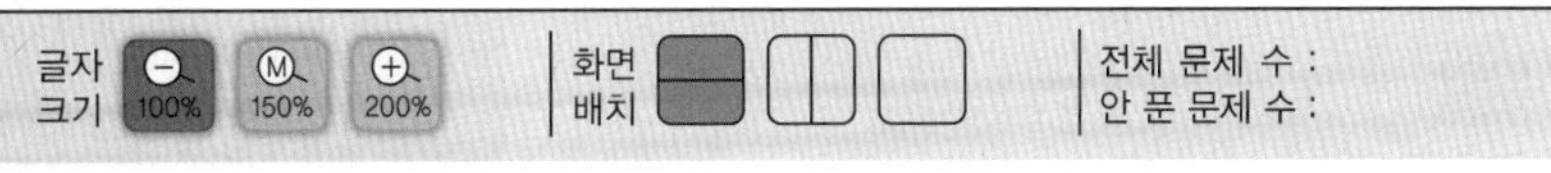

10

다음 중 노화에 대한 설명으로 틀린 것은?

① 아밀로오스 함량이 높을수록 노화가 빠르다.
② 떡에 수분을 많이 잡을수록 노화가 더디다.
③ 산성에서는 노화가 억제된다.
④ 노화된 떡은 소화가 잘 안 된다.

11

비타민과 그 결핍의 연결이 바르지 않은 것은?

① 비타민 A : 야맹증
② 비타민 D : 구루병
③ 비타민 C : 괴혈병
④ 비타민 K : 골다공증

12

단백질의 기능에 대한 설명으로 틀린 것은?

① 단백질은 체조직과 혈액단백질, 효소, 호르몬 등을 구성하며 근육, 뼈, 피부 조직을 형성한다.
② 에너지 공급원이다.
③ 필수영양소로 성장기 어린이에게 반드시 필요하며, 지용성비타민의 흡수를 돕는다.
④ r-글로불린은 항체로서 병원균에 대한 방어작용을 한다.

답안 표기란	
1	① ② ③ ④
2	① ② ③ ④
3	① ② ③ ④
4	① ② ③ ④
5	① ② ③ ④
6	① ② ③ ④
7	① ② ③ ④
8	① ② ③ ④
9	① ② ③ ④
10	① ② ③ ④
11	① ② ③ ④
12	① ② ③ ④
13	① ② ③ ④
14	① ② ③ ④
15	① ② ③ ④
16	① ② ③ ④
17	① ② ③ ④
18	① ② ③ ④
19	① ② ③ ④
20	① ② ③ ④
21	① ② ③ ④
22	① ② ③ ④
23	① ② ③ ④
24	① ② ③ ④
25	① ② ③ ④
26	① ② ③ ④
27	① ② ③ ④
28	① ② ③ ④
29	① ② ③ ④
30	① ② ③ ④

계산기

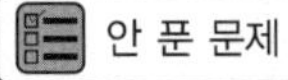

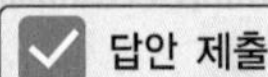

글자 크기 100% 150% 200% | 화면 배치 | 전체 문제 수 : 안 푼 문제 수 :

13

탄수화물 당도의 순서로 맞는 것은?

① 과당 > 설탕 > 포도당 > 맥아당 > 유당
② 설탕 > 과당 > 포도당 > 유당
③ 설탕 > 과당 > 포도당 > 맥아당 > 유당
④ 과당 > 설탕 > 맥아당 > 포도당 > 유당

14

다음은 탄수화물 내 다당류 중 어느 것에 대한 설명인가?

- 감귤류, 사과, 해조류에 들어있으며 과일 껍질부분에 많다.
- 겔(Gel)을 형성하여 잼, 젤리를 만드는 데 사용한다.
- 소화·흡수는 되지 않지만 세균 및 유독물질을 흡착하여 배설한다.

① 한천 ② 글리코겐
③ 펙틴 ④ 섬유소

15

다음 중 발색제에 대한 설명으로 맞는 것은?

① 백년초 : 부채선인장으로도 불리며 열매를 자르면 녹색을 띤다.
② 홍국쌀 : 일반 쌀을 모나스쿠스란 곰팡이균으로 15~30분 정도 발효시킨 진분홍색 쌀이다.
③ 클로렐라 : 녹조류 단세포 생물로 안토시아닌과 식이섬유가 풍부하다.
④ 파프리카가루 : 열을 가하면 색이 변한다.

답안 표기란	
1	① ② ③ ④
2	① ② ③ ④
3	① ② ③ ④
4	① ② ③ ④
5	① ② ③ ④
6	① ② ③ ④
7	① ② ③ ④
8	① ② ③ ④
9	① ② ③ ④
10	① ② ③ ④
11	① ② ③ ④
12	① ② ③ ④
13	① ② ③ ④
14	① ② ③ ④
15	① ② ③ ④
16	① ② ③ ④
17	① ② ③ ④
18	① ② ③ ④
19	① ② ③ ④
20	① ② ③ ④
21	① ② ③ ④
22	① ② ③ ④
23	① ② ③ ④
24	① ② ③ ④
25	① ② ③ ④
26	① ② ③ ④
27	① ② ③ ④
28	① ② ③ ④
29	① ② ③ ④
30	① ② ③ ④

계산기   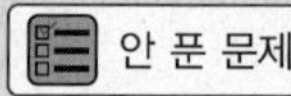

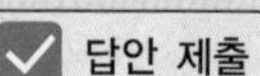

글자 크기 100% 150% 200% 화면 배치 전체 문제 수 : 안 푼 문제 수 :

16

최근 영광 지역에서 지리적 특성과 품질 우수성을 인정받아 농산물 지리적 표시 104호로 등록되어 영광 향토음식특산품으로 계승·발전된 떡은 무엇인가?

① 해풍쑥 송편 ② 모싯잎 송편
③ 호박송편 ④ 쑥개떡

17

떡의 제조과정으로 틀린 것은?

① 켜떡의 경우 수증기가 쌀가루를 잘 치고 올라오는지 반드시 확인한다.
② 콩설기의 경우 콩이 달지 않아야 맛있고 콩찰편의 경우 콩이 달아야 맛있다.
③ 무지개떡의 경우 수분을 잡은 후 색을 들인다.
④ 꿀떡의 경우 제조 후 설탕이 녹는 데 2~3시간 정도 걸리기 때문에 미리 만들어놓는 것이 좋다.

18

보관하기 까다로운 재료 중 하나로 냉동한 후 해동하면 물러져서 사용할 수 없는 것은?

① 아몬드 ② 호두
③ 밤 ④ 팥

답안 표기란

번호	답안
1	① ② ③ ④
2	① ② ③ ④
3	① ② ③ ④
4	① ② ③ ④
5	① ② ③ ④
6	① ② ③ ④
7	① ② ③ ④
8	① ② ③ ④
9	① ② ③ ④
10	① ② ③ ④
11	① ② ③ ④
12	① ② ③ ④
13	① ② ③ ④
14	① ② ③ ④
15	① ② ③ ④
16	① ② ③ ④
17	① ② ③ ④
18	① ② ③ ④
19	① ② ③ ④
20	① ② ③ ④
21	① ② ③ ④
22	① ② ③ ④
23	① ② ③ ④
24	① ② ③ ④
25	① ② ③ ④
26	① ② ③ ④
27	① ② ③ ④
28	① ② ③ ④
29	① ② ③ ④
30	① ② ③ ④

계산기   안 푼 문제 

글자 크기 100% 150% 200% | 화면 배치 | 전체 문제 수 :
안 푼 문제 수 :

19

멥쌀을 쳐서 잘 치댄 후 설탕과 참깨가루를 넣고 작은 원형이나 복주머니 모양으로 성형한 떡은?

① 바람떡
② 꿀떡
③ 조랭이떡
④ 망개떡

20

찰떡의 제조과정에 대한 설명으로 틀린 것은?

① 거칠게 빻을수록 익히기 좋으나 식감이 떨어진다.
② 찹쌀은 자체에 수분이 많기 때문에 추가로 수분을 주지 않아도 떡이 된다.
③ 체를 여러 번 내릴수록 익히기 좋다.
④ 많이 치대주면 노화를 늦출 수 있다.

21

다음 중 찌는 떡류가 아닌 것은?

① 거피팥 시루떡
② 녹두 시루떡
③ 콩찰편
④ 인절미

답안 표기란	
1	① ② ③ ④
2	① ② ③ ④
3	① ② ③ ④
4	① ② ③ ④
5	① ② ③ ④
6	① ② ③ ④
7	① ② ③ ④
8	① ② ③ ④
9	① ② ③ ④
10	① ② ③ ④
11	① ② ③ ④
12	① ② ③ ④
13	① ② ③ ④
14	① ② ③ ④
15	① ② ③ ④
16	① ② ③ ④
17	① ② ③ ④
18	① ② ③ ④
19	① ② ③ ④
20	① ② ③ ④
21	① ② ③ ④
22	① ② ③ ④
23	① ② ③ ④
24	① ② ③ ④
25	① ② ③ ④
26	① ② ③ ④
27	① ② ③ ④
28	① ② ③ ④
29	① ② ③ ④
30	① ② ③ ④

계산기

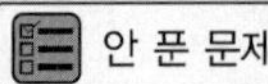

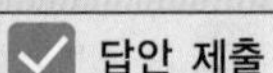

글자 크기 100% 150% 200% | 화면 배치 | 전체 문제 수 : 안 푼 문제 수 :

22

치는 찰떡류를 주먹 쥐어 안칠 때 시루 밑에 설탕을 뿌려주는 이유로 맞는 것은?

① 떡을 잘 익히기 위해
② 찰떡이 들러붙지 않게 하기 위해
③ 설탕간을 골고루 하기 위해
④ 수증기가 맺히는 것을 막기 위해

23

다음 중 치는 떡이 아닌 것은?

① 인절미
② 떡국떡
③ 가래떡
④ 쇠머리찰떡

24

'흰무리'라고도 하며 티 없이 맑고 깨끗하게 자라라는 뜻으로 아이의 삼칠일, 백일, 돌 때 빠지지 않는 떡은?

① 콩설기
② 백설기
③ 쑥설기
④ 잡과병

답안 표기란

1	① ② ③ ④
2	① ② ③ ④
3	① ② ③ ④
4	① ② ③ ④
5	① ② ③ ④
6	① ② ③ ④
7	① ② ③ ④
8	① ② ③ ④
9	① ② ③ ④
10	① ② ③ ④
11	① ② ③ ④
12	① ② ③ ④
13	① ② ③ ④
14	① ② ③ ④
15	① ② ③ ④
16	① ② ③ ④
17	① ② ③ ④
18	① ② ③ ④
19	① ② ③ ④
20	① ② ③ ④
21	① ② ③ ④
22	① ② ③ ④
23	① ② ③ ④
24	① ② ③ ④
25	① ② ③ ④
26	① ② ③ ④
27	① ② ③ ④
28	① ② ③ ④
29	① ② ③ ④
30	① ② ③ ④

계산기   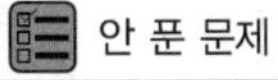 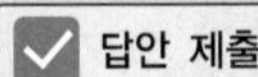

안심Touch

글자 크기 100% 150% 200% | 화면 배치 | 전체 문제 수 : 안 푼 문제 수 :

25

다음은 어느 포장재에 대한 설명인가?

- 식품용으로 많이 사용되는 포장재로 간편하고 경제적이다.
- 내수성, 내습성, 내유성 등에 취약하다.

① 유리 ② 플라스틱 필름
③ 셀로판 ④ 종이

26

다음 중 켜떡이 아닌 것은?

① 콩찰편 ② 잡과병
③ 깨찰편 ④ 거피팥 시루떡

27

식품의약품안전처에서 정하는 식품등의 표시기준에 대한 설명으로 틀린 것은?

① 소비자에게 판매하는 제품의 최소 판매단위별 용기·포장에 개별표시사항 및 표시기준에 따른 표시사항을 표시하여야 한다.
② 주표시면에는 제품명, 내용량 및 내용량에 해당하는 열량을 표시하여야 한다.
③ 표시는 한글로 하여야 하나 소비자의 이해를 돕기 위하여 한자나 외국어는 혼용하거나 병기하여 표기할 수 있으며 이 경우 한자나 외국어는 한글표시 활자와 같거나 큰 활자로 표시할 수 있다.
④ 정보표시면에는 식품유형, 영업소(장)의 명칭(상호) 및 소재지, 유통기한(제조연월일 또는 품질유지기한), 원재료명, 주의사항 등을 표시사항별로 표 또는 단락으로 나누어 표시한다.

답안 표기란

번호	답안
1	① ② ③ ④
2	① ② ③ ④
3	① ② ③ ④
4	① ② ③ ④
5	① ② ③ ④
6	① ② ③ ④
7	① ② ③ ④
8	① ② ③ ④
9	① ② ③ ④
10	① ② ③ ④
11	① ② ③ ④
12	① ② ③ ④
13	① ② ③ ④
14	① ② ③ ④
15	① ② ③ ④
16	① ② ③ ④
17	① ② ③ ④
18	① ② ③ ④
19	① ② ③ ④
20	① ② ③ ④
21	① ② ③ ④
22	① ② ③ ④
23	① ② ③ ④
24	① ② ③ ④
25	① ② ③ ④
26	① ② ③ ④
27	① ② ③ ④
28	① ② ③ ④
29	① ② ③ ④
30	① ② ③ ④

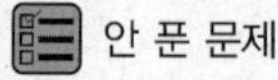

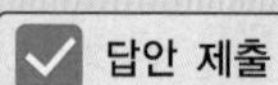

글자 크기 100% 150% 200% | 화면 배치 | 전체 문제 수 : 안 푼 문제 수 :

28

포장용기의 표시사항으로 틀린 것은?

① 제품명
② 유통기한
③ 매운 맛의 정도
④ 영양성분

29

떡 제조과정에서 소금을 넣는 시점은?

① 쌀을 씻어 물에 담글 때
② 쌀을 1차 분쇄할 때
③ 쌀을 2차 분쇄할 때
④ 설탕을 섞기 전

30

1컵(200ml)의 마른 콩을 물에 하룻밤 불리면 몇 배로 불어나는가?

① 약 1.5배
② 약 2.5~3배
③ 약 4.5~5배
④ 약 6배~6.5배

답안 표기란

번호	①	②	③	④
1	①	②	③	④
2	①	②	③	④
3	①	②	③	④
4	①	②	③	④
5	①	②	③	④
6	①	②	③	④
7	①	②	③	④
8	①	②	③	④
9	①	②	③	④
10	①	②	③	④
11	①	②	③	④
12	①	②	③	④
13	①	②	③	④
14	①	②	③	④
15	①	②	③	④
16	①	②	③	④
17	①	②	③	④
18	①	②	③	④
19	①	②	③	④
20	①	②	③	④
21	①	②	③	④
22	①	②	③	④
23	①	②	③	④
24	①	②	③	④
25	①	②	③	④
26	①	②	③	④
27	①	②	③	④
28	①	②	③	④
29	①	②	③	④
30	①	②	③	④

계산기   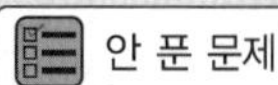 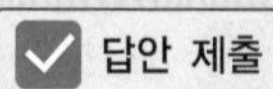

안 푼 문제 답안 제출

안심Touch

글자 크기 100% 150% 200% 화면 배치 전체 문제 수 : 안 푼 문제 수 :

31

다음 중 식품 취급 및 조리, 급식 업무에 주의를 요해야 하는 때가 아닌 것은?

① 복통이나 설사의 경우
② 콧물이나 목 간지러움의 경우
③ 발열이나 오한의 경우
④ 구토나 황달 등의 경우

32

개인 위생관리의 방법으로 틀린 것은?

① 머리는 기름기, 비듬 등으로 세균 오염이 있을 수 있으므로 자주 감아야 한다.
② 얼굴에 여드름 등 피부염이 있는 경우, 얼굴에 땀이 난 경우 등 손으로 이를 만지거나 닦지 않도록 하는 것이 바람직하다.
③ 보기 좋은 화장이나 향수로 남을 불쾌하지 않게 해야 한다.
④ 발, 발톱의 위생관리도 깨끗이 하면 간접 오염을 줄이는 데 도움이 된다.

33

식품의 변질에 대한 설명으로 틀린 것은?

① 변질은 식품이 시간의 경과에 따라 미생물이나 효소의 작용에 의해 섭취가 불가능한 상태로 변하는 것이다.
② 변질은 수분의 증발, 광선이나 공기에 의한 산화에 의해 식품 본래의 외관·색상·맛·향·영양성분이 변화하여 결국 섭취가 불가능한 상태로 변하는 것이다.
③ 변질의 종류에는 부패, 변패, 산패가 있다.
④ 산패는 실온에 보관하면 어느 정도 예방이 가능하다.

답안 표기란

번호	답안
31	① ② ③ ④
32	① ② ③ ④
33	① ② ③ ④
34	① ② ③ ④
35	① ② ③ ④
36	① ② ③ ④
37	① ② ③ ④
38	① ② ③ ④
39	① ② ③ ④
40	① ② ③ ④
41	① ② ③ ④
42	① ② ③ ④
43	① ② ③ ④
44	① ② ③ ④
45	① ② ③ ④
46	① ② ③ ④
47	① ② ③ ④
48	① ② ③ ④
49	① ② ③ ④
50	① ② ③ ④
51	① ② ③ ④
52	① ② ③ ④
53	① ② ③ ④
54	① ② ③ ④
55	① ② ③ ④
56	① ② ③ ④
57	① ② ③ ④
58	① ② ③ ④
59	① ② ③ ④
60	① ② ③ ④

계산기   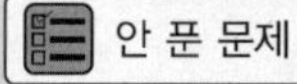 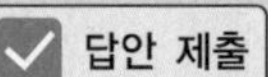

글자 크기 100% 150% 200% 화면 배치 전체 문제 수 : 안 푼 문제 수 :

34

강한 발암성을 띠며 땅콩, 옥수수, 쌀, 보리, 된장, 간장 등에 번식하는 곰팡이균은?

① 테트로도톡신
② 솔라닌
③ 사포닌
④ 아플라톡신

35

물리적 방법이나 화학적 방법을 사용하여 급속히 미생물을 제거하는 것은?

① 소독 ② 멸균
③ 방부 ④ 살균

36

다음 중 화학적 식중독의 원인과 증상이 잘못 연결된 것은?

① 수은 : 미나마타병
② 벤젠 : 발암
③ 카드뮴 : 골연화증
④ 크롬 : 이타이이타이병

답안 표기란

번호	답안
31	① ② ③ ④
32	① ② ③ ④
33	① ② ③ ④
34	① ② ③ ④
35	① ② ③ ④
36	① ② ③ ④
37	① ② ③ ④
38	① ② ③ ④
39	① ② ③ ④
40	① ② ③ ④
41	① ② ③ ④
42	① ② ③ ④
43	① ② ③ ④
44	① ② ③ ④
45	① ② ③ ④
46	① ② ③ ④
47	① ② ③ ④
48	① ② ③ ④
49	① ② ③ ④
50	① ② ③ ④
51	① ② ③ ④
52	① ② ③ ④
53	① ② ③ ④
54	① ② ③ ④
55	① ② ③ ④
56	① ② ③ ④
57	① ② ③ ④
58	① ② ③ ④
59	① ② ③ ④
60	① ② ③ ④

계산기   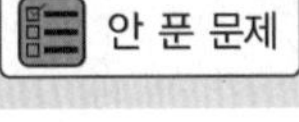 

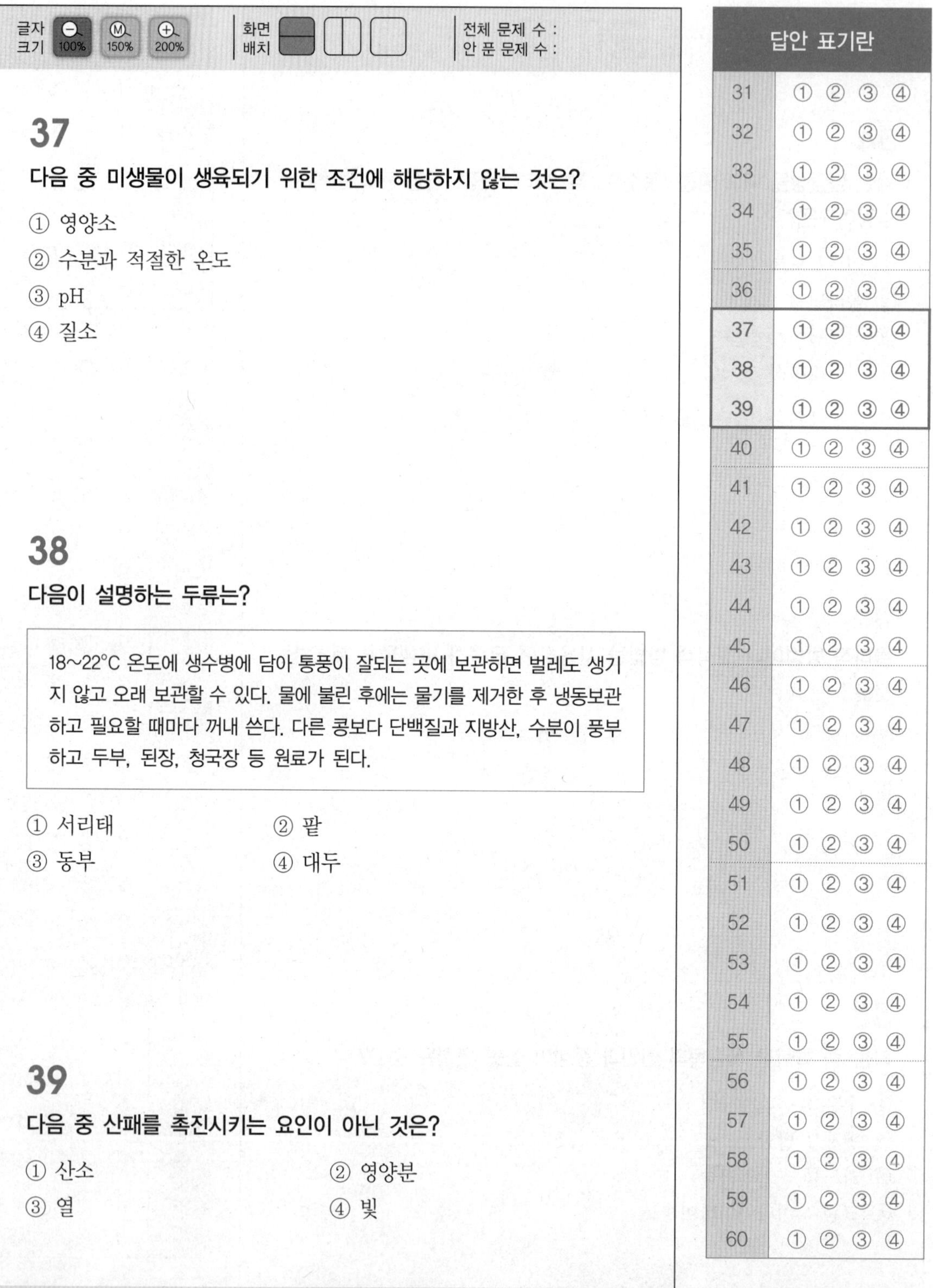

글자 크기 100% 150% 200% 화면 배치 전체 문제 수 : 안 푼 문제 수 :

37

다음 중 미생물이 생육되기 위한 조건에 해당하지 않는 것은?

① 영양소
② 수분과 적절한 온도
③ pH
④ 질소

38

다음이 설명하는 두류는?

> 18~22°C 온도에 생수병에 담아 통풍이 잘되는 곳에 보관하면 벌레도 생기지 않고 오래 보관할 수 있다. 물에 불린 후에는 물기를 제거한 후 냉동보관하고 필요할 때마다 꺼내 쓴다. 다른 콩보다 단백질과 지방산, 수분이 풍부하고 두부, 된장, 청국장 등 원료가 된다.

① 서리태 ② 팥
③ 동부 ④ 대두

39

다음 중 산패를 촉진시키는 요인이 아닌 것은?

① 산소 ② 영양분
③ 열 ④ 빛

답안 표기란

31	① ② ③ ④
32	① ② ③ ④
33	① ② ③ ④
34	① ② ③ ④
35	① ② ③ ④
36	① ② ③ ④
37	① ② ③ ④
38	① ② ③ ④
39	① ② ③ ④
40	① ② ③ ④
41	① ② ③ ④
42	① ② ③ ④
43	① ② ③ ④
44	① ② ③ ④
45	① ② ③ ④
46	① ② ③ ④
47	① ② ③ ④
48	① ② ③ ④
49	① ② ③ ④
50	① ② ③ ④
51	① ② ③ ④
52	① ② ③ ④
53	① ② ③ ④
54	① ② ③ ④
55	① ② ③ ④
56	① ② ③ ④
57	① ② ③ ④
58	① ② ③ ④
59	① ② ③ ④
60	① ② ③ ④

계산기 안 푼 문제 답안 제출

글자 크기 100% 150% 200% 화면 배치 전체 문제 수 : 안 푼 문제 수 :

40

다음 중 감염병 발생의 3대 요인이 아닌 것은?

① 감염경로
② 감염원
③ 숙주의 감수성
④ 병원체의 감수성

41

다음 세균성 식중독 중 감염형이 아닌 것은?

① 장염비브리오
② 병원성 대장균
③ 살모넬라
④ 보툴리누스균

42

HACCP 도입 시 관리자의 입장에서의 장점이 아닌 것은?

① 체계적인 위생관리시스템 구축
② 위생과 안전이 확보된 식품 소비 가능
③ 문제 발생 시 빠른 조치 및 대처 가능
④ 수출경쟁력 확보

답안 표기란

31	① ② ③ ④
32	① ② ③ ④
33	① ② ③ ④
34	① ② ③ ④
35	① ② ③ ④
36	① ② ③ ④
37	① ② ③ ④
38	① ② ③ ④
39	① ② ③ ④
40	① ② ③ ④
41	① ② ③ ④
42	① ② ③ ④
43	① ② ③ ④
44	① ② ③ ④
45	① ② ③ ④
46	① ② ③ ④
47	① ② ③ ④
48	① ② ③ ④
49	① ② ③ ④
50	① ② ③ ④
51	① ② ③ ④
52	① ② ③ ④
53	① ② ③ ④
54	① ② ③ ④
55	① ② ③ ④
56	① ② ③ ④
57	① ② ③ ④
58	① ② ③ ④
59	① ② ③ ④
60	① ② ③ ④

계산기   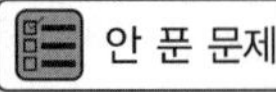 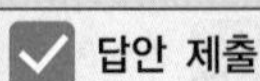

안 푼 문제 답안 제출

글자 크기 100% 150% 200% 화면 배치 전체 문제 수 : 안 푼 문제 수 :

43

다음 중 조리사가 아닌 사람이 조리사라는 명칭을 사용하였을 때 받는 벌칙은?

① 10년 이하의 징역 또는 1억원 이하의 벌금
② 7년 이하의 징역 또는 7천만원 이하의 벌금
③ 5년 이하의 징역 또는 5천만원 이하의 벌금
④ 3년 이하의 징역 또는 3천만원 이하의 벌금

44

식품위생법에 따라 식품등의 공전 규정을 작성·배포하는 사람은?

① 보건복지부장관
② 식품의약품안전처장
③ 한국식품산업협회장
④ 국립보건원장

45

식품위생법상 다음과 같이 정의된 것은?

> 식품의 원료관리 및 제조·가공·조리·소분·유통의 모든 과정에서 위해한 물질이 식품에 섞이거나 식품이 오염되는 것을 방지하기 위하여 각 과정의 위해요소를 확인·평가하여 중점적으로 관리하는 기준

① 식품등의 위생적인 취급에 관한 기준
② 식품 또는 식품첨가물에 관한 기준
③ 기구 및 용기·포장의 기준 및 규격
④ 식품안전관리인증기준

답안 표기란

번호	답안
31	① ② ③ ④
32	① ② ③ ④
33	① ② ③ ④
34	① ② ③ ④
35	① ② ③ ④
36	① ② ③ ④
37	① ② ③ ④
38	① ② ③ ④
39	① ② ③ ④
40	① ② ③ ④
41	① ② ③ ④
42	① ② ③ ④
43	① ② ③ ④
44	① ② ③ ④
45	① ② ③ ④
46	① ② ③ ④
47	① ② ③ ④
48	① ② ③ ④
49	① ② ③ ④
50	① ② ③ ④
51	① ② ③ ④
52	① ② ③ ④
53	① ② ③ ④
54	① ② ③ ④
55	① ② ③ ④
56	① ② ③ ④
57	① ② ③ ④
58	① ② ③ ④
59	① ② ③ ④
60	① ② ③ ④

계산기

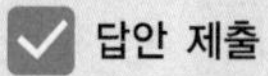

글자 크기 100% 150% 200% 화면 배치 전체 문제 수 : 안 푼 문제 수 :

46

화전에 사용하는 꽃으로 틀린 것은?

① 장미
② 진달래
③ 국화
④ 은방울꽃

47

조선시대 떡에 대한 설명으로 틀린 것은?

① 불교가 번성함에 따라 차와 떡을 즐기는 풍속이 유행했다.
② 농업기술과 음식의 조리, 가공, 보관기술이 발전하여 식생활 문화도 같이 발전하였다.
③ 부재료로 향신료를 이용하기 시작하였다.
④ 혼례와 빈례 등 각종 행사와 연회가 많아지면서 떡이 더 화려해지고 종류도 다양해졌다.

48

〈규합총서〉에 '그 맛이 좋아 차마 삼키기 아까운 떡'이라고 기록되어 있는 떡은?

① 두텁떡
② 부편
③ 잡과병
④ 석탄병

답안 표기란

31	①	②	③	④
32	①	②	③	④
33	①	②	③	④
34	①	②	③	④
35	①	②	③	④
36	①	②	③	④
37	①	②	③	④
38	①	②	③	④
39	①	②	③	④
40	①	②	③	④
41	①	②	③	④
42	①	②	③	④
43	①	②	③	④
44	①	②	③	④
45	①	②	③	④
46	①	②	③	④
47	①	②	③	④
48	①	②	③	④
49	①	②	③	④
50	①	②	③	④
51	①	②	③	④
52	①	②	③	④
53	①	②	③	④
54	①	②	③	④
55	①	②	③	④
56	①	②	③	④
57	①	②	③	④
58	①	②	③	④
59	①	②	③	④
60	①	②	③	④

계산기   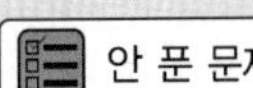 답안 제출

글자 크기 100% 150% 200% 화면 배치 전체 문제 수 : 안 푼 문제 수 :

49

신라 소지왕 때 목숨을 구해준 까마귀에 대한 고마움을 표하며 귀한 재료를 넣어 까마귀 깃털 닮은 색으로 만들어 먹었던 떡은?

① 주악
② 약식
③ 부꾸미
④ 절편

50

중화절 농사를 시작하기 전에 일꾼들에게 만들어 주었던 송편은?

① 오려송편
② 호박송편
③ 노비송편
④ 꽃송편

51

다음 중 초파일에 해먹었던 떡은?

① 쑥떡, 수리취떡
② 달떡, 색떡
③ 느티떡, 장미화전
④ 증편, 주악

52

꿀물에 둥글게 빚은 흰떡을 넣어 시원하게 만든 떡은?

① 상애병
② 떡수단
③ 주악
④ 차륜병

답안 표기란

번호	답안
31	① ② ③ ④
32	① ② ③ ④
33	① ② ③ ④
34	① ② ③ ④
35	① ② ③ ④
36	① ② ③ ④
37	① ② ③ ④
38	① ② ③ ④
39	① ② ③ ④
40	① ② ③ ④
41	① ② ③ ④
42	① ② ③ ④
43	① ② ③ ④
44	① ② ③ ④
45	① ② ③ ④
46	① ② ③ ④
47	① ② ③ ④
48	① ② ③ ④
49	① ② ③ ④
50	① ② ③ ④
51	① ② ③ ④
52	① ② ③ ④
53	① ② ③ ④
54	① ② ③ ④
55	① ② ③ ④
56	① ② ③ ④
57	① ② ③ ④
58	① ② ③ ④
59	① ② ③ ④
60	① ② ③ ④

계산기 안 푼 문제 답안 제출

글자 크기 100% 150% 200% 화면 배치 전체 문제 수 : 안 푼 문제 수 :

53

혼례에 올렸던 떡에 대한 설명이다. 떡에 담긴 의미로 틀린 것은?

> 봉채떡은 찹쌀 3되와 붉은 팥 1되로 하여 시루에 2켜로 안친다. 위 켜 중앙에는 대추 7개와 밤을 둥글게 올렸다. 이바지음식에는 인절미와 절편이 빠지지 않았다.

① 찹쌀 3되는 학문적으로 크게 성장하라는 의미이다.
② 대추 7개는 자손의 번창을 의미한다.
③ 인절미와 절편은 찰떡 같은 부부 궁합을 의미한다.
④ 시루에 2켜로 안친 것은 부부 한 쌍을 뜻한다.

54

상추설기는 어느 지역의 향토떡인가?

① 충청도
② 서울・경기
③ 강원도
④ 전라도

55

대표적인 떡으로는 감자시루떡과 옥수수설기가 있으며, 산악지대가 많아 주로 밭작물과 산채를 이용한 떡이 발달한 지역은?

① 강원도
② 경상도
③ 서울・경기
④ 충청도

답안 표기란

번호	답안
31	① ② ③ ④
32	① ② ③ ④
33	① ② ③ ④
34	① ② ③ ④
35	① ② ③ ④
36	① ② ③ ④
37	① ② ③ ④
38	① ② ③ ④
39	① ② ③ ④
40	① ② ③ ④
41	① ② ③ ④
42	① ② ③ ④
43	① ② ③ ④
44	① ② ③ ④
45	① ② ③ ④
46	① ② ③ ④
47	① ② ③ ④
48	① ② ③ ④
49	① ② ③ ④
50	① ② ③ ④
51	① ② ③ ④
52	① ② ③ ④
53	① ② ③ ④
54	① ② ③ ④
55	① ② ③ ④
56	① ② ③ ④
57	① ② ③ ④
58	① ② ③ ④
59	① ② ③ ④
60	① ② ③ ④

계산기   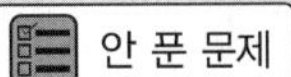 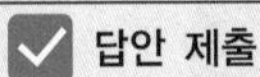

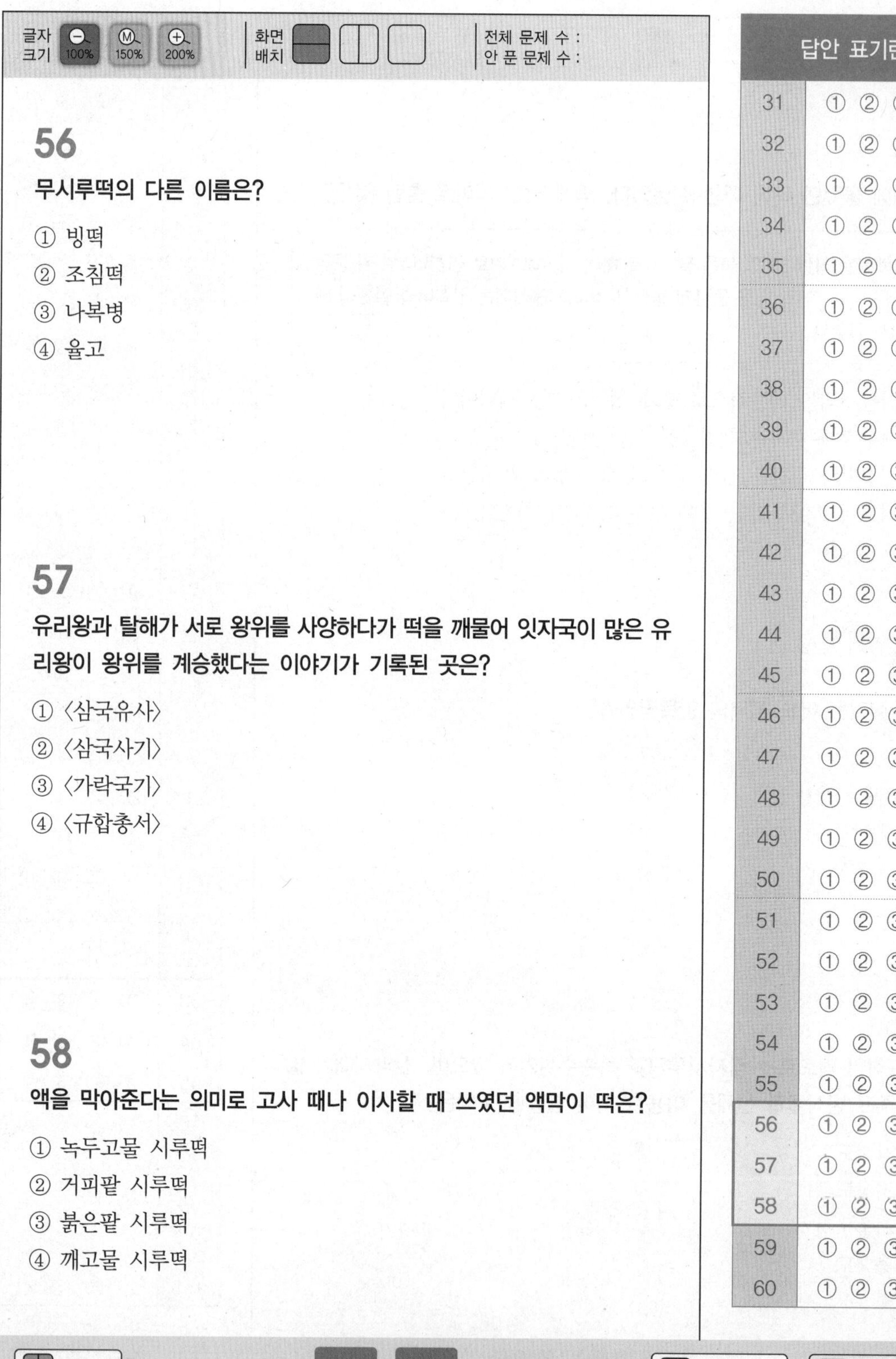

56

무시루떡의 다른 이름은?

① 빙떡
② 조침떡
③ 나복병
④ 율고

57

유리왕과 탈해가 서로 왕위를 사양하다가 떡을 깨물어 잇자국이 많은 유리왕이 왕위를 계승했다는 이야기가 기록된 곳은?

① 〈삼국유사〉
② 〈삼국사기〉
③ 〈가락국기〉
④ 〈규합총서〉

58

액을 막아준다는 의미로 고사 때나 이사할 때 쓰였던 액막이 떡은?

① 녹두고물 시루떡
② 거피팥 시루떡
③ 붉은팥 시루떡
④ 깨고물 시루떡

글자 크기 100% 150% 200% 화면 배치 전체 문제 수 : 안 푼 문제 수 :

59

수레바퀴 모양의 수리취절편을 먹었던 절기는?

① 상달
② 단오
③ 유두
④ 칠석

60

향토떡의 연결이 잘못된 것은?

① 서울 : 개성조랭이떡
② 제주도 : 오메기떡
③ 전라도 : 메밀총편
④ 함경도 : 언감자송편

답안 표기란

31	①	②	③	④
32	①	②	③	④
33	①	②	③	④
34	①	②	③	④
35	①	②	③	④
36	①	②	③	④
37	①	②	③	④
38	①	②	③	④
39	①	②	③	④
40	①	②	③	④
41	①	②	③	④
42	①	②	③	④
43	①	②	③	④
44	①	②	③	④
45	①	②	③	④
46	①	②	③	④
47	①	②	③	④
48	①	②	③	④
49	①	②	③	④
50	①	②	③	④
51	①	②	③	④
52	①	②	③	④
53	①	②	③	④
54	①	②	③	④
55	①	②	③	④
56	①	②	③	④
57	①	②	③	④
58	①	②	③	④
59	①	②	③	④
60	①	②	③	④

계산기   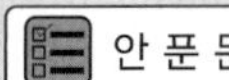 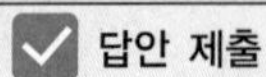

제 1 회 정답 및 해설

01	02	03	04	05	06	07	08	09	10
④	③	④	③	③	①	③	③	①	④
11	12	13	14	15	16	17	18	19	20
④	①	②	①	①	④	④	②	③	②
21	22	23	24	25	26	27	28	29	30
③	②	④	②	②	④	④	④	③	②
31	32	33	34	35	36	37	38	39	40
①	④	②	①	②	④	③	②	②	①
41	42	43	44	45	46	47	48	49	50
③	③	④	④	③	④	④	②	④	③
51	52	53	54	55	56	57	58	59	60
④	①	①	④	①	①	③	④	④	④

01 ④

해설 찹쌀은 아밀로오스 함량이 1~2% 정도로 매우 낮고 주로 아밀로펙틴으로 되어 있다.

02 ③

해설 단립종은 한국, 일본에서 주로 생산되고 굵고 짧으며 자포니카형에 해당한다.

03 ④

해설 보리가 함유하고 있는 호르데인은 단백질의 한 종류이다.

04 ③

해설 연질밀은 단백질 함량이 9% 이하로 입자의 단면이 백색이며 불투명하다(제과용 : 과자, 케이크).

05 ③

해설 보리는 세계 4대 작물 중 하나로 쌀 다음으로 주식으로 많이 이용되는 곡물이다. 맥주의 원료로도 널리 쓰이고 있다.

06 ①

해설 콩과에 속하는 작물인 두류는 단백질과 필수지방산이 풍부하고 떡의 주재료인 쌀에 부족한 아미노산을 함유하고 있어 떡의 맛과 영양소를 높이는 데 중요한 역할을 한다.

07 ③

해설 엽채류 채소는 대표적인 채소류로 주로 잎을 식용으로 하는 배추·상추·양배추 등 다양한 종류가 있다.

08 ③

해설 경수는 센물이라고도 하며 바닷물, 광천수, 온천수 지하수 등이 여기에 속한다.

09 ①

해설 계피·시나몬은 계피나무의 껍질을 말린 것으로 그 껍질을 우려서 사용하거나 가루를 내어 사용한다. 후추, 정향과 함께 세계 3대 향신료 중 하나로 음식에 다양하게 활용된다.

10 ④

해설 보랏빛을 띠는 자색고구마는 안토시아닌과 식이섬유가 풍부하다. 칼로리가 낮고 포만감을 주어 다이어트 식품으로도 좋다.

11 ④

해설 필수아미노산은 아이소루신, 루신, 리신, 메티오닌, 페닐알라닌 등이 있다.

12 ①

해설 식품의약품안전처가 정한 식품 알레르기 유발물질 표시 대상 식품 중 곡류, 두류, 견과류에는 메밀, 밀, 대두, 호두, 땅콩이 있다.

13 ②

해설 칼슘의 99%는 뼈와 치아를 형성하고 나머지 1%는 혈액과 근육에 존재한다.

14 ①

해설 비타민은 다양한 종류로 구성되어 있으며 생리기능도 각각 다르다.

15 ①

해설 당류의 농도가 20% 이상일 경우 호화를 억제하고 점도를 저하시킨다.

16 ④

해설 불린 멥쌀 1kg당 소금 10g, 물 150g, 설탕 100g이 들어간다.

17 ④

해설 여러 과일을 섞는다는 뜻의 잡과병은 밤, 곶감, 대추, 호두, 잣, 유자 등의 재료가 들어간다.

18 ②

해설 두텁떡은 간장으로 간을 한 궁중의 대표적인 떡으로 봉긋한 봉우리 모양을 닮았다고 해서 봉우리떡이라고도 불린다.

19 ③

해설 볼록한 부분은 편평하게 깎아 계량한다.

20 ②

해설 멥쌀의 치는 떡인 가래떡은 불린 쌀 1kg당 소금 10g, 물 200g~230g이 필요하다.

21 ③

해설 포장은 식품에 대한 정보제공과 함께 식품위생법 등의 여러 규정을 지켜 과장 광고의 범위를 넘지 않아야 한다.

22 ②

해설 냉동포장 시 색소 및 비타민이 파괴되며 단백질과 지방의 화학적 변화도 일어날 수 있기 때문에 이를 최소화하도록 포장재 선택에 신경 써야 한다.

23 ④

해설 떡의 경우 레토르트 파우치에 담아 고온살균하면 호화가 다시 일어날 수 있으므로 떡의 모양과 맛이 변할 수 있다.

24 ②

해설 거피팥은 6시간 정도 불린 후 여러 번 헹궈 남은 껍질을 완전히 제거한 후 김 오른 찜기에 찐다.

25 ②

해설 살균한 식품이 무균적으로 포장되었기 때문에 포장 후 다시 살균할 필요가 없다.

26 ④

해설 유리는 인체에 무해하고 투명하여 내용물이 보인다는 장점이 있지만 충격에 의해 파손되기가 쉽고 무거워 유통이나 취급이 불편한 것이 단점이다.

27 ④

해설 약식은 찹쌀, 소금, 흑설탕, 간장, 참기름, 식용유, 밤, 대추, 잣, 호박씨, 건포도, 완두배기 등이 들어간다.

28 ④

해설 석이채와 잣을 반으로 자른 비늘잣으로 장식한다.

29 ③

해설 셀로판은 산과 알칼리, 습기에 약하다.

30 ②

해 콩찰편에는 강낭콩이 아닌 서리태가 쓰인다.

31 ①

해설 식품위생은 식품의 생육부터 인간의 섭취로 이어지는 전 단계에서 식품의 안전성을 확보하기 위한 위해 제거 등 모든 수단을 말한다.

32 ④

해설 채소류의 3℃ 이하의 냉장보관은 냉해를 가져올 수 있으므로 주의한다.

33 ②

해설 위해식품등의 판매 등 금지 규정을 위반한 자는 10년 이하의 징역 또는 1억원 이하의 벌금, 또는 병과에 처해진다.

34 ①

해설 복통이나 설사의 경우 식품 취급 및 조리, 급식 업무에 주의를 요한다.

35 ②

해설 작업복은 유색 이물질 등을 쉽게 식별할 수 있도록 흰색으로 하는 것이 좋다.

36 ④

해설 손을 씻을 때에는 손톱 끝이나 손가락 사이, 손바닥, 손등을 꼼꼼히 문질러 닦아야 하며 담아놓은 물보다는 흐르는 물로 씻는 것이 더욱 효과가 좋다.

37 ③

해설 세균성 감염으로는 세균성 이질, 장티푸스, 파라티푸스, 콜레라 등이 있으며 바이러스성 감염으로는 폴리오, 급성회백수염, 전염성 설사증 등이 있다.

38 ②

해설 감염병 예방 3대 원칙은 감염원, 감염경로, 감수성자 대책이다.

39 ②

해설 식재료는 저온 저장하여야 한다.

40 ①

해설 식재료를 보관할 때는 오염원이 이동하지 않도록 오염도에 따라 구분한다.

41 ③

해설 잠재적 위해식품은 수분과 단백질 함유량이 높아 세균의 증식이 쉬운 식품을 말한다.

42 ③

해설 식품위생법에서는 영업을 '식품 또는 식품첨가물을 채취·제조·가공·조리·저장·소분·운반 또는 판매하거나 기구 또는 용기·포장을 제조·운반·판매하는 업'이라고 정의하고 있다.
※ 농업과 수산업에 속하는 식품 채취업은 제외

43 ④

해설 식품위생법에서는 제5조 식품등의 공전 조항을 통해 식품의 제조·가공 등과 식품 관련 기구·용기 등의 기준·규격 등을 식품의약품안전처장으로 하여금 공전을 작성해 보급하도록 하고 있다.

44 ④

해설 우리나라의 식품위생행정업무 총괄 정부부처는 보건복지부이다.

45 ③

해설 비숙련자도 제품 안전성 관리가 가능하다는 것이 식품안전관리인증기준 제도(HACCP)의 장점이다.

46 ④

해설 우리나라 4대 명절은 설날, 단오, 추석, 한식이다.

47 ④

해설 송편의 소로는 햇녹두, 청태콩, 동부, 깨, 밤, 대추 등이 쓰였다.

48 ②

해설 동지 때는 찹쌀경단을 만들어 나이 수만큼 팥죽에 넣어 먹었다.

49 ④

해설 술떡은 증편, 기정떡, 기주떡이라고도 한다.

50 ③

해설 유엽병은 느티떡이라고도 불리며 느티나무의 연한 잎을 따서 멥쌀가루와 버무려 섞고 팥고물을 켜켜이 얹어 찐 떡이다. 초파일에 주로 만들어 먹었다.

51 ④

해설 수리취절편은 단오의 절식으로 차륜병, 애엽병 등으로 불린다.

52 ①

해설 찹쌀가루를 반죽하여 둥글게 빚어 붉은 기름으로 지져내 색과 모양이 곱다 하여 고운떡이라고 하였다가 곤떡으로 불리게 되었다.

53 ①

해설 쇠머리떡은 모듬백이, 모두배기, 모듬떡이라고도 불린다.

54 ④

해설 황해도 백천지방에서 나오는 기름진 찹쌀을 이용해서 만들어 연안인절미라고도 한다.

55 ①

해설 개성지방에서는 정월 초에 조랭이떡을 만들어 떡국을 끓여 먹었다.

56 ①

해설 2월 초하루(중화절)를 노비절이라하여 '노비송편'을 먹였으며, 삭일이라 하여 '삭일송편'이라고도 하였다.

57 ③

해설 무시루떡은 김장 무가 나오는 10월 상달에 별미로 해 먹었다.

58 ④

해설 오메기떡은 척박한 땅에서도 잘 자라 제주도의 중요한 곡물로 재배된 차조로 만든다.

59 ④

해설 백설기와 함께 붉은팥수수경단, 오색송편을 함께 만들어주었다.

60 ④

해설 깻잎떡은 함경도 지역의 향토떡이다.

제2회 정답 및 해설

01	02	03	04	05	06	07	08	09	10
③	④	②	③	②	②	③	③	③	③
11	12	13	14	15	16	17	18	19	20
④	③	①	③	②	②	③	③	②	③
21	22	23	24	25	26	27	28	29	30
④	②	④	②	④	②	③	③	②	②
31	32	33	34	35	36	37	38	39	40
③	③	④	④	④	④	④	④	②	④
41	42	43	44	45	46	47	48	49	50
④	②	④	②	④	④	①	④	②	③
51	52	53	54	55	56	57	58	59	60
③	②	①	②	①	③	②	③	②	③

01 ③

해설 아스파라거스는 줄기를 식용하는 경채류이다.

02 ④

해설 녹색채소를 데칠 때 조리수의 양은 너무 적거나 많아도 좋지 않다. 재료의 5배가 적당하다.

03 ②

해설 단백질과 무기질의 구조적 안정에 도움이 되는 것은 물의 기능이다.

04 ③

해설 곡류의 전분을 엿기름으로 삭힌 후 졸여 꿀처럼 만든 감미료는 조청이다.

05 ②

해설 멘톨은 박하의 주요성분이고 커큐민은 울금의 대표적인 성분이며, 피멘톤은 파프리카가루이다.

06 ②

해설 (30×4)+(42×4)+(13×9)=405

07 ③

해설 글루타민은 불필수아미노산이다.

08 ③

해설 글리시닌은 콩에 많이 들어있으며, 글루테닌과 글루텔린은 밀에 많이 들어있다.

09 ③

해설 전분은 찬물에 녹지 않는다.

10 ③

해설 산성에서는 노화속도가 빨라진다.

11 ④

해설 비타민 K의 결핍은 혈액응고 지연과 출혈이다.

12 ③

해설 지질은 필수영양소로 성장기 어린이에게 반드시 필요하며, 지용성비타민의 흡수를 돕는다.

13 ①

해설 단당류와 이당류는 단맛이 있으나 다당류는 단맛이 없으며, 당류의 용해도는 단맛의 크기와 같다.

14 ③

해설 펙틴은 겔을 형성하여 잼, 젤리를 만드는 데 사용된다.

15 ②

해설 ① 백년초는 열매를 자르면 붉은 적색을 띤다.
③ 클로렐라는 녹조류 단세포 생물로 단백질, 엽록소, 비타민 등이 풍부하다. 안토시아닌과 식이섬유는 자색고구마에 풍부하게 들어있다.
④ 파프리카가루는 열을 가해도 색이 변하지 않는다.

16 ②

해설 모싯잎 송편이 우수성을 인정받아 농산물 지리적 표시 104호로 등록되었다.

17 ③

해설 무지개떡의 경우 각각의 천연색소를 섞어 색을 들인 후 각각 물잡기한다.

18 ③

해설 껍질을 벗긴 밤은 적당한 크기로 썰어 냉동보관 후 사용할 때 바로 꺼내 쓴다. 냉동 밤은 해동하면 물러지므로 해동하지 않는다.

19 ②

해설 꿀떡은 멥쌀을 쳐서 치대는 떡으로 설탕과 참깨가루를 넣고 성형한다. 이때 안에 넣은 설탕은 2~3시간이 지나야 녹는다.

20 ③

해설 멥쌀은 여러 번 체를 내려도 잘 익지만 찹쌀은 여러 번 내리면 입자가 고와져 익히기가 더 어렵다.

21 ④

해설 인절미는 치는 떡류이다.

22 ②

해설 찰떡을 찌고 난 후 들러붙는 것을 막기 위해 쌀가루를 안치기 전 시루 밑에 설탕을 골고루 뿌려준다.

23 ④

해설 쇠머리찰떡은 찌는 찰떡류이다.

24 ②

해설 백설기는 멥쌀가루에 물주기하여 깨끗하게 찌는 떡이다.

25 ④

해설 종이는 식품용으로 많이 사용되는 포장재이지만 내수성, 내습성, 내유성 등에 취약하다. 이러한 단점을 보완하기 위해 파라핀을 침투시키거나 알루미늄박, 플라스틱수지, 왁스 등을 코팅하여 사용한다.

26 ②

해설 잡과병은 설기떡류이다.

27 ③

해설 표시는 한글로 하여야 하나 소비자의 이해를 돕기 위하여 한자나 외국어는 혼용하거나 병기하여 표기할 수 있으며 이 경우 한자나 외국어는 한글표시 활자와 같거나 작은 크기의 활자로 표시하여야 한다.

28 ③

해설 과자류, 빵류, 떡류의 표장용기에는 제품명, 식품유형, 영업소의 명칭 및 소재지, 유통기한, 열량, 원재료명, 영양성분, 용기·포장 재질, 품목보고번호를 표시하여야 한다.

29 ②

해설 소금을 넣고 1차 분쇄하고 물을 넣고 2차 분쇄한다.

30 ②

해설 통상적으로 약 2.5~3배가량 불어난다.

31 ③

해설 다음과 같은 증상이 있는 경우에는 식품 취급 및 조리, 급식 업무에 주의를 요해야 한다.
- 복통이나 설사의 경우
- 콧물이나 목 간지러움의 경우
- 피부 가려움이나 발진의 경우
- 구토나 황달 등의 경우

32 ③

해설 지나친 화장을 피하고 향수의 사용은 줄이는 것이 좋다.

33 ④

해설 산패는 차갑고 어두운 곳에 보관하면 어느 정도 예방이 가능하다.

34 ④

해설 아플라톡신은 강한 발암성을 가지며 땅콩, 옥수수, 쌀, 보리, 된장, 간장 등에 번식하는 곰팡이균이다.

35 ④

해설 물리적·화학적 방법을 사용하여 급속히 '미생물'을 제거하는 것은 살균, '병원균'을 제거하는 것은 소독이라 한다. 살균보다 강력하게 세포, 세균, 미생물을 전부 사멸하는 것은 멸균이다.

36 ④

해설 크롬 중독의 증상으로는 피부궤양, 비중격천공 등이 있다.

37 ④

해설 미생물은 적당한 영양소와 수분, 온도, 산소, pH가 있어야 생육할 수 있다.

38 ④

해설 대두에 관한 설명이다.

39 ②

해설 산패를 촉진시키는 요인은 산소, 빛, 열, 균, 효소 등이다.

40 ④

해설 감염병 발생의 3대 요인은 감염원, 감염경로, 숙주의 감수성이다.

41 ④

해설 포도상구균, 보툴리누스균은 독소형 세균성 식중독이다.

42 ②

해설 ②는 소비자 입장에서의 장점이다. 이 외에도 소비자 입장에서의 장점으로는 '소비자의 식품 선택 기준 제공'을 들 수 있다.

43 ④

해설 식품위생법 벌칙 규정에 따르면 조리사가 아닌 자가 조리사라는 명칭을 사용하였을 때 3년 이하의 징역 또는 3천만원 이하의 벌금형에 처해진다.

44 ②

해설 식품위생법 제14조에 따라 식품의약품안전처장은 식품등의 공전을 작성·보급하여야 한다.

45 ④

해설 식품위생법은 "식품의약품안전처장은 식품의 원료관리 및 제조·가공·조리·소분·유통의 모든 과정에서 위해한 물질이 식품에 섞이거나 식품이 오염되는 것을 방지하기 위하여 각 과정의 위해요소를 확인·평가하여 중점적으로 관리하는 기준(이하 "식품안전관리인증기준"이라 한다)을 식품별로 정하여 고시할 수 있다"고 적시하고 있다.

46 ④

해설 은방울꽃은 콘발라톡신(Convallatoxin), 콘발라린(Convallarin) 등 독성물질이 포함되어 있어 복용 시 유의해야 한다.

47 ①

해설 고려시대에 불교가 번성하였고 차와 함께 떡을 즐기는 풍속이 상류층을 중심으로 유행하였다.

48 ④

해설 석탄병의 해자는 '아까울 석', '삼킬 탄'을 쓴다.

49 ②

해설 약식의 유래는 〈삼국유사〉에 기록되어 있다.

50 ③

해설 농사를 시작하기 전 커다란 송편을 만들어주었는데 노비송편, 삭일송편이라고 하였다.

51 ③

해설 초파일은 음력 4월 8일로 석가탄신일을 기념하는 날이다. 느티나무 어린순으로 느티떡과 그 시기에 핀 장미잎으로 장미화전을 만들어 먹었다.

52 ②

해설 떡수단은 '흰떡수단'이라고도 한다. 흰떡을 작은 경단 모양으로 만들어 꿀물에 띄워 마시는 음식이다.

53 ①

해설 찹쌀 3되는 숫자의 '길함'을 나타낸다.

54 ②

해설 상추설기는 상추로 만든 떡으로 와거병이라고도 하며, 서울 지역에서 해먹던 떡이다.

55 ①

해설 강원도에서는 멥쌀과 찹쌀을 주로 이용하는 대신 감자와 옥수수의 밭작물과 산채를 이용한 떡이 발달하였다.

56 ③

해설
- 빙떡 : 메밀가루를 반죽하여 기름에 얇게 펴놓고 양념한 무채를 소로 넣고 말아 지져낸 떡
- 조침떡 : 좁쌀가루에 채 썬 생고구마를 넣고 팥고물을 켜켜이 안친 제주도 향토떡
- 율고 : 찹쌀가루에 삶아 으깬 밤을 넣어 버무려 찐 떡으로 중앙절의 절식이다

57 ②

해설 〈삼국사기〉에는 잇자국이 많은 사람이 지혜롭고 성스럽다 하여 잇자국으로 왕위를 계승하였다는 기록이 있다.

58 ③

해설 팥의 붉은색이 나쁜 기운을 쫓아 액을 막아준다는 의미로 쓰였다.

59 ②

해설 단오는 3대 명절로 지켜질 만큼 큰 명절로 수리취를 섞어 찐 다음 떡메로 쳐서 바퀴모양의 떡살로 찍어 낸 수리취절편을 만들어 먹었다. 바퀴모양의 떡이라 하여 차륜병이라고도 불렀다.

60 ③

해설 메밀총편은 강원도의 향토떡이다.

PART 06

최신기출복원문제

2022년 기출복원문제

제한 시간 : 60분 / 남은 시간 :

글자 크기 100% 150% 200% 화면 배치 전체 문제 수 : 안 푼 문제 수 :

01

지지는 떡이 아닌 것은?

① 토란떡
② 노티떡
③ 재증병
④ 산승

02

수돗물을 염소소독하는 과정 중에 생길 수 있는 발암물질은?

① PCB
② Nitrosamine
③ Benzopyrene
④ THM

03

대추고와 막걸리를 넣어 만든 떡은?

① 대추약편
② 대추전병
③ 대추주악
④ 대추단자

답안 표기란

1	① ② ③ ④
2	① ② ③ ④
3	① ② ③ ④
4	① ② ③ ④
5	① ② ③ ④
6	① ② ③ ④
7	① ② ③ ④
8	① ② ③ ④
9	① ② ③ ④
10	① ② ③ ④
11	① ② ③ ④
12	① ② ③ ④
13	① ② ③ ④
14	① ② ③ ④
15	① ② ③ ④
16	① ② ③ ④
17	① ② ③ ④
18	① ② ③ ④
19	① ② ③ ④
20	① ② ③ ④
21	① ② ③ ④
22	① ② ③ ④
23	① ② ③ ④
24	① ② ③ ④
25	① ② ③ ④
26	① ② ③ ④
27	① ② ③ ④

계산기   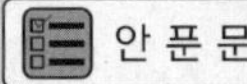 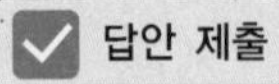

글자 크기 100% 150% 200% 화면 배치 전체 문제 수 : 안 푼 문제 수 :

04

돌상에 올리는 떡과 그 의미로 틀린 것은?

① 인절미 – 학문에 경진하라는 의미를 가지고 있다.
② 백설기 – 순수하고 티 없이 맑게 자라라는 의미를 가지고 있다.
③ 무지개떡 – 오색의 조화로운 아이로 자라고 복을 많이 받으라는 의미를 가지고 있다.
④ 수수팥떡 – 액을 막아주는 의미를 가지고 있다.

05

유교가 식문화에까지 영향을 끼치며 떡이 화려해지고 종류와 맛이 풍부해진 시기는 언제인가?

① 신라시대
② 고려시대
③ 고구려시대
④ 조선시대

06

다음 중 계량단위로 틀린 것은?

① 1자 – 30cm
② 1관 – 1.5L
③ 1근 – 채소 : 375g, 육류 : 600g
④ 1말 – 18.039L

답안 표기란	
1	① ② ③ ④
2	① ② ③ ④
3	① ② ③ ④
4	① ② ③ ④
5	① ② ③ ④
6	① ② ③ ④
7	① ② ③ ④
8	① ② ③ ④
9	① ② ③ ④
10	① ② ③ ④
11	① ② ③ ④
12	① ② ③ ④
13	① ② ③ ④
14	① ② ③ ④
15	① ② ③ ④
16	① ② ③ ④
17	① ② ③ ④
18	① ② ③ ④
19	① ② ③ ④
20	① ② ③ ④
21	① ② ③ ④
22	① ② ③ ④
23	① ② ③ ④
24	① ② ③ ④
25	① ② ③ ④
26	① ② ③ ④
27	① ② ③ ④

계산기   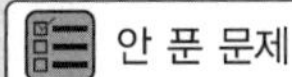 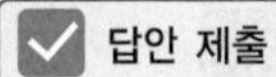

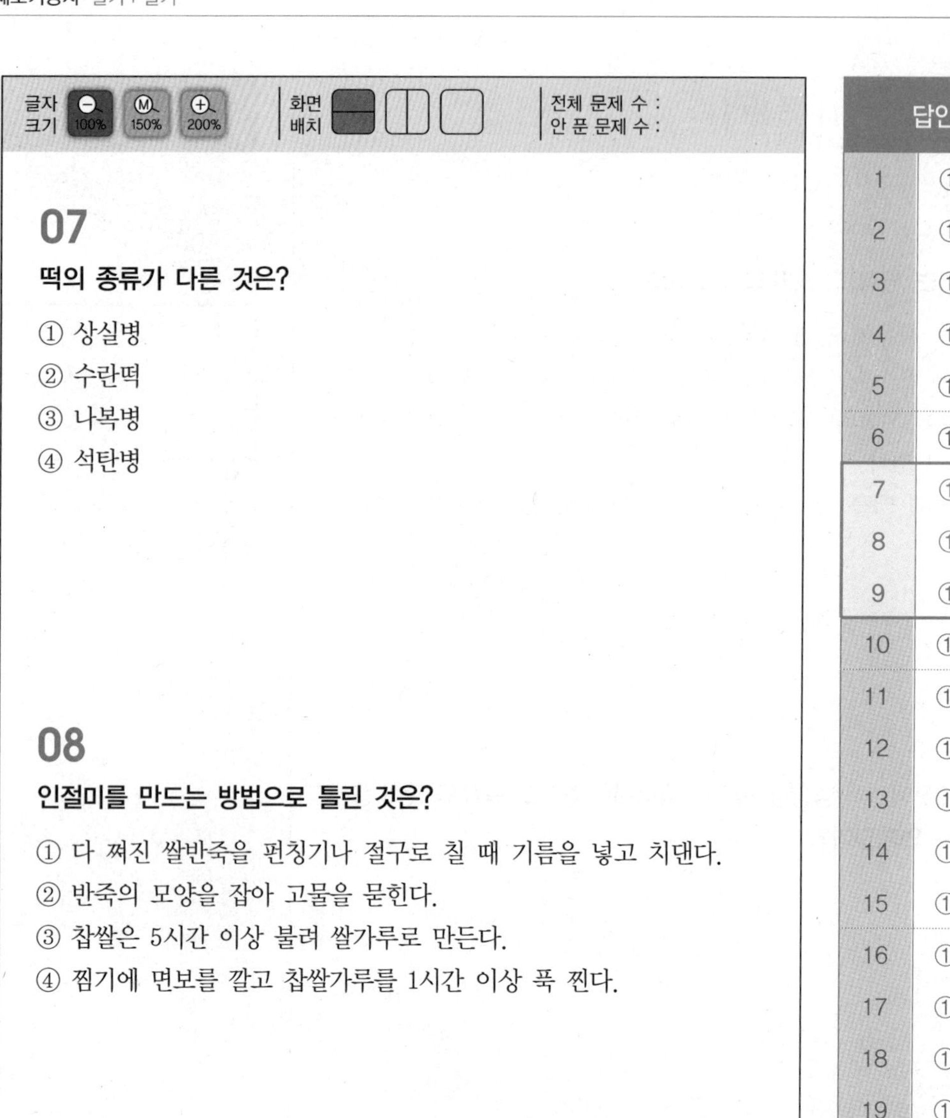

07

떡의 종류가 다른 것은?

① 상실병
② 수란떡
③ 나복병
④ 석탄병

08

인절미를 만드는 방법으로 틀린 것은?

① 다 쪄진 쌀반죽을 펀칭기나 절구로 칠 때 기름을 넣고 치댄다.
② 반죽의 모양을 잡아 고물을 묻힌다.
③ 찹쌀은 5시간 이상 불려 쌀가루로 만든다.
④ 찜기에 면보를 깔고 찹쌀가루를 1시간 이상 푹 찐다.

09

쌀가루에 대한 설명으로 틀린 것은?

① 쌀을 불릴 때에는 여름보다 겨울에 물에 더 오래 불린다.
② 찹쌀은 불리면 찹쌀무게의 2배가 된다.
③ 쌀을 불리고 물을 뺄 때에는 30분 정도 체에 받쳐 물을 뺀다.
④ 쌀 5컵을 불리면 12컵이 된다.

글자 크기 100% 150% 200% 화면 배치 전체 문제 수 : 안 푼 문제 수 :

10

쌀가루와 떡을 만드는 설명에 들어갈 내용으로 맞는 것은?

> 멥쌀가루를 물에 불려 가루로 빻으면 (　　)% 정도의 수분을 가진 쌀가루가 되는데 떡을 만들기 위해서는 (　　)% 정도의 수분이 있어야 되기 때문에 물을 더 추가해서 떡을 만든다.

① 30~40, 50　② 40~50, 55
③ 10~20, 50　④ 20~30, 55

11

중화절에 한 해 농사를 잘 부탁한다는 뜻으로 노비들에게 만들어 주었던 떡으로 맞는 것은?

① 노비송편, 얼음송편
② 노비송편, 삭일송편
③ 노비송편, 오려송편
④ 오려송편, 삭일송편

12

약식을 만드는 과정으로 틀린 것은?

① 잣은 고깔을 떼고 밤은 껍질을 벗긴 후 3~4등분하여 준비한다.
② 약식 양념에는 황설탕을 먼저 넣은 후 간장, 계피가루, 캐러멜 소스를 넣는다.
③ 찹쌀은 맑은 물이 나올 때까지 씻는다.
④ 찹쌀에 약식소스를 넣고 잘 버무려 고물을 넣고 찐다.

답안 표기란	
1	① ② ③ ④
2	① ② ③ ④
3	① ② ③ ④
4	① ② ③ ④
5	① ② ③ ④
6	① ② ③ ④
7	① ② ③ ④
8	① ② ③ ④
9	① ② ③ ④
10	① ② ③ ④
11	① ② ③ ④
12	① ② ③ ④
13	① ② ③ ④
14	① ② ③ ④
15	① ② ③ ④
16	① ② ③ ④
17	① ② ③ ④
18	① ② ③ ④
19	① ② ③ ④
20	① ② ③ ④
21	① ② ③ ④
22	① ② ③ ④
23	① ② ③ ④
24	① ② ③ ④
25	① ② ③ ④
26	① ② ③ ④
27	① ② ③ ④

계산기

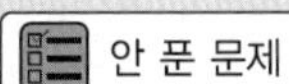
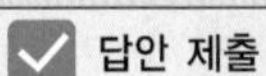

안심Touch

글자 크기 100% 150% 200% 화면 배치 전체 문제 수 : 안 푼 문제 수 :

13

콩의 소화를 저해시키는 물질로 조리나 발효 중에 불활성화할 수 있는 것은?

① 라피노스
② 트립신억제제
③ 스타키오스
④ 클리시노

14

원나라의 영향을 받아 고려시대 때 먹었던 떡은?

① 석탄병
② 청애병
③ 상화병
④ 상실병

15

저장된 쌀의 수분활성도가 0.83일 경우 가장 번식되기 쉬운 미생물의 종류는?

① 조류
② 세균
③ 효모
④ 곰팡이

답안 표기란

1	① ② ③ ④
2	① ② ③ ④
3	① ② ③ ④
4	① ② ③ ④
5	① ② ③ ④
6	① ② ③ ④
7	① ② ③ ④
8	① ② ③ ④
9	① ② ③ ④
10	① ② ③ ④
11	① ② ③ ④
12	① ② ③ ④
13	① ② ③ ④
14	① ② ③ ④
15	① ② ③ ④
16	① ② ③ ④
17	① ② ③ ④
18	① ② ③ ④
19	① ② ③ ④
20	① ② ③ ④
21	① ② ③ ④
22	① ② ③ ④
23	① ② ③ ④
24	① ② ③ ④
25	① ② ③ ④
26	① ② ③ ④
27	① ② ③ ④

계산기 안 푼 문제 답안 제출

글자 크기 100% 150% 200% | 화면 배치 | 전체 문제 수 : 안 푼 문제 수 :

16

절기와 절식에 대한 설명으로 맞는 것은?

① 무오일은 말의 날로 햇곡식을 만들어 술과 시루떡을 만들어 마구간에서 고사를 지냈다.
② 중양절에는 진달래화전과 향애병을 만들어 먹었다.
③ 유두절에는 수리취떡과 쑥개떡을 만들어 먹었다.
④ 중화절에는 오려송편을 만들어 먹었다.

17

통과의례에 대한 설명으로 틀린 것은?

① 혼례에는 달떡을 만들어 올렸다.
② 회갑에는 봉치떡을 만들어 올렸다.
③ 제례에는 녹두고물로 만든 떡을 올렸다.
④ 책례에는 오색송편을 만들어 올렸다.

18

송편에 대한 설명으로 틀린 것은?

① 서리태는 불려서 삶아 사용한다.
② 송편에는 참기름을 발라야 덜 달라붙고 떡의 건조를 막아준다.
③ 반죽과 소는 같은 비율로 한다.
④ 익반죽을 해야 갈라짐이 없다.

답안 표기란

번호	답안
1	① ② ③ ④
2	① ② ③ ④
3	① ② ③ ④
4	① ② ③ ④
5	① ② ③ ④
6	① ② ③ ④
7	① ② ③ ④
8	① ② ③ ④
9	① ② ③ ④
10	① ② ③ ④
11	① ② ③ ④
12	① ② ③ ④
13	① ② ③ ④
14	① ② ③ ④
15	① ② ③ ④
16	① ② ③ ④
17	① ② ③ ④
18	① ② ③ ④
19	① ② ③ ④
20	① ② ③ ④
21	① ② ③ ④
22	① ② ③ ④
23	① ② ③ ④
24	① ② ③ ④
25	① ② ③ ④
26	① ② ③ ④
27	① ② ③ ④

계산기   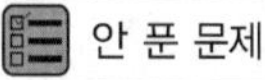 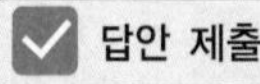

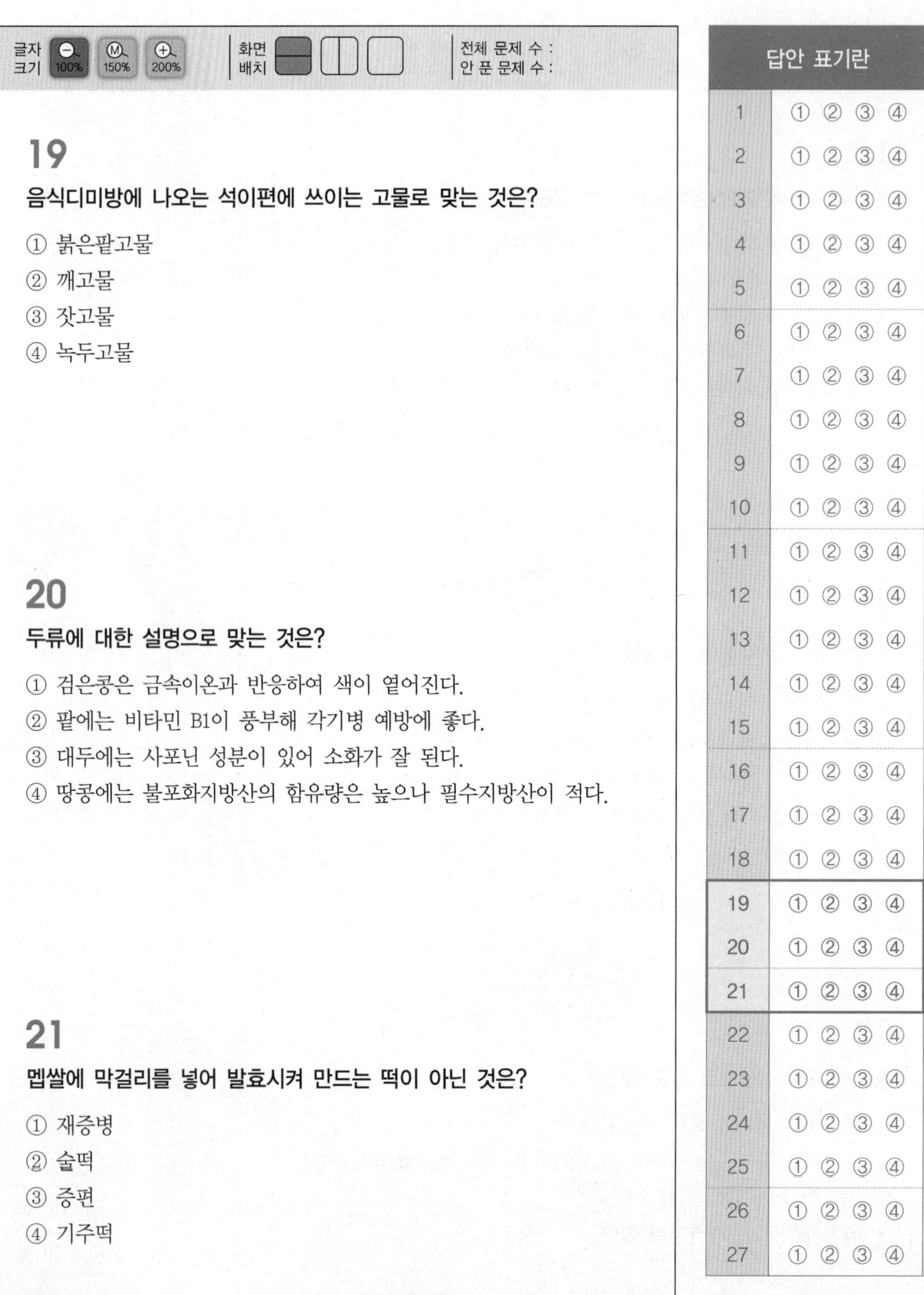

19

음식디미방에 나오는 석이편에 쓰이는 고물로 맞는 것은?

① 붉은팥고물
② 깨고물
③ 잣고물
④ 녹두고물

20

두류에 대한 설명으로 맞는 것은?

① 검은콩은 금속이온과 반응하여 색이 옅어진다.
② 팥에는 비타민 B1이 풍부해 각기병 예방에 좋다.
③ 대두에는 사포닌 성분이 있어 소화가 잘 된다.
④ 땅콩에는 불포화지방산의 함유량은 높으나 필수지방산이 적다.

21

멥쌀에 막걸리를 넣어 발효시켜 만드는 떡이 아닌 것은?

① 재증병
② 술떡
③ 증편
④ 기주떡

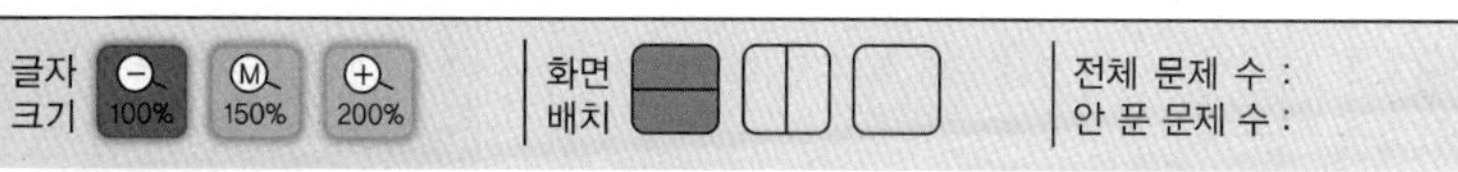

22

식품첨가물 중 향미증진제와 가장 거리가 먼 것은?

① 유기산계 향미증진제
② 나트륨계 향미증진제
③ 아미노산계 향미증진제
④ 핵산계 향미증진제

23

제조업에 종사할 수 있는 질병으로 맞는 것은?

① 콜레라
② 장티푸스
③ 화농성 질환
④ 비감염성 결핵

24

치는 떡이 아닌 것은?

① 수수도가니
② 고치떡
③ 개피떡
④ 인절미

답안 표기란

1	① ② ③ ④
2	① ② ③ ④
3	① ② ③ ④
4	① ② ③ ④
5	① ② ③ ④
6	① ② ③ ④
7	① ② ③ ④
8	① ② ③ ④
9	① ② ③ ④
10	① ② ③ ④
11	① ② ③ ④
12	① ② ③ ④
13	① ② ③ ④
14	① ② ③ ④
15	① ② ③ ④
16	① ② ③ ④
17	① ② ③ ④
18	① ② ③ ④
19	① ② ③ ④
20	① ② ③ ④
21	① ② ③ ④
22	① ② ③ ④
23	① ② ③ ④
24	① ② ③ ④
25	① ② ③ ④
26	① ② ③ ④
27	① ② ③ ④

계산기

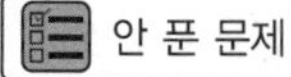

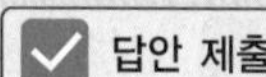

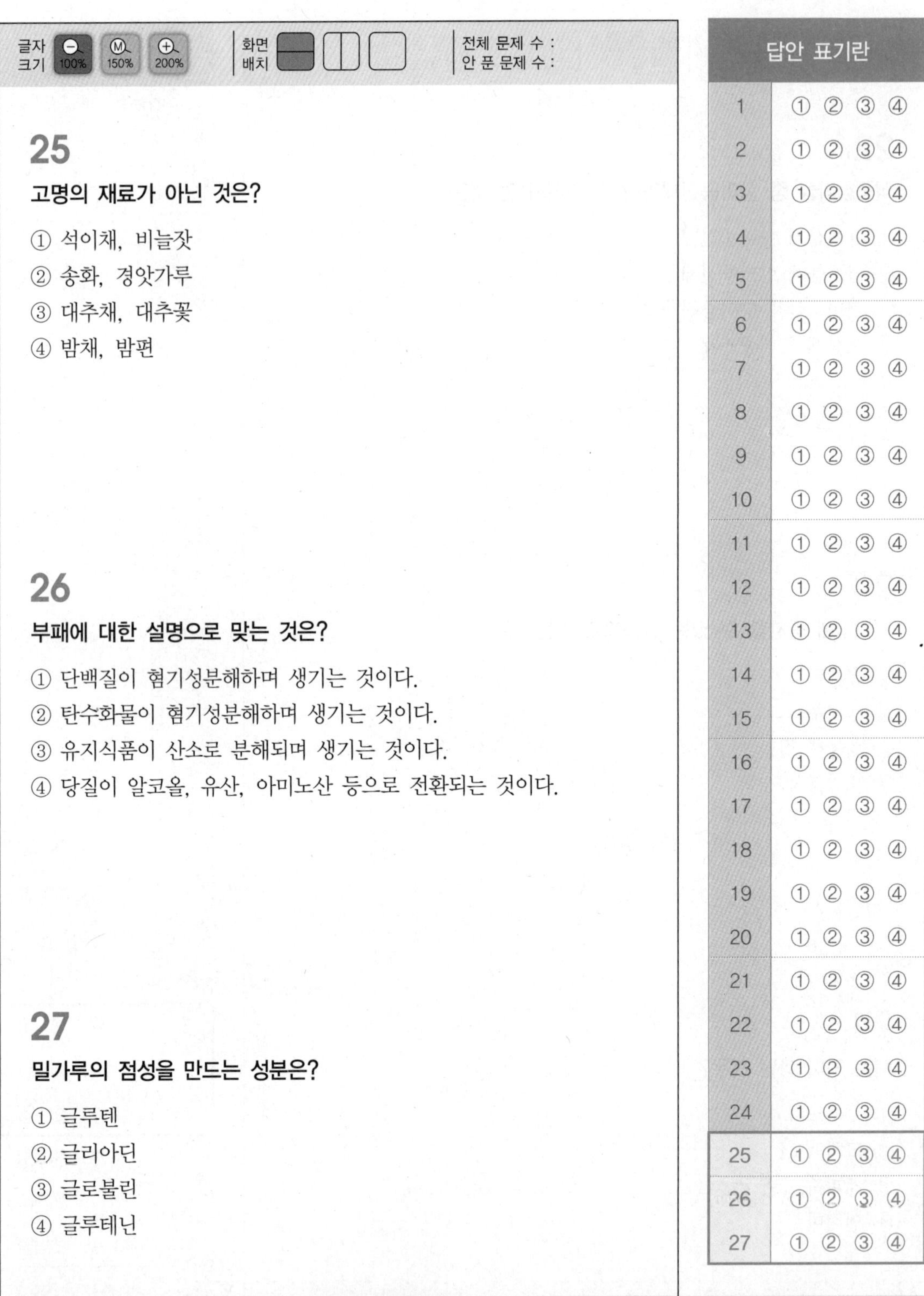

글자 크기 100% 150% 200% 화면 배치 전체 문제 수 : 안 푼 문제 수 :

25

고명의 재료가 아닌 것은?

① 석이채, 비늘잣
② 송화, 경앗가루
③ 대추채, 대추꽃
④ 밤채, 밤편

26

부패에 대한 설명으로 맞는 것은?

① 단백질이 혐기성분해하며 생기는 것이다.
② 탄수화물이 혐기성분해하며 생기는 것이다.
③ 유지식품이 산소로 분해되며 생기는 것이다.
④ 당질이 알코올, 유산, 아미노산 등으로 전환되는 것이다.

27

밀가루의 점성을 만드는 성분은?

① 글루텐
② 글리아딘
③ 글로불린
④ 글루테닌

답안 표기란	
1	① ② ③ ④
2	① ② ③ ④
3	① ② ③ ④
4	① ② ③ ④
5	① ② ③ ④
6	① ② ③ ④
7	① ② ③ ④
8	① ② ③ ④
9	① ② ③ ④
10	① ② ③ ④
11	① ② ③ ④
12	① ② ③ ④
13	① ② ③ ④
14	① ② ③ ④
15	① ② ③ ④
16	① ② ③ ④
17	① ② ③ ④
18	① ② ③ ④
19	① ② ③ ④
20	① ② ③ ④
21	① ② ③ ④
22	① ② ③ ④
23	① ② ③ ④
24	① ② ③ ④
25	① ② ③ ④
26	① ② ③ ④
27	① ② ③ ④

계산기 안 푼 문제 답안 제출

2021년 기출복원문제

제한 시간 : 60분 / 남은 시간 :

글자 크기 100% 150% 200% | 화면 배치 | 전체 문제 수 : 안 푼 문제 수 :

01

캐러멜 소스 제조 과정 중 틀린 것은?

① 설탕과 물을 넣고 젓지 않고 끓인다.
② 가장자리에서부터 끓으며 갈색으로 변해간다.
③ 진한 갈색이 되면 불을 끈다.
④ 불을 끄고 찬물과 물엿을 섞는다.

02

알레르기를 유발하는 물질은?

① 히스타민
② 카르티닌
③ 오르트산
④ 세로토닌

03

수수로 만든 떡이 아닌 것은?

① 수수부꾸미
② 조침떡
③ 수수무살이
④ 차수수경단

답안 표기란

1	① ② ③ ④
2	① ② ③ ④
3	① ② ③ ④
4	① ② ③ ④
5	① ② ③ ④
6	① ② ③ ④
7	① ② ③ ④
8	① ② ③ ④
9	① ② ③ ④
10	① ② ③ ④
11	① ② ③ ④
12	① ② ③ ④
13	① ② ③ ④
14	① ② ③ ④
15	① ② ③ ④
16	① ② ③ ④
17	① ② ③ ④
18	① ② ③ ④
19	① ② ③ ④
20	① ② ③ ④
21	① ② ③ ④
22	① ② ③ ④
23	① ② ③ ④
24	① ② ③ ④
25	① ② ③ ④
26	① ② ③ ④
27	① ② ③ ④
28	① ② ③ ④
29	① ② ③ ④
30	① ② ③ ④

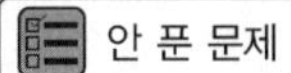

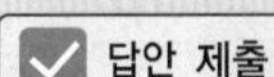

글자 크기 100% 150% 200% | 화면 배치 | 전체 문제 수 : 안 푼 문제 수 :

04

쌀가루에 술을 넣어 발효시켜 만든 떡이 아닌 것은?

① 증병
② 재증병
③ 기정떡
④ 술떡

05

무거운 쌀 포대를 계속 나르게 될 경우 생길 수 있는 질환은?

① 기저질환이 악화될 수 있다.
② 근골격계에 무리가 될 수 있다.
③ 자가면역 질환에 이상이 올 수 있다.
④ 천식이나 폐렴 같은 호흡기 질환이 생길 수 있다.

06

백설기의 수분량은 어느 정도인가?

① 45%
② 56%
③ 67%
④ 75%

07

떡과 관련된 통과의례에 대한 설명 중 틀린 것은?

① 삼칠일에는 아무 것도 넣지 않은 순백색의 백설기를 준비한다.
② 백일에는 백설기를 만들어 이웃집 백 군데에 돌리는 풍습이 있었다.
③ 돌상에 올리는 떡으로는 백설기, 팥수수경단, 오색송편, 무지개떡이 있다.
④ 혼례에 쓰이는 봉채떡의 재료는 찹쌀 3되와 붉은팥 1되로 하여 시루에 1켜로 안친다.

답안 표기란

1	① ② ③ ④
2	① ② ③ ④
3	① ② ③ ④
4	① ② ③ ④
5	① ② ③ ④
6	① ② ③ ④
7	① ② ③ ④
8	① ② ③ ④
9	① ② ③ ④
10	① ② ③ ④
11	① ② ③ ④
12	① ② ③ ④
13	① ② ③ ④
14	① ② ③ ④
15	① ② ③ ④
16	① ② ③ ④
17	① ② ③ ④
18	① ② ③ ④
19	① ② ③ ④
20	① ② ③ ④
21	① ② ③ ④
22	① ② ③ ④
23	① ② ③ ④
24	① ② ③ ④
25	① ② ③ ④
26	① ② ③ ④
27	① ② ③ ④
28	① ② ③ ④
29	① ② ③ ④
30	① ② ③ ④

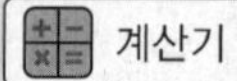

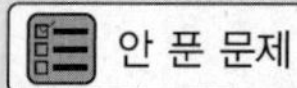

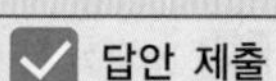

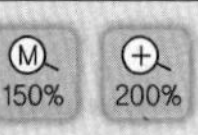

글자 크기 100% 150% 200% 화면 배치 전체 문제 수 : 안 푼 문제 수 :

08

떡을 제작하는 도구 중 찧거나 빻는 용도로 사용하는 도구가 아닌 것은?

① 절구　② 동구리
③ 방아　④ 떡메

09

상화병에 관련된 설명으로 틀린 것은?

① 밀가루를 술로 반죽하여 발효시켜 만들었다.
② 속에는 채소나 팥소를 넣었다.
③ 조선시대에 처음 만들어졌다.
④ 상외떡 또는 상애떡이라고도 한다.

10

도병(치는 떡)이 아닌 것은?

① 개피떡　② 바람떡
③ 대추단자　④ 수수경단

11

유전병(지지는 떡)이 아닌 것은?

① 화전　② 부꾸미
③ 빙자병　④ 잣단자

답안 표기란

1	①	②	③	④
2	①	②	③	④
3	①	②	③	④
4	①	②	③	④
5	①	②	③	④
6	①	②	③	④
7	①	②	③	④
8	①	②	③	④
9	①	②	③	④
10	①	②	③	④
11	①	②	③	④
12	①	②	③	④
13	①	②	③	④
14	①	②	③	④
15	①	②	③	④
16	①	②	③	④
17	①	②	③	④
18	①	②	③	④
19	①	②	③	④
20	①	②	③	④
21	①	②	③	④
22	①	②	③	④
23	①	②	③	④
24	①	②	③	④
25	①	②	③	④
26	①	②	③	④
27	①	②	③	④
28	①	②	③	④
29	①	②	③	④
30	①	②	③	④

계산기

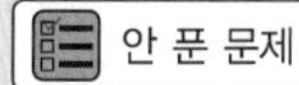

안 푼 문제　답안 제출

안심Touch

글자 크기 100% 150% 200% | 화면 배치 | 전체 문제 수 : 안 푼 문제 수 :

12

제사에 올리는 떡이 아닌 것은?

① 녹두시루떡 ② 팥시루떡
③ 콩시루떡 ④ 약밥

13

녹두찰편을 만드는 과정에서 잘못된 것은?

① 녹두는 4~6시간 정도 불린 후 사용한다.
② 불린 녹두는 껍질을 제거한 후 김 오른 찜기에 찐다.
③ 녹두고물과 찹쌀을 번갈아 켜켜이 안친다.
④ 떡을 다 찐 후 뜸을 들인다.

14

상한 음식을 판 곳에 부과되는 벌칙으로 맞는 것은?

① 10년 이하의 징역 또는 1억원 이하의 벌금, 또는 병과
② 5년 이하의 징역 또는 5천만원 이하의 벌금, 또는 병과
③ 3년 이하의 징역 또는 3천만원 이하의 벌금
④ 1년 이하의 징역 또는 1천만원 이하의 벌금

15

멥쌀과 찹쌀에 대한 설명으로 틀린 것은?

① 멥쌀은 반투명하고 찹쌀은 불투명하다.
② 요오드 정색 반응을 하면 찹쌀은 청남색, 멥쌀은 적갈색을 띤다.
③ 멥쌀이 찹쌀보다 호화개시 온도가 낮아 호화가 빨리 일어난다.
④ 멥쌀은 아밀로스 함량이 20~30%이고 찹쌀은 아밀로스 함량이 1~2%로 매우 낮다.

답안 표기란

1	① ② ③ ④
2	① ② ③ ④
3	① ② ③ ④
4	① ② ③ ④
5	① ② ③ ④
6	① ② ③ ④
7	① ② ③ ④
8	① ② ③ ④
9	① ② ③ ④
10	① ② ③ ④
11	① ② ③ ④
12	① ② ③ ④
13	① ② ③ ④
14	① ② ③ ④
15	① ② ③ ④
16	① ② ③ ④
17	① ② ③ ④
18	① ② ③ ④
19	① ② ③ ④
20	① ② ③ ④
21	① ② ③ ④
22	① ② ③ ④
23	① ② ③ ④
24	① ② ③ ④
25	① ② ③ ④
26	① ② ③ ④
27	① ② ③ ④
28	① ② ③ ④
29	① ② ③ ④
30	① ② ③ ④

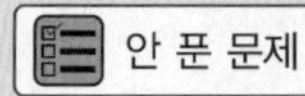

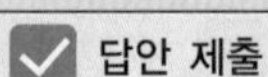

글자 크기 100% 150% 200% | 화면 배치 | 전체 문제 수 : 안 푼 문제 수 :

16

중양절에 먹었던 떡으로 맞는 것은?

① 국화전　　② 노비송편
③ 팥시루떡　　④ 골무떡

17

음력 3월 3일날 만들어 먹었던 떡은?

① 수리취절편　　② 장미화전
③ 진달래화전　　④ 증편

18

어레미체에 대한 설명으로 틀린 것은?

① 고물을 내릴 때 사용한다.
② 굵은체, 도드미라고도 불린다.
③ 쳇불 구멍은 지름 2mm이다.
④ 쳇불이 가장 넓은 체이다.

19

붉은색을 내는 발색제는?

① 오미자　　② 치자그린
③ 피멘톤　　④ 클로렐라

답안 표기란	
1	① ② ③ ④
2	① ② ③ ④
3	① ② ③ ④
4	① ② ③ ④
5	① ② ③ ④
6	① ② ③ ④
7	① ② ③ ④
8	① ② ③ ④
9	① ② ③ ④
10	① ② ③ ④
11	① ② ③ ④
12	① ② ③ ④
13	① ② ③ ④
14	① ② ③ ④
15	① ② ③ ④
16	① ② ③ ④
17	① ② ③ ④
18	① ② ③ ④
19	① ② ③ ④
20	① ② ③ ④
21	① ② ③ ④
22	① ② ③ ④
23	① ② ③ ④
24	① ② ③ ④
25	① ② ③ ④
26	① ② ③ ④
27	① ② ③ ④
28	① ② ③ ④
29	① ② ③ ④
30	① ② ③ ④

계산기   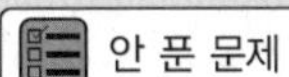 안 푼 문제  답안 제출

안심Touch

글자 크기 100% 150% 200% 화면 배치 전체 문제 수 : 안 푼 문제 수 :

20

멥쌀은 아밀로스 + (　　) = 2:8의 비율로 이루어져 있다. (　　) 안에 맞는 말은?

① 아밀로펙틴　　② 커큐민
③ 안토시아닌　　④ 디아스타제

21

켜떡이 아닌 것은?

① 팥시루떡　　② 율고
③ 깨찰편　　④ 콩찰편

22

제주의 향토떡에 대한 설명으로 틀린 것은?

① 대표적인 떡은 오메기떡으로 차조에 팥고물을 묻혀 만들었다.
② 곡물보다는 주로 쌀을 많이 이용해 만들었다.
③ 조침떡은 제주도에 많이 나는 고구마를 이용해 만들었다.
④ 달떡, 빼대기떡, 빙떡, 조쌀시리 등이 있다.

23

오메기떡의 주 재료는?

① 차조　　② 찹쌀
③ 고구마　　④ 멥쌀

답안 표기란

1	① ② ③ ④
2	① ② ③ ④
3	① ② ③ ④
4	① ② ③ ④
5	① ② ③ ④
6	① ② ③ ④
7	① ② ③ ④
8	① ② ③ ④
9	① ② ③ ④
10	① ② ③ ④
11	① ② ③ ④
12	① ② ③ ④
13	① ② ③ ④
14	① ② ③ ④
15	① ② ③ ④
16	① ② ③ ④
17	① ② ③ ④
18	① ② ③ ④
19	① ② ③ ④
20	① ② ③ ④
21	① ② ③ ④
22	① ② ③ ④
23	① ② ③ ④
24	① ② ③ ④
25	① ② ③ ④
26	① ② ③ ④
27	① ② ③ ④
28	① ② ③ ④
29	① ② ③ ④
30	① ② ③ ④

계산기   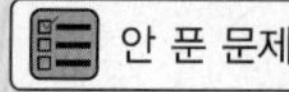 

글자 크기 100% 150% 200% 화면 배치 전체 문제 수 : 안 푼 문제 수 :

24

떡의 노화를 지연시키기 위해 넣는 것이 아닌 것은?

① 유화제
② 식이섬유
③ 색소
④ 아밀라아제

25

수수에 관한 설명으로 맞는 것은?

① 수수는 가볍게 씻어준다.
② 떡을 할 때에는 물에 불리지 않고 사용한다.
③ 물을 갈아주면서 불려주어야 수수 특유의 떫은맛을 없앨 수 있다.
④ 수수에 들어있는 알부민 성분 때문에 떫은맛이 난다.

26

절식과 떡의 연결이 바르지 않은 것은?

① 설날 – 조랭이 떡국
② 삼복 – 주악
③ 중양절 – 진달래화전
④ 동지 – 찹쌀경단

27

지역과 향토떡의 연결이 바르지 않은 것은?

① 서울 – 여주산병
② 강원도 – 옥수수설기
③ 제주도 – 빙떡
④ 황해도 – 언감자송편

답안 표기란

1	① ② ③ ④
2	① ② ③ ④
3	① ② ③ ④
4	① ② ③ ④
5	① ② ③ ④
6	① ② ③ ④
7	① ② ③ ④
8	① ② ③ ④
9	① ② ③ ④
10	① ② ③ ④
11	① ② ③ ④
12	① ② ③ ④
13	① ② ③ ④
14	① ② ③ ④
15	① ② ③ ④
16	① ② ③ ④
17	① ② ③ ④
18	① ② ③ ④
19	① ② ③ ④
20	① ② ③ ④
21	① ② ③ ④
22	① ② ③ ④
23	① ② ③ ④
24	① ② ③ ④
25	① ② ③ ④
26	① ② ③ ④
27	① ② ③ ④
28	① ② ③ ④
29	① ② ③ ④
30	① ② ③ ④

계산기

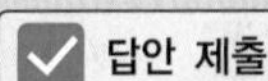
안 푼 문제
답안 제출

글자 크기 100% 150% 200% | 화면 배치 | 전체 문제 수 :
안 푼 문제 수 :

28

경구감염병에 관한 설명으로 틀린 것은?

① 오염된 식품이나 물을 통해 감염된다.
② 소량의 균으로도 감염될 수 있다.
③ 잠복기가 짧다.
④ 2차 감염이 일어날 수 있다.

29

절식과 떡의 연결이 바르지 않은 것은?

① 정월대보름 – 약밥
② 초파일 – 유엽병
③ 추석 – 오려송편
④ 유두절 – 쑥떡

30

돌에 관한 설명으로 틀린 것은?

① 아이가 태어난 지 만 1년이 되는 날이다.
② 돌상에 올리는 떡으로는 백설기, 팥수수경단, 오색송편, 무지개떡이 있다.
③ 백설기는 집안에 모인 가족이나 가까운 이웃끼리만 나누어 먹으며 밖으로는 내보내지 않았다.
④ 무지개떡은 아이가 오색의 조화로운 사람으로 성장하라는 의미가 있다.

답안 표기란

1	① ② ③ ④
2	① ② ③ ④
3	① ② ③ ④
4	① ② ③ ④
5	① ② ③ ④
6	① ② ③ ④
7	① ② ③ ④
8	① ② ③ ④
9	① ② ③ ④
10	① ② ③ ④
11	① ② ③ ④
12	① ② ③ ④
13	① ② ③ ④
14	① ② ③ ④
15	① ② ③ ④
16	① ② ③ ④
17	① ② ③ ④
18	① ② ③ ④
19	① ② ③ ④
20	① ② ③ ④
21	① ② ③ ④
22	① ② ③ ④
23	① ② ③ ④
24	① ② ③ ④
25	① ② ③ ④
26	① ② ③ ④
27	① ② ③ ④
28	① ② ③ ④
29	① ② ③ ④
30	① ② ③ ④

계산기   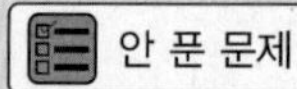

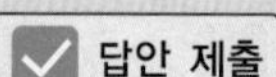

2020년 기출복원문제

제한 시간 : 60분 / 남은 시간 :

글자 크기 100% 150% 200% 화면 배치 전체 문제 수 : 안 푼 문제 수 :

01

떡 포장재로 주로 사용하는 것은?

① 폴리스티렌
② 종이
③ 폴리프로필렌
④ 폴리에틸렌

02

떡을 포장할 때 기능으로 틀린 것은?

① 보존의 용이성
② 정보성
③ 향미증진
④ 안전성

03

서속떡의 이름과 관계된 곡물은?

① 기장과 조
② 콩과 보리
③ 귀리와 메밀
④ 율무와 팥

답안 표기란

1	①	②	③	④
2	①	②	③	④
3	①	②	③	④
4	①	②	③	④
5	①	②	③	④
6	①	②	③	④
7	①	②	③	④
8	①	②	③	④
9	①	②	③	④
10	①	②	③	④
11	①	②	③	④
12	①	②	③	④
13	①	②	③	④
14	①	②	③	④
15	①	②	③	④
16	①	②	③	④
17	①	②	③	④
18	①	②	③	④
19	①	②	③	④
20	①	②	③	④
21	①	②	③	④
22	①	②	③	④
23	①	②	③	④
24	①	②	③	④
25	①	②	③	④
26	①	②	③	④
27	①	②	③	④
28	①	②	③	④
29	①	②	③	④
30	①	②	③	④

계산기   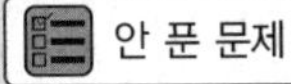 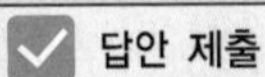

글자 크기 100% 150% 200% | 화면 배치 | 전체 문제 수 : 안 푼 문제 수 :

04

봉채떡에 관한 설명으로 틀린 것은?

① 멥쌀가루로 만든다.
② 신부 집에서 만드는 떡이다.
③ 2단으로 켜를 만든다.
④ 시루에 찌는 떡이다.

05

떡의 노화가 가장 빨리 되는 보관상태는?

① 실온보관
② 급속냉동실보관
③ 전기보온밥솥보관
④ 냉장고 보관

06

여름철 따뜻한 바닷물에서 증식된 호염균에 의한 식중독은?

① 살모넬라 식중독
② 캠필로박터 식중독
③ 황색포도상구균 식중독
④ 장염비브리오 식중독

답안 표기란	
1	① ② ③ ④
2	① ② ③ ④
3	① ② ③ ④
4	① ② ③ ④
5	① ② ③ ④
6	① ② ③ ④
7	① ② ③ ④
8	① ② ③ ④
9	① ② ③ ④
10	① ② ③ ④
11	① ② ③ ④
12	① ② ③ ④
13	① ② ③ ④
14	① ② ③ ④
15	① ② ③ ④
16	① ② ③ ④
17	① ② ③ ④
18	① ② ③ ④
19	① ② ③ ④
20	① ② ③ ④
21	① ② ③ ④
22	① ② ③ ④
23	① ② ③ ④
24	① ② ③ ④
25	① ② ③ ④
26	① ② ③ ④
27	① ② ③ ④
28	① ② ③ ④
29	① ② ③ ④
30	① ② ③ ④

계산기 | 안 푼 문제 | 답안 제출

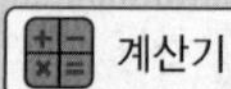

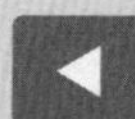

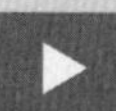

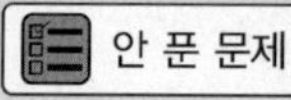

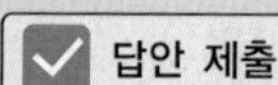

글자 크기 100% 150% 200% | 화면 배치 | 전체 문제 수 : 안 푼 문제 수 :

07

루틴의 함유량이 높아 혈관벽에 저항력을 높이는 효과가 있는 곡류는?

① 보리 ② 밀
③ 메밀 ④ 쌀

08

켜떡류가 아닌 것은?

① 녹두편 ② 잡과병
③ 팥시루떡 ④ 송피병

09

다음 도구 중 곡물을 찧거나 빻을 때 쓰는 도구로 틀린 것은?

① 절구 ② 맷돌
③ 조리 ④ 방아

10

혼례의식 중 납폐일에 신랑 집에서 신부 집으로 함을 보낼 때 신부 집에서 준비하는 떡은?

① 은절병 ② 봉채떡
③ 석탄병 ④ 대추약편

답안 표기란

번호	답안
1	① ② ③ ④
2	① ② ③ ④
3	① ② ③ ④
4	① ② ③ ④
5	① ② ③ ④
6	① ② ③ ④
7	① ② ③ ④
8	① ② ③ ④
9	① ② ③ ④
10	① ② ③ ④
11	① ② ③ ④
12	① ② ③ ④
13	① ② ③ ④
14	① ② ③ ④
15	① ② ③ ④
16	① ② ③ ④
17	① ② ③ ④
18	① ② ③ ④
19	① ② ③ ④
20	① ② ③ ④
21	① ② ③ ④
22	① ② ③ ④
23	① ② ③ ④
24	① ② ③ ④
25	① ② ③ ④
26	① ② ③ ④
27	① ② ③ ④
28	① ② ③ ④
29	① ② ③ ④
30	① ② ③ ④

계산기   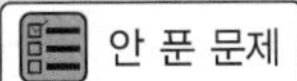 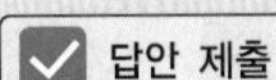

글자 크기 100% 150% 200% 화면 배치 전체 문제 수 : 안 푼 문제 수 :

11

고임떡에 웃기로 얹는 떡이 아닌 것은?

① 꿀설기 ② 단자
③ 주악 ④ 화전

12

음식디미방에 기록된 석이편법에 사용한 고물로 옳은 것은?

① 잣고물 ② 녹두고물
③ 붉은팥고물 ④ 깨고물

13

쌀의 성분 중 함량이 가장 높은 것은?

① 탄수화물 ② 단백질
③ 지방 ④ 수분

14

고수레떡으로 만들 수 없는 떡은?

① 절편 ② 가래떡
③ 개피떡 ④ 언감자송편

답안 표기란

1	① ② ③ ④
2	① ② ③ ④
3	① ② ③ ④
4	① ② ③ ④
5	① ② ③ ④
6	① ② ③ ④
7	① ② ③ ④
8	① ② ③ ④
9	① ② ③ ④
10	① ② ③ ④
11	① ② ③ ④
12	① ② ③ ④
13	① ② ③ ④
14	① ② ③ ④
15	① ② ③ ④
16	① ② ③ ④
17	① ② ③ ④
18	① ② ③ ④
19	① ② ③ ④
20	① ② ③ ④
21	① ② ③ ④
22	① ② ③ ④
23	① ② ③ ④
24	① ② ③ ④
25	① ② ③ ④
26	① ② ③ ④
27	① ② ③ ④
28	① ② ③ ④
29	① ② ③ ④
30	① ② ③ ④

계산기 안 푼 문제 답안 제출

글자 크기 100% 150% 200% | 화면 배치 | 전체 문제 수 : 안 푼 문제 수 :

15

고려시대 떡 종류가 아닌 것은?

① 율고　　② 청애병
③ 팥시루떡　　④ 상애병

16

어레미의 다른 이름이 아닌 것은?

① 고운체　　② 도드미
③ 굵은체　　④ 고물체

17

세균성 감염으로 맞는 것은?

① 폴리오　　② 아메바성 이질
③ 콜레라　　④ 급성회백수염

18

돌상에 올리는 떡이 아닌 것은?

① 백설기　　② 석이편
③ 오색송편　　④ 무지개떡

답안 표기란

1	① ② ③ ④
2	① ② ③ ④
3	① ② ③ ④
4	① ② ③ ④
5	① ② ③ ④
6	① ② ③ ④
7	① ② ③ ④
8	① ② ③ ④
9	① ② ③ ④
10	① ② ③ ④
11	① ② ③ ④
12	① ② ③ ④
13	① ② ③ ④
14	① ② ③ ④
15	① ② ③ ④
16	① ② ③ ④
17	① ② ③ ④
18	① ② ③ ④
19	① ② ③ ④
20	① ② ③ ④
21	① ② ③ ④
22	① ② ③ ④
23	① ② ③ ④
24	① ② ③ ④
25	① ② ③ ④
26	① ② ③ ④
27	① ② ③ ④
28	① ② ③ ④
29	① ② ③ ④
30	① ② ③ ④

계산기   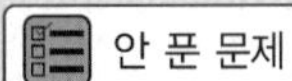 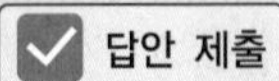

안심Touch

글자 크기 100% 150% 200% | 화면 배치 | 전체 문제 수 : 안 푼 문제 수 :

19

책례 때 나누었던 떡으로 맞는 것은?

① 봉치떡
② 달떡
③ 오색송편
④ 가래떡

20

전분의 호정화에 대한 설명으로 틀린 것은?

① 전분에 물을 가하여 높은 온도로 가열한다.
② 황갈색을 띠고 용해성이 증가된다.
③ 단맛은 증가한다.
④ 누룽지, 뻥튀기, 미숫가루 등이 있다.

21

도행병에 관한 설명으로 틀린 것은?

① 복숭아와 살구로 만드는 떡이다.
② 만드는 방법이 〈규합총서〉에 나와있다.
③ 주재료로는 복숭아, 살구, 유자, 적팥, 밤, 꿀, 대추, 잣 등이 있다.
④ 각종 고물을 고명한 멥쌀가루를 시루에 안쳐 찌거나 완자 모양으로 빚어 단자로 만들어 먹었다.

답안 표기란	
1	① ② ③ ④
2	① ② ③ ④
3	① ② ③ ④
4	① ② ③ ④
5	① ② ③ ④
6	① ② ③ ④
7	① ② ③ ④
8	① ② ③ ④
9	① ② ③ ④
10	① ② ③ ④
11	① ② ③ ④
12	① ② ③ ④
13	① ② ③ ④
14	① ② ③ ④
15	① ② ③ ④
16	① ② ③ ④
17	① ② ③ ④
18	① ② ③ ④
19	① ② ③ ④
20	① ② ③ ④
21	① ② ③ ④
22	① ② ③ ④
23	① ② ③ ④
24	① ② ③ ④
25	① ② ③ ④
26	① ② ③ ④
27	① ② ③ ④
28	① ② ③ ④
29	① ② ③ ④
30	① ② ③ ④

계산기   

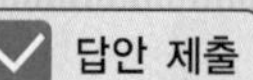

글자 크기 100% 150% 200% | 화면 배치 | 전체 문제 수 : 안 푼 문제 수 :

22

비타민 B가 많고 철분이 풍부한 것은?

① 은행
② 밤
③ 잣
④ 울금

23

떡을 만드는 방법이 틀린 것은?

① 무시루떡을 만들 때 무는 소금에 절인다.
② 와거병에 들어가는 상추는 끓는 물에 데쳐서 사용한다.
③ 물호박떡은 호박과 쌀가루를 켜켜이 안쳐 쪄낸다.
④ 조침떡에 들어가는 고구마는 설탕에 절인다.

24

물이 함유하고 있는 유기물질과 정수과정에서 살균제로 사용되는 염소가 서로 반응하여 생성되는 발암성 물질로 맞는 것은?

① 트리할로메탄
② 아플라톡신
③ 사이카신
④ 아크릴아마이드

답안 표기란	
1	① ② ③ ④
2	① ② ③ ④
3	① ② ③ ④
4	① ② ③ ④
5	① ② ③ ④
6	① ② ③ ④
7	① ② ③ ④
8	① ② ③ ④
9	① ② ③ ④
10	① ② ③ ④
11	① ② ③ ④
12	① ② ③ ④
13	① ② ③ ④
14	① ② ③ ④
15	① ② ③ ④
16	① ② ③ ④
17	① ② ③ ④
18	① ② ③ ④
19	① ② ③ ④
20	① ② ③ ④
21	① ② ③ ④
22	① ② ③ ④
23	① ② ③ ④
24	① ② ③ ④
25	① ② ③ ④
26	① ② ③ ④
27	① ② ③ ④
28	① ② ③ ④
29	① ② ③ ④
30	① ② ③ ④

계산기   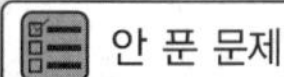 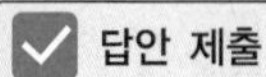

안심Touch

글자 크기 100% 150% 200% 화면 배치 전체 문제 수 : 안 푼 문제 수 :

25

서로 대체하여 사용할 수 있는 발색제의 연결이 잘못된 것은?

① 백년초 - 비트
② 피멘톤가루 - 황치즈가루
③ 승검초가루 - 석이버섯가루
④ 치자 - 울금

26

가래떡에 대한 설명으로 틀린 것은?

① 가래떡을 하루 정도 말려 동그랗게 썰면 떡국용 떡이 된다.
② 가래떡은 치는 떡의 일종으로 멥쌀가루를 사용한다.
③ 가래떡은 길게 밀어서 만든 떡으로 백국이라고도 한다.
④ 가래떡은 멥쌀, 소금, 물을 넣어서 만든다.

27

시절과 시절떡의 연결로 틀린 것은?

① 10월 상달 - 붉은팥시루떡
② 정조다례 - 가래떡
③ 3월 삼짇날 - 진달래화전
④ 5월 단오 - 상화병

답안 표기란

번호	답안
1	① ② ③ ④
2	① ② ③ ④
3	① ② ③ ④
4	① ② ③ ④
5	① ② ③ ④
6	① ② ③ ④
7	① ② ③ ④
8	① ② ③ ④
9	① ② ③ ④
10	① ② ③ ④
11	① ② ③ ④
12	① ② ③ ④
13	① ② ③ ④
14	① ② ③ ④
15	① ② ③ ④
16	① ② ③ ④
17	① ② ③ ④
18	① ② ③ ④
19	① ② ③ ④
20	① ② ③ ④
21	① ② ③ ④
22	① ② ③ ④
23	① ② ③ ④
24	① ② ③ ④
25	① ② ③ ④
26	① ② ③ ④
27	① ② ③ ④
28	① ② ③ ④
29	① ② ③ ④
30	① ② ③ ④

계산기   안 푼 문제 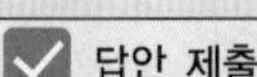

글자 크기 100% 150% 200% | 화면 배치 | 전체 문제 수 : 안 푼 문제 수 :

28

찹쌀을 사용하여 만드는 떡으로 맞는 것은?

① 봉채떡
② 복령떡
③ 색떡
④ 석탄병

29

상화에 대한 설명으로 틀린 것은?

① 귀한 밀가루 대신 쌀가루를 사용하여 증편으로 변하였다.
② 고려시대 후기 일본의 영향을 받아 만들어졌다.
③ 밀가루를 막걸리로 발효시켜 소를 넣어 만들었다.
④ 고려가요 쌍화점에서 쌍화점은 만두가게라는 뜻이다.

30

떡류 포장 시 제품표시 사항이 아닌 것은?

① 유통기한
② 영업소의 대표자명
③ 영업소 명칭 및 소재지
④ 제품명, 내용량 및 원재료명

답안 표기란

번호	답안
1	① ② ③ ④
2	① ② ③ ④
3	① ② ③ ④
4	① ② ③ ④
5	① ② ③ ④
6	① ② ③ ④
7	① ② ③ ④
8	① ② ③ ④
9	① ② ③ ④
10	① ② ③ ④
11	① ② ③ ④
12	① ② ③ ④
13	① ② ③ ④
14	① ② ③ ④
15	① ② ③ ④
16	① ② ③ ④
17	① ② ③ ④
18	① ② ③ ④
19	① ② ③ ④
20	① ② ③ ④
21	① ② ③ ④
22	① ② ③ ④
23	① ② ③ ④
24	① ② ③ ④
25	① ② ③ ④
26	① ② ③ ④
27	① ② ③ ④
28	① ② ③ ④
29	① ② ③ ④
30	① ② ③ ④

계산기    답안 제출

글자 크기 100% 150% 200% | 화면 배치 | 전체 문제 수 : 안 푼 문제 수 :

31

생식품류의 재배, 사육 단계에서 발생할 수 있는 1차 오염은?

① 처리장에서의 오염
② 자연 환경에서의 오염
③ 제조 과정에서의 오염
④ 유통 과정에서의 오염

32

떡의 의미와 종류의 연결이 틀린 것은?

① 기원 – 붉은팥단자, 백설기
② 나눔 – 이사 및 개업 떡
③ 부귀 – 보리개떡, 메밀떡
④ 미학과 풍류 – 진달래화전, 국화전

33

노화에 대한 설명으로 맞는 것은?

① 아밀로펙틴 함량이 증가할수록 노화가 지연된다.
② 0~4℃에서 떡의 노화가 지연된다.
③ 찹쌀로 만든 떡보다 멥쌀로 만든 떡이 노화가 느리다.
④ 쑥, 호박, 무 등의 부재료는 떡의 노화를 가속시킨다.

답안 표기란

번호	답안
31	① ② ③ ④
32	① ② ③ ④
33	① ② ③ ④
34	① ② ③ ④
35	① ② ③ ④
36	① ② ③ ④
37	① ② ③ ④
38	① ② ③ ④
39	① ② ③ ④
40	① ② ③ ④
41	① ② ③ ④
42	① ② ③ ④
43	① ② ③ ④
44	① ② ③ ④
45	① ② ③ ④
46	① ② ③ ④
47	① ② ③ ④
48	① ② ③ ④
49	① ② ③ ④
50	① ② ③ ④
51	① ② ③ ④
52	① ② ③ ④
53	① ② ③ ④
54	① ② ③ ④
55	① ② ③ ④
56	① ② ③ ④
57	① ② ③ ④
58	① ② ③ ④
59	① ② ③ ④
60	① ② ③ ④

계산기  안 푼 문제 

글자 크기 100% 150% 200% 화면 배치 전체 문제 수 : 안 푼 문제 수 :

34

수분 차단성이 좋으며 소량 생산에도 포장규격화가 용이한 포장재질은?

① 플라스틱 필름
② 금속
③ 종이
④ 유리

35

떡의 제조과정 설명 중 틀린 것은?

① 송편은 멥쌀가루를 익반죽해서 콩, 깨, 밤, 팥 등의 소를 넣고 빚어서 찐 떡이다.
② 찹쌀가루는 물을 조금만 넣어도 질어지므로 주의해야 한다.
③ 떡을 익반죽할 때는 미지근한 물을 조금씩 부어가며 쌀가루에 골고루 가도록 섞는다.
④ 단자는 찹쌀가루를 삶거나 쪄서 익혀 꽈리가 일도록 쳐 고물을 묻힌다.

36

절기와 절식떡의 연결이 틀린 것은?

① 추석 – 삭일송편
② 삼짇날 – 진달래화전
③ 정월대보름 – 약식
④ 단오 – 차륜병

답안 표기란

31	① ② ③ ④
32	① ② ③ ④
33	① ② ③ ④
34	① ② ③ ④
35	① ② ③ ④
36	① ② ③ ④
37	① ② ③ ④
38	① ② ③ ④
39	① ② ③ ④
40	① ② ③ ④
41	① ② ③ ④
42	① ② ③ ④
43	① ② ③ ④
44	① ② ③ ④
45	① ② ③ ④
46	① ② ③ ④
47	① ② ③ ④
48	① ② ③ ④
49	① ② ③ ④
50	① ② ③ ④
51	① ② ③ ④
52	① ② ③ ④
53	① ② ③ ④
54	① ② ③ ④
55	① ② ③ ④
56	① ② ③ ④
57	① ② ③ ④
58	① ② ③ ④
59	① ② ③ ④
60	① ② ③ ④

계산기

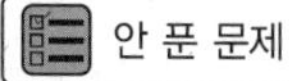

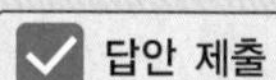

글자 크기 100% 150% 200% | 화면 배치 | 전체 문제 수 : 안 푼 문제 수 :

37

치는 떡을 만들 때 사용하는 도구가 아닌 것은?

① 떡판
② 떡메
③ 떡살
④ 동구리

38

팥을 삶을 때 첫 물을 버리는 이유는?

① 설사를 일으킬 수 있는 성분을 제거하기 위해
② 일정한 당도를 유지하기 위해
③ 색의 농도를 조절하기 위해
④ 비린 맛을 제거하여 풍미를 돋우기 위해

39

떡에 사용하는 재료의 전처리 설명이 틀린 것은?

① 쑥은 잎만 데쳐서 쓸 만큼 싸서 냉동한다.
② 대추고는 물을 넉넉히 넣고 푹 삶아 체에 내려 과육만 거른다.
③ 오미자는 더운물에 우려서 각종 색을 낼 때 사용한다.
④ 호박고지는 물에 불려 물기를 꼭 짜서 사용한다.

답안 표기란	
31	① ② ③ ④
32	① ② ③ ④
33	① ② ③ ④
34	① ② ③ ④
35	① ② ③ ④
36	① ② ③ ④
37	① ② ③ ④
38	① ② ③ ④
39	① ② ③ ④
40	① ② ③ ④
41	① ② ③ ④
42	① ② ③ ④
43	① ② ③ ④
44	① ② ③ ④
45	① ② ③ ④
46	① ② ③ ④
47	① ② ③ ④
48	① ② ③ ④
49	① ② ③ ④
50	① ② ③ ④
51	① ② ③ ④
52	① ② ③ ④
53	① ② ③ ④
54	① ② ③ ④
55	① ② ③ ④
56	① ② ③ ④
57	① ② ③ ④
58	① ② ③ ④
59	① ② ③ ④
60	① ② ③ ④

계산기   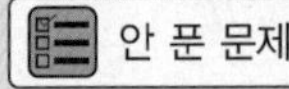 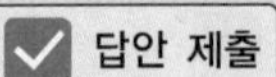

글자 크기 100% 150% 200% 화면 배치 전체 문제 수 : 안 푼 문제 수 :

40

떡의 종류 중 설기떡은?

① 무시루떡 ② 유자단자
③ 송편 ④ 잡과병

41

약식에 주로 사용하는 재료로 틀린 것은?

① 늙은 호박 ② 참기름
③ 대추 ④ 간장

42

제조과정과 떡 종류의 연결이 맞는 것은?

① 삶는 떡 – 팥고물시루떡, 콩찰떡
② 지지는 떡 – 송편, 약밥
③ 치는 떡 – 인절미, 가래떡
④ 찌는 떡 – 경단, 주악

43

식품포장재의 구비조건으로 틀린 것은?

① 맛의 변화를 억제할 수 있어야 한다.
② 가격과 상관없이 위생적이어야 한다.
③ 식품의 부패를 방지할 수 있어야 한다.
④ 내용물을 보호할 수 있어야 한다.

답안 표기란

번호	답안
31	① ② ③ ④
32	① ② ③ ④
33	① ② ③ ④
34	① ② ③ ④
35	① ② ③ ④
36	① ② ③ ④
37	① ② ③ ④
38	① ② ③ ④
39	① ② ③ ④
40	① ② ③ ④
41	① ② ③ ④
42	① ② ③ ④
43	① ② ③ ④
44	① ② ③ ④
45	① ② ③ ④
46	① ② ③ ④
47	① ② ③ ④
48	① ② ③ ④
49	① ② ③ ④
50	① ② ③ ④
51	① ② ③ ④
52	① ② ③ ④
53	① ② ③ ④
54	① ② ③ ④
55	① ② ③ ④
56	① ② ③ ④
57	① ② ③ ④
58	① ② ③ ④
59	① ② ③ ④
60	① ② ③ ④

계산기   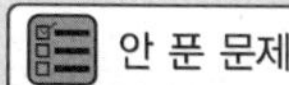 

안심Touch

글자 크기 100% 150% 200% 화면 배치 전체 문제 수 : 안 푼 문제 수 :

44

베로독소를 생산하며 용혈성 요독증과 신부전증을 발생하는 대장균은?

① 장관독소원성 대장균
② 장관침투성 대장균
③ 장관병원성 대장균
④ 장관출혈성 대장균

45

익반죽을 했을 때의 설명으로 맞는 것은?

① 찹쌀가루를 일부 호화시켜 점성이 생기면 반죽이 용이하다.
② 찹쌀가루의 아밀로오스 가지를 조밀하게 만들어 점성이 높아진다.
③ 찹쌀가루의 글루텐을 수화시켜 반죽을 좋게 한다.
④ 찹쌀가루의 효소를 불활성화하여 제조적성을 높인다.

46

다음 자료에서 설명하는 떡은?

> 햇밤 익은 것, 풋대추 썰고, 좋은 침감 껍질 벗겨 저미고 풋청대콩과 가루에 섞어 꿀을 버무려 햇녹두 거피하고 뿌려 찌라.
>
> 〈규합총서〉

① 토란병
② 승검초단자
③ 신과병
④ 백설고

답안 표기란

번호	답안
31	① ② ③ ④
32	① ② ③ ④
33	① ② ③ ④
34	① ② ③ ④
35	① ② ③ ④
36	① ② ③ ④
37	① ② ③ ④
38	① ② ③ ④
39	① ② ③ ④
40	① ② ③ ④
41	① ② ③ ④
42	① ② ③ ④
43	① ② ③ ④
44	① ② ③ ④
45	① ② ③ ④
46	① ② ③ ④
47	① ② ③ ④
48	① ② ③ ④
49	① ② ③ ④
50	① ② ③ ④
51	① ② ③ ④
52	① ② ③ ④
53	① ② ③ ④
54	① ② ③ ④
55	① ② ③ ④
56	① ② ③ ④
57	① ② ③ ④
58	① ② ③ ④
59	① ② ③ ④
60	① ② ③ ④

계산기 안 푼 문제 답안 제출

글자 크기 100% 150% 200% | 화면 배치 | 전체 문제 수 : 안 푼 문제 수 :

47

떡 포장 표시사항으로 틀린 것은?

① 식염 함량 ② 포장 재질
③ 영업소 명칭 및 소재지 ④ 유통기한

48

가래떡에 대한 설명으로 틀린 것은?

① 정월에 엽전 모양으로 썰어 떡국을 끓인다.
② 찹쌀가루를 쳐서 친 떡으로 도병이다.
③ 다른 말로 흰떡, 백병이라고도 한다.
④ 권모(拳模)라고도 했다.

49

찌는 찰떡 중 나머지 셋과 성형 방법이 다른 것은?

① 구름떡 ② 쇠머리떡
③ 깨찰편 ④ 꿀찰떡

50

법랑용기, 도자기 유약 성분으로 사용되며 산성식품에 의해 이타이이타이병 등의 만성중독을 유발하는 유해물질은?

① 비소 ② 주석
③ 카드뮴 ④ 수은

답안 표기란	
31	① ② ③ ④
32	① ② ③ ④
33	① ② ③ ④
34	① ② ③ ④
35	① ② ③ ④
36	① ② ③ ④
37	① ② ③ ④
38	① ② ③ ④
39	① ② ③ ④
40	① ② ③ ④
41	① ② ③ ④
42	① ② ③ ④
43	① ② ③ ④
44	① ② ③ ④
45	① ② ③ ④
46	① ② ③ ④
47	① ② ③ ④
48	① ② ③ ④
49	① ② ③ ④
50	① ② ③ ④
51	① ② ③ ④
52	① ② ③ ④
53	① ② ③ ④
54	① ② ③ ④
55	① ② ③ ④
56	① ② ③ ④
57	① ② ③ ④
58	① ② ③ ④
59	① ② ③ ④
60	① ② ③ ④

계산기   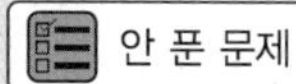 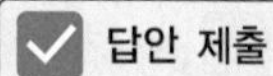

글자 크기 100% 150% 200% 화면 배치 전체 문제 수 : 안 푼 문제 수 :

51

치는 떡과 관련이 없는 것은?

① 가피병, 인병
② 백자병, 강병
③ 마제병, 골무떡
④ 떡수단, 재증병

52

고물 만드는 방법으로 틀린 것은?

① 거피 팥고물은 각종 편, 단자, 송편 소 등으로 쓰인다.
② 밤 고물은 밤을 삶아 겉껍질과 속껍질을 벗긴 후 소금을 넣고 빻아 체에 내려 사용한다.
③ 녹두 고물은 푸른 녹두를 맷돌에 타서 불려 삶아 사용한다.
④ 붉은팥 고물은 익힌 팥에 소금을 넣고 절구방망이로 빻아 사용한다.

53

인절미를 칠 때 사용되는 도구가 아닌 것은?

① 안반
② 절구
③ 떡살
④ 떡메

54

더 이상 가수분해 되지 않는 것은?

① 유당
② 자당
③ 갈락토오스
④ 맥아당

답안 표기란

31	① ② ③ ④
32	① ② ③ ④
33	① ② ③ ④
34	① ② ③ ④
35	① ② ③ ④
36	① ② ③ ④
37	① ② ③ ④
38	① ② ③ ④
39	① ② ③ ④
40	① ② ③ ④
41	① ② ③ ④
42	① ② ③ ④
43	① ② ③ ④
44	① ② ③ ④
45	① ② ③ ④
46	① ② ③ ④
47	① ② ③ ④
48	① ② ③ ④
49	① ② ③ ④
50	① ② ③ ④
51	① ② ③ ④
52	① ② ③ ④
53	① ② ③ ④
54	① ② ③ ④
55	① ② ③ ④
56	① ② ③ ④
57	① ② ③ ④
58	① ② ③ ④
59	① ② ③ ④
60	① ② ③ ④

계산기 안 푼 문제 답안 제출

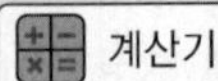

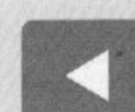

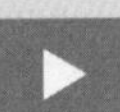

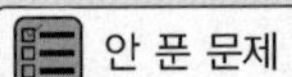

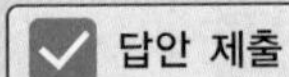

글자 크기 100% 150% 200% 화면 배치 전체 문제 수 : 안 푼 문제 수 :

55

웃기로 쓰이지 않는 떡은?

① 각색단자
② 각색주악
③ 부꾸미
④ 쑥설기

56

쇠머리찰떡의 설명으로 맞는 것은?

① 쇠머리고기를 넣고 만든 음식이다.
② 모두배기 또는 모듬백이떡이라고도 불린다.
③ 멥쌀가루, 검정콩 등을 넣고 만든 떡이다.
④ 전라도에서 즐겨 먹는 떡이다.

57

떡의 명칭과 재료의 연결이 틀린 것은?

① 상실병 – 도토리
② 서여향병 – 더덕
③ 남방감저병 – 고구마
④ 청애병 – 쑥

답안 표기란

31	① ② ③ ④
32	① ② ③ ④
33	① ② ③ ④
34	① ② ③ ④
35	① ② ③ ④
36	① ② ③ ④
37	① ② ③ ④
38	① ② ③ ④
39	① ② ③ ④
40	① ② ③ ④
41	① ② ③ ④
42	① ② ③ ④
43	① ② ③ ④
44	① ② ③ ④
45	① ② ③ ④
46	① ② ③ ④
47	① ② ③ ④
48	① ② ③ ④
49	① ② ③ ④
50	① ② ③ ④
51	① ② ③ ④
52	① ② ③ ④
53	① ② ③ ④
54	① ② ③ ④
55	① ② ③ ④
56	① ② ③ ④
57	① ② ③ ④
58	① ② ③ ④
59	① ② ③ ④
60	① ② ③ ④

계산기   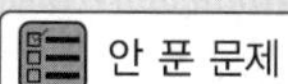 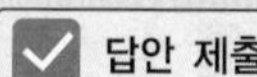

안심Touch

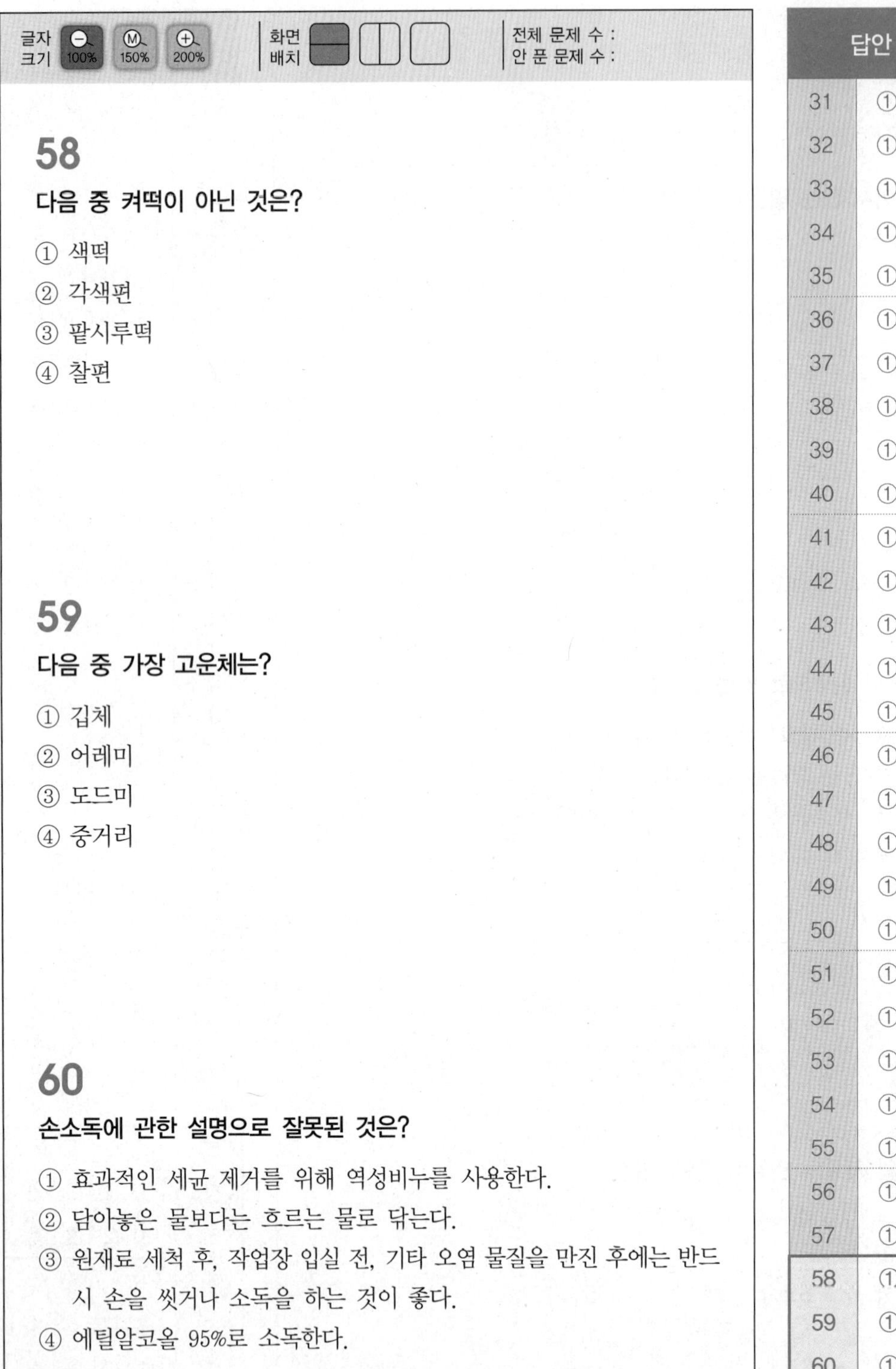

58

다음 중 켜떡이 아닌 것은?

① 색떡
② 각색편
③ 팥시루떡
④ 찰편

59

다음 중 가장 고운체는?

① 깁체
② 어레미
③ 도드미
④ 중거리

60

손소독에 관한 설명으로 잘못된 것은?

① 효과적인 세균 제거를 위해 역성비누를 사용한다.
② 담아놓은 물보다는 흐르는 물로 닦는다.
③ 원재료 세척 후, 작업장 입실 전, 기타 오염 물질을 만진 후에는 반드시 손을 씻거나 소독을 하는 것이 좋다.
④ 에틸알코올 95%로 소독한다.

답안 표기란

번호	답안
31	① ② ③ ④
32	① ② ③ ④
33	① ② ③ ④
34	① ② ③ ④
35	① ② ③ ④
36	① ② ③ ④
37	① ② ③ ④
38	① ② ③ ④
39	① ② ③ ④
40	① ② ③ ④
41	① ② ③ ④
42	① ② ③ ④
43	① ② ③ ④
44	① ② ③ ④
45	① ② ③ ④
46	① ② ③ ④
47	① ② ③ ④
48	① ② ③ ④
49	① ② ③ ④
50	① ② ③ ④
51	① ② ③ ④
52	① ② ③ ④
53	① ② ③ ④
54	① ② ③ ④
55	① ② ③ ④
56	① ② ③ ④
57	① ② ③ ④
58	① ② ③ ④
59	① ② ③ ④
60	① ② ③ ④

글자 크기 100% 150% 200% 화면 배치 전체 문제 수 : 안 푼 문제 수 :

61

백결선생이 아내에게 떡방아소리를 내어 위로하였다는 기록이 담겨 있는 문헌은?

① 〈삼국사기〉
② 〈삼국유사〉
③ 〈도문대작〉
④ 〈규합총서〉

62

쌀 5컵을 쌀가루로 만들면 나오는 컵 수는?

① 5컵
② 6컵
③ 6컵 반
④ 7컵

63

경구감염병과 세균성 식중독의 설명으로 잘못된 것은?

① 세균성 식중독이 경구감염병보다 잠복기가 짧다.
② 경구감염병은 적은 양의 균으로 감염되지만 세균성 식중독은 많은 양의 균과 독소로 감염된다.
③ 경구감염병은 면역성이 없다.
④ 경구감염병은 2차 감염이 있다.

답안 표기란	
61	① ② ③ ④
62	① ② ③ ④
63	① ② ③ ④
64	① ② ③ ④
65	① ② ③ ④
66	① ② ③ ④
67	① ② ③ ④
68	① ② ③ ④
69	① ② ③ ④
70	① ② ③ ④

계산기   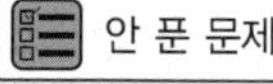 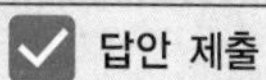

글자 크기 100% 150% 200% 화면 배치 전체 문제 수 : 안 푼 문제 수 :

64

중화절에 먹었던 떡의 종류는?

① 노비송편, 삭일송편
② 약밥, 오곡밥
③ 쑥떡, 노비송편
④ 느티떡, 장미화전

65

미량 원소인 것은?

① 칼슘
② 철
③ 마그네슘
④ 인

66

삼짇날 먹었던 떡이 아닌 것은?

① 진달래화전
② 향애단
③ 청애병
④ 느티떡

67

100°C 이상에서 1시간 가열해도 없어지지 않고 잠복기가 짧으며 엔테로톡신이라는 독소를 발생시키는 것은?

① 웰치균
② 장염비브리오
③ 살모넬라균
④ 포도상구균

답안 표기란

61	① ② ③ ④
62	① ② ③ ④
63	① ② ③ ④
64	① ② ③ ④
65	① ② ③ ④
66	① ② ③ ④
67	① ② ③ ④
68	① ② ③ ④
69	① ② ③ ④
70	① ② ③ ④

계산기 안 푼 문제 답안 제출

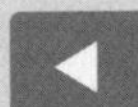

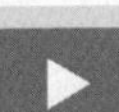

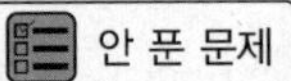

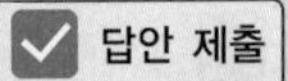

글자 크기 100% 150% 200% | 화면 배치 | 전체 문제 수 : 안 푼 문제 수 :

68

대두에 가장 부족한 아미노산의 종류는?

① 라이신
② 류신
③ 글리시닌
④ 메티오닌

69

식품변질의 직접적인 요인이 아닌 것은?

① 산소
② 압력
③ 효소
④ 온도

70

조리장 시설 설비기준에 대한 설명으로 틀린 것은?

① 바닥은 내구성, 내수성이 있는 재질로 하되, 미끄럽지 않아야 한다.
② 조리장 출입구에는 신발소독 설비를 갖추어야 한다.
③ 조리장의 조명은 150룩스(lx) 이상이 되도록 한다.
④ 냉장고(냉장실)와 냉동고는 식재료의 보관, 냉동 식재료의 해동, 가열 조리된 식품의 냉각 등에 충분한 용량과 온도(냉장고 5°C 이하, 냉동고 −18°C 이하)를 유지하여야 한다.

답안 표기란	
61	① ② ③ ④
62	① ② ③ ④
63	① ② ③ ④
64	① ② ③ ④
65	① ② ③ ④
66	① ② ③ ④
67	① ② ③ ④
68	① ② ③ ④
69	① ② ③ ④
70	① ② ③ ④

계산기   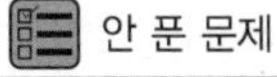 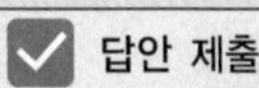

2019년 기출복원문제

제한 시간 : 60분 / 남은 시간 :

01

떡을 만들 때 쌀 불리기에 대한 설명으로 틀린 것은?

① 쌀은 물의 온도가 높을수록 물을 빨리 흡수한다.
② 쌀의 수침 시간이 증가하면 호화개시 온도가 낮아진다.
③ 쌀의 수침 시간이 증가하면 조직이 연화되어 입자의 결합력이 증가한다.
④ 쌀의 수침 시간이 증가하면 수분함량이 많아져 호화가 잘 된다.

02

떡 제조 시 사용하는 두류의 종류와 영양학적 특성으로 옳은 것은?

① 대두에 있는 사포닌은 설사의 치료제이다.
② 팥은 비타민 B1이 많아 각기병 예방에 좋다.
③ 검은콩은 금속이온과 반응하면 색이 옅어진다.
④ 땅콩은 지질의 함량이 많으나 필수지방산은 부족하다.

03

병과에 쓰이는 도구 중 어레미에 대한 설명으로 옳은 것은?

① 고운 가루를 내릴 때 사용한다.
② 도드미보다 고운체이다.
③ 팥고물을 내릴 때 사용한다.
④ 약과용 밀가루를 내릴 때 사용한다.

답안 표기란

1	①	②	③	④
2	①	②	③	④
3	①	②	③	④
4	①	②	③	④
5	①	②	③	④
6	①	②	③	④
7	①	②	③	④
8	①	②	③	④
9	①	②	③	④
10	①	②	③	④
11	①	②	③	④
12	①	②	③	④
13	①	②	③	④
14	①	②	③	④
15	①	②	③	④
16	①	②	③	④
17	①	②	③	④
18	①	②	③	④
19	①	②	③	④
20	①	②	③	④
21	①	②	③	④
22	①	②	③	④
23	①	②	③	④
24	①	②	③	④
25	①	②	③	④
26	①	②	③	④
27	①	②	③	④
28	①	②	③	④
29	①	②	③	④
30	①	②	③	④

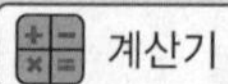

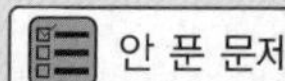

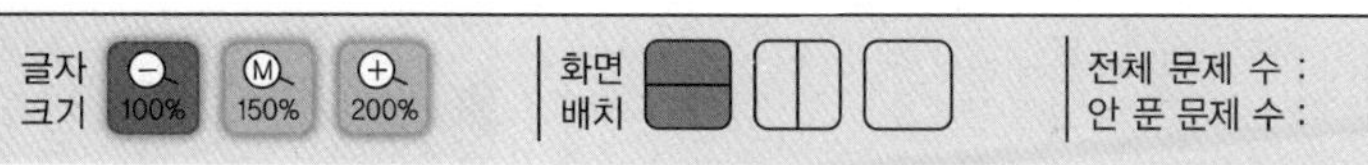

04

떡의 영양학적 특성에 대한 설명으로 틀린 것은?

① 팥시루떡의 팥은 멥쌀에 부족한 비타민 D와 비타민 E를 보충한다.
② 무시루떡의 무에는 소화효소인 디아스타제가 들어있어 소화에 도움을 준다.
③ 쑥떡의 쑥은 무기질, 비타민 A, 비타민 C가 풍부하여 건강에 도움을 준다.
④ 콩가루인절미의 콩은 찹쌀에 부족한 단백질과 지질을 함유하여 영양상의 조화를 이룬다.

05

두텁떡을 만드는 데 사용되지 않는 조리도구는?

① 떡살　② 체
③ 번철　④ 시루

06

치는 떡의 표기로 옳은 것은?

① 증병(甑餠)
② 도병(搗餠)
③ 유병(油餠)
④ 전병(煎餠)

답안 표기란	
1	① ② ③ ④
2	① ② ③ ④
3	① ② ③ ④
4	① ② ③ ④
5	① ② ③ ④
6	① ② ③ ④
7	① ② ③ ④
8	① ② ③ ④
9	① ② ③ ④
10	① ② ③ ④
11	① ② ③ ④
12	① ② ③ ④
13	① ② ③ ④
14	① ② ③ ④
15	① ② ③ ④
16	① ② ③ ④
17	① ② ③ ④
18	① ② ③ ④
19	① ② ③ ④
20	① ② ③ ④
21	① ② ③ ④
22	① ② ③ ④
23	① ② ③ ④
24	① ② ③ ④
25	① ② ③ ④
26	① ② ③ ④
27	① ② ③ ④
28	① ② ③ ④
29	① ② ③ ④
30	① ② ③ ④

계산기

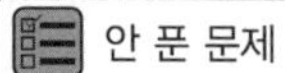

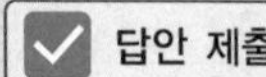

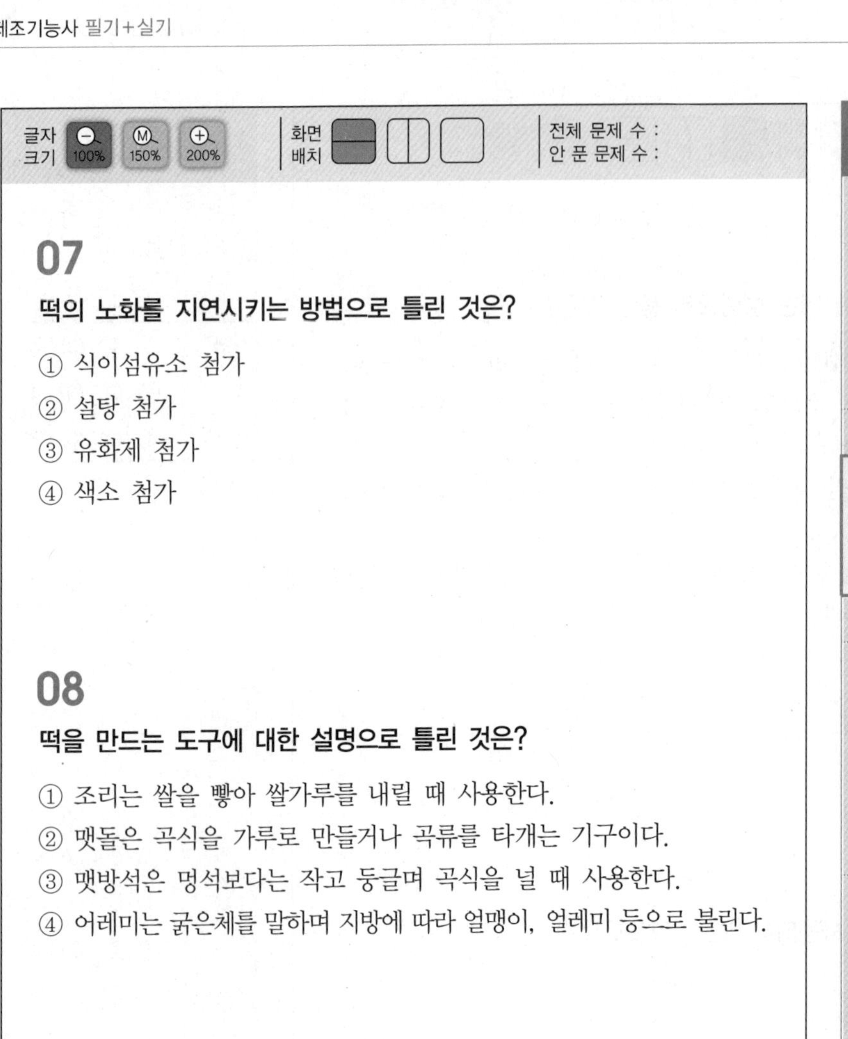

07

떡의 노화를 지연시키는 방법으로 틀린 것은?

① 식이섬유소 첨가
② 설탕 첨가
③ 유화제 첨가
④ 색소 첨가

08

떡을 만드는 도구에 대한 설명으로 틀린 것은?

① 조리는 쌀을 빻아 쌀가루를 내릴 때 사용한다.
② 맷돌은 곡식을 가루로 만들거나 곡류를 타개는 기구이다.
③ 맷방석은 멍석보다는 작고 둥글며 곡식을 널 때 사용한다.
④ 어레미는 굵은체를 말하며 지방에 따라 얼맹이, 얼레미 등으로 불린다.

09

떡 조리과정의 특징으로 틀린 것은?

① 쌀의 수침시간이 증가할수록 쌀의 조직이 연화되어 습식제분을 할 때 전분 입자가 미세화된다.
② 쌀가루는 너무 고운 것보다 어느 정도 입자가 있어야 자체 수분 보유율이 있어 떡을 만들 때 호화도가 더 좋다.
③ 찌는 떡은 멥쌀가루보다 찹쌀가루를 사용할 때 물을 더 보충하여야 한다.
④ 펀칭공정을 거치는 치는 떡은 시루에 찌는 떡보다 노화가 더디게 진행된다.

답안 표기란

번호	답안
1	① ② ③ ④
2	① ② ③ ④
3	① ② ③ ④
4	① ② ③ ④
5	① ② ③ ④
6	① ② ③ ④
7	① ② ③ ④
8	① ② ③ ④
9	① ② ③ ④
10	① ② ③ ④
11	① ② ③ ④
12	① ② ③ ④
13	① ② ③ ④
14	① ② ③ ④
15	① ② ③ ④
16	① ② ③ ④
17	① ② ③ ④
18	① ② ③ ④
19	① ② ③ ④
20	① ② ③ ④
21	① ② ③ ④
22	① ② ③ ④
23	① ② ③ ④
24	① ② ③ ④
25	① ② ③ ④
26	① ② ③ ④
27	① ② ③ ④
28	① ② ③ ④
29	① ② ③ ④
30	① ② ③ ④

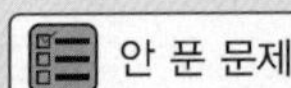

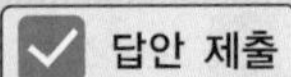

글자 크기 100% 150% 200% 화면 배치 전체 문제 수 : 안 푼 문제 수 :

10

불용성 섬유소의 종류로 옳은 것은?

① 검
② 뮤실리지
③ 펙틴
④ 셀룰로오스

11

찌는 떡이 아닌 것은?

① 느티떡
② 혼돈병
③ 골무떡
④ 신과병

12

떡의 주재료로 옳은 것은?

① 밤, 현미
② 흑미, 호두
③ 감, 차조
④ 찹쌀, 멥쌀

13

쌀의 수침 시 수분흡수율에 영향을 주는 요인으로 틀린 것은?

① 쌀의 품종
② 쌀의 저장 기간
③ 수침 시 물의 온도
④ 쌀의 비타민 함량

답안 표기란

번호	답안
1	① ② ③ ④
2	① ② ③ ④
3	① ② ③ ④
4	① ② ③ ④
5	① ② ③ ④
6	① ② ③ ④
7	① ② ③ ④
8	① ② ③ ④
9	① ② ③ ④
10	① ② ③ ④
11	① ② ③ ④
12	① ② ③ ④
13	① ② ③ ④
14	① ② ③ ④
15	① ② ③ ④
16	① ② ③ ④
17	① ② ③ ④
18	① ② ③ ④
19	① ② ③ ④
20	① ② ③ ④
21	① ② ③ ④
22	① ② ③ ④
23	① ② ③ ④
24	① ② ③ ④
25	① ② ③ ④
26	① ② ③ ④
27	① ② ③ ④
28	① ② ③ ④
29	① ② ③ ④
30	① ② ③ ④

계산기   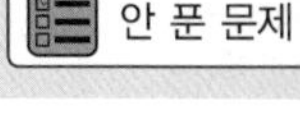 답안 제출

글자 크기 100% 150% 200% | 화면 배치 | 전체 문제 수 : 안 푼 문제 수 :

14

빚은 떡 제조 시 쌀가루 반죽에 대한 설명으로 틀린 것은?

① 송편 등의 떡 반죽은 많이 치댈수록 부드러우면서 입의 감촉이 좋다.
② 반죽은 치는 횟수가 많아지면 반죽 중에 작은 기포가 함유되어 부드러워진다.
③ 쌀가루를 익반죽하면 전분의 일부가 호화되어 점성이 생겨 반죽이 잘 뭉친다.
④ 반죽할 때 물의 온도가 낮을수록 치대는 반죽이 매끄럽고 부드러워진다.

15

인절미나 절편을 칠 때 사용되는 도구로 옳은 것은?

① 안반, 맷방석
② 떡메, 쳇다리
③ 안반, 떡메
④ 쳇다리, 이남박

16

설기떡에 대한 설명으로 틀린 것은?

① 고물 없이 한 덩어리가 되도록 찌는 떡이다.
② 콩, 쑥, 밤, 대추, 과일 등 부재료가 들어가기도 한다.
③ 콩떡, 팥시루떡, 쑥떡, 호박떡, 무지개떡이 있다.
④ 무리병이라고도 한다.

답안 표기란

번호	답안
1	① ② ③ ④
2	① ② ③ ④
3	① ② ③ ④
4	① ② ③ ④
5	① ② ③ ④
6	① ② ③ ④
7	① ② ③ ④
8	① ② ③ ④
9	① ② ③ ④
10	① ② ③ ④
11	① ② ③ ④
12	① ② ③ ④
13	① ② ③ ④
14	① ② ③ ④
15	① ② ③ ④
16	① ② ③ ④
17	① ② ③ ④
18	① ② ③ ④
19	① ② ③ ④
20	① ② ③ ④
21	① ② ③ ④
22	① ② ③ ④
23	① ② ③ ④
24	① ② ③ ④
25	① ② ③ ④
26	① ② ③ ④
27	① ② ③ ④
28	① ② ③ ④
29	① ② ③ ④
30	① ② ③ ④

계산기   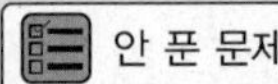

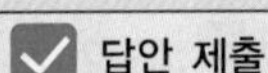

글자 크기 100% 150% 200% | 화면 배치 | 전체 문제 수 : 안 푼 문제 수 :

17

찰떡류 제조에 대한 설명으로 옳은 것은?

① 불린 찹쌀을 여러 번 빻아 찹쌀가루를 곱게 준비한다.
② 쇠머리떡 제조 시 멥쌀가루를 소량 첨가할 경우 굳혀서 썰기에 좋다.
③ 찰떡은 메떡에 비해 찔 때 소요되는 시간이 짧다.
④ 팥은 1시간 정도 불려 설탕과 소금을 섞어 사용한다.

18

치는 떡이 아닌 것은?

① 꽃절편
② 인절미
③ 개피떡
④ 쑥개떡

19

떡의 노화를 지연시키는 보관 방법으로 옳은 것은?

① 4℃ 냉장고에 보관한다.
② 2℃ 김치냉장고에 보관한다.
③ −18℃ 냉동고에 보관한다.
④ 실온에 보관한다.

답안 표기란

번호	답안
1	① ② ③ ④
2	① ② ③ ④
3	① ② ③ ④
4	① ② ③ ④
5	① ② ③ ④
6	① ② ③ ④
7	① ② ③ ④
8	① ② ③ ④
9	① ② ③ ④
10	① ② ③ ④
11	① ② ③ ④
12	① ② ③ ④
13	① ② ③ ④
14	① ② ③ ④
15	① ② ③ ④
16	① ② ③ ④
17	① ② ③ ④
18	① ② ③ ④
19	① ② ③ ④
20	① ② ③ ④
21	① ② ③ ④
22	① ② ③ ④
23	① ② ③ ④
24	① ② ③ ④
25	① ② ③ ④
26	① ② ③ ④
27	① ② ③ ④
28	① ② ③ ④
29	① ② ③ ④
30	① ② ③ ④

계산기   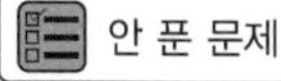 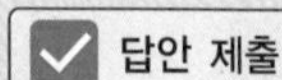

20

떡류 포장 표시의 기준을 포함하며, 소비자의 알 권리를 보장하고 건전한 거래질서를 확립함으로써 소비자 보호에 이바지함을 목적으로 하는 것은?

① 식품안전기본법
② 식품안전관리인증기준
③ 식품 등의 표시·광고에 관한 법률
④ 식품위생 분야 종사자의 건강진단 규칙

21

식품 등의 기구 또는 용기·포장의 표시기준으로 틀린 것은?

① 재질
② 영업소 명칭 및 소재지
③ 소비자 안전을 위한 주의사항
④ 섭취량, 섭취방법 및 섭취 시 주의사항

22

떡 반죽의 특징으로 틀린 것은?

① 많이 치댈수록 공기가 포함되어 부드러우면서 입 안에서의 감촉이 좋다.
② 많이 치댈수록 글루텐이 많이 형성되어 쫄깃해진다.
③ 익반죽할 때 물의 온도가 높으면 점성이 생겨 반죽이 용이하다.
④ 쑥이나 수리취 등을 섞으면 반죽할 때 노화속도가 지연된다.

답안 표기란	
1	① ② ③ ④
2	① ② ③ ④
3	① ② ③ ④
4	① ② ③ ④
5	① ② ③ ④
6	① ② ③ ④
7	① ② ③ ④
8	① ② ③ ④
9	① ② ③ ④
10	① ② ③ ④
11	① ② ③ ④
12	① ② ③ ④
13	① ② ③ ④
14	① ② ③ ④
15	① ② ③ ④
16	① ② ③ ④
17	① ② ③ ④
18	① ② ③ ④
19	① ② ③ ④
20	① ② ③ ④
21	① ② ③ ④
22	① ② ③ ④
23	① ② ③ ④
24	① ② ③ ④
25	① ② ③ ④
26	① ② ③ ④
27	① ② ③ ④
28	① ② ③ ④
29	① ② ③ ④
30	① ② ③ ④

계산기   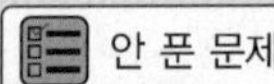

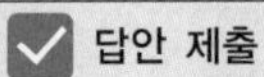

글자 크기 100% 150% 200% | 화면 배치 | 전체 문제 수 : 안 푼 문제 수 :

23

전통적인 약밥을 만드는 과정에 대한 설명으로 틀린 것은?

① 긴장과 양념이 한쪽에 치우쳐서 얼룩지지 않도록 골고루 버무린다.
② 불린 찹쌀에 부재료와 간장, 설탕, 참기름 등을 한꺼번에 넣고 쪄낸다.
③ 찹쌀을 불려서 1차로 찔 때 충분히 쪄야 간과 색이 잘 배인다.
④ 양념한 밥을 오래 중탕하여 갈색이 나도록 한다.

24

저온 저장이 미생물 생육 및 효소 활성에 미치는 영향에 관한 설명으로 틀린 것은?

① 일부의 효모는 -10℃에서도 생존 가능하다.
② 곰팡이 포자는 저온에 대한 저항성이 강하다.
③ 부분 냉동 상태보다는 완전 동결 상태 하에서 효소 활성이 촉진되어 식품이 변질되기 쉽다.
④ 리스테리아균이나 슈도모나스균은 냉장 온도에서도 증식 가능하여 식품의 부패나 식중독을 유발한다.

25

백설기를 만드는 방법으로 틀린 것은?

① 멥쌀을 충분히 불려 물기를 빼고 소금을 넣어 곱게 빻는다.
② 쌀가루에 물을 주어 잘 비빈 후 중간체에 내려 설탕을 넣고 고루 섞는다.
③ 찜기에 시루밑을 깔고 체에 내린 쌀가루를 꾹꾹 눌러 안친다.
④ 물솥 위에 찜기를 올리고 15~20분간 찐 후 약한 불에서 5분간 뜸을 들인다.

답안 표기란

번호	답안
1	① ② ③ ④
2	① ② ③ ④
3	① ② ③ ④
4	① ② ③ ④
5	① ② ③ ④
6	① ② ③ ④
7	① ② ③ ④
8	① ② ③ ④
9	① ② ③ ④
10	① ② ③ ④
11	① ② ③ ④
12	① ② ③ ④
13	① ② ③ ④
14	① ② ③ ④
15	① ② ③ ④
16	① ② ③ ④
17	① ② ③ ④
18	① ② ③ ④
19	① ② ③ ④
20	① ② ③ ④
21	① ② ③ ④
22	① ② ③ ④
23	① ② ③ ④
24	① ② ③ ④
25	① ② ③ ④
26	① ② ③ ④
27	① ② ③ ④
28	① ② ③ ④
29	① ② ③ ④
30	① ② ③ ④

계산기   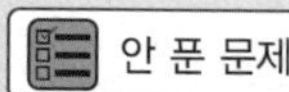

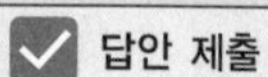

글자 크기 100% 150% 200% | 화면 배치 | 전체 문제 수 : 안 푼 문제 수 :

26

떡류의 보관관리에 대한 설명으로 틀린 것은?

① 당일 제조 및 판매 물량만 확보하여 사용한다.
② 오래 보관된 제품은 판매하지 않도록 한다.
③ 진열 전의 떡은 서늘하고 빛이 들지 않는 곳에서 보관한다.
④ 여름철에는 상온에서 24시간까지는 보관해도 된다.

27

인절미를 뜻하는 단어로 틀린 것은?

① 인병
② 은절병
③ 절병
④ 인절병

28

설기 제조에 대한 일반적인 과정으로 옳은 것은?

① 멥쌀은 깨끗하게 씻어 8~12시간 정도 불려서 사용한다.
② 쌀가루는 물기가 있는 상태에서 굵은체에 내린다.
③ 찜기에 준비된 재료를 올려 약한 불에서 바로 찐다.
④ 불을 끄고 20분 정도 뜸을 들인 후 그릇에 담는다.

답안 표기란

번호	답안
1	① ② ③ ④
2	① ② ③ ④
3	① ② ③ ④
4	① ② ③ ④
5	① ② ③ ④
6	① ② ③ ④
7	① ② ③ ④
8	① ② ③ ④
9	① ② ③ ④
10	① ② ③ ④
11	① ② ③ ④
12	① ② ③ ④
13	① ② ③ ④
14	① ② ③ ④
15	① ② ③ ④
16	① ② ③ ④
17	① ② ③ ④
18	① ② ③ ④
19	① ② ③ ④
20	① ② ③ ④
21	① ② ③ ④
22	① ② ③ ④
23	① ② ③ ④
24	① ② ③ ④
25	① ② ③ ④
26	① ② ③ ④
27	① ② ③ ④
28	① ② ③ ④
29	① ② ③ ④
30	① ② ③ ④

계산기   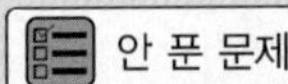 

글자 크기 100% 150% 200% 화면 배치 전체 문제 수 : 안 푼 문제 수 :

29

인절미를 칠 때 사용되는 도구가 아닌 것은?

① 절구
② 안반
③ 떡메
④ 떡살

30

멥쌀가루에 요오드 용액을 떨어뜨렸을 때 변화되는 색은?

① 변화가 없음
② 녹색
③ 청자색
④ 적갈색

답안 표기란

1	① ② ③ ④
2	① ② ③ ④
3	① ② ③ ④
4	① ② ③ ④
5	① ② ③ ④
6	① ② ③ ④
7	① ② ③ ④
8	① ② ③ ④
9	① ② ③ ④
10	① ② ③ ④
11	① ② ③ ④
12	① ② ③ ④
13	① ② ③ ④
14	① ② ③ ④
15	① ② ③ ④
16	① ② ③ ④
17	① ② ③ ④
18	① ② ③ ④
19	① ② ③ ④
20	① ② ③ ④
21	① ② ③ ④
22	① ② ③ ④
23	① ② ③ ④
24	① ② ③ ④
25	① ② ③ ④
26	① ② ③ ④
27	① ② ③ ④
28	① ② ③ ④
29	① ② ③ ④
30	① ② ③ ④

계산기   안 푼 문제 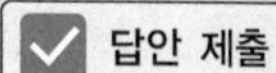

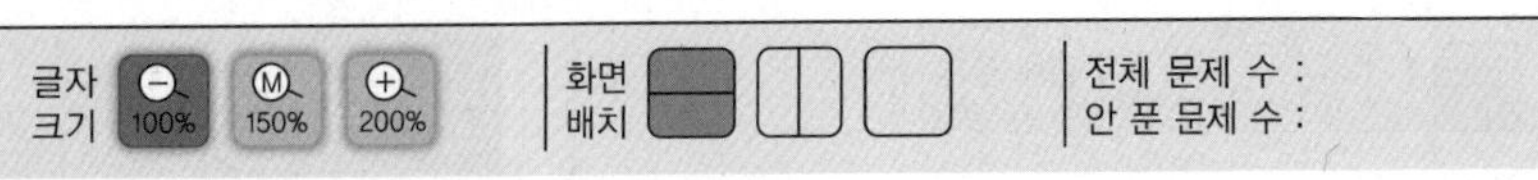

31

가래떡 제조과정의 순서로 옳은 것은?

① 쌀가루 만들기 – 안쳐 찌기 – 용도에 맞게 자르기 – 성형하기
② 쌀가루 만들기 – 소 만들어 넣기 – 안쳐 찌기 – 성형하기
③ 쌀가루 만들기 – 익반죽하기 – 성형하기 – 안쳐 찌기
④ 쌀가루 만들기 – 안쳐 찌기 – 성형하기 – 용도에 맞게 자르기

32

전통음식에서 '약(藥)' 자가 들어가는 음식의 의미로 틀린 것은?

① 꿀과 참기름 등을 많이 넣은 음식에 약(藥) 자를 붙였다.
② 몸에 이로운 음식이라는 개념을 함께 지니고 있다.
③ 꿀을 넣은 과자와 밥을 각각 약과(藥果)와 약식(藥食)이라 하였다.
④ 한약재를 넣어 몸에 이롭게 만든 음식만을 의미한다.

33

약식의 양념(캐러멜 소스) 제조 과정에 대한 설명으로 틀린 것은?

① 설탕과 물을 넣어 끓인다.
② 끓일 때 젓지 않는다.
③ 설탕이 갈색으로 변하면 불을 끄고 물엿을 혼합한다.
④ 캐러멜소스는 130℃에서 갈색이 된다.

답안 표기란	
31	① ② ③ ④
32	① ② ③ ④
33	① ② ③ ④
34	① ② ③ ④
35	① ② ③ ④
36	① ② ③ ④
37	① ② ③ ④
38	① ② ③ ④
39	① ② ③ ④
40	① ② ③ ④
41	① ② ③ ④
42	① ② ③ ④
43	① ② ③ ④
44	① ② ③ ④
45	① ② ③ ④
46	① ② ③ ④
47	① ② ③ ④
48	① ② ③ ④
49	① ② ③ ④
50	① ② ③ ④
51	① ② ③ ④
52	① ② ③ ④
53	① ② ③ ④
54	① ② ③ ④
55	① ② ③ ④
56	① ② ③ ④
57	① ② ③ ④
58	① ② ③ ④
59	① ② ③ ④
60	① ② ③ ④

계산기   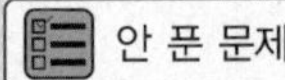 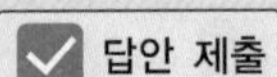

글자 크기 100% 150% 200% 화면 배치 전체 문제 수 : 안 푼 문제 수 :

34

얼음 결정의 크기가 크고 식품의 텍스처 품질 손상 정도가 큰 저장 방법은?

① 완만 냉동
② 급속 냉동
③ 빙온 냉장
④ 초급속 냉동

35

재료의 계량에 대한 설명으로 틀린 것은?

① 액체 재료 부피 계량은 투명한 재질로 만들어진 계량컵을 사용하는 것이 좋다.
② 계량단위 1큰술의 부피는 15ml 정도이다.
③ 저울을 사용할 때 편평한 곳에서 0점(Zero Point)을 맞춘 후 사용한다.
④ 고체지방 재료 부피계량은 계량컵에 잘게 잘라 담아 계량한다.

36

화학물질의 취급 시 유의사항으로 틀린 것은?

① 작업장 내에 물질안전보건 자료를 비치한다.
② 고무장갑 등 보호복장을 착용하도록 한다.
③ 물 이외의 물질과 섞어서 사용한다.
④ 액체 상태인 물질을 덜어 쓸 경우 펌프기능이 있는 호스를 사용한다.

답안 표기란

번호	답안
31	① ② ③ ④
32	① ② ③ ④
33	① ② ③ ④
34	① ② ③ ④
35	① ② ③ ④
36	① ② ③ ④
37	① ② ③ ④
38	① ② ③ ④
39	① ② ③ ④
40	① ② ③ ④
41	① ② ③ ④
42	① ② ③ ④
43	① ② ③ ④
44	① ② ③ ④
45	① ② ③ ④
46	① ② ③ ④
47	① ② ③ ④
48	① ② ③ ④
49	① ② ③ ④
50	① ② ③ ④
51	① ② ③ ④
52	① ② ③ ④
53	① ② ③ ④
54	① ② ③ ④
55	① ② ③ ④
56	① ② ③ ④
57	① ② ③ ④
58	① ② ③ ④
59	① ② ③ ④
60	① ② ③ ④

계산기   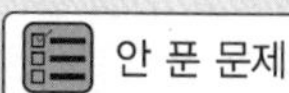 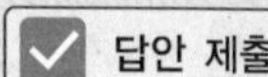

안심Touch

글자 크기 100% 150% 200% 화면 배치 전체 문제 수 : 안 푼 문제 수 :

37

식품영업장이 위치해야 할 장소의 구비조건이 아닌 것은?

① 식수로 적합한 물이 풍부하게 공급되는 곳
② 환경적 오염이 발생되지 않는 곳
③ 전력 공급 사정이 좋은 곳
④ 가축 사육 시설이 가까이 있는 곳

38

100℃에서 10분간 가열하여도 균에 의한 독소가 파괴되지 않아 식품을 섭취한 후 3시간 정도 만에 구토, 설사, 심한 복통 증상을 유발하는 미생물은?

① 노로바이러스
② 황색포도상구균
③ 캄필로박터균
④ 살모넬라균

39

다음과 같은 특성을 지닌 살균소독제는?

- 가용성이며 냄새가 없다.
- 자극성 및 부식성이 없다.
- 유기물이 존재하면 살균 효과가 감소된다.
- 작업자의 손이나 용기 및 기구 소독에 주로 사용한다.

① 승홍 ② 크레졸
③ 석탄산 ④ 역성비누

답안 표기란

31	① ② ③ ④
32	① ② ③ ④
33	① ② ③ ④
34	① ② ③ ④
35	① ② ③ ④
36	① ② ③ ④
37	① ② ③ ④
38	① ② ③ ④
39	① ② ③ ④
40	① ② ③ ④
41	① ② ③ ④
42	① ② ③ ④
43	① ② ③ ④
44	① ② ③ ④
45	① ② ③ ④
46	① ② ③ ④
47	① ② ③ ④
48	① ② ③ ④
49	① ② ③ ④
50	① ② ③ ④
51	① ② ③ ④
52	① ② ③ ④
53	① ② ③ ④
54	① ② ③ ④
55	① ② ③ ④
56	① ② ③ ④
57	① ② ③ ④
58	① ② ③ ④
59	① ② ③ ④
60	① ② ③ ④

계산기   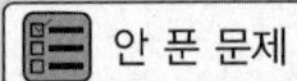

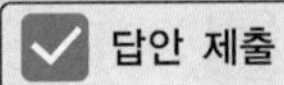

글자 크기 100% 150% 200% | 화면 배치 | 전체 문제 수 : 안 푼 문제 수 :

40

식품의 변질에 의한 생성물로 틀린 것은?

① 과산화물
② 암모니아
③ 토코페롤
④ 황화수소

41

썩거나 상하거나 설익어서 인체의 건강을 해칠 우려가 있는 위해식품을 판매한 영업자에게 부과되는 벌칙은?(단, 해당 죄로 금고 이상의 형을 선고받거나 그 형이 확정된 적이 없는 자에 한한다)

① 1년 이하 징역 또는 1천만원 이하 벌금
② 3년 이하 징역 또는 3천만원 이하 벌금
③ 5년 이하 징역 또는 5천만원 이하 벌금
④ 10년 이하 징역 또는 1억원 이하 벌금

42

물리적 살균 소독방법이 아닌 것은?

① 일광 소독
② 화염 멸균
③ 역성비누 소독
④ 자외선 살균

답안 표기란

번호	답안
31	① ② ③ ④
32	① ② ③ ④
33	① ② ③ ④
34	① ② ③ ④
35	① ② ③ ④
36	① ② ③ ④
37	① ② ③ ④
38	① ② ③ ④
39	① ② ③ ④
40	① ② ③ ④
41	① ② ③ ④
42	① ② ③ ④
43	① ② ③ ④
44	① ② ③ ④
45	① ② ③ ④
46	① ② ③ ④
47	① ② ③ ④
48	① ② ③ ④
49	① ② ③ ④
50	① ② ③ ④
51	① ② ③ ④
52	① ② ③ ④
53	① ② ③ ④
54	① ② ③ ④
55	① ② ③ ④
56	① ② ③ ④
57	① ② ③ ④
58	① ② ③ ④
59	① ② ③ ④
60	① ② ③ ④

계산기    안 푼 문제  답안 제출

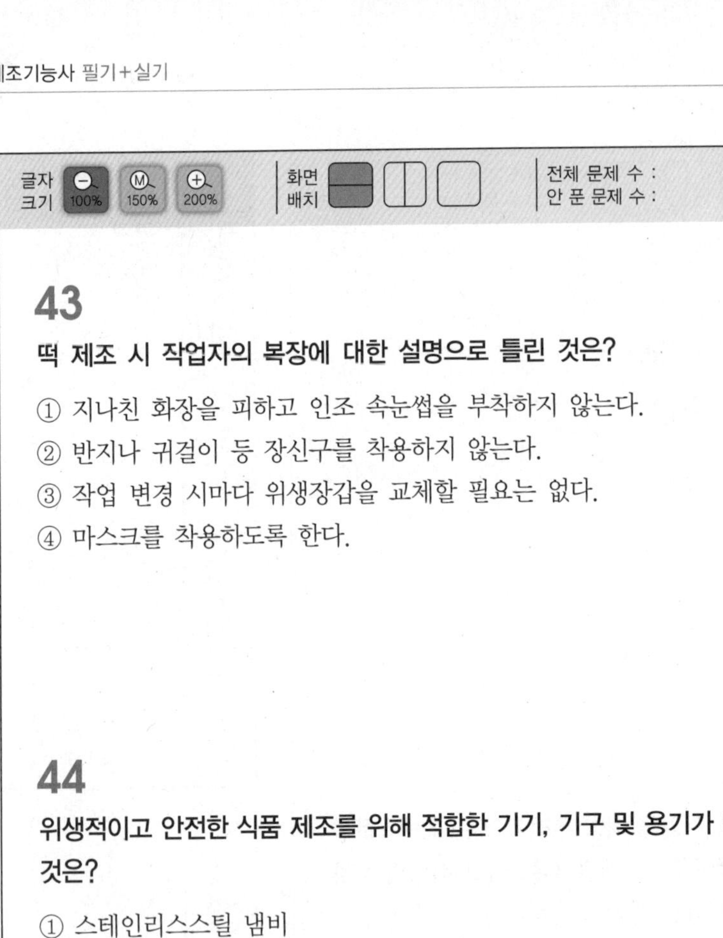

글자 크기 100% 150% 200% 화면 배치 전체 문제 수 : 안 푼 문제 수 :

43

떡 제조 시 작업자의 복장에 대한 설명으로 틀린 것은?

① 지나친 화장을 피하고 인조 속눈썹을 부착하지 않는다.
② 반지나 귀걸이 등 장신구를 착용하지 않는다.
③ 작업 변경 시마다 위생장갑을 교체할 필요는 없다.
④ 마스크를 착용하도록 한다.

44

위생적이고 안전한 식품 제조를 위해 적합한 기기, 기구 및 용기가 아닌 것은?

① 스테인리스스틸 냄비
② 산성 식품에 사용하는 구리를 함유한 그릇
③ 소독과 살균이 가능한 내수성 재질의 작업대
④ 흡수성이 없는 단단한 단풍나무 재목의 도마

45

오염된 곡물의 섭취를 통해 장애를 일으키는 곰팡이독의 종류가 아닌 것은?

① 황변미독
② 맥각독
③ 아플라톡신
④ 베네루핀

답안 표기란

번호	①	②	③	④
31	①	②	③	④
32	①	②	③	④
33	①	②	③	④
34	①	②	③	④
35	①	②	③	④
36	①	②	③	④
37	①	②	③	④
38	①	②	③	④
39	①	②	③	④
40	①	②	③	④
41	①	②	③	④
42	①	②	③	④
43	①	②	③	④
44	①	②	③	④
45	①	②	③	④
46	①	②	③	④
47	①	②	③	④
48	①	②	③	④
49	①	②	③	④
50	①	②	③	④
51	①	②	③	④
52	①	②	③	④
53	①	②	③	④
54	①	②	③	④
55	①	②	③	④
56	①	②	③	④
57	①	②	③	④
58	①	②	③	④
59	①	②	③	④
60	①	②	③	④

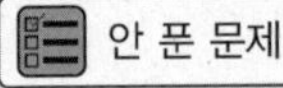

글자 크기 100% 150% 200% 화면 배치 전체 문제 수 : 안 푼 문제 수 :

46

각 지역과 향토 떡의 연결로 틀린 것은?

① 경기도 – 여주산병, 색떡
② 경상도 – 모싯잎송편, 만경떡
③ 제주도 – 오메기떡, 빙떡
④ 평안도 – 장떡, 수리취떡

47

약식의 유래를 기록하고 있으며 이를 통해 신라시대부터 약식을 먹어왔음을 알 수 있는 문헌은?

① 〈목은집〉
② 〈도문대작〉
③ 〈삼국사기〉
④ 〈삼국유사〉

48

중양절에 대한 설명으로 틀린 것은?

① 추석에 햇곡식으로 제사를 올리지 못한 집안에서 뒤늦게 천신을 하였다.
② 밤떡과 국화전을 만들어 먹었다.
③ 시인과 묵객들은 야외로 나가 시를 읊거나 풍국놀이를 하였다.
④ 잡과병과 밀단고를 만들어 먹었다.

답안 표기란

31	① ② ③ ④
32	① ② ③ ④
33	① ② ③ ④
34	① ② ③ ④
35	① ② ③ ④
36	① ② ③ ④
37	① ② ③ ④
38	① ② ③ ④
39	① ② ③ ④
40	① ② ③ ④
41	① ② ③ ④
42	① ② ③ ④
43	① ② ③ ④
44	① ② ③ ④
45	① ② ③ ④
46	① ② ③ ④
47	① ② ③ ④
48	① ② ③ ④
49	① ② ③ ④
50	① ② ③ ④
51	① ② ③ ④
52	① ② ③ ④
53	① ② ③ ④
54	① ② ③ ④
55	① ② ③ ④
56	① ② ③ ④
57	① ② ③ ④
58	① ② ③ ④
59	① ② ③ ④
60	① ② ③ ④

계산기   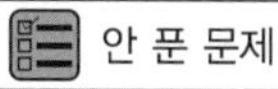 

글자 크기 100% 150% 200% 화면 배치 전체 문제 수 : 안 푼 문제 수 :

49

음력 3월 3일에 먹는 시절 떡은?

① 수리취절편
② 약식
③ 느티떡
④ 진달래화전

50

봉치떡에 대한 설명으로 틀린 것은?

① 납폐 의례 절차 중에 차려지는 대표적인 혼례음식으로 함떡이라고도 한다.
② 떡을 두 켜로 올리는 것은 부부 한 쌍을 상징하는 것이다.
③ 밤과 대추는 재물이 풍성하기를 기원하는 뜻이 담겨 있다.
④ 찹쌀가루를 쓰는 것은 부부의 금실이 찰떡처럼 화목하게 되라는 뜻이다.

51

약식의 유래와 관계가 없는 것은?

① 백결선생
② 금갑
③ 까마귀
④ 소지왕

답안 표기란

번호	답안
31	① ② ③ ④
32	① ② ③ ④
33	① ② ③ ④
34	① ② ③ ④
35	① ② ③ ④
36	① ② ③ ④
37	① ② ③ ④
38	① ② ③ ④
39	① ② ③ ④
40	① ② ③ ④
41	① ② ③ ④
42	① ② ③ ④
43	① ② ③ ④
44	① ② ③ ④
45	① ② ③ ④
46	① ② ③ ④
47	① ② ③ ④
48	① ② ③ ④
49	① ② ③ ④
50	① ② ③ ④
51	① ② ③ ④
52	① ② ③ ④
53	① ② ③ ④
54	① ② ③ ④
55	① ② ③ ④
56	① ② ③ ④
57	① ② ③ ④
58	① ② ③ ④
59	① ② ③ ④
60	① ② ③ ④

계산기

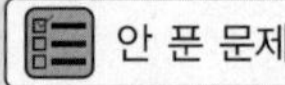

글자 크기 100% 150% 200% | 화면 배치 | 전체 문제 수 : 안 푼 문제 수 :

52

돌상에 차리는 떡의 종류와 의미로 틀린 것은?

① 인절미 – 학문적 성장을 촉구하는 뜻을 담고 있다.
② 수수팥경단 – 아이의 생애에 있어 액을 미리 막아준다는 의미를 담고 있다.
③ 오색송편 – 우주만물과 조화를 이루며 살아가라는 의미를 담고 있다.
④ 백설기 – 신성함과 정결함을 뜻하며, 순진무구하게 자라라는 기원이 담겨 있다.

53

다음은 떡의 어원에 관한 설명이다. 옳은 내용을 모두 선택한 것은?

> 가 : 곤떡은 '색과 모양이 곱다'하여 처음에는 고운 떡으로 불리었다.
> 나 : 구름떡은 '썬 모양이 구름 모양과 같다'하여 붙여진 이름이다.
> 다 : 오쟁이떡은 떡의 모양을 가운데 구멍을 내고 만들어 붙여진 이름이다.
> 라 : 빙떡은 떡을 차갑게 식혀 만들어 붙여진 이름이다.
> 마 : 해장떡은 '해장국과 함께 먹었다'하여 붙여진 이름이다.

① 가, 나, 마　　② 가, 나, 다
③ 나, 다, 라　　④ 다, 라, 마

54

떡과 관련된 내용을 담고 있는 서적으로 조선시대에 출간되지 않은 것은?

① 〈도문대작〉　　② 〈음식디미방〉
③ 〈임원십육지〉　　④ 〈이조궁정요리통고〉

답안 표기란	
31	① ② ③ ④
32	① ② ③ ④
33	① ② ③ ④
34	① ② ③ ④
35	① ② ③ ④
36	① ② ③ ④
37	① ② ③ ④
38	① ② ③ ④
39	① ② ③ ④
40	① ② ③ ④
41	① ② ③ ④
42	① ② ③ ④
43	① ② ③ ④
44	① ② ③ ④
45	① ② ③ ④
46	① ② ③ ④
47	① ② ③ ④
48	① ② ③ ④
49	① ② ③ ④
50	① ② ③ ④
51	① ② ③ ④
52	① ② ③ ④
53	① ② ③ ④
54	① ② ③ ④
55	① ② ③ ④
56	① ② ③ ④
57	① ② ③ ④
58	① ② ③ ④
59	① ② ③ ④
60	① ② ③ ④

계산기   안 푼 문제 답안 제출

글자 크기 100% 150% 200% | 화면 배치 | 전체 문제 수 : 안 푼 문제 수 :

55

아이의 장수복록을 축원하는 의미로 돌상에 올리는 떡으로 틀린 것은?

① 두텁떡
② 오색송편
③ 수수팥경단
④ 백설기

56

삼짇날의 절기 떡이 아닌 것은?

① 진달래화전
② 향애단
③ 쑥떡
④ 유엽병

57

통과의례에 대한 설명으로 틀린 것은?

① 사람이 태어나 죽을 때까지 필연적으로 거치게 되는 중요한 의례를 말한다.
② 책례는 어려운 책을 한 권씩 뗄 때마다 이를 축하하고 더욱 학문에 정진하라는 격려의 의미로 행하는 의례이다.
③ 납일은 사람이 살아가는 데 도움을 준 천지만물의 신령에게 음덕을 갚는 의미로 제사를 지내는 날이다.
④ 성년례는 어른으로부터 독립하여 자기의 삶은 자기가 갈무리하라는 책임과 의무를 일깨워주는 의례이다.

답안 표기란

번호	답안
31	① ② ③ ④
32	① ② ③ ④
33	① ② ③ ④
34	① ② ③ ④
35	① ② ③ ④
36	① ② ③ ④
37	① ② ③ ④
38	① ② ③ ④
39	① ② ③ ④
40	① ② ③ ④
41	① ② ③ ④
42	① ② ③ ④
43	① ② ③ ④
44	① ② ③ ④
45	① ② ③ ④
46	① ② ③ ④
47	① ② ③ ④
48	① ② ③ ④
49	① ② ③ ④
50	① ② ③ ④
51	① ② ③ ④
52	① ② ③ ④
53	① ② ③ ④
54	① ② ③ ④
55	① ② ③ ④
56	① ② ③ ④
57	① ② ③ ④
58	① ② ③ ④
59	① ② ③ ④
60	① ② ③ ④

계산기   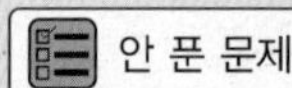 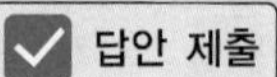

글자 크기 100% 150% 200% | 화면 배치 | 전체 문제 수 : 안 푼 문제 수 :

58

떡의 어원에 대한 설명으로 틀린 것은?

① 차륜병은 수리취절편에 수레바퀴 모양의 문양을 내어 붙여진 이름이다.
② 석탄병은 '삼키기 아까울 정도로 맛이 좋다'는 뜻에서 붙여진 이름이다.
③ 약편은 멥쌀가루에 계피, 천궁, 생강 등 약재를 넣어 붙여진 이름이다.
④ 첨세병은 떡국을 먹음으로써 나이를 하나 더하게 된다는 뜻으로 붙여진 이름이다.

59

삼복에 먹는 절기 떡으로 틀린 것은?

① 증편
② 주악
③ 팥경단
④ 깨찰편

60

절기와 절식 떡의 연결이 틀린 것은?

① 정월대보름 – 약식
② 삼짇날 – 진달래화전
③ 단오 – 차륜병
④ 추석 – 삭일송편

답안 표기란	
31	① ② ③ ④
32	① ② ③ ④
33	① ② ③ ④
34	① ② ③ ④
35	① ② ③ ④
36	① ② ③ ④
37	① ② ③ ④
38	① ② ③ ④
39	① ② ③ ④
40	① ② ③ ④
41	① ② ③ ④
42	① ② ③ ④
43	① ② ③ ④
44	① ② ③ ④
45	① ② ③ ④
46	① ② ③ ④
47	① ② ③ ④
48	① ② ③ ④
49	① ② ③ ④
50	① ② ③ ④
51	① ② ③ ④
52	① ② ③ ④
53	① ② ③ ④
54	① ② ③ ④
55	① ② ③ ④
56	① ② ③ ④
57	① ② ③ ④
58	① ② ③ ④
59	① ② ③ ④
60	① ② ③ ④

계산기   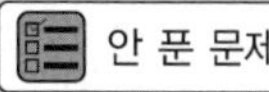 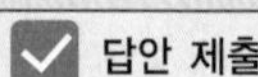

2022년 정답 및 해설

01	02	03	04	05	06	07	08	09	10
③	④	①	①	④	②	②	④	②	①
11	12	13	14	15	16	17	18	19	20
②	③	②	③	④	①	②	③	③	②
21	22	23	24	25	26	27			
①	②	④	①	②	①	②			

01 ③

해설
- 토란떡 : 토란을 삶고 으깨서 찹쌀가루에 넣고 둥글넓적하게 빚어지진 떡
- 노티떡 : 기장 또는 찹쌀을 엿기름으로 삭혀서 지진 떡
- 재증병 : 멥쌀가루를 쪄서 치댄 후 소를 넣고 송편 모양으로 빚어 다시 한번 더 찐 떡
- 산승 : 가루를 익반죽하여 꿀을 넣고 둥글납작하게 지진 떡

02 ④

해설 물이 함유하고 있는 유기물질과 정수과정에서 살균제로 사용되는 염소가 서로 반응하여 생성되는 발암성 물질은 트리할로메탄(THM)이다.

03 ①

해설 대추약편은 멥쌀가루에 대추고와 소금을 넣어 고루 섞은 후 막걸리와 설탕을 넣고 체에 내려 찐 떡이다.

04 ①

해설 돌상에는 백설기, 오색송편, 수수팥떡, 무지개떡을 올린다.

05 ④

해설 조선시대에는 농업기술과 음식의 조리방법, 가공, 보관기술이 발전하여 식생활 문화가 향상되었으며 떡에서는 단순히 곡물을 찌는 방법에서 벗어나 다양한 곡물을 배합하거나 부재료로 꽃이나 열매, 향신료를 이용하기 시작하였다. 각종 감미료와 천연색소를 넣어 떡이 더 화려해지고 종류도 다양해지며 맛 또한 풍부해졌다.

06 ②

해설 1관은 3.75kg이다.

07 ②

해설 수란떡은 치는 떡이다.
- 상실병 : 도토리가루를 멥쌀가루나 찹쌀가루와 섞어 붉은팥 고물을 깔아 시루에 찌는 떡
- 수란떡 : 멥쌀로 흰떡을 만들어 얇게 밀어 팥소를 넣고 덮은 후 큰 보시기와 작은 보시기로 눌러 만든 개피떡 모양의 떡을 두 개 또는 세 개를 붙여 만든 떡
- 나복병 : 무시루떡
- 석탄병 : 멥쌀가루에 감가루를 섞은 후 밤, 대추, 계피가루, 귤병, 잣가루 등을 고물로 섞어 녹두고물을 위아래 안쳐 찐 떡

08 ④

해설 찹쌀가루는 30분 정도 찐다.

09 ②

해설 찹쌀을 불리면 찹쌀무게의 1.3~1.4kg 정도로 불어난다.

10 ①

해설 쌀을 물에 불려 가루로 만들면 쌀의 수분함량은 30~40% 정도 되며 떡을 만들기 위해서는 약 50% 정도의 수분이 있어야 한다.

11 ②

해설 중화절(노비일)은 음력 2월 1일로 한 해 농사를 시작하기 전 일꾼들에게 커다란 송편을 만들어 주었는데 노비송편, 삭일송편이라고 하였다.

12 ③

해설 찹쌀은 3~4번 정도 가볍게 씻어준다.

13 ②

해설 콩을 날 것으로 먹게 되면 설사를 하게 되는데 이는 단백질을 분해하는 효소인 트립신의 작용을 억제하는 트립신억제제가 들어있기 때문이다. 이 트립신억제제는 가열처리를 하게 되면 활성을 잃게 된다.

14 ③

해설 상화병은 밀가루를 막걸리로 반죽하여 발효시킨 뒤 팥소를 넣고 둥글게 빚어 찐 떡으로 고려시대 때 원나라로부터 유래된 것으로 추측된다.

15 ④

해설 일반 세균은 0.91, 효모는 0.88, 곰팡이는 0.80 범위에서 증식한다.

16 ①

해설
- 중양절 : 국화전, 밤떡
- 유두절 : 수단, 상화병
- 중화절 : 노비송편

17 ②

해설 회갑에는 백편, 꿀편, 승검초편을 여러 단으로 쌓아 높이 올렸다.

18 ③

해설 송편의 소는 반죽 무게의 1/3~1/4 정도로 한다.

19 ③

해설 석이편은 석이채와 비늘잣으로 장식한다.

20 ②

해설
- 검은콩은 금속이온과 반응하여 색이 짙어진다.
- 대두에 들어있는 사포닌 성분은 설사를 유발한다.
- 땅콩에는 불포화지방산과 필수지방산이 풍부하게 들어있다.

21 ①

해설 재증병은 멥쌀가루를 쪄서 치댄 후 소를 넣고 송편 모양으로 빚어 다시 한번 더 찐 떡이다.

22 ②

해설 향미증진제는 식품의 맛 또는 향미를 증진시키며 아미노산계, 핵산계, 유기산계, 무기염류가 있다.

23 ④

해설 영업에 종사하지 못하는 질병
- 제1군 감염병(콜레라, 장티푸스, 파라티푸스, 세균성 이질, 장출혈성대장균감염증, A형간염)
- 결핵(비감염성인 경우는 제외)
- 피부병 또는 그 밖의 화농성 질환
- 후천성면역결핍증(AIDS)

24 ①

해설 수수도가니(수수벙거지, 수수옴팡떡)는 수수가루를 익반죽한 후 벙거지처럼 빚어서 콩을 깔고 시루에 찐 떡이다.

25 ②

해설 경앗가루는 떡의 고물로 주로 쓰이나 송화는 발색제로 쓰인다.

26 ①

해설 부패는 발효의 한 형태로 미생물에 의한 단백질의 분해가 일어나 악취 물질이 생성되는 과정을 말한다.

27 ②

해설
- 글리아딘 : 둥근 모양의 저분자 단백질로 물을 첨가하여 반죽하면 점성이 생긴다.
- 글루테닌 : 긴 막대 모양의 고분자 단백질로 물을 첨가하여 반죽하면 탄력이 생긴다.

2021년 정답 및 해설

01	02	03	04	05	06	07	08	09	10
④	①	②	②	②	③	④	②	③	④
11	12	13	14	15	16	17	18	19	20
④	②	④	①	②	①	③	③	①	①
21	22	23	24	25	26	27	28	29	30
②	②	①	③	③	③	④	③	④	③

01 ④

해설 캐러멜 소스는 설탕이 진한 갈색으로 변하면 불을 끄고 물엿을 혼합한다.

02 ①

해설 히스타민 : 아미노산의 일종인 히스티딘으로부터 합성되는 물질로 면역세포 중 비만세포에서 분비되어 염증반응과 알레르기를 유발한다.

03 ②

해설 조침떡은 좁쌀가루에 채 썬 생고구마를 섞고 팥고물을 켜켜이 안쳐서 시루에 찐 제주도 지방의 향토떡이다.

04 ②

해설
- 재증병 : 흰떡을 치다가 다시 찐 뒤에 또다시 쳐낸 떡으로 보드랍고 쫄깃쫄깃하다.
- 증병(증편) : 여름에 먹는 떡의 하나로 멥쌀가루에 막걸리를 넣고 반죽하여 더운 방에서 부풀려 밤, 대추, 잣 따위의 고명을 얹고 틀에 넣어 찌는 떡
- 기정떡 : 증병의 전라남도 방언
- 술떡 : 막걸리를 섞은 떡이라는 뜻으로 증병을 달리 이르는 말

05 ②

해설 근골격계질환은 무거운 물건을 드는 것과 같은 자극이나 반복된 동작에 의해 발생할 수 있다.

06 ③

해설 떡의 수분량은 60~70%가 적당하다.

07 ④

해설 봉채떡은 찹쌀 3되와 붉은팥 1되로 하여 시루에 2켜로 안친다. 떡을 2켜로 안치는 것은 부부 한 쌍을 의미한다.

08 ②

해설 동구리는 대나무 줄기나 버들가지를 촘촘히 엮어서 만든 상자로 음식을 담아 나를 때 쓰였다.

09 ③

해설 상화병은 고려시대 때 원나라에서 유입된 음식이다.

10 ④

해설 수수경단은 삶는 떡이다.

11 ④

해설 잣단자는 치는 떡이다.

12 ②

해설 팥은 귀신을 쫓는다 하여 제사에는 사용하지 않았다.

13 ④

해설 찰떡은 떡을 다 찐 후 뜸을 들이지 않는다.

14 ①

해설 위해식품 등의 판매 등 금지(제4조), 병든 고기 등의 판매 등 금지(제5조), 기준 규격이 정하여지지 아니한 화학적 합성품 등의 판매 등 금지(제6조)를 위반한 자는 10년 이하의 징역 또는 1억원 이하의 벌금, 또는 병과에 처해질 수 있다.

15 ②

해설 요오드 정색 반응을 하면 찹쌀은 적갈색을 띠고 멥쌀은 청남색을 띤다.

16 ①

해설 중양절에는 국화꽃잎을 따다가 국화주, 국화전, 밤떡을 만들어 먹었다.
- 노비송편 : 중화절
- 팥시루떡 : 상달
- 골무떡 : 납일

17 ③

해설 음력 3월 3일은 삼짇날로 번철을 들고 야외로 나가 찹쌀가루로 반죽을 하고 진달래꽃으로 수를 놓은 진달래화전을 만들어 먹었다.
- 수리취절편 : 단오
- 장미화전 : 초파일
- 증편 : 삼복

18 ③

해설 어레미체의 지름은 3mm 이상이다.
- 고운체, 깁체, 가루체 : 0.5~0.7mm
- 중간체, 중거리 : 2mm
- 굵은체, 도드미, 이레미 : 3mm 이상

19 ①

해설
- 치자그린 : 녹색
- 피멘톤 : 주황색
- 클로렐라 : 녹색

20 ①

해설 멥쌀은 아밀로스 함량이 20~30%, 아밀로펙틴 70~80%로 되어 있다.

21 ②

해설 율고는 찹쌀가루에 삶아 으깬 밤을 넣어 버무린 후 잣을 고명으로 얹어 찐 떡이다.

22 ②

해설 다른 지방에 비해 떡이 귀하였고 주로 쌀보다는 곡물을 이용해 만들었다.

23 ①

해설 오메기떡은 차조가루를 반죽하여 만든 떡에 팥고물을 묻혀 만든다.

24 ③

해설 색소는 떡의 노화를 지연시키는 것과 상관이 없다.

25 ③

해설 수수에는 탄닌 성분이 많아 떫은맛이 있는데 세게 문질러 씻어야 떫은맛이 사라진다. 수수로 떡을 만들 때에는 물에 담가 6~8시간 정도 불려주는데 붉은 물이 우러나면 3~4번 정도 물을 갈아주어야 수수 특유의 떫은맛을 없앨 수 있다.

26 ③

해설 중양절에는 국화전을 만들어 먹었다.

27 ④

해설 언감자송편은 함경도 향토떡이다.

28 ③

해설 일반적으로 잠복기가 길다.

29 ④

해설 유두절에는 수단과 상화병을 만들어 먹었다.

30 ③

해설 삼칠일에는 아이와 산모를 속세와 구별하여 산신의 보호 아래 둔다는 의미로 백설기를 집안에 모인 가족이나 가까운 이웃끼리만 나누어 먹으며 밖으로는 내보내지 않았다.

2020년 정답 및 해설

01	02	03	04	05	06	07	08	09	10
④	③	①	①	④	④	③	②	③	②
11	12	13	14	15	16	17	18	19	20
①	①	①	④	③	①	③	②	③	①
21	22	23	24	25	26	27	28	29	30
③	③	②	①	③	③	④	①	②	②
31	32	33	34	35	36	37	38	39	40
②	③	①	①	③	①	④	①	③	④
41	42	43	44	45	46	47	48	49	50
①	③	②	④	①	③	①	②	①	③
51	52	53	54	55	56	57	58	59	60
②	③	③	③	④	②	②	①	①	④
61	62	63	64	65	66	67	68	69	70
①	③	③	①	②	④	④	④	②	③

01 ④

해설 떡을 포장할 때에는 비닐(폴리에틸렌)을 가장 많이 사용한다.

02 ③

해설 포장의 기능으로는 정보 제공과 안정성, 계량의 기능, 식품 보존의 기능, 식품의 유통기능, 판매촉진의 기능이 있다.

03 ①

해설 서속 : 黍(기장 서), 粟(조 속)

04 ①

해설 혼례 때 신부 집에서 만드는 봉채떡(봉치떡)의 재료는 찹쌀 3되와 붉은팥 1되로 하여 시루에 2켜로 안친다. 위 켜 중앙에는 대추 7개와 밤을 둥글게 올렸다.

05 ④

해설 떡은 0~60°C에서 노화가 촉진되는데 온도가 낮을수록(0~4°C) 노화가 더 빠르다. −20~−30°C와 60°C 이상에서는 노화가 거의 일어나지 않는다.

06 ④

해설 호염균은 염분의 농도가 비교적 높은 곳에서 발육, 번식하는 세균으로 식중독의 원인이 되는 장염비브리오 식중독이 있다.

07 ③

해설 메밀에는 루틴이 풍부하게 들어 있다. 루틴은 혈관을 튼튼하게 해 고혈압, 당뇨병 환자에게 좋다.

08 ②

해설 잡과병은 설기떡이며, 멥쌀가루에 여러 과일을 섞는다는 뜻으로 잡과병(雜果餠)이라는 이름이 붙여졌다.

09 ③

해설 조리 : 쌀을 일어 돌을 걸러내는 데 쓰인다.

10 ②

해설 봉채떡(봉치떡) : 봉채떡은 찹쌀 3되와 붉은팥 1되로 하여 시루에 2켜로 안쳤으며 위 켜 중앙에는 대추 7개와 밤을 둥글게 올렸다.

- 찹쌀은 부부의 금실이 찰떡처럼 화합하여 잘 살기를 기원하는 뜻이며, 붉은팥은 액을 면하라는 의미가 담겨있다. 대추와 밤은 자손 번창을 의미하고 떡을 두 켜만 안치는 것은 부부 한쌍을 뜻한다. 찹쌀 3되와 대추 7개의 숫자는 길함을 나타낸다.

11 ①

해설 웃기떡으로는 단자, 주악, 화전이 쓰였다.

12 ①

해설 석이편은 석이버섯을 곱게 가루 내어 멥쌀가루에 섞어 찐 떡으로 '석이병'이라고도 한다. 석이채와 비늘잣으로 장식하는 고급떡이다.

13 ①

해설 백미는 탄수화물의 함량이 79.3% 정도로 가장 높다.
- 단백질 : 6.8%
- 지방 : 1.4%
- 수분 : 11.3%

14 ④

해설 고수레떡은 멥쌀가루로 반죽한 덩이를 쪄 낸 흰떡으로 안반에 놓고 떡메로 쳐 가래떡, 개피떡, 산병, 절편 등을 만든다.

15 ③

해설 ① 율고(찹쌀가루에 삶아 으깬 밤을 넣어 버무린 후 잣을 고명으로 얹어 찐 떡으로 중양절의 절식. 밤떡 또는 밤가루 설기라고도 부른다)
② 청애병(쑥을 넣어 만든 떡)
④ 상애병(상외떡, 상에떡, 상화병/부풀려 찌는 떡)

16 ①

해설
- 고운체(지름 0.5~0.7mm) : 깁체, 가루체
- 중간체(지름 2mm) : 중거리
- 굵은체(지름 3mm 이상) : 도드미, 어레미, 고물체

17 ③

해설
- 세균성 감염 : 세균성 이질, 장티푸스, 파라티푸스, 콜레라
- 바이러스성 감염 : 폴리오, 급성회백수염, 전염성 설사증
- 기생충성 감염 : 아메바성 이질

18 ②

해설 돌상에 올리는 떡 : 백설기, 붉은팥수수경단, 오색송편, 무지개떡

19 ③

해설 책례란 글방 따위에서 학생이 책 한 권을 다 읽어 떼거나 다 베껴 쓰고 난 뒤에 선생과 동료들에게 한턱내는 일로 오색송편을 빚어서 나누었다.

20 ①

해설 전분의 호정화는 전분에 물을 가하지 않고 높은 온도(160°C~180°C)로 가열하거나 효소나 산으로 가수분해했을 때 전분이 가용성 전분을 거쳐 다양한 길이의 덱스트린으로 분해되는 것이다. 황갈색을 띠고 용해성이 증가되며 점성은 약해지고 단맛은 증가한다(예 누룽지, 뻥튀기, 미숫가루 등).

21 ③

해설 유자는 들어가지 않는다.
- 도행병 : 복숭아와 살구로 만드는 떡
- 〈규합총서〉(1815) : 도행병은 복숭아, 살구가 무르익은 것을 씨 없이 체에 거른다. 멥쌀가루, 찹쌀가루를 복숭아, 살구 즙에 각각 많이 묻혀 버무려 볕에 말리어 유지(기름 종이) 주머니에 넣어 상하지 않게 둔다. 가을이나 겨울에 이것을 다시 가루로 만들어 사탕가루나 꿀에 버무려 대추, 밤, 잣, 후추, 계피 등 속으로 고명하여 멥쌀가루를 시루에 안쳐 찐다. 완자모양으로 빚어 볶은 꿀팥소를 넣어 삶아 잣가루를 묻혀 단자의 형태로도 만들어 먹었다.

22 ③

해설 잣은 비타민 B가 많고 철분이 풍부하다.

23 ②

해설 와거병(상추시루떡)은 상추잎을 깨끗이 씻은 후 물기를 털고 멥쌀가루에 섞어 거피고물을 얹어 찐 떡이다.

24 ①

해설 트리할로메탄 : 물이 함유하고 있는 유기물질과 정수과정에서 살균제로 사용되는 염소가 서로 반응하여 생성되는 발암성 물질

25 ③

해설
- 붉은색 : 백년초, 비트, 딸기, 홍국쌀
- 주황색 : 피멘톤(파프리카)가루, 황치즈가루
- 노란색 : 송화가루, 단호박가루, 치자, 울금
- 녹색 : 승검초가루, 쑥, 새싹보리, 녹차, 클로렐라, 시금치
- 보라색 : 자색고구마
- 검정색 : 석이버섯, 흑임자, 흑미
- 갈색 : 코코아가루, 계피가루

26 ③

해설
- 백국 : 밀가루에 찹쌀가루를 더 넣어 빚은 누룩
- 떡국의 다른 이름 : 백탕, 병탕, 첨세병

27 ④

해설
- 정조다례 : 설날에 조상에게 올리는 제사
- 단오 – 수리취절편(차륜병)
- 상화병 – 유두절

28 ①

해설 ② 복령떡 : 백복령가루와 멥쌀가루를 섞어 거피팥 고물과 켜켜이 안쳐 찐 전라도 지역의 떡으로 백복령떡이라고도 부른다.
③ 색떡 : 멥쌀가루에 수분을 주어 찌고 이것을 덩어리로 만들어 여러 색을 들이고 오래도록 친 떡으로 주로 장식용이나 잔치용으로 쓰였다.
④ 석탄병 : 멥쌀가루에 감가루를 섞어 여러 고물과 녹두 고물을 위아래 안쳐 쪄낸 떡이다.

29 ②

해설 고려 후기 원나라의 영향으로 만들어졌다.

30 ②

해설 포장용기 표시사항으로는 제품명, 식품유형, 영업소(장)의 명칭(상호) 및 소재지, 유통기한, 내용량 및 내용량에 해당하는 열량, 원재료명, 영양성분, 용기·포장 재질, 품목보고번호, 성분명 및 함량, 보관방법, 주의사항 등이 있다.

31 ②

해설 생식품류의 재배, 사육 단계에서 발생할 수 있는 1차 오염은 자연 환경에서의 오염이다.

32 ③

해설 '개떡'의 접두사 '개–'는 '질이 떨어지는'을 뜻하므로 '부귀'의 의미와는 거리가 멀다.

33 ①

해설 ② 0~4°C에서 떡의 노화가 가장 빠르다.
③ 아밀로스(멥쌀)가 아밀로펙틴(찹쌀)보다 노화가 빠르다.
④ 식이섬유가 많은 쑥, 호박, 무 등의 부재료는 떡의 노화를 늦춘다.

34 ①

해설 ① 플라스틱(폴리에틸렌) 필름은 식품포장용으로 가장 많이 쓰이며 투명하고 적당히 단단하여 수분 차단성이 좋다. 가소성이 좋아 다양한 형태로 성형이 가능하며 가볍고 가격이 저렴하다.
② 금속은 통조림용으로 널리 사용되며 식품포장용으로 가장 안전하고 오래 보관할 수 있다. 내열성, 내한성, 방습성, 내수성 등은 좋으나 투명성, 열접착성, 열성형성은 좋지 않다.
③ 종이는 식품용으로 많이 사용되며 간편하고 경제적이나 내수성, 내습성, 내유성 등에 취약하다.
④ 유리는 인체에 무해하고 투명하여 내용물이 보인다는 장점이 있다. 내수성, 내습성, 내약품성, 차단성이 좋다. 거의 모든 식품 포장에 적합하며 열에도 강해 가열살균이 가능하나, 파손되기 쉽고 무거워 유통이나 취급이 어렵다.

35 ③

해설 • 익반죽 : 곡류 가루에 끓는 물을 넣어 반죽하는 것으로 쌀은 밀과 달리 글루텐 단백질이 없어 반죽했을 때 점성이 생기지 않는다. 뜨거운 물로 전분의 일부를 호화시킨 후 점성을 높여 반죽한다.
• 날반죽 : 곡류 가루에 차거나 미지근한 물을 넣어 반죽하는 것으로 날반죽은 한 덩어리로 잘 뭉쳐지지 않아 오래 치대주어야 한다. 오래 치대는 만큼 식감이 더 쫄깃하다.

36 ①

해설 추석 때는 햅쌀로 송편과 시루떡을 만들어 먹었는데 중화절의 노비송편(삭일송편)과는 그 의미가 다르다. 추석은 올벼로 빚어 오려송편이라고도 부른다.

37 ④

해설 동구리 : 바구니

38 ①

해설 팥은 불리지 않고 삶으며 팥의 사포닌 성분이 설사와 속쓰림을 유발하기 때문에 팥 삶은 첫 물은 버리고 다시 물을 부어 삶아준다.

39 ③

해설 오미자는 더운물에 우릴 경우 쓴 맛이 우러날 수 있기 때문에 시간이 오래 걸리더라도 차거나 미지근한 물에 우린다.

40 ④

해설 잡과병은 멥쌀가루에 여러 과일을 섞어 만든다.
• 설기떡 : 곱게 분쇄한 쌀가루에 물이나 꿀물, 막걸리 등으로 수분을 첨가하고 체에 내려 입자를 고르게 한 다음 고물 등을 섞어 한 덩어리가 되게 찐 떡이다. 멥쌀가루만으로 만든 흰색의 떡을 백설기라 하며 밤, 콩, 건포도, 쑥, 감 등의 첨가하는 고물에 따라 밤설기, 콩설기, 건포도설기, 쑥설기라고 부른다.

41 ①

해설 약식은 찹쌀에 밤, 대추, 잣, 호박씨 등을 섞어 찐 다음 참기름과 꿀, 간장으로 버무려 만든 음식을 말한다. 예부터 꿀을 '약'이라 했기 때문에 약밥, 약반이라고도 불렀다. 정월대보름에 만들어 먹는 절식 중에 하나이다.

42 ③

해설 • 팥고물시루떡, 콩찰떡 – 찌는 떡
• 송편, 약밥 – 찌는 떡
• 경단 – 삶는 떡
• 주악 – 지지는 떡

43 ②

해설 식품포장재는 위생성, 안정성, 보호성, 상품성, 경제성, 간편성 등의 조건을 갖추어야 한다.

44 ④

해설 장관출혈성 대장균은 어린이나 노년층에서 주로 감염되고 대개 감염된 소로부터 생산된 생우유와 치즈, 소시지, 날 소고기 등을 먹었을 경우 감염된다. 베로독소를 생산하며 용혈성 요독증과 신부전증을 발생시킨다.

45 ①

해설 • 익반죽 : 곡류 가루에 끓는 물을 넣어 반죽하는 것으로 쌀은 밀과 달리 글루텐 단백질이 없어 반죽했을 때 점성이 생기지 않기 때문에 뜨거운 물로 전분의 일부를 호화시킨 후 점성을 높여 반죽한다.

46 ③

해설 ① 토란병(토지병) : 토란을 삶고 으깨서 찹쌀가루에 넣고 동글납작하게 빚어 지진 떡
② 승검초단자 : 승검초잎을 찧어 찹쌀가루와 섞은 후 반죽하여 끓는 물에 삶아낸다. 꿀을 넣어 가며 친 후 거피팥 소를 넣어 단자를 빚은 다음 잣가루를 묻힌다.

④ 백설고 : 멥쌀가루의 켜를 얇게 잡아 켜마다 고물 대신 흰 종이를 깔고 시루에 찐다. 삼칠일, 백일, 돌이나 고사 등에 쓰인다.

47 ①

해설 포장용기 표시사항으로는 제품명, 식품유형, 영업소(장)의 명칭(상호) 및 소재지, 유통기한, 내용량 및 내용량에 해당하는 열량, 원재료명, 영양성분, 용기·포장 재질, 품목보고번호, 성분명 및 함량, 보관방법, 주의사항 등이 있다.

48 ②

해설 가래떡은 멥쌀가루를 쳐서 친 떡이다.
- 권모 : 가락을 짧게 자른 흰떡

49 ①

해설 ① 구름떡 : 찹쌀에 여러 견과류를 섞어 찐 후 팥고물이나 흑임자고물을 묻혀 여러 층이 생기도록 틀에 넣어 굳히는 떡이다.
② 쇠머리떡 : 콩, 밤, 대추, 호박고지 등을 찹쌀가루에 섞어 찐 떡으로 모듬백이, 모두배기라고도 불리는 충청도 향토떡이다. 약간 굳었을 때 쇠머리편육처럼 썰어 먹으면 좋다고 하여 쇠머리찰떡이라고도 한다.
③ 깨찰편 : 찹쌀가루에 참깨가루, 흑임자가루를 켜켜이 안쳐 찐 떡이다. 깨찰시루편, 호마병이라고도 한다.
④ 꿀찰떡 : 고물을 위아래 깔고 중간켜에 흑설탕을 안쳐 찐 떡

50 ③

해설 이타이이타이병은 1912년 일본 진즈강 하류에서 발생한 대량의 카드뮴이 뼈에 축적되어 발생한 공해병을 말한다.

51 ②

해설
- 개피떡(바람떡, 가피병) : 팥고물이나 콩고물로 만든 소를 넣고 반달 모양으로 빚은 떡
- 인절미(은절병, 인병, 인절병) : 찹쌀가루를 찐 후 잘 치대어 콩고물을 묻혀 낸 떡
- 백자병 : 찹쌀가루는 익반죽하고 잣가루와 꿀을 섞어 소를 만든 후 반죽에 잣소를 넣고 다식판에 박아낸 후 기름에 지진 떡
- 환병(환떡, 마제병) : 멥쌀가루에 송피(소나무 속껍질)와 제비쑥을 넣어 오색으로 만든 둥근 떡. 큰 것은 마제병이라고 한다.
- 골무떡 : 멥쌀가루로 만든 작은 절편. 크기가 골무만하다고 해서 골무떡이라고 한다.
- 떡수단(흰떡수단) : 멥쌀가루로 만든 흰떡을 경단 모양으로 빚어 끓는 물에 삶아 건져 찬물에 헹군 후 꿀물에 띄워 마시는 음료
- 재증병 : 멥쌀가루를 쪄서 치댄 후 소를 넣고 송편 모양으로 빚어 다시 한번 더 찐 떡. 두 번 찐다고 하여 재증병이라 불렸다.

52 ③

해설 녹두 고물은 불려 김 오른 찜기에 찐 후 어레미체에 내려서 사용한다.

53 ③

해설 떡살은 떡에 문양을 찍는 도구이다.

54 ③

해설 포도당, 과당, 갈락토오스는 단당류로 더 이상 가수분해되지 않는 기본적인 탄수화물의 단위이다.
- 유당 = 포도당 + 갈락토오스
- 자당 = 포도당 + 과당
- 맥아당 = 포도당 + 포도당

55 ④

해설 웃기떡으로는 단자, 주악, 부꾸미 등이 쓰인다.

56 ②

해설 쇠머리찰떡(모듬백이, 모두배기, 쇠머리떡) : 콩, 밤, 대추, 호박고지 등을 찹쌀가루에 섞어 찐 떡으로 충청도 향토떡이다. 약간 굳었을 때 쇠머리편육처럼 썰어 먹으면 좋다고 하여 쇠머리찰떡이라고 불렸다.

57 ②

해설 ② 서여향병 : 마를 썰어 쪄낸 후 꿀에 담가 찹쌀가루를 묻히고 기름에 지져내 잣가루를 입힌 떡.
① 도토리떡(상자병, 상실병) : 도토리가루를 멥쌀가루나 찹쌀가루와 섞어 붉은팥 고물을 깔아 시루에 찌는 충청도의 지역의 향토떡이다. 상수리나무의 열매인 도토리로 만들었다고 해서 상자병 또는 상실병이라고도 한다.
③ 남방감저병 : 고구마를 찹쌀가루와 섞어서 시루에 찐 떡.
④ 청애병(쑥을 넣어 만든 떡)

58 ①

해설 색떡은 치대는 떡(도병)이다.
① 색떡(웃기떡) : 멥쌀가루를 물에 버무려 찌고 몇 덩이로 나누어 각각의 색을 들이고 오래도록 친 떡
② 각색편 : 멥쌀가루에 설탕물, 꿀과 진간장, 승검초가루를 넣고 대추, 밤, 석이버섯, 백잣을 고물로 얹어 찐다. 이 세 가지 백편, 꿀편, 승검초편을 따로 찌기도 하고 갖은 고물을 중간에 깔아 켜를 지어 안치기도 한다.
③ 팥시루떡 : 팥고물을 켜켜이 얹어 찐 떡
④ 찰편 : 가루에 설탕물을 내린 후 켜를 고물로 만들어 찐 떡

59 ①

해설 • 깁체, 가루체, 고운체 : 지름 0.5~0.7mm
• 중간체, 중거리 : 지름 2mm
• 굵은체, 도드미, 어레미 : 지름 3mm

60 ④

해설 95%의 에틸알코올은 물과 희석하여 70% 에틸알코올로 만들어 사용하면 소독효과가 있다.

61 ①

해설 백결선생에 대한 기록은 〈삼국사기〉에 전해 내려온다.

62 ③

해설 쌀을 물에 불리면 1.3배 정도 불기 때문에 6컵 반이 나온다.

63 ③

해설 경구감염병은 면역성이 있다.

구 분	세균성 식중독	경구감염병
감염원	식중독균에 오염된 식품	오염된 식품과 물
감염균양	대량의 균과 독소	소량의 균
2차 감염	없다(장염비브리오, 살모넬라 제외)	있다
잠복기	짧다	길다
면역성	없다	있다

64 ①

해설 • 약밥, 오곡밥 – 정월대보름
• 쑥떡 – 한식
• 느티떡, 장미화전 – 초파일

65 ②

해설 • 미량원소 : 철, 망간, 붕소, 구리, 염소, 아연
• 다량원소 : 수소, 탄소, 산소, 질소, 인, 칼륨, 칼슘, 마그네슘, 황

66 ④

해설 느티떡은 초파일에 만들어 먹었던 떡이다.
• 향애단 : 찹쌀가루에 쑥을 넣고 반죽하여 만든 경단
• 청애병 : 쑥을 넣어 만든 떡

67 ④

해설

포도상구균 식중독
원인균 : 포도상구균 원인독소 : 엔테로톡신(열에 강해 일반 조리법으로 파괴되지 않음) 원인식품 : 유가공품이나 조리된 식품(예 김밥, 떡, 도시락 등) 감염경로 : 식품 중에 증식한 균이 장독소를 생산하여 이를 섭취하면 식중독이 발생 잠복기 : 1~6시간 증상 : 구토, 복통, 설사 예방법 : 오염 방지, 식품 멸균, 냉장 보관

68 ④

해설 대두에 부족한 아미노산은 메티오닌(Methionine)이다.

69 ②

해설 식품변질은 미생물의 작용이 주요 원인으로 미생물은 적당한 영양소, 수분, 온도, 산소, pH, 효소가 있어야 생육할 수 있다.

70 ③

해설 조리장의 조명은 220룩스(lx) 이상이 되도록 한다. 다만, 검수구역은 540룩스(lx) 이상이 되도록 한다.

2019년 정답 및 해설

01	02	03	04	05	06	07	08	09	10
③	②	③	①	①	②	④	①	③	④
11	12	13	14	15	16	17	18	19	20
③	④	④	④	③	③	②	④	③	③
21	22	23	24	25	26	27	28	29	30
④	②	②	③	③	④	③	①	④	③
31	32	33	34	35	36	37	38	39	40
④	④	④	①	④	③	④	②	④	③
41	42	43	44	45	46	47	48	49	50
④	③	③	②	④	④	④	④	④	③
51	52	53	54	55	56	57	58	59	60
①	①	①	④	①	④	③	③	③	④

01 ③

해설 쌀의 수침 시간이 증가하면 조직이 연화되어 입자의 결합력이 낮아진다.

02 ②

해설 팥의 주성분은 탄수화물과 단백질이며 각종 무기질, 비타민과 사포닌을 함유하고 있다. 그중 비타민 B1이 풍부하여 비타민 B1 결핍 시 나타나는 각기병, 소화기능 저하, 면역력 저하 등의 예방에 좋다.

03 ③

해설 쳇불 구멍의 크기에 따라 깁체・가루체・고운체 – 중간체・중거리 – 굵은체・도드미・어레미로 나눌 수 있다. 어레미가 쳇불이 가장 넓다. 깁체는 주로 밀가루를 내릴 때 사용하고, 중간체는 주로 멥쌀을 내릴 때 사용하며, 굵은체는 각종 고물이나 찹쌀을 내릴 때 사용한다.

04 ①

해설 적팥의 주 구성성분은 탄수화물이 68.4%, 단백질이 19.3%이며 각종 무기질(칼슘, 칼륨, 인)과 비타민 B1, B2가 풍부하게 들어있다.

05 ①

해설 두텁떡을 만들 때는 거피팥을 체에 내린 후 번철에 누른 듯이 볶아 거피팥고물을 만들며 고물과 찹쌀을 시루에 안쳐 찐다. 떡살은 주로 절편에 무늬를 낼 때 사용한다.

06 ②

해설 ① 증병(甑餠)은 찌는 떡을 말한다.

③ 유병(油餠)은 기름떡이라고도 하며 콩이나 참깨, 들깨를 방아에 찧어 시루에 쪄서 기름을 짤 보자기에 싼 덩어리를 말한다. 또는 기름에 지지거나 기름을 바른 떡이다.

④ 전병(煎餠)은 찹쌀가루나 밀가루 따위를 둥글넓적하게 부친 음식을 말한다.

07 ④

해설 떡에 색소(발색제)를 사용하는 것은 외관을 보기 좋게 하고 주재료인 쌀에 맛과 향을 더하기 위해서이다.

08 ①

해설 조리는 쌀을 일어 돌을 걸러내는 데 쓰이는 도구이다.

09 ③

해설 찌는 떡의 경우 멥쌀은 쌀 10kg당 1.3~1.6kg의 물이 들어가며, 찹쌀은 쌀 10kg당 500~800g의 물이 들어간다.

10 ④

해설 섬유소는 물에 녹는 수용성과 물에 녹지 않는 불용성 2종류가 있다. 불용성 섬유소는 물에 녹지 않고 대장에서 미생물에 의해서도 분해되지 않으며, 종류로는 셀룰로오스(Cellulose), 리그닌(Lignin), 헤미셀룰로오스(Hemicellulose) 등이 있다.

11 ③

해설 골무떡은 멥쌀로 만든 작은 절편류이며 크기가 골무만하다고 하여 골무떡이라고 한다. 멥쌀가루를 시루에 찐 후 안반에 놓고 떡메로 잘 치댄 후 이를 조금씩 떼어 떡살에 박아 만든다.

12 ④

해설 떡의 주재료는 찹쌀과 멥쌀이며, 부재료는 밤, 호두, 감, 대추, 잣 등이 있다.

13 ④

해설 쌀의 수분흡수율은 쌀의 품종, 쌀의 저장 기간, 수침 시 물의 온도에 영향을 받는다.

14 ④

해설 반죽할 때 물의 온도가 높을수록 치대는 반죽이 매끄럽고 부드러워진다.

15 ③

해설 안반은 흰떡이나 인절미 등을 치는 데 쓰이는 받침으로 주로 나무판을 쓰며 네 귀퉁이에는 짧은 다리를 붙인다. 떡메는 떡을 치는 공이로, 둥글고 긴 나무토막에 긴 자루가 붙어 있다.

16 ③

해설 팥시루떡은 켜켜이 안치는 켜떡이다.

17 ②

해설 ① 불린 찹쌀은 한번 빻아 찹쌀가루로 만든다.
③ 찰떡은 메떡에 비해 찌는 시간이 길다.
④ 팥은 불리지 않고 삶는다.

18 ④

해설 쑥개떡은 빚어 찌는 떡류이다.

19 ③

해설 떡은 0~60°C에서 노화가 촉진되는데 온도가 낮을수록(0~4°C) 노화가 더 빠르다.

20 ③

해설 **식품 등의 표시·광고에 관한 법률**
제1조(목적) 이 법은 식품 등에 대하여 올바른 표시·광고를 하도록 하여 소비자의 알 권리를 보장하고 건전한 거래질서를 확립함으로써 소비자 보호에 이바지함을 목적으로 한다.

21 ④

해설 표장용기 표시사항에는 제품명, 식품유형, 영업소(장)의 명칭(상호) 및 소재지, 유통기한, 열량, 원재료명, 영양성분, 용기·포장 재질, 성분명 및 함량, 보관방법, 소비자 안전을 위한 주의사항 등이 있다.

22 ②

해설 글루텐은 글리아딘(Gliadin)과 글루테닌(Glutenin)이 결합하여 만들어지는 성분으로 주로 밀과 보리, 귀리 등에 함유되어 있다.

23 ②

해설 불린 찹쌀을 1차로 찐 후 부재료를 섞어 2차로 다시 찐다.

24 ③

해설 완전 동결 상태에서는 미생물 생육과 효소 활성이 멈추기 때문에 식품의 변질을 막을 수 있다.

25 ③

해설 쌀가루를 안칠 때 쌀가루를 꾹꾹 눌러 안치면 쌀가루 사이에 공기층을 꺼트려 떡이 질겨질 수 있다.

26 ④

해설 여름철에는 떡이 쉽게 상할 수 있기 때문에 오래 보관할 경우 냉동보관한다.

27 ③

해설 절병(切餠)과 같은 말은 절편으로 절편은 멥쌀을 치대어 만든 떡이다.

28 ①

해설 ② 설기는 중간체에 내린다.
③ 찜기에 준비된 재료를 올려 센 불에서 찐다.
④ 불을 끈 후 5분 정도 뜸을 들인다.

29 ④

해설 떡살은 절편에 모양을 찍어낼 때 사용하는 도구이다.

30 ③

해설 멥쌀가루에 요오드 정색반응을 하면 청자(청남)색을, 찹쌀에 요오드 정색반응을 하면 적갈색을 띤다.

31 ④

해설 가래떡 제조과정
쌀 씻기 – 쌀 불리기 – 쌀가루 만들기 – 안쳐 찌기–성형하기 – 자르기

32 ④

해설 예로부터 꿀을 약(藥)이라 하여 꿀밥을 약반(藥飯) 또는 약밥, 약식이라 불렀다. 약식동원 사상에서 비롯하여 몸에 이로운 음식이라는 개념도 함께 있으며 한약재를 넣어 몸에 이롭게 만든 음식만을 의미하는 것은 아니다.

33 ④

해설 캐러멜소스는 170℃에서 갈색이 된다.

34 ①

해설 냉동의 온도가 낮을수록 식품의 품질 손상이 적으며 시간은 오래 걸릴수록 식품의 품질 손상 정도가 크다.

35 ④

해설 고체지방(버터)의 재료를 계량할 때에는 계량컵에 꾹꾹 눌러 담아 계량한다.

36 ③

해설 물 이외의 물질과 섞을 경우 화학반응이 일어날 수 있기 때문에 유의한다.

37 ④

해설 식품영업장의 위치는 축산폐수, 화학물질 기타 오염물질 발생시설로부터 식품에 나쁜 영향을 주지 않는 거리를 두어야 한다.

38 ②

해설 황색포도상구균은 80℃에서 30분간 가열하면 죽는다. 그러나 황색포도상구균이 생산한 독소는 100℃에서 30분간 가열해도 파괴되지 않는다. 따라서 열처리한 음식을 섭취했을 경우에도 식중독에 걸릴 수 있다.

39 ④

해설 ① 승홍 : 무색의 결정으로 농약으로도 사용되며 방부제, 살균제로 사용된다.
② 크레졸 : 페놀(석탄산)과 같은 냄새가 나고 소독제와 방부제로 널리 사용된다.
③ 석탄산 : 세계 최초의 소독약으로 오랫동안 소독약으로 사용되었다. 매우 특이한 냄새가 난다.

40 ③

해설 토코페롤은 비타민 E의 작용을 하는 천연물이다.

41 ④

해설 식품위생법 제13장 제94조(벌칙)에는 위해식품 등의 판매 등 금지, 병든 동물 고기 등의 판매 등 금지, 기준·규격이 정하여지지 아니한 화학적 합성품 등의 판매 등 금지를 위반한 자에게 10년 이하의 징역 또는 1억원 이하의 벌금, 또는 병과가 부과된다고 명시되어 있다.

42 ③

해설 차염소산나트륨, 석탄산, 역성비누, 과산화수소는 화학적 살균 소독방법에 속한다.

43 ③

해설 작업 변경 시마다 위생장갑을 교체하여야 한다.

44 ②

해설 식품 제조 시에는 소독과 살균이 가능하고 흡수성이 낮아 변질이 덜 되는 기기나 기구를 사용하여야 한다.

45 ④

해설 베네루핀은 모시조개, 굴, 바지락에 들어있는 독으로 이 독소에 중독되면 구토, 복통을 일으킨다.

46 ④

해설 평안도 지역의 향토떡으로는 조개송편, 강냉이골무떡, 골미떡, 꼬장떡, 뽕떡 등이 있다.

47 ④

해설 신라 소지왕에 대한 약식의 유래는 〈삼국유사〉에 기록되어 있다.

48 ④

해설 중양절에는 국화꽃잎을 따서 국화주, 국화전을 만들어 먹었다.

49 ④

해설 음력 3월 3일은 삼짇날로 번철을 들고 야외로 나가 찹쌀가루로 반죽을 하고 진달래꽃으로 수를 놓은 진달래화전을 그 자리에서 만들어 먹었다.

50 ③

해설 밤과 대추는 자손 번창을 의미한다.

51 ①

해설 신라 소지왕 10년, 사금갑조에 역모를 알려준 까마귀의 은혜에 보답하기 위해 정월 15일 까마귀가 좋아하는 대추로 까마귀의 깃털색과 같은 약식을 지어 먹이도록 했다는 기록이 있다.

52 ①

해설 인절미는 찰떡궁합으로 부부 간의 금슬이 좋으라는 의미를 담고 있으며 돌상에는 백설기, 팥수수경단, 오색송편, 무지개떡이 올랐다.

53 ①

해설 다 : 오쟁이떡은 오쟁이(짚으로 엮어 만든 작은 그릇)모양처럼 생겼다고 해서 붙여진 이름이다.

라 : 빙떡은 돌돌 말아 만든다고 해서 붙여진 이름이며 멍석처럼 말아 감는다고 해서 멍석떡이라고도 불린다.

54 ④

해설 〈이조궁정요리통고〉는 한희순 상궁과 황혜성이 1957년 발간한 책(광복 이후)으로 궁중음식과 떡에 관련된 내용을 담고 있다.

55 ①

해설 돌상에는 백설기, 수수팥경단, 오색송편, 무지개떡이 올렸다.

56 ④

해설 향애단은 찹쌀가루에 쑥을 넣고 반죽하여 만든 경단으로 우리 조상들은 삼짇날(음력 3월 3일)이 되면 들에 나가 쑥떡과 향애단, 진달래화전을 만들어 먹었다.

④ 유엽병(愉葉餠)은 초파일에 먹었던 떡으로 느티떡이라고도 한다.

57 ③

해설 납일은 동지로부터 세 번째의 미일(未日)로 대개 음력으로 연말 정도이다. 1년을 되돌아보고 무사히 지내게 도와준 조상과 천지신명께 감사의 제사를 지냈다.

58 ③

해설 약편은 충청도 지역의 향토떡으로 멥쌀가루에 막걸리, 대추고, 설탕을 넣어 찐 떡이다. 대추편이라고도 한다.

59 ③

해설 삼복은 초복, 중복, 말복을 통틀어 이르는 말로 그해 더위의 극치를 이루는 때이다. 여름에 쉽게 상하지 않는 증편과 주악, 깨찰편을 만들어 먹었다. 팥고물은 여름철에는 잘 상한다.

60 ④

해설 추석에는 올벼로 빚은 오려송편을 만들어 먹었으며, 중화절의 노비송편(삭일송편)과는 그 의미가 다르다.

부 록 자주 출제되는 떡 이름

ㄱ/ㄲ

- **각색편** : 멥쌀가루에 설탕물, 꿀과 진간장, 승검초가루를 넣고 대추, 밤, 석이버섯, 백잣을 고물로 얹어 찐다. 이 세가지 백편, 꿀편, 승검초편을 따로 찌기도 하고 갖은 고물을 중간에 깔아 켜를 지어 안치기도 한다.
- **감제침떡** : 고구마를 가루내어 익반죽하고 개떡 모양으로 만들어 찐 것으로 '감제'는 고구마, '침떡'은 시루에 찐 떡이라는 뜻을 가진 제주도 방언이다. 제주도 향토떡이다.
- **강냉이골무떡** : 옥수수가루를 익반죽하여 치댄 후 골무 모양으로 빚어 찐 떡. 평안도 향토떡
- **개피떡**(바람떡, 가피병) : 팥고물이나 콩고물로 만든 소를 넣고 반달 모양으로 빚은 떡
- **고수레떡** : 멥쌀가루로 반죽한 덩이를 쪄 낸 흰떡
- **골무떡**(골미떡) : 멥쌀가루로 만든 작은 절편. 크기가 골무만하다고 해서 골무떡이라고 한다. 평안도 향토떡이다.
- **괴명떡** : 찹쌀가루를 익반죽해서 동그랗게 빚은 뒤 기름에 지져 식힌 후 참기름을 바르는 떡. 함경도 향토떡이다.
- **구절떡** : 찹쌀가루를 익반죽해서 여러 색을 들인 후 동그랗고 납작하게 빚어 고명(대추, 석이버섯, 미나리 잎) 장식하여 기름에 지지는 떡. 함경도 향토떡이다.
- **권전병** : 메밀가루에 설탕과 꿀을 넣고 반죽하고 시루에 쪄낸 다음 얇게 밀어 기름에 지진 떡. 〈규합총서〉에 기록되어 있다.
- **귀리절편** : 멥쌀과 귀리를 섞어 찌고 치댄 후 잘라낸 절편. 함경도 향토떡이다.
- **깨찰편**(깨찰시루편, 호마병) : 찹쌀가루에 참깨가루, 흑임자가루를 켜켜이 안쳐 찐 떡이다. 깨찰시루편, 호마병이라고도 한다.
- **꼬장떡** : 조를 가루내어 익반죽한 뒤 길쭉하게 빚어 가랑잎에 싼 다음 쪄낸 떡. 익반죽하여 끓는 물에 삶은 뒤 여러 고물을 묻히기도 한다. 함경도 향토떡이다.

ㄴ

- **나복병** : 무시루떡
- **남방감저병** : 고구마를 찹쌀가루와 섞어서 시루에 찐 떡
- **노비송편** : 농사가 시작되는 2월 초하루를 노비일로 정하여 이 날 송편을 만들어 노비들의 나이 수대로 먹었다.
- **노티**(놋티, 놋치) : 기장 또는 찹쌀을 엿기름으로 삭혀서 지진 떡. 평안도 향토떡
- **느티떡**(유엽병) : 느티나무 연한 잎을 따서 멥쌀가루와 버무려 섞고 팥고물을 켜켜이 얹어 찐 떡
- **니도래미** : 멥쌀가루를 익반죽해서 동그랗게 빚은 뒤 끓는 물에 삶아 팥고물을 묻혀낸 떡. 평안도 향토떡

ㄷ/ㄸ

- **달떡** : 멥쌀을 쪄서 치댄 후 동그랗게 빚은 뒤 떡살로 찍어 만든 떡. 혼례상이나 회갑상에 올린다.
- **닭알떡** : 찹쌀과 멥쌀을 섞어 가루 낸 뒤 거피팥소를 넣고 익반죽한 뒤 녹두고물을 묻혀낸 떡
- **당귀병** : 당귀가루를 섞은 떡
- **대두증병** : 콩시루떡
- **도병** : 치는 떡을 말하며 멥쌀이나 찹쌀을 시루에 쪄 낸 후 절구나 안반에 쳐서 끈기가 나게 한 떡으로 인절미, 흰떡, 절편, 가래떡, 개피떡 등이 있다.
- **도래떡** : 초례상에 놓는 큼직하고 둥글넓적한 흰 떡
- **도토리떡**(상자병, 상실병) : 도토리가루를 멥쌀가루나 찹쌀가루와 섞어 붉은팥 고물을 깔아 시루에 찌는 충청도의 지역의 향토떡이다. 상수리나무의 열매인 도토리로 만들었다고 해서 상자병 또는 상실병이라고도 한다.
- **도행병**(桃杏餠 : 복숭아 도, 살구 행, 떡 병) : 복숭아즙, 살구즙을 넣고 버무려 시루에 찐 떡
- **돌레떡** : 메밀가루 반죽에 팥소를 넣고 둥글납작하게 빚어 끓는 물에 삶아 건져 참기름을 바른 떡
- **두텁떡**(봉우리떡, 합병, 후병) : 찹쌀가루에 소금 대신 진간장으로 간을 맞추고 찐 팥에 간장, 설탕, 계핏가루로 양념하여 넓은 철판(번철)에 보슬보슬하게 볶아 만든 떡
- **떡수단**(흰떡수단) : 멥쌀가루로 만든 흰떡을 경단모양으로 빚어 끓는 물에 삶아 건져 찬물에 헹군 후 꿀물에 띄워 마시는 음료

ㅁ

- **메밀총떡**(메밀전병, 메밀전병, 총떡, 메밀전) : 메밀가루를 묽게 반죽하여 야채와 고기 등의 소를 넣고 말아 기름에 지진 떡
- **무리병** : 설기떡

ㅂ/ㅃ

- **백설고** : 멥쌀가루의 켜를 얇게 잡아 켜마다 고물 대신 흰 종이를 깔고 시루에 찌는 떡. 삼칠일, 백일, 돌이나 고사 등에 쓰인다.
- **백자병**(잣떡, 잣박산, 백잣편) : 설탕, 물, 조청을 넣어 끓인 것에 고깔을 뗀 잣을 넣은 후 기름 바른 판에 얇게 펴서 굳힌 것
- **백자병** : 찹쌀가루는 익반죽하고 잣가루와 꿀을 섞어 소를 만든 후 반죽에 잣소를 넣고 다식판에 박아낸 후 기름에 지진 떡
- **빈대떡**(빈자떡, 빙자병) : 녹두를 맷돌에 갈아 번철에 지진 떡
- **빙떡** : 메밀가루를 묽게 반죽하여 기름을 두른 번철에 얇게 떠놓고 가운데에 삶아 양념한 무채소를 넣고 말아 지져낸 떡
- **빙자병** : 기름을 두른 번철에 녹두를 갈아 한 국자씩 떠놓은 다음 밤소를 얹고 다시 녹두 간 것을 덮어 수저로 눌러가며 익힌다. 잣이나 대추로 장식한다.
- **뽕떡** : 멥쌀가루를 반죽하여 납작하게 빚어 뽕잎을 맞붙여 찌는 떡
- **삘기송편**(삐삐떡) : 띠의 어린 새순인 삘기를 넣어 만든 송편

ㅅ

- **산병**(수란떡, 곱장떡, 곡병, 셋붙이, 산떡, 삼부병) : 멥쌀로 흰떡을 만들어 얇게 밀어 팥소를 넣고 덮은 후 큰 보시기와 작은 보시기로 눌러 만든 개피떡 모양의 떡을 두 개 또는 세 개를 붙여 만든 떡
- **산삼병** : 삼을 섞은 시루떡
- **산승** : 가루를 익반죽하여 꿀을 넣고 둥글납작하게 지지는 떡
- **상애병**(상외떡, 상에떡, 상화병 / 부풀려 찌는 떡)
- **상자병** : 도토리가루를 섞은 떡
- **색떡**(웃기떡) : 멥쌀가루를 물에 버무려 찌고 몇 덩이로 나누어 각각의 색을 들이고 오래도록 친 떡
- **색편**(무지개떡) : 멥쌀에 천연가루로 색을 내고 켜켜로 색을 달리해 찐 떡
- **서여향병** : 마를 썰어 쪄낸 후 꿀에 담가 찹쌀가루를 묻히고 기름에 지져내 잣가루를 입힌 떡
- **석탄병** : 멥쌀가루에 감가루를 섞은 후 밤, 대추, 계핏가루, 귤병, 잣가루 등을 고물로 섞어 녹두고물을 위아래 안쳐 시루에 찐 떡이다. 석탄병이란 이름은 '차마 삼키기 아까울 정도로 맛이 있다.'고 해서 붙여진 것으로 〈규합총서〉, 〈조선요리제법〉, 〈조선무쌍신식요리제법〉 등의 문헌에 기록되어 있다.
- **섭산삼병**(더덕전병, 삼병, 사삼병, 산삼병, 각생산삼) : 더덕의 껍질을 벗겨 넓게 펴서 쓴맛을 빼고 찹쌀가루를 묻혀 기름에 지진 떡
- **속떡** : 쑥떡의 제주도 방언
- **솔변**(반착곤떡) : 멥쌀가루를 반죽해 반달모양으로 찍어 낸 뒤 솔잎을 깔고 찐 떡. 제주도 향토떡
- **송피병** : 찹쌀가루에 곱게 찧은 송기를 섞어 반죽하여 찐 떡
- **쇠머리찰떡**(모듬백이, 모두배기, 쇠머리떡) : 콩, 밤, 대추, 호박고지 등을 찹쌀가루에 섞어 찐 떡으로 충청도 향토떡이다. 약간 굳었을 때 쇠머리편육처럼 썰어 먹으면 좋다고 하여 쇠머리찰떡이라고 불렸다.
- **수단**(떡수단, 흰떡수단) : 멥쌀가루로 작게 만든 흰떡을 꿀물에 띄워 마시는 음료
- **수리취떡**(수리취절편, 차륜병, 애엽병) : 멥쌀가루에 수리취나 쑥을 넣어 만든 절편. 단오절식이다.
- **수수무살이** : 차수수를 익반죽하여 일반 경단보다 3배 정도 크게 빚어 삶아 낸 뒤 팥고물을 묻혀낸 떡으로 잔치떡은 아니며 평소에 만들어 먹었던 소박한 떡
- **수수벙거지**(수수도가니, 수수옴팡떡) : 수수가루를 익반죽한 후 벙거지처럼 빚어서 콩을 깔고 시루에 찐 떡
- **승검초단자** : 승검초잎을 찧어 찹쌀가루와 섞은 후 반죽하여 끓는 물에 삶아낸다. 꿀을 넣어 가며 친 후 거피팥소를 넣어 단자를 빚은 다음 잣가루를 묻혀낸 떡
- **시고** : 찹쌀과 곶감가루를 버무려 찌고 고물로는 호두가루를 묻힌 경단 모양의 떡

- **신과병** : 멥쌀가루에 밤, 대추, 단감 등의 햇과실을 넣고 녹두고물을 위아래로 안쳐 시루에 쪄낸 떡이다. 〈규합총서〉에 만드는 방법이 기록되어 있다.

ㅇ

- **약괴** : 차조가루를 익반죽하여 밀대로 밀어 정방형으로 잘라 구멍을 낸 뒤 번철에 지진 떡. 제주도 향토떡
- **오쟁이떡** : 찹쌀가루를 찐 뒤 안반에 놓고 쳐서 붉은팥소를 넣고 빚어 콩고물을 묻혀낸 떡. 오쟁이는 짚으로 엮어서 만든 작은 바구니를 말한다.
- **와거병**(상추시루떡) : 상추잎을 깨끗이 씻은 후 물기를 털고 멥쌀가루에 섞어 거피고물을 얹어 찐 떡이다.
- **유엽병**(느티떡) : 느티나무의 연한 잎을 따서 멥쌀가루와 버무려 섞고 팥고물을 켜켜이 얹어 찐 떡
- **율고** : 찹쌀가루에 삶아 으깬 밤을 넣어 버무린 후 잣을 고명으로 얹어 찐 떡으로 중양절의 절식. 밤떡 또는 밤가루 설기라고도 부른다.
- **인절미**(은절병, 인병, 인절병) : 찹쌀가루를 찐 후 잘 치대어 콩고물을 묻혀 낸 떡. 인절미의 이름에 관한 속설로는 조선 인조 때 임씨라는 농부가 찰떡을 만들어 임금님께 바쳤는데 그 떡 맛이 좋고 처음 먹어 보는 떡이라 신하들에게 그 이름을 물었더니 아무도 아는 사람이 없었다. 이에 인조는 임씨가 절미한 떡이라 하여 임절미라는 이름을 친히 붙여주었다. 시간이 흐르며 지금은 인절미라고 불린다는 속설이다.

ㅈ

- **잡과병** : 밤, 대추, 곶감을 섞어 만든 설기떡류
- **재증병** : 멥쌀가루를 쪄서 치댄 후 소를 넣고 송편 모양으로 빚어 다시 한번 더 찐 떡. 두 번 찐다고 하여 재증병이라 불렸다.
- **조랭이떡** : 고려말 이성계가 조선을 건국했을 때 고려 충신들이 두 임금을 섬길 수 없다며 죽음을 맞게 되자 충신들의 부인들은 이성계에 대한 원망이 커졌다. 그 중 한 부인이 가래떡을 썰다가 이성계의 생각이 나 잡고 있던 가래떡이 이성계의 목이라 생각하고 떡 한가운데를 잡고 졸랐다. 그렇게 생겨난 떡이 조랭이떡이다.
- **조침떡** : 좁쌀가루에 채를 썬 고구마를 섞어 팥고물을 켜켜이 안쳐 찐 떡으로 제주도의 향토떡이다.
- **좁쌀떡** : 차좁쌀로 밥을 지어 절구에 찧은 뒤 팥소를 넣고 동그랗게 빚어 콩가루를 묻힌 떡. 황해도 향토떡
- **증편**(기주떡, 기증병, 기지떡, 술떡, 벙거지떡, 징편) : 멥쌀가루에 막걸리를 넣고 부풀려 찐 떡
- **진감전** : 차수수가루를 반죽한 후 끓는 물에 담갔다가 꺼내 밀가루를 덧발라가며 다시 반죽하여 더운 방에 하룻밤 두었다가 기름에 지진 떡

ㅊ

- **차조떡**(차좁쌀떡) : 불린 차조를 쪄서 절구에 넣고 치댄 후 콩고물이나 팥고물을 묻힌 떡
- **찰편** : 가루에 설탕물을 내린 후 켜를 고물로 만들어 찐 떡
- **청애병** : 쑥을 넣어 만든 떡
- **침떡** : 시루떡의 제주도 방언

ㅌ

- **토란병**(토지병, 토란떡, 우방) : 토란을 삶고 으깨서 찹쌀가루에 넣고 동글납작하게 빚어 지진 떡. 수문사설에 기록되어 있다.

ㅎ

- **행도병** : 찐 살구와 복숭아를 체에 걸러 멥쌀가루를 섞어 반죽하여 말렸다가 겨울에 다시 빻아 시루떡처럼 만든 떡
- **향애단** : 찹쌀가루에 쑥을 넣고 반죽하여 만든 경단
- **환병**(환떡, 마제병) : 멥쌀가루에 송피(소나무 속껍질)와 제비쑥을 넣어 오색으로 만든 둥근 떡. 큰 것은 마제병이라고 한다.

참고문헌

김덕웅, 정수현, 염동민 외 2명 저, 〈21c식품위생학〉, 수학사

류기형, 박지양, 고병윤 외 2명 저, 〈실무와 기술사를 위한 한국떡〉, 효일

오세욱, 김건희, 방우석 외 2명 저, 〈재미있는 식품위생학〉, 수학사

오명석, 강양선, 임영숙 저, 〈쉽게 풀어 쓴 식품위생학〉, 지식인

홍기운, 김숙희, 박우포 외 3명 저, 〈식품위생학〉, 대왕사

참고 사이트

농촌진흥청(www.rda.go.kr)

덕산식품기계(http://dskk.co.kr/dskk/)

식품의약품안전처(www.mfds.go.kr)

풍진식품기계(http://www.poongjin.net/)

한국떡류식품가공협회(http://www.kfdd.or.kr/)

한국민족문화대백과사전(https://namu.wiki/w/한국민족문화대백과사전)

NCS국가직무능력표준(http://ncs.go.kr)

2022 최신판

무료동영상과 함께하는

떡제조 기능사

필기+실기

한권으로 끝내기

실기편

SD에듀
(주)시대고시기획

CONTENTS
실기편 차례

시험에 출제되는 8가지 떡 레시피

GUIDE

시험안내

수행직무

떡을 만드는 직무를 수행하는 기능보유자로서 국가자격취득자를 말한다. 곡류, 두류, 과채류 등과 같은 재료를 이용하여 식품위생과 개인안전관리에 유의하여 빻기, 찌기, 발효, 지지기, 치기, 삶기 등의 공정을 거쳐 각종 떡류를 만드는 직무이다.

진로 및 전망

점차 입맛이 서구화되고 있지만 웰빙 열풍으로 건강에 대한 관심이 증가하면서 우리 전통음식에 대한 선호도 높아졌다. 또 디저트 산업에 대한 관심이 증가하면서 향후 떡과 같은 전통음식의 선호도 지속될 전망이다.

취득방법

- **실시기관 :** 한국산업인력공단
- **시험과목**
  - ⋯› 필기 : 떡제조 및 위생관리
  - ⋯› 실기 : 떡제조 실무
- **검정방법**
  - ⋯› 필기 : 객관식 60문항(60분), CBT로 진행
  - ⋯› 실기 : 작업형(2시간)
- **합격기준 :** 100점을 만점으로 하여 60점 이상 취득 시 합격(필기/실기 동일)

- 요구사항이 제시된 4형별(콩설기떡, 경단, 송편, 쇠머리떡, 삼색 무지개떡, 부꾸미, 백편, 인절미) 중 무작위로 지정된 2개 과제를 제조해야 함(시험시간 2시간)
- 4형별(형별당 2개 과제, 총 8종류)

형별	과제
1	콩설기떡, 경단
2	송편, 쇠머리떡
3	삼색 무지개떡, 부꾸미
4	백편, 인절미

2022년 떡제조기능사 정기 시험일정

회별	필기시험			실기시험		
	필기시험접수	필기시험	필기시험 합격자발표	실기시험접수	실기시험	최종 합격자발표
제1회	01.04 ~ 01.07	01.23 ~ 01.29	02.09(수)	02.15 ~ 02.18	03.20 ~ 04.06	1차 : 04.15(금) 2차 : 04.22(금)
제2회	03.07 ~ 03.11	03.27 ~ 04.02	04.13(수)	04.26 ~ 04.29	05.29 ~ 06.15	1차 : 06.24(금) 2차 : 07.01(금)
제3회	05.24 ~ 05.27	06.12 ~ 06.18	06.29(수)	07.11 ~ 07.14	08.14 ~ 08.31	1차 : 09.08(목) 2차 : 09.16(금)
제4회	08.02 ~ 08.05	08.28 ~ 09.03	09.21(수)	09.26 ~ 09.29	11.06 ~ 11.23	1차 : 12.02(금) 2차 : 12.09(금)

GUIDE
시험안내

출제기준(실기)

직무분야	식품가공	중직무분야	제과 · 제빵	자격종목	떡제조기능사	적용기간	2022.1.1.~ 2026.12.31.

• **직무내용** : 곡류, 두류, 과채류 등과 같은 재료를 이용하여 식품위생과 개인안전관리에 유의하여 빻기, 찌기, 발효, 지지기, 치기, 삶기 등의 공정을 거쳐 각종 떡류를 만드는 직무이다.

• **수행준거**

❶ 재료를 계량하여 전처리한 후 빻기 과정을 거쳐 준비할 수 있다.
❷ 떡의 모양과 맛을 향상시키기 위하여 첨가하는 부재료를 찌기, 볶기, 삶기 등의 각각의 과정을 거쳐 고물을 만들 수 있다.
❸ 준비된 재료를 찌기, 치기, 삶기, 지지기, 빚기 과정을 거쳐 떡을 만들 수 있다.
❹ 식품가공의 작업장, 가공기계 · 설비 및 작업자의 개인위생을 유지하고 관리할 수 있다.
❺ 식품가공에서 개인 안전, 화재 예방, 도구 및 장비안전 준수를 할 수 있다.
❻ 고객의 건강한 간식 및 식사대용의 제품을 생산하기 위하여 재료의 준비와 제조과정을 거쳐 상품을 만들 수 있다.

실기검정방법	작업형	시험시간	3시간 정도

주요항목	세부항목	세세항목
❶ 설기떡류 만들기	① 설기떡류 재료 준비하기	㉠ 설기떡류 제조에 적합하도록 작업기준서에 따라 필요한 재료를 준비할 수 있다. ㉡ 생산량에 따라 배합표를 작성할 수 있다. ㉢ 설기떡류 작업기준서에 따라 부재료의 특성을 고려하여 전처리할 수 있다. ㉣ 떡의 특성에 따라 물에 불리는 시간을 조정하고 소금을 첨가할 수 있다.
	② 설기떡류 재료 계량하기	㉠ 배합표에 따라 설기떡류 제품별로 필요한 각 재료를 계량할 수 있다. ㉡ 배합표에 따라 부재료 첨가에 따른 물의 양을 조절할 수 있다. ㉢ 배합표에 따라 생산량을 고려하여 소금 · 설탕의 양을 조절할 수 있다.
	③ 설기떡류 빻기	㉠ 배합표에 따라 생산량을 고려하여 빻을 양을 계산하고 소금과 물을 첨가하여 빻을 수 있다. ㉡ 설기떡류 작업기준서에 따라 제품의 특성에 맞춰 빻는 횟수를 조절할 수 있다. ㉢ 재료의 특성에 따라 체질의 횟수를 조절하고 체눈의 크기를 선택하여 사용할 수 있다.
	④ 설기떡류 찌기	㉠ 설기떡류 작업기준서에 따라 준비된 재료를 찜기에 넣고 골고루 펴서 안칠 수 있다. ㉡ 설기떡류 작업기준서에 따라 최종 포장단위를 고려하여 찜기에 안쳐진 설기떡류를 찌기 전에 얇은 칼을 이용하여 분할할 수 있다. ㉢ 설기떡류 작업기준서에 따라 제품특성을 고려하여 찌는 시간과 온도를 조절할 수 있다. ㉣ 설기떡류 작업기준서에 따라 제품특성을 고려하여 면보자기나 찜기의 뚜껑을 덮어 제품의 수분을 조절할 수 있다.

주요항목	세부항목	세세항목
	⑤ 설기떡류 마무리하기	㉠ 설기떡류 작업기준서에 따라 제품 이동시에도 모양이 흐트러지지 않도록 포장할 수 있다. ㉡ 설기떡류 작업기준서에 따라 제품 특징에 맞는 포장지를 선택하여 포장할 수 있다. ㉢ 설기떡류 작업기준서에 따라 제품의 품질 유지를 위해 표기사항을 표시하여 포장할 수 있다.
❷ 켜떡류 만들기	① 켜떡류 재료 준비하기	㉠ 켜떡류 제조에 적합하도록 작업기준서에 따라 필요한 재료를 준비할 수 있다. ㉡ 생산량에 따라 배합표를 작성할 수 있다. ㉢ 켜떡류 작업기준서에 따라 부재료의 특성을 고려하여 전처리할 수 있다. ㉣ 켜떡류의 종류와 특성에 따라 물에 불리는 시간을 조정하고 소금을 첨가할 수 있다.
	② 켜떡류 재료 계량하기	㉠ 배합표에 따라 제품별로 필요한 각 재료를 계량할 수 있다. ㉡ 배합표에 따라 부재료 첨가에 따른 물의 양을 조절할 수 있다. ㉢ 배합표에 따라 생산량을 고려하여 소금 · 설탕의 양을 조절할 수 있다.
	③ 켜떡류 빻기	㉠ 배합표에 따라 생산량을 고려하여 빻을 양을 계산하고 소금과 물을 첨가하여 빻을 수 있다. ㉡ 켜떡류 작업기준서에 따라 제품의 특성에 맞춰 빻는 횟수를 조절할 수 있다. ㉢ 재료의 특성에 따라 체질의 횟수를 조절하고 체눈의 크기를 선택하여 사용할 수 있다.
	④ 켜떡류 고물 준비하기	㉠ 켜떡류 작업기준서에 따라 사용될 고물 재료를 준비할 수 있다.
	⑤ 켜떡류 켜 안치기	㉠ 켜떡류 작업기준서에 따라 빻은 재료와 고물을 안칠 켜의 수만큼 분할할 수 있다. ㉡ 켜떡류 작업기준서에 따라 찜기 밑에 시루포를 깔고 고물을 뿌릴 수 있다. ㉢ 켜떡류 작업기준서에 따라 뿌린 고물 위에 준비된 주재료를 뿌릴 수 있다. ㉣ 켜떡류 작업기준서에 따라 켜만큼 번갈아 가며 찜기에 켜켜이 채울 수 있다. ㉤ 켜떡류 작업기준서에 따라 찜기에 안칠 수 있다.
	⑥ 켜떡류 찌기	㉠ 준비된 재료를 켜떡류 작업기준서에 따라 찜기에 넣고 골고루 펴서 안칠 수 있다. ㉡ 켜떡류 작업기준서에 따라 최종 포장단위를 고려하여 찜기에 안쳐진 멥쌀 켜떡류는 찌기 전에 얇은 칼을 이용하여 분할하고, 찹쌀이 들어가면 찐 후 분할할 수 있다. ㉢ 켜떡류 작업기준서에 따라 제품특성을 고려하여 찌는 시간과 온도를 조절할 수 있다. ㉣ 켜떡류 작업기준서에 따라 제품특성을 고려하여 면보자기를 덮어 제품의 수분을 조절할 수 있다.
	⑦ 켜떡류 마무리하기	㉠ 켜떡류 작업기준서에 따라 제품 이동시에도 모양이 흐트러지지 않도록 포장할 수 있다. ㉡ 켜떡류 작업기준서에 따라 제품 특징에 맞는 포장지를 선택하여 포장할 수 있다. ㉢ 켜떡류 작업기준서에 따라 제품의 품질 유지를 위해 표기사항을 표시하여 포장할 수 있다.

주요항목	세부항목	세세항목
❸ 빚어 찌는 떡류 만들기	① 빚어 찌는 떡류 재료 준비하기	㉠ 빚어 찌는 떡류 제조에 적합하도록 작업기준서에 따라 필요한 재료를 준비할 수 있다. ㉡ 생산량에 따라 배합표를 작성할 수 있다. ㉢ 빚어 찌는 떡류 작업기준서에 따라 부재료의 특성을 고려하여 전처리할 수 있다. ㉣ 빚어 찌는 떡의 종류와 특성에 따라 물에 불리는 시간을 조정하고 소금을 첨가할 수 있다.
	② 빚어 찌는 떡류 재료 계량하기	㉠ 배합표에 따라 제품별로 필요한 각 재료를 계량할 수 있다. ㉡ 배합표에 따라 겉피와 속고물의 수분 평형을 고려하여 첨가되는 물의 양을 조절할 수 있다. ㉢ 배합표에 따라 생산량을 고려하여 소금 · 설탕의 양을 조절할 수 있다.
	③ 빚어 찌는 떡류 빻기	㉠ 배합표에 따라 생산량을 고려하여 빻을 양을 계산하고 소금과 물을 첨가하여 빻을 수 있다. ㉡ 빚어 찌는 떡류 작업기준서에 따라 제품의 특성에 맞춰 빻는 횟수를 조절할 수 있다. ㉢ 배합표에 따라 겉피에 첨가되는 부재료의 특성을 고려하여 전처리한 재료를 사용할 수 있다.
	④ 빚어 찌는 떡류 반죽하기	㉠ 빚어 찌는 떡류 작업기준서에 따라 익반죽 또는 생반죽할 수 있다. ㉡ 배합표에 따라 물의 양을 조절하여 반죽할 수 있다. ㉢ 배합표에 따라 속고물과 겉피의 수분비율을 조절하여 반죽할 수 있다.
	⑤ 빚어 찌는 떡류 빚기	㉠ 빚어 찌는 떡류 작업기준서에 따라 빚어 찌는 떡류의 크기와 모양을 조절하여 빚을 수 있다. ㉡ 빚어 찌는 떡류 작업기준서에 따라 겉편과 속편의 양을 조절하여 빚을 수 있다. ㉢ 빚어 찌는 떡류 작업기준서에 따라 부재료의 특성을 살려 색을 조화롭게 빚어낼 수 있다.
	⑥ 빚어 찌는 떡류 찌기	㉠ 빚어 찌는 떡류 작업기준서에 따라 제품특성을 고려하여 찌는 시간과 온도를 조절할 수 있다. ㉡ 빚어 찌는 떡류 작업기준서에 따라 제품특성을 고려하여 면보자기를 덮어 제품의 수분을 조절할 수 있다. ㉢ 빚어 찌는 떡류 작업기준서에 따라 풍미를 높이기 위해 부재료를 첨가할 수 있다. ㉣ 빚어 찌는 떡류 작업기준서에 따라 제품이 서로 붙지 않게 간격을 조절하여 찔 수 있다.
	⑦ 빚어 찌는 떡류 마무리하기	㉠ 빚어 찌는 떡류 작업기준서에 따라 찐 후 냉수에 빨리 식힌다. ㉡ 빚어 찌는 떡류 작업기준서에 따라 물기가 제거되면 참기름을 바를 수 있다. ㉢ 빚어 찌는 떡류 작업기준서에 따라 제품의 품질 유지를 위해 표기사항을 표시하여 포장할 수 있다.

주요항목	세부항목	세세항목
❹ 빚어 삶는 떡	① 빚어 삶는 떡류 재료 준비하기	㉠ 빚어 삶는 떡류 제조에 적합하도록 작업기준서에 따라 필요한 재료를 준비할 수 있다. ㉡ 생산량에 따라 배합표를 작성할 수 있다. ㉢ 빚어 삶는 떡류 작업기준서에 따라 부재료의 특성을 고려하여 전처리할 수 있다. ㉣ 빚어 삶는 떡의 종류와 특성에 따라 물에 불리는 시간을 조정하고 소금을 첨가할 수 있다.
	② 빚어 삶는 떡류 재료 계량하기	㉠ 배합표에 따라 제품별로 필요한 각 재료를 계량할 수 있다. ㉡ 배합표에 따라 떡류의 수분 평형을 고려하여 첨가되는 물의 양을 조절할 수 있다. ㉢ 배합표에 따라 생산량을 고려하여 소금의 양을 조절할 수 있다.
	③ 빚어 삶는 떡류 빻기	㉠ 배합표에 따라 생산량을 고려하여 빻을 양을 계산하고 소금과 물을 첨가하여 빻을 수 있다. ㉡ 빚어 삶는 떡류 작업기준서에 따라 제품의 특성에 맞춰 빻는 횟수를 조절할 수 있다. ㉢ 배합표에 따라 빚어 삶는 떡류에 첨가되는 부재료의 특성을 고려하여 전처리한 재료를 사용할 수 있다.
	④ 빚어 삶는 떡류 반죽하기	㉠ 빚어 삶는 떡류 작업기준서에 따라 익반죽 또는 생반죽할 수 있다. ㉡ 배합표에 따라 물의 양을 조절하여 반죽할 수 있다. ㉢ 배합표에 따라 빚어 삶는 떡류의 수분비율을 조절하여 반죽할 수 있다.
	⑤ 빚어 삶는 떡류 빚기	㉠ 빚어 삶는 떡류 작업기준서에 따라 빚어 삶는 떡류의 크기와 모양을 조절하여 빚을 수 있다. ㉡ 빚어 삶는 떡류 작업기준서에 따라 부재료의 특성을 살려 빚어낼 수 있다.
	⑥ 빚어 삶는 떡류 삶기	㉠ 빚어 삶는 떡류 작업기준서에 따라 제품특성을 고려하여 삶는 시간과 온도를 조절할 수 있다. ㉡ 빚어 삶는 떡류 작업기준서에 따라 풍미를 높이기 위해 부재료를 첨가할 수 있다. ㉢ 빚어 삶는 떡류 작업기준서에 따라 제품이 서로 붙지 않게 저어가며 삶을 수 있다.
	⑦ 빚어 삶는 떡류 마무리하기	㉠ 작업기준서에 따라 빚은 떡을 삶은 후 냉수에 빨리 식힐 수 있다. ㉡ 빚어 삶는 떡류 작업기준서에 따라 물기를 제거하여 고물을 묻힐 수 있다. ㉢ 빚어 삶는 떡류 작업기준서에 따라 제품의 품질 유지를 위해 표기사항을 표시하여 포장할 수 있다.
❺ 약밥 만들기	① 약밥 재료 준비하기	㉠ 약밥 만들기 제조에 적합하도록 작업기준서에 따라 필요한 재료를 준비할 수 있다. ㉡ 생산량에 따라 배합표를 작성할 수 있다. ㉢ 배합표에 따라 부재료를 필요한 양만큼 준비할 수 있다. ㉣ 약밥 만들기 작업기준서에 따라 부재료의 특성을 고려하여 전처리할 수 있다. ㉤ 약밥 만들기 작업기준서에 따라 찹쌀을 물에 불린 후 건져 물기를 빼고 소금을 첨가하여 찜기에 쪄서 준비할 수 있다. ㉥ 배합표에 따라 황설탕, 계피가루, 진간장, 대추 삶은 물(대추고), 캐러멜 소스, 꿀, 참기름을 준비할 수 있다.

주요항목	세부항목	세세항목
	② 약밥 재료 계량하기	㉠ 배합표에 따라 쪄서 준비한 재료를 계량할 수 있다. ㉡ 배합표에 따라 전처리된 부재료를 계량할 수 있다. ㉢ 배합표에 따라 황설탕, 계핏가루, 진간장, 대추 삶은 물(대추고), 캐러멜 소스, 꿀, 참기름을 계량할 수 있다.
	③ 약밥 혼합하기	㉠ 약밥 만들기 작업기준서에 따라 찹쌀을 찔 수 있다. ㉡ 약밥 만들기 작업기준서에 따라 계량된 황설탕, 계핏가루, 진간장, 대추 삶은 물(대추고), 캐러멜 소스, 꿀, 참기름을 넣어 혼합할 수 있다. ㉢ 약밥 만들기 작업기준서에 따라 혼합한 재료를 맛과 색이 잘 스며들도록 관리할 수 있다.
	④ 약밥 찌기	㉠ 약밥 만들기 작업기준서에 따라 혼합된 재료를 찜기에 넣고 골고루 펴서 안칠 수 있다. ㉡ 약밥 만들기 작업기준서에 따라 제품특성을 고려하여 찌는 시간과 온도를 조절할 수 있다. ㉢ 약밥 만들기 작업기준서에 따라 제품특성을 고려하여 면보자기를 덮어 제품의 수분을 조절할 수 있다.
	⑤ 약밥 마무리하기	㉠ 약밥 만들기 작업기준서에 따라 완성된 약밥의 크기와 모양을 조절하여 포장할 수 있다. ㉡ 약밥 만들기 작업기준서에 따라 제품 특징에 맞는 포장지를 선택하여 포장할 수 있다. ㉢ 약밥 만들기 작업기준서에 따라 제품의 품질 유지를 위해 표기사항을 표시하여 포장할 수 있다.
❻ 인절미 만들기	① 인절미 재료 준비하기	㉠ 인절미 제조에 적합하도록 작업기준서에 따라 필요한 찹쌀과 고물을 준비할 수 있다. ㉡ 생산량에 따라 배합표를 작성할 수 있다. ㉢ 인절미 작업기준서에 따라 부재료의 특성을 고려하여 전처리할 수 있다. ㉣ 인절미의 특성에 따라 물에 불리는 시간을 조정하고 소금을 가할 수 있다.
	② 인절미 재료 계량하기	㉠ 배합표에 따라 제품별로 필요한 각 재료를 계량할 수 있다. ㉡ 배합표에 따라 부재료 첨가에 따른 물의 양을 조절할 수 있다. ㉢ 배합표에 따라 생산량을 고려하여 소금의 양을 조절할 수 있다. ㉣ 배합표에 따라 인절미에 첨가되는 전처리된 부재료를 계량하여 사용할 수 있다.
	③ 인절미 빻기	㉠ 배합표에 따라 생산량을 고려하여 빻을 재료의 양을 계산하고 소금과 물을 첨가하여 빻을 수 있다. ㉡ 인절미 작업기준서에 따라 제품의 특성에 맞춰 빻는 횟수를 조절할 수 있다. ㉢ 제품의 특성에 따라 1, 2차 빻기 작업 수행시 분쇄기의 롤 간격을 조절할 수 있다. ㉣ 인절미 작업기준서에 따라 불린 쌀 대신 전처리 제조된 재료를 사용할 경우 불리는 공정과 빻기의 공정을 생략한다.

주요항목	세부항목	세세항목
	④ 인절미 찌기	㉠ 인절미류 작업기준서에 따라 찹쌀가루를 뭉쳐서 안칠 수 있다. ㉡ 인절미류 작업기준서에 따라 제품특성을 고려하여 찌는 온도와 시간을 조절하여 찔 수 있다.
	⑤ 인절미 성형하기	㉠ 인절미류 작업기준서에 따라 익힌 떡 반죽을 쳐서 물성을 조절할 수 있다. ㉡ 인절미류 작업기준서에 따라 제품을 식힐 수 있다. ㉢ 인절미류 작업기준서에 따라 제품특성에 따라 절단할 수 있다.
	⑥ 인절미 마무리하기	㉠ 인절미류 작업기준서에 따라 고물을 묻힐 수 있다. ㉡ 인절미류 작업기준서에 따라 포장할 수 있다. ㉢ 인절미류 작업기준서에 따라 표기사항을 표시할 수 있다.
❼ 고물류 만들기	① 찌는 고물류 만들기	㉠ 작업기준서와 생산량에 따라 배합표를 작성할 수 있다. ㉡ 작업기준서에 따라 필요한 재료를 준비할 수 있다. ㉢ 재료의 특성을 고려하여 전처리할 수 있다. ㉣ 전처리된 재료를 찜기에 넣어 찔 수 있다. ㉤ 작업기준서에 따라 제품특성을 고려하여 찌는 시간과 온도를 조절할 수 있다. ㉥ 찐 고물을 식혀 빻은 후 고물을 소분하여 냉장이나 냉동에 보관할 수 있다.
	② 삶는 고물류 만들기	㉠ 작업기준서와 생산량에 따라 배합표를 작성할 수 있다. ㉡ 작업기준서에 따라 필요한 재료를 준비할 수 있다. ㉢ 재료의 특성을 고려하여 전처리할 수 있다. ㉣ 전처리된 재료를 삶는 솥에 넣어 삶을 수 있다. ㉤ 작업기준서에 따라 제품특성을 고려하여 삶는 시간과 온도를 조절할 수 있다. ㉥ 삶은 고물을 식혀 빻은 후 고물을 소분하여 냉장이나 냉동에 보관할 수 있다.
	③ 볶는 고물류 만들기	㉠ 작업기준서와 생산량에 따라 배합표를 작성할 수 있다. ㉡ 작업기준서에 따라 필요한 재료를 준비할 수 있다. ㉢ 재료의 특성을 고려하여 전처리할 수 있다. ㉣ 전처리하다 재료를 볶음 솥에 넣어 볶을 수 있다. ㉤ 작업기준서에 따라 제품특성을 고려하여 볶는 시간과 온도를 조절할 수 있다. ㉥ 볶은 고물을 식혀 빻은 후 고물을 소분하여 냉장이나 냉동에 보관할 수 있다.
❽ 가래떡류 만들기	① 가래떡류 재료 준비하기	㉠ 작업기준서와 생산량을 고려하여 배합표를 작성할 수 있다. ㉡ 배합표 따라 원 · 부재료를 준비할 수 있다. ㉢ 작업기준서에 따라 부재료를 전처리할 수 있다. ㉣ 가래떡류의 특성에 따라 물에 불리는 시간을 조정할 수 있다.
	② 가래떡류 재료 계량하기	㉠ 배합표에 따라 제품별로 재료를 계량할 수 있다. ㉡ 배합표에 따라 부재료 첨가에 따른 물의 양을 조절할 수 있다. ㉢ 배합표에 따라 멥쌀에 소금을 첨가할 수 있다.
	③ 가래떡류 빻기	㉠ 작업기준서에 따라 원 · 부재료의 빻는 횟수를 조절할 수 있다. ㉡ 제품의 특성에 따라 1, 2차 빻기 작업 수행시 분쇄기 롤 간격을 조절할 수 있다. ㉢ 빻은 맵쌀가루의 입도, 색상, 냄새를 확인하여 분쇄작업을 완료할 수 있다. ㉣ 빻은 작업이 완료된 원재료에 부재료를 혼합할 수 있다.

주요항목	세부항목	세세항목
	④ 가래떡류 찌기	㉠ 작업기준서에 따라 준비된 재료를 찜기에 넣고 골고루 펴서 안칠 수 있다. ㉡ 작업기준서에 따라 찌는 시간과 온도를 조절할 수 있다. ㉢ 작업기준서에 따라 찜기 뚜껑을 덮어 제품의 수분을 조절할 수 있다.
	⑤ 가래떡류 성형하기	㉠ 작업기준서에 따라 성형노즐을 선택할 수 있다. ㉡ 작업기준서에 따라 쪄진 떡을 제병기에 넣어 성형할 수 있다. ㉢ 작업기준서에 따라 제병기에서 나온 가래떡을 냉각시킬 수 있다. ㉣ 작업기준서에 따라 냉각된 가래떡을 용도별로 절단할 수 있다.
	⑥ 가래떡류 마무리하기	㉠ 작업기준서에 따라 제품 특징에 맞는 포장지를 선택할 수 있다. ㉡ 작업기준서에 따라 절단한 가래떡을 용도별로 저온 건조 또는 냉동할 수 있다. ㉢ 작업기준서에 따라 제품별로 길이, 크기를 조절할 수 있다. ㉣ 작업기준서에 따라 제품별로 알코올 처리를 할 수 있다. ㉤ 작업기준서에 따라 제품별로 건조 수분을 조절할 수 있다. ㉥ 작업기준서에 따라 포장 표시면에 표기사항을 표시할 수 있다.
❾ 찌는 찰떡류 만들기	① 찌는 찰떡류 재료 준비하기	㉠ 작업기준서와 생산량을 고려하여 배합표를 작성할 수 있다. ㉡ 배합표에 따라 원 · 부재료를 준비할 수 있다. ㉢ 부재료의 특성을 고려하여 전처리할 수 있다. ㉣ 찌는 찰떡류의 특성에 따라 물에 불리는 시간을 조정할 수 있다.
	② 찌는 찰떡류 재료 계량하기	㉠ 배합표에 따라 원 · 부재료를 계량할 수 있다. ㉡ 배합표에 따라 물의 양을 조절할 수 있다. ㉢ 배합표에 따라 찹쌀에 소금을 첨가할 수 있다.
	③ 찌는 찰떡류 빻기	㉠ 작업기준서에 따라 원 · 부재료의 빻는 횟수를 조절할 수 있다. ㉡ 1, 2차 빻기 작업 수행 시 분쇄기의 롤 간격을 조절할 수 있다. ㉢ 빻기된 찹쌀가루의 입도, 색상, 냄새를 확인하여 빻는 작업을 완료할 수 있다. ㉣ 빻는 작업이 완료된 원재료에 부재료를 혼합할 수 있다.
	④ 찌는 찰떡류 찌기	㉠ 작업기준서에 따라 스팀이 잘 통과될 수 있도록 혼합된 원부재료를 시루에 담을 수 있다. ㉡ 작업기준서에 따라 찌는 시간과 온도를 조절할 수 있다. ㉢ 작업기준서에 따라 시루 뚜껑을 덮어 제품의 수분을 조절할 수 있다.
	⑤ 찌는 찰떡류 성형하기	㉠ 찐 재료에 대하여 물성이 적합한지 확인할 수 있다. ㉡ 작업기준서에 따라 찐 재료를 식힐 수 있다. ㉢ 작업기준서에 따라 제품의 종류별로 절단할 수 있다.
	⑥ 찌는 찰떡류 마무리하기	㉠ 노화 방지를 위하여 제품의 특성에 적합한 포장지를 선택할 수 있나. ㉡ 작업기준서에 따라 제품을 포장할 수 있다. ㉢ 작업기준서에 따라 포장 표시면에 표기사항을 표시할 수 있다. ㉣ 제품의 보관 온도에 따라 제품 보관 방법을 적용할 수 있다.

주요항목	세부항목	세세항목
⑩ 지지는 떡	① 지지는 떡류 재료 준비하기	㉠ 지지는 떡류 작업기준서에 따라 재료를 준비할 수 있다. ㉡ 지지는 떡류 작업기준서에 따라 재료를 계량할 수 있다 ㉢ 지지는 떡류 작업기준서에 따라 찹쌀을 불릴 수 있다. ㉣ 지지는 떡류 작업기준서에 따라 부재료의 특성을 고려하여 전처리할 수 있다.
	② 지지는 떡류 빻기	㉠ 지지는 떡류 작업기준서에 따라 반죽에 첨가되는 부재료의 특성에 따라 전처리 한 재료를 사용할 수 있다. ㉡ 지지는 떡류 작업기준서에 따라 제품의 특성에 맞게 빻는 횟수를 조절하여 빻을 수 있다. ㉢ 재료의 특성에 따라 체눈의 크기와 체질의 횟수를 조절할 수 있다.
	③ 지지는 떡류 지지기	㉠ 지지는 떡류 작업기준서에 따라 익반죽할 수 있다. ㉡ 지지는 떡류 작업기준서에 따라 크기와 모양에 맞게 성형할 수 있다. ㉢ 지지는 떡류 제품 특성에 따라 지진 후 속고물을 넣을 수 있다. ㉣ 지지는 떡류 제품 특성에 따라 고명으로 장식하고 즙청할 수 있다.
	④ 지지는 떡류 마무리하기	㉠ 지지는 떡류 작업기준서에 따라 포장할 수 있다. ㉡ 지지는 떡류 작업기준서에 따라 표기사항을 표시할 수 있다.
⑪ 위생관리	① 개인위생 관리하기	㉠ 위생관리 지침에 따라 두발, 손톱 등 신체 청결을 유지할 수 있다. ㉡ 위생관리 지침에 따라 손을 자주 씻고 건조하게 하여 미생물의 오염을 예방할 수 있다. ㉢ 위생관리 지침에 따라 위생복, 위생모, 작업화 등 개인위생을 관리할 수 있다. ㉣ 위생관리 지침에 따라 질병 등 스스로의 건강상태를 관리하고, 보고할 수 있다. ㉤ 위생관리 지침에 따라 근무 중의 흡연, 음주, 취식 등에 대한 작업장 근무수칙을 준수할 수 있다.
	② 가공기계 · 설비 위생 관리하기	㉠ 위생관리 지침에 따라 가공기계 · 설비위생 관리 업무를 준비, 수행할 수 있다. ㉡ 위생관리 지침에 따라 작업장 내에서 사용하는 도구의 청결을 유지할 수 있다. ㉢ 위생관리 지침에 따라 작업장 기계 · 설비들의 위생을 점검하고, 관리할 수 있다. ㉣ 위생관리 지침에 따라 세제, 소독제 등의 사용시, 약품의 잔류 가능성을 예방할 수 있다. ㉤ 위생관리 지침에 따라 필요시 가공기계 · 설비 위생에 관한 사항을 책임자와 협의할 수 있다.
	③ 작업장 위생 관리하기	㉠ 위생관리 지침에 따라 작업장 위생 관리 업무를 준비, 수행할 수 있다. ㉡ 위생관리 지침에 따라 작업장 청소 및 소독 매뉴얼을 작성할 수 있다. ㉢ 위생관리 지침에 따라 HACCP관리 매뉴얼을 운영할 수 있다. ㉣ 위생관리 지침에 따라 세제, 소독제 등의 사용시, 약품의 잔류 가능성을 예방할 수 있다. ㉤ 위생관리 지침에 따라 소독, 방충, 방서 활동을 준비, 수행할 수 있다. ㉥ 위생관리 지침에 따라 필요시 작업장 위생에 관한 사항을 책임자와 협의할 수 있다.

주요항목	세부항목	세세항목
⑫ 안전관리	① 개인 안전 준수하기	㉠ 안전사고 예방지침에 따라 도구 및 장비 등의 정리 · 정돈을 수시로 할 수 있다. ㉡ 안전사고 예방지침에 따라 위험 · 위해 요소 및 상황을 전파할 수 있다. ㉢ 안전사고 예방지침에 따라 지정된 안전 장구류를 착용하여 부상을 예방할 수 있다. ㉣ 안전사고 예방지침에 따라 중량물 취급, 반복 작업에 따른 부상 및 질환을 예방할 수 있다. ㉤ 안전사고 예방지침에 따라 부상이 발생하였을 경우 응급처치(지혈, 소독 등)를 수행할 수 있다. ㉥ 안전사고 예방지침에 따라 부상 발생시 책임자에게 즉각 보고하고 지시를 준수할 수 있다.
	② 화재 예방하기	㉠ 화재예방지침에 따라 LPG, LNG등 연료용 가스를 안전하게 취급할 수 있다. ㉡ 화재예방지침에 따라 전열 기구 및 전선 배치를 안전하게 취급할 수 있다. ㉢ 화재예방지침에 따라 화재 발생시 소화기 등을 사용하여 초기에 대응할 수 있다. ㉣ 화재예방지침에 따라 식품가공용 유지류의 취급 부주의에 따른 화상, 화재를 예방할 수 있다. ㉤ 화재예방지침에 따라 퇴근시에는 전기 · 가스 시설의 차단 및 점검을 의무화할 수 있다.
	③ 도구 · 장비안전 준수하기	㉠ 도구 및 장비 안전지침에 따라 절단 및 협착 위험 장비류 취급시 주의사항을 준수할 수 있다. ㉡ 도구 및 장비 안전지침에 따라 화상 위험 장비류 취급시 주의사항을 준수할 수 있다. ㉢ 도구 및 장비 안전지침에 따라 적정한 수준의 조명과 환기를 유지할 수 있다. ㉣ 도구 및 장비 안전지침에 따라 작업장 내의 이물질, 습기를 제거하여, 미끄럼 및 오염을 방지할 수 있다. ㉤ 도구 및 장비 안전지침에 따라 설비의 고장, 문제점을 책임자와 협의, 조치할 수 있다.

수험자 지참도구

연번	내용	규격	수량	세부기준
1	스크레이퍼	플라스틱	1개	
2	계량컵		1세트	
3	계량스푼		1세트	
4	기름솔		1개	
5	행주		1개	필요량만큼 준비
6	위생복	흰색 상하의 (흰색 하의는 앞치마로 대체가능)	1벌	• 기관 및 성명 등의 표식이 없을 것 ※ 반드시 특수 표식이나 무늬, 그림이 없는 흰색 위생복 착용 • 부직포 · 비닐 등 화재에 취약한 재질이 아닐 것 • 유색의 위생복, 위생모, 팔토시 착용한 경우, 일부 유색인 위생복 착용한 경우, 떡제조용 · 식품가공용 위생복이 아니며, 위의 위생복 기준에 적합하지 않은 위생복장인 경우 ⋯▸ 전체 위생 항목 배점 0점 • 상의 : '흰색 위생 상의' – 소매 길이는 팔꿈치가 덮이는 길이 이상의 7부 · 9부 · 긴팔 착용 – 팔꿈치 길이보다 짧은 소매는 작업 안전상 금지, 부적합할 경우 위생점수 전체 0점 – 7부 · 9부 착용 시 수험자 필요에 따라 흰색 팔토시 사용 가능 – 평상복(흰 티셔츠)을 착용한 경우 실격 처리 • 하의 : '흰색 긴 바지 위생복' 또는 '긴 바지와 흰색 앞치마' – 흰색앞치마 착용 시, 앞치마 길이는 무릎 아래까지 덮이는 길이일 것, 바지의 색상 · 재질은 무관하나, '반바지 · 짧은 치마 · 폭넓은 바지' 등 안전과 작업에 방해가 되는 경우는 위생점수 전체 0점
7	위생장갑	면	1개	• 면장갑 • 안전 · 화상 방지 용도
8	위생장갑	비닐	5set	• 일회용 비닐 위생장갑 • 니트릴, 라텍스 등 조리용장갑 사용 가능
9	위생모	흰색	1개	• 기관 및 성명 등의 표식이 없을 것 • 흰색(흰색 머릿수건은 착용 금지) • 빈틈이 없고 일반 식품가공시 통용되는 위생모(모자의 크기 및 길이, 면 또는 부직포, 나일론 등의 재질은 무관) • 패션모자(흰털모자, 비니, 야구모자 등)를 착용한 경우 실격 처리

10	위생화, 작업화	작업화, 조리화, 운동화 등 (색상 무관)	1켤레	• 기관 및 성명 등의 표식이 없을 것 • 조리화, 위생화, 작업화, 발등이 덮이는 깨끗한 운동화 (단, 발가락, 발등, 발뒤꿈치가 모두 덮일 것) • 미끄러짐 및 화상의 위험이 있는 슬리퍼류, 작업에 방해가 되는 굽이 높은 구두, 속 굽 있는 운동화가 아닐 것
11	칼	조리용	1개	
12	대나무젓가락	40~50cm 정도	1개	
13	나무주걱		1개	
14	뒤집개		1개	
15	면보	30×30cm 정도	1개	
16	가위		1개	
17	키친타올		1롤	
18	체		1개	재질 무관(스테인리스체, 나무체 등), 28×6.5cm 정도의 중간체, 재료 전처리 등 다용도 활용
19	비닐		필요량	재료 전처리 또는 떡을 덮는 용도 등 다용도용으로 필요량만큼 준비
20	저울	조리용	1개	• g단위, 공개문제의 요구사항(재료양)을 참고하여 재료개량에 사용할 수 있는 저울로 준비 • 미지참 시 시험장에 구비된 공용 저울 사용 가능
21	절구공이 (밀대)	크기, 재질 무관	1개	

지참준비물 상세 안내

- 준비물별 수량은 최소 수량을 표시한 것이므로 필요 시 추가 지참 가능
- 종이컵, 호일, 랩, 수저 등 일반적인 조리용 소모품은 필요 시 개별 지참 가능
  - 떡제조 기능 평가에 영향을 미치지 않는 조리용 소모품(종이컵, 호일, 랩, 수저 등)은 지참이 가능하나, "몰드, 틀" 등과 같이 기능 평가에 영향을 미치는 도구는 사용 금지
  - 지참준비물 외 개별 지참한 도구가 있을 경우, 시험 당일 감독위원에게 사용 가능 여부 확인 후 사용, 감독위원에게 확인하지 않고 개별 지참한 도구 사용 시 채점 시 불이익이 있을 수 있음에 유의
- 길이를 측정할 수 있는 눈금표시가 있는 조리기구는 사용 금지(눈금칼, 눈금도마, 자 등)
- 시험장내 모든 개인물품에는 기관 및 성명 등의 표시가 없어야 함

개인위생 상세 안내

- **장신구** : 착용 금지. 시계, 반지, 귀걸이, 목걸이, 팔찌 등 장신구는 이물, 교차오염 등의 식품위생을 위해 착용하지 않을 것
- **두발** : 단정하고 청결할 것. 머리카락이 길 경우 머리카락이 흘러내리지 않도록 단정히 묶거나 머리망 착용할 것
- **손, 손톱** : 길지 않고 청결해야 하며 매니큐어, 인조손톱 부착을 하지 않을 것, 손에 상처가 없어야 하나, 상처가 있을 경우 보이지 않도록 할 것

※ 안전사고 발생 처리 : 칼 사용(손 베임) 등으로 안전사고 발생시 응급조치를 하여야 하며, 응급조치에도 지혈이 되지 않을 경우 시험 진행 불가

주요 시험장 시설

연번	내용	규격	수량	비고
1	조리대		1대	1인용
2	씽크대		1대	1인용
3	제품 제출대		1대	공용
4	냉장고		1대	공용
5	찜기 (물솥, 시루망 및 시루 포함)	대나무찜기	2조	1인용
6	가스레인지		1대	1인용(2구)
7	저울		1대	공용
8	체	스테인리스	1개	1인용
9	도마		1개	1인용
10	스테인리스 볼		각 1개씩	1인용
11	접시		2개	1인용
12	냄비		1개	1인용

※ 위의 주요 시험장 시설은 참고사항이며, 표기된 규격(크기 등)은 시험장 시설에 따라 상이할 수 있음을 양지하시기 바랍니다.

1 떡제조에 필요한 도구

대나무찜기

대나무찜기는 25cm(3호), 27cm(4호), 30cm(5호)가 있는네 일반적으로 25cm를 많이 사용합니다. 대나무찜기를 처음 사용할 때에는 물솥에 물과 식초를 넣고 대나무찜기를 한 번 쪄서 소독을 하고 사용합니다. 사용한 후 씻을 때는 세제를 사용하지 않고 물로만 세척합니다. 바람이 통하지 않는 곳에 보관하면 곰팡이가 생길 수 있으므로 바람이 잘 통하는 그늘진 곳에 보관합니다. 마른 대나무찜기에 쌀가루를 안쳐 떡을 찔 경우 떡이 설익을 수 있습니다. 따라서 마른 대나무찜기는 물에 충분히 담가주어 대나무찜기가 촉촉한 상태에서 떡을 쪄야 떡이 맛이 좋습니다.

물솥

스텐 물솥과 알루미늄 물솥, 높은 물솥과 낮은 물솥이 있습니다. 높이와 상관없이 물의 양은 물솥 높이의 반을 넣습니다. 물솥에는 대나무찜기를 올릴 수 있게 홈이 나있는데 이 홈과 대나무찜기가 조금이라도 뜨면 떡이 익지 않으므로 쌀가루를 안친 시루를 올릴 때에는 항상 홈에 잘 맞게 올렸는지 확인합니다.

중간체

멥쌀가루를 체 칠 때 사용합니다. 쌀가루에 소금을 고루 섞을 때나 쌀가루에 수분을 넣고 수분을 고루 섞을 때 사용합니다.

어레미체

체의 구멍이 가장 큰 체로 고물체, 굵은체라고도 합니다. 찹쌀을 내릴 때나 각종 고물을 내릴 때 사용합니다.

구름떡틀

찰떡을 모양 잡아 굳히거나 양갱을 굳힐 때 사용합니다.

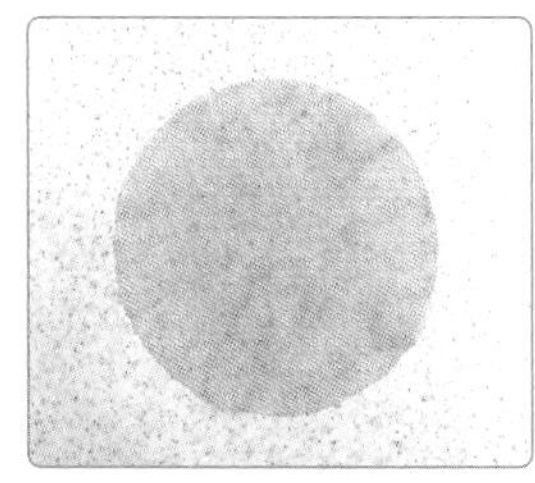

시룻밑

대나무찜기에 쌀가루나 고물류가 빠지지 않게 깔아줍니다. 면보 대신 사용하는데 실리콘 재질이라 면보보다 세척이 편하고 떡이 덜 들러붙습니다.

스텐 계단볼

중간체나 어레미체가 걸쳐질 수 있게 계단이 나있어 체 내리기가 편합니다.

스크레이퍼

쌀가루의 윗면을 깨끗이 다듬을 때나 찰떡류를 자를 때 사용합니다.

계량컵

단위는 200ml로 스텐, 플라스틱, 투명 등 다양한 종류가 있습니다. 떡을 만들 때에는 주로 스텐으로 된 것을 사용합니다.

계량스푼

수분을 잡을 때나 부재료를 추가할 때 사용합니다. 스텐으로 된 것을 주로 사용합니다.

❷ 수분 잡기 및 쌀가루 만들기

(1) 멥쌀의 수분 잡기

❶ 설기류를 만들 때에는 수분 잡기가 매우 중요합니다. 물을 적게 잡으면 푸석거리고 퍽퍽하며, 많이 잡으면 질척하고 입자가 거칠어 단면이 예쁘지 않습니다.

❷ 떡을 만들 때에는 하룻밤 물에 불려 빻은 습식 쌀가루를 이용하는데 이 습식 쌀가루가 갖고 있는 수분은 온도, 물의 양, 불린 시간에 따라 조금씩 다르기 때문에 떡을 만드는 사람은 멥쌀가루의 상태에 따라 수분 잡는 법을 익혀야 합니다.

❸ 실기시험 요구사항에 보면 "떡 제조시 물의 양은 적정량으로 혼합하여 제조하시오(단, 쌀가루는 물에 불려 소금간을 하지 않고 2회 빻은 쌀가루이다)."라고 기재되어 있습니다.

❹ 보통 불린 멥쌀은 "소금간"을 하고 "1차 분쇄 → 물주기 → 2차 분쇄"를 하여 멥쌀가루로 만듭니다. 소금간은 하지 않았다고 명시되어 있기 때문에 비율[100(쌀가루) : 1(소금)]에 따라 소금을 넣으면 되지만 2차 분쇄하기 전에 물을 얼마만큼 넣어 분쇄하였는지에 대한 부분은 나와 있지 않습니다. 따라서 물을 아예 넣지 않고 빻은 쌀가루든 조금 넣어 빻은 쌀가루든 수분을 적절히 잡는 방법을 가장 쉽게 설명해드리겠습니다.

❺ 인터넷, 떡과 관련된 서적을 보면 대개 주먹 쥐어 흔들어 보아 깨지지 않을 때까지 수분 잡기를 한다고 나와 있습니다. 그런데 사람이 매번 똑같은 힘으로 주먹을 쥔다는 것은 쉽지 않아 위와 같은 방법으로 수분 잡기를 한다면 어느 날은 건조하고 어느 날은 물이 많아 적절한 수분 잡기가 어렵습니다.

❻ 이런 문제를 해결하기 위해 수분 잡기를 하는 다른 방법을 설명해드리겠습니다.
첫 번째, 쌀가루의 2/3가 덩어리질 때까지 물을 넣는다.
두 번째, 중간체에 한 번 내린 후 손으로 저어 쌀가루의 뭉침 정도를 확인한다(사진 및 콩설기 동영상 참고).
세 번째, 수분이 부족하면 추가로 수분을 잡고 다시 체를 친다.

❼ 수분이 부족하면 맛도 떨어지지만 떡의 호화가 원활하게 이루어지지 않을 수도 있습니다. 콩설기가 시험문제로 주어졌기 때문에 멥쌀의 수분 잡기를 반드시 익혀 시험에 대비하시기 바랍니다.

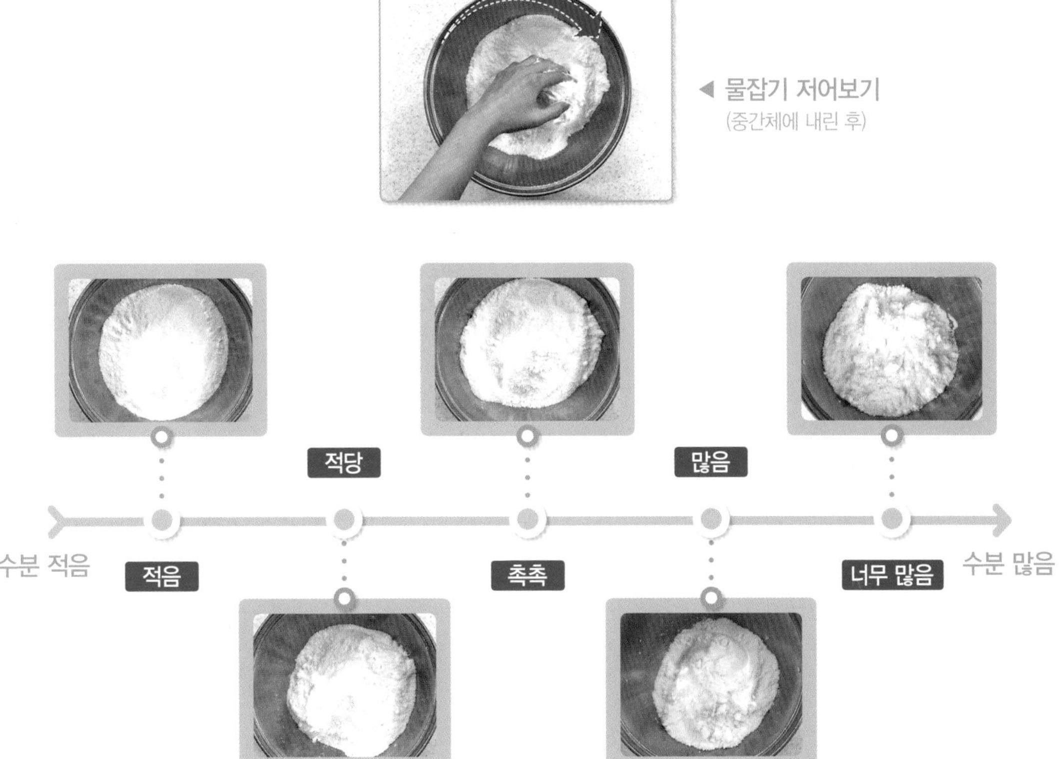

(2) 찹쌀의 수분 잡기

❶ 찹쌀은 멥쌀과 달리 소금을 넣고 1차 분쇄만 합니다.

❷ 찹쌀가루는 원래 물을 넣지 않고 내리기 때문에 실기시험에 주어지는 습식 쌀가루의 상태는 충분히 예상 가능한 상태로 인절미류의 물량은 쌀가루 양의 10%(쌀가루 1kg일 경우 물 100g), 다른 찰떡은 쌀가루 양의 5%를 넣으면 무난합니다(쌀가루 1kg일 경우 물은 50g(5T)).

안치는 방법	쌀가루 1kg당
켜떡, 찌는 떡류	물 50g
인절미류	물 100g

(3) 쌀가루 만들기

❶ 쌀을 깨끗이 씻어 불립니다.

구분	멥쌀	멥쌀(현미, 흑미)	찹쌀	찹쌀(현미, 흑미, 수수)
여름	6시간	12시간	4시간	8시간
겨울	12시간	24시간	8시간	16시간

❷ 쌀을 물에 오래 담글 경우 쌀이 상할 수 있기 때문에 3~4시간에 한 번씩 물을 갈아주면서 불려줍니다.

❸ 체에 밭쳐 물기를 30분 정도 뺀 후 방앗간에 가져가 빻습니다. 30분 정도 물을 빼는 이유는 쌀의 수분 함량을 일정하게 하기 위해서입니다. 쌀을 체에 오래 밭쳐 놓으면 쌀이 마를 수 있으니 유의하세요. 쌀을 빻을 때 소금간(불린쌀 100g당 소금 1g)은 하고 물은 넣지 않습니다.

❹ 쌀가루는 한 번 쓸 분량만큼 위생팩에 담아 냉동보관합니다. 이때 멥쌀, 찹쌀 표기를 꼭 해줍니다.

❺ 냉동보관한 쌀가루는 하루 전날 냉장고에서 해동하여 사용합니다. 여름철 실온에서 해동할 경우 쉰내가 날 수 있으니 유의하세요.

❻ 멥쌀을 적정시간 불린 후 가루로 빻으면 23~25% 정도의 수분을 흡수하고, 찹쌀을 적정시간 불린 후 가루로 빻으면 37~40% 정도의 수분을 흡수합니다.

(4) 시험 전 꼭 알아둘 점

- 떡에는 기본 공식이 있습니다. 바로 1(소금):10(설탕):100(쌀가루)인데요. 쌀가루가 800g이 주어지면 소금 8g, 설탕 80g을 넣으면 됩니다(찹쌀, 멥쌀 동일).
- 대나무시루는 촉촉해야 떡이 잘 쪄져요. 시험장의 시루가 새 시루일 경우 물에 충분히 적신 후 물솥에 올려주세요.
- 물솥에 물은 물솥 높이의 반절로 넣어주세요. 물이 반절 이상으로 너무 많으면 떡 밑 부분이 젖을 수 있고 물이 반절 밑으로 너무 적으면 떡이 안 쪄질 수 있어요.
- 쌀가루를 안칠 때에는 중간중간 고르게 해주세요.
- 물솥에 시루가 조금이라도 뜨면 떡이 익지 않기 때문에 대나무시루는 물솥 홈에 딱 맞게 올려주세요.
- 물이 팔팔 끓은 후 찜기를 올리고 니면 시간(알람)을 맞춰주세요.
- 대나무시루 위로 수증기가 잘 올라오는지 반드시 확인해주세요.
- 수증기가 쌀가루를 치고 올라오는 시간은 5~10분 정도 걸려요. 10분이 지났는데도 수증기가 시루 위로 원활하게 올라오지 않으면 떡이 전체적으로 안 쪄질 수 있어요.
- 뜸들이기는 미처 호화되지 못한 쌀가루의 호화를 도와주고 떡의 노화를 늦춰줍니다.

❸ 재료의 전처리

(1) 강낭콩, 서리태 : 깨끗이 씻은 후 물에 12시간 이상 불려서 사용합니다.

(2) 밤 : 겉껍질과 속껍질을 모두 벗긴 후 용도에 맞게 슬라이스하거나 깍둑썰기하여 사용합니다.

★TIP★ 밤채를 썰 때에는 밤에 수분이 많아 자꾸 부서지기 때문에 채썰기가 쉽지 않습니다. 이럴 때는 밤을 설탕물에 담근 후 살짝 건조시켜 채를 썰면 좋습니다.

(3) 완두배기 : 끓는 물에 살짝 데쳐 사용합니다.

★TIP★ 완두배기는 설탕과 물을 1:1로 넣고 조린 것을 말합니다. 완두배기 자체가 너무 달기 때문에 살짝 데쳐 사용합니다.

(4) 적팥 : 적팥을 삶을 때에는 삶은 첫 물을 버리고 다시 물을 받아 살짝 퍼지게 삶아줍니다.

(5) 호두 : 속껍질을 이쑤시개로 벗겨 사용하거나 뜨거운 물에 데친 후 사용합니다.

★TIP★ 끓는 물에 식초를 넣고 호두를 데치면 속껍질이 쉽게 벗겨집니다. 호두를 데치지 않고 그냥 사용할 경우 호두 주름 사이에 낀 쌀가루는 설익을 수 있습니다.

(6) 호박고지 : 잘 마른 호박고지는 물로 한 번 헹궈 내거나 설탕을 넣은 미지근한 물에 5분 정도 불린 후 물기를 짜내고 적당한 크기로 자릅니다.

★TIP★ 찰떡에는 씹히는 맛이 있는 고물을 넣는 게 맛이 좋습니다. 호박고지를 찰떡에 넣을 때는 식감을 위해 물에 불리지 않고 사용하고 물메떡에 호박고지를 넣을 때에는 물에 불려 부드러운 식감을 냅니다.

(7) 대추 : 쌀가루에 섞어 고물로 사용할 때에는 끓는 물에 한 번 데친 후 사용합니다.

★TIP★ 호두와 마찬가지로 데치지 않고 사용하면 대추 주름 사이에 낀 쌀가루가 설익을 수 있습니다. 대추꽃을 만들 때에는 끓는 물에 데치면 뭉개지기 때문에 데치지 않고 물로만 깨끗이 헹궈 사용합니다.

(8) 거피팥, 거피녹두 : 껍질을 벗긴 팥, 녹두라고 하여 거피팥, 거피녹두라 불립니다. 4~6시간 불린 후 여러 번 헹궈 남아있는 껍질을 완전히 제거하고 김 오른 찜기에 무를 때까지 찝니다. 용도에 따라 찧어 한 덩어리로 만들거나 어레미체에 내려 뿌리는 고물류로 만들어 사용합니다.

(9) 쑥 : 질기고 억센 줄기를 제거하고 물에 깨끗이 씻어 소금을 넣고 끓는 물에 데칩니다. 데친 후 찬물에 헹궈 물기를 짜고 사용할 만큼 소분하여 냉동보관합니다.

(10) 잣 : 잣은 고깔을 떼어내고 사용합니다.

(11) 곶감 : 곶감은 씨를 제거하고 용도에 맞게 채 썰거나 적당한 크기로 잘라 사용합니다.

(12) 건크랜베리, 건포도 : 너무 말라있으면 사이다에 살짝 재운 후 사용하면 맛이 좋습니다.

❹ 고물류 만들기

(1) 거피팥고물

❶ 거피팥을 여러 번 헹궈 깨끗하게 씻은 후 4 ~ 6시간 물에 불려줍니다.

❷ 불린 팥은 남아있는 껍질을 완전히 제거한 후 시루에 안쳐줍니다.

❸ 김 오른 찜기에 20 ~ 30분간 쪄줍니다.

❹ 다 쪄진 거피팥은 스텐볼에 쏟아 부은 후 소금을 넣고 절구로 대강 쪄줍니다.

❺ 대강 찧은 거피팥을 어레미체에 한 번 내려줍니다.

❻ 설탕을 섞어줍니다.

1
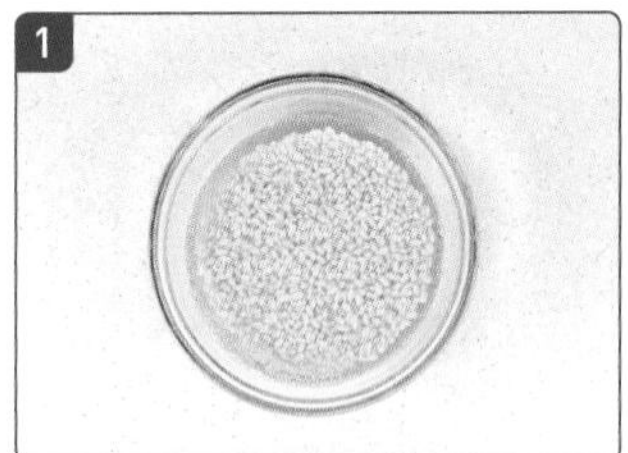

2

3

4

5

6

TIP

- 거피팥은 회색팥의 껍질을 제거한 것으로 손으로 일일이 껍질을 제거하기 어렵기 때문에 거피되어 있는 것을 사용합니다.
- 거피팥의 남은 껍질을 제거할 때에는 불린 물(제물)에서 손으로 비비면 잘 벗겨집니다.
- 물로 헹궈 껍질이 위로 뜨면 따라내어 남은 껍질을 완전히 제거해주세요.
- 거피팥을 오래 찌면 질어져요. 질어졌을 때에는 팬에 볶아 수분을 날려 사용해주세요.
- 거피팥이 마른 정도에 따라 찌는 시간이 달라지기 때문에 시간이 어느 정도 지나면 손으로 으깨보아 부드럽게 으깨질 때까지 쪄주세요.

(2) 녹두고물

❶ 거피녹두를 깨끗하게 씻은 후 4 ~ 6시간 물에 불려줍니다. 불린 녹두는 여러 번 헹궈내어 남은 껍질을 완전히 제거한 후 체에 밭쳐 물기를 빼줍니다.

❷ 물기를 뺀 녹두를 시루에 안쳐줍니다.

❸ 김 오른 찜기에 20 ~ 30분간 쪄줍니다.

❹ 다 쪄진 거피녹두는 스텐볼에 쏟아부은 후 소금을 넣고 절구로 대강 쪄줍니다.

❺ 대강 찧은 거피팥을 어레미체에 한 번 내려줍니다.

❻ 설탕을 섞어줍니다.

1

2

3

4

5

6

TIP

- 거피팥과 만드는 방법이 같아요.
- 거피녹두는 대강 찧은 후 한 덩어리로 만들어 송편이나 단자의 소로 쓰이고 체에 내려 시루떡 고물로도 쓰여요.

(3) 편콩고물

❶ 백태는 깨끗하게 씻은 후 소금을 약간 넣고 콩이 무를 정도로 삶아줍니다.

❷ 다 삶은 백태는 체에 밭쳐 물기를 빼고 소금을 넣은 후 팬에 볶습니다.

❸ 백태의 껍질이 갈라질 때까지 중약불로 천천히 볶습니다.

❹ 볶은 백태는 소금을 넣고 분쇄기에 곱게 갈아줍니다.

❺ 분쇄기에 곱게 간 백태는 그릇에 덜어내어 설탕 간을 해줍니다.

TIP

- 백태를 삶을 때에는 뚜껑을 열고 15~20분 정도 콩에 주름이 안보일 때까지 삶아주세요.
- 센 불에 볶으면 탈 수 있기 때문에 중약불로 천천히 껍질이 터져 갈라질 때까지 볶아주세요.

(4) 붉은팥고물

❶ 적팥을 깨끗하게 씻은 후 살짝 퍼지게 삶아 소금과 설탕을 넣어줍니다.

❷ 팬에 볶아줍니다.

❸ 하얀 분이 생길 때까지 볶아줍니다.

TIP

- 냄비에 팥이 잠길 만큼의 물을 부은 후 물이 끓으면 3~5분 정도 더 끓이고 물을 버려주세요. 첫 물을 버리지 않고 삶으면 팥의 사포닌 성분이 속을 쓰리게 할 수 있어요.
- 첫 물을 버린 팥은 다시 물을 붓고 살짝 퍼지게 삶은 후 뜸을 들이세요.
- 팬에 볶지 않고 2~3시간 정도 넓은 쟁반에 펼쳐 식히면 자연스레 하얀 분이 생겨요. 시험 볼 때처럼 시간이 충분히 없을 때에는 팬에서 볶아 빠르게 분을 내주세요.

(5) 밤고물

❶ 밤을 깨끗하게 씻은 후 푹 삶아줍니다.

❷ 밤의 겉껍질과 속껍질을 벗겨줍니다.

❸ 껍질을 벗긴 밤에 소금을 넣어 고루 섞어줍니다.

❹ 절구로 대강 빻아줍니다.

❺ 대강 빻은 밤을 어레미체에 한 번 내려줍니다.

TIP

• 껍질을 벗긴 후 찜기에 쪄줘도 돼요.

(6) 참깨고물

❶ 이물질을 고른 후 깨끗하게 씻은 참깨를 팬에 볶아줍니다.

❷ 참깨를 절구에 갈아줍니다.

❸ 설탕과 섞어 용도에 맞게 사용합니다.

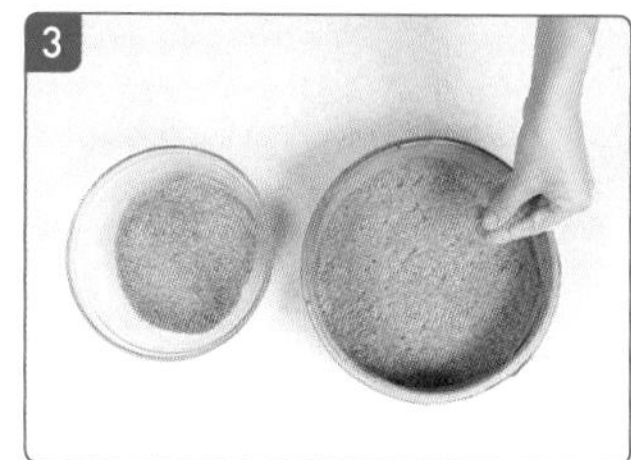

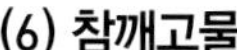

TIP

- 참깨가루(송편소, 꿀떡)로 만들 때는 참깨를 전체 다 곱게 갈고, 참깨고물(깨찰편)로 쓸 때에는 통깨가 살아있게 반절만 갈아주세요.

콩설기떡

삼색 무지개떡

백 편

송 편

인절미

부꾸미

쇠머리떡

경 단

시험에 출제되는

8가지 떡 레시피

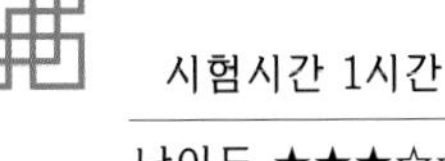

시험시간 1시간

난이도 ★★★☆☆

콩설기떡

콩설기는 멥쌀가루에 수분 잡기하여 서리태를 섞어 찐 떡으로,
콩의 식감은 포근포근하고 콩은 달지 않아야 맛있다.

◆ 필요한 도구

물솥, 대나무찜기, 스텐볼, 중간체, 스크레이퍼, 계량스푼, 전자저울, 냄비, 타이머, 면장갑, 위생장갑

◆ 재료 및 분량

재료명	비율(%)	무게(g)
멥쌀가루	100	700
설탕	10	70
소금	1	7
물	-	적정량
불린 서리태	-	160

◆ 합격포인트

- 불린 서리태는 포근한 식감으로 삶거나 찌기
- 멥쌀가루에 적당량 소금 넣기
- 적절한 수분 잡기
- 찜기에 쌀가루 고르게 안치기

◆ 요구사항

※ 다음 요구사항대로 콩설기떡을 만들어 제출하시오.

① 떡 제조 시 물의 양은 적정량으로 혼합하여 제조하시오.
(단, 쌀가루는 물에 불려 소금 간을 하지 않고 2회 빻은 쌀가루이다)
② 불린 서리태를 삶거나 쪄서 사용하시오.
③ 서리태의 1/2은 바닥에 골고루 펴 넣으시오.
④ 서리태의 1/2은 멥쌀가루와 골고루 혼합하여 찜기에 안치시오.
⑤ 찜기에 안친 쌀가루반죽을 물솥에 얹어 찌시오.
⑥ 서리태를 바닥에 골고루 펴 넣은 면이 위로 오도록 그릇에 담고, 썰지 않은 상태로 전량 제출하시오.

합격 레시피

01 계량하기

1 저울의 눈금을 0으로 맞추고 쌀가루와 소금을 정확하게 계량한다.

02 콩 삶기

1 콩이 잠길 만큼 물을 넣고 소금을 약간 넣은 후 콩을 삶는다.
2 물이 끓으면 5분 이상 삶는다.
3 삶은 콩은 체에 밭쳐 물기를 빼준다.

03 소금 넣기 → 체 내리기 → 수분 잡기 → 체 내리기

1 쌀가루에 소금을 넣어 섞는다.
2 쌀가루를 중간체에 한 번 내린다.
3 쌀가루에 수분을 잡는다.
4 수분이 잡힌 쌀가루를 중간체에 내린다.

04 설탕 넣기 → 등분하기 → 안치기

1 쌀가루에 설탕을 넣고 가볍게 섞어준다.
2 콩은 저울로 무게를 잰 후 2등분 한다.
3 나누어놓은 콩의 반은 시루에 고루 뿌려 안친다.

05 첨가하기 → 다듬기 → 찌기 → 뜸들이기

1 남은 콩의 반을 쌀가루에 넣고 가볍게 섞어준다.
2 쌀가루를 시루에 안친 후 쌀가루 위 단면을 스크레이퍼로 깔끔하게 다듬는다.
3 물이 끓으면 물솥 위에 시루를 올린다.
4 시루에 안친 쌀가루는 20분간 찐다.
5 불을 끄고 뚜껑을 덮은 채로 5분간 뜸을 들인다.

Key Point

- 요구사항에 불린 서리태를 삶거나 쪄서 사용하라고 제시되어 있어요. 작업시간을 줄이려면 서리태를 찌는 것보다 삶는 것이 좋아요.
- 콩을 삶을 때 뚜껑은 처음부터 열고 삶아야 물이 넘치지 않아요.
- 완전히 불린 콩을 줄 경우 5분이면 다 삶아지지만 덜 불린 콩이 제공될 수 있으므로 콩의 상태에 따라 5분 이상 삶아줍니다.
- 스크레이퍼로 윗단면을 고르게 할 때 콩이 걸린다면 콩을 살짝 눌러줘도 괜찮아요.

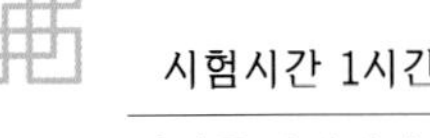

시험시간 1시간

난이도 ★★★★☆

삼색 무지개떡

무지개떡은 멥쌀가루를 여러 색의 수대로 나누어 각각 천연색소를 넣고 수분 잡기하여 체에 내려 찐 떡이다. 여러 개의 색이 첨가되어 무지개떡이라고 하며 색편 또는 오색편이라고도 부른다.

◆ 필요한 도구

물솥, 대나무찜기, 시룻밑, 스텐볼, 중간체, 계량스푼, 스크레이퍼, 전자저울, 칼, 도마, 위생장갑, 밀대

◆ 재료 및 분량

재료명	비율(%)	무게(g)
멥쌀가루	100	750
설탕	10	75
소금	1	8
물	-	적정량
치자	-	1개
쑥가루	-	3
대추	-	3개
잣	-	2

◆ 합격포인트

- 적정량의 소금 넣기
- 멥쌀가루 수분 적절히 잡기
- 대추, 잣으로 고르게 장식하기
- 쌀가루에 적당한 색내기
- 8등분 칼금 내기

◆ 요구사항

※ 다음 요구사항대로 무지개떡(삼색)을 만들어 제출하시오.

① 떡 제조 시 물의 양은 적정량으로 혼합하여 제조하시오.
(단, 쌀가루는 물에 불려 소금 간하지 않고 2회 빻은 멥쌀가루이다)

② 삼색의 구분이 뚜렷하고 두께가 같도록 떡을 안치고 8등분으로 칼금을 넣으시오.
(삼색의 구분은 아래부터 '쑥쌀가루', '치자쌀가루', '흰쌀가루' 순으로 한다)

③ 대추와 잣을 흰쌀가루에 고명으로 올려 찌시오.
(잣은 반으로 쪼개어 비늘잣으로 만들어 사용하시오)

④ 고명이 위로 올라오게 담아 전량 제출하시오.

합격 레시피

01 치자 불리기 → 고물 손질하기

1 통치자는 미지근한 물에 불려 놓는다.
2 대추는 물에 헹구어 준 후 물기를 제거하고 돌려 깎아준다.
3 밀대로 밀어 두께를 고르게 한 후 돌돌 말아 일정한 두께로 썬다.
4 잣은 반으로 갈라 비늘잣을 만든다.

02 계량하기 → 소금 넣기 → 체 내리기 → 등분하기

1 전자저울에 스텐볼을 올리고 눈금을 0으로 맞춘 후 제시된 분량을 정확하게 계량한다.
2 쌀가루에 소금을 넣은 후 고루 섞어준다.
3 중간체에 한 번 내린다.
4 쌀가루의 전체 무게를 잰 후 쌀가루를 3등분 해놓는다.

03 색 들이기 → 수분잡기 → 체 내리기 → 설탕 넣기

1 첫 번째 쌀가루에 수분을 잡은 후 체에 내린다.
2 두 번째 쌀가루에 치자 불린 물을 적당량 넣은 후 수분을 잡아 체에 내린다.
3 세 번째 쌀가루에 쑥가루를 넣은 후 수분을 잡아 체에 내린다.
4 각각의 쌀가루에 설탕을 넣어 준다.

04 안치기 → 다듬기 → 칼금내기 → 장식하기

1 쑥쌀가루 - 치자쌀가루 - 쌀가루 순서로 시루에 안친다.

2 스크레이퍼로 각각의 단면을 매끄럽게 다듬어 준다.

3 8등분 칼금을 낸다.

4 대추, 잣으로 장식한다.

05 찌기 → 뜸들이기 → 담아내기

1 물이 끓으면 물솥 위에 시루를 올려 25분 찐다.

2 불을 끄고 뚜껑을 덮은 채로 5분간 뜸을 들인다.

3 다 쪄진 떡은 두 번 뒤집어 대추, 잣으로 장식한 부분이 위로 오게 그릇에 담아낸다.

Key Point

- 치자는 미지근한 물에 10분 정도 불려주세요.
- 쌀가루에 색을 들일 때에는 확실히 구분이 가능할 정도로 색을 내주세요.
- 스크레이퍼로 단면을 다듬을 때는 최대한 고르게 다듬어 주세요.
- 칼금을 내기 어려울 때에는 밀대로 축을 잡고 칼금을 그어주세요.

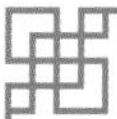

시험시간 1시간

난이도 ★★★☆☆

백 편

멥쌀가루를 시루에 안친 뒤 대추채, 밤채, 석이버섯채, 잣 등을 고명으로 얹어 쪄낸 떡이다.
시루에 떡을 안치는 방법에 따라서 설기떡 · 편 · 두텁떡 · 무리떡 등으로 불린다.

◆ 필요한 도구

물솥, 대나무찜기, 시룻밑, 스텐볼, 중간체, 계량스푼, 스크레이퍼, 전자저울, 칼, 도마, 위생장갑, 밀대

◆ 재료 및 분량

재료명	비율(%)	무게(g)
멥쌀가루	100	500
설탕	10	50
소금	1	5
물	-	적정량
깐밤	-	3개
대추	-	5개
잣	-	2

◆ 합격포인트

- 적정량의 소금 넣기
- 밤, 대추를 일정한 두께로 곱게 채썰기
- 멥쌀가루 수분 적절히 잡기

◆ 요구사항

※ 다음 요구사항대로 백편을 만들어 제출하시오.

① 떡 제조 시 물의 양은 적정량으로 혼합하여 제조하시오.
(단, 쌀가루는 물에 불려 소금 간하지 않고 2회 빻은 멥쌀가루이다)

② 밤, 대추는 곱게 채썰어 사용하고 잣은 반으로 쪼개어 비늘잣으로 만들어 사용하시오.

③ 쌀가루를 찜기에 안치고 윗면에만 밤, 대추, 잣을 고물로 올려 찌시오.

④ 고물을 올린 면이 위로 오도록 그릇에 담고 썰지 않은 상태로 전량 제출하시오.

합격 레시피

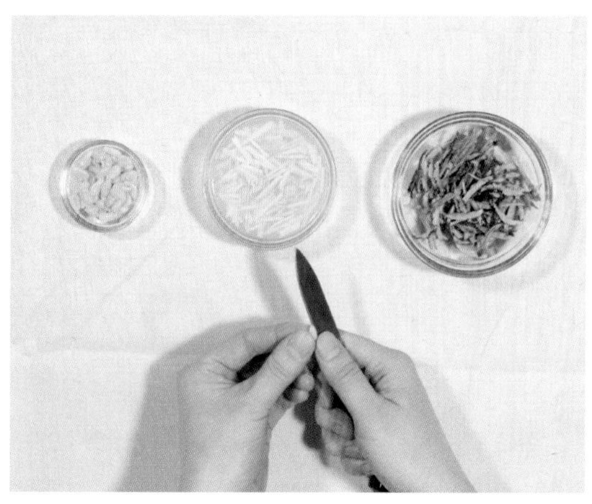

01 고물 손질하기

1 밤은 일정한 두께로 채 썬다.
2 밤은 색이 변하지 않게 물에 담가 놓는다.
3 대추는 물에 헹구어 준 후 물기를 제거하고 돌려 깎아준다.
4 밀대로 밀어 두께를 고르게 한 후 채 썬다.
5 잣은 반으로 잘라 비늘잣을 만든다.

02 계량하기 → 소금 넣기

1 전자저울에 스텐볼을 올리고 눈금을 0으로 맞춘 후 제시된 분량을 정확하게 계량한다.
2 쌀가루에 소금을 넣은 후 고루 섞어준다.
3 중간체에 한 번 내린다.

03 수분잡기 → 체 내리기 → 설탕 넣기

1 멥쌀가루에 수분을 잡아준다.
2 중간체에 내린다.
3 설탕을 넣어 고루 섞는다.

04 안치기 → 고물 올리기

1 시루에 쌀가루를 안친다.
2 윗 단면을 스크레이퍼로 고르게 다듬는다.
3 고물을 올린다.

05 찌기 → 뜸들이기 → 담아내기

1 물이 끓으면 물솥 위에 시루를 올려 20분 찐다.
2 불을 끄고 뚜껑을 덮은 채로 5분간 뜸을 들인다.
3 다 쪄진 떡은 두 번 뒤집어 고물을 올린 면이 위로 오게 그릇에 담아낸다.

Key Point

- 밤은 부서지지 않고 고르게 썰 수 있게 연습이 필요해요.
- 스크레이퍼로 윗면을 매끈하게 다듬어 주세요.
- 고물을 올릴 때에는 한쪽에 치우치지 않게 조금씩 고르게 올려 주세요.

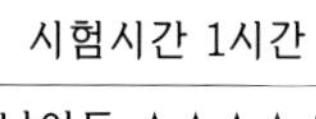

시험시간 1시간

난이도 ★★★☆☆

송 편

멥쌀을 반죽해서 소를 넣고 오므려 반달모양으로 만들어 먹었던 떡으로 추석의 대표적인 음식이다. 소는 깨, 콩, 팥, 녹두, 밤 등이 사용되었다. 솔잎을 깔고 찌기 때문에 송병(松餠)이라고도 불렀다.

◆ 필요한 도구

물솥, 대나무찜기, 시룻밑, 스텐볼, 중간체, 계량스푼, 전자저울, 냄비, 기름솔, 손잡이체, 타이머, 면장갑, 위생장갑

◆ 재료 및 분량

재료명	비율(%)	무게(g)
멥쌀가루	100	200
소금	1	2
물	-	적정량
불린 서리태	-	70
참기름	-	적정량

◆ 합격포인트

- 적정량의 소금 넣기
- 불린 서리태는 포근할 정도로 삶기
- 적당한 되기로 익반죽하기
- 송편은 길이 5cm, 높이 3cm의 반달모양으로 12개 이상 만들기
- 쪄낸 후 참기름 바르기

◆ 요구사항

※ 다음 요구사항대로 송편을 만들어 제출하시오.

① 떡 제조 시 물의 양은 적정량으로 혼합하여 제조하시오.
(단, 쌀가루는 물에 불려 소금 간을 하지 않고 2회 빻은 쌀가루이다)

② 불린 서리태는 삶아서 송편소로 사용하시오.

③ 떡반죽과 송편소는 4:1 ~ 3:1 정도의 비율로 제조하시오.
(송편소가 1/4 ~ 1/3 정도 포함되어야 함)

④ 쌀가루는 익반죽하시오.

⑤ 송편은 완성된 상태가 길이 5cm, 높이 3cm 정도의 반달모양(◠)으로 오므려 집어 송편 모양을 만들어 12개 이상을 만드시오.

⑥ 송편을 찜기에 쪄서 참기름을 발라 제출하시오.

합격 레시피

01 콩 삶기

1 불린 콩을 냄비에 넣고 콩이 잠길 만큼 물을 부어준다.
2 소금을 약간 넣고 삶는다.
3 물이 끓으면 5분 이상 삶는다.

02 계량하기 → 소금 넣기 → 체 내리기 → 익반죽하기

1 계량저울에 스텐볼을 올리고 눈금을 0으로 맞춘 후 쌀가루와 소금을 정확하게 계량한다.
2 멥쌀가루에 소금을 넣고 섞는다.
3 멥쌀가루를 중간체에 내린다.
4 멥쌀가루를 약간 말랑할 정도로 익반죽한다.

03 등분하기 → 빚기

1 반죽의 총 무게를 잰 후 반죽을 12개로 나눈다.
2 콩의 총 무게를 잰 후 콩도 나누어놓는다.
3 가로 5cm, 세로 3cm의 반달모양으로 빚는다.

04 안치기 → 찌기

1 송편을 만들어 시루 안에 놓는다.
2 12개를 다 만들었는지 확인한다.
3 물이 끓으면 물솥 위에 시루를 올리고 15분간 찐다.

05 헹구기 → 참기름 바르기

1 떡이 다 쪄지면 불을 끄고 찬물로 헹군다.
2 송편에 참기름을 바른다.
3 완성된 송편을 접시에 낸다.

Key Point

- 서리태는 포근할 정도로 삶아주세요.
- 익반죽을 할 때 반죽이 되면 송편을 빚을 때 갈라지기 쉽고 반죽이 질면 송편의 모양이 쳐질 수 있으니 약간 말랑말랑한 정도로 반죽해주세요.
- 송편을 12개를 만들어야 하기 때문에 만들기 전에 반죽을 12등분 해놓으세요.
- 콩도 총 무게를 잰 후 송편 한 개당 들어갈 콩의 양을 가늠해 놓으세요.
- 찬물로 헹군 후 바로 기름을 발라주면 떡에 기름이 스며들 수 있어요. 한 김 살짝 날려 송편이 수축되면 기름을 발라주세요.

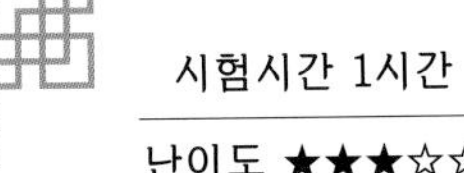

인절미

찹쌀을 찐 다음 쫄깃하게 치대어 콩고물을 묻혀낸 떡이다.

◆ 필요한 도구

물솥, 대나무찜기, 시룻밑, 스텐볼, 중간체, 스크레이퍼, 계량스푼, 전자저울, 면장갑, 위생장갑, 절구공이(밀대)

◆ 재료 및 분량

재료명	비율(%)	무게(g)
찹쌀가루	100	500
설탕	10	50
소금	1	5
물	-	적정량
볶은 콩가루	12	60
식용유	-	5
소금물용 소금	-	5

◆ 합격포인트

- 적절한 수분 잡기
- 쫄깃하게 치대기
- 고르게 잘라 고물 묻혀내기

◆ 요구사항

※ 다음 요구사항대로 인절미를 만들어 제출하시오.

① 떡 제조 시 물의 양을 적정량으로 혼합하여 제조하시오.
(단, 쌀가루는 물에 불려 소금 간하지 않고 1회 빻은 찹쌀가루이다)

② 익힌 찹쌀반죽은 스테인리스볼과 절구공이(밀대)를 이용하여 소금물을 묻혀 치시오.

③ 친 인절미는 기름 바른 비닐에 넣어 두께 2cm 이상으로 성형하여 식히시오.

④ 4×2×2cm 크기로 인절미를 24개 이상 제조하여 콩가루를 고물로 묻혀 전량 제출하시오.

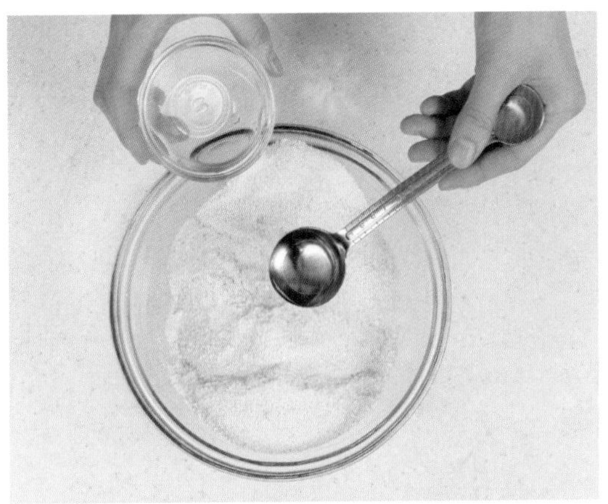

01 계량하기 → 소금넣기 → 체 내리기

1 전자저울에 스텐볼을 올리고 눈금을 0으로 맞춘 후 제시된 분량을 정확하게 계량한다.
2 쌀가루에 소금을 넣은 후 고루 섞어준다.
3 중간체에 한 번 내린다.

02 수분 잡기 → 설탕 넣기

1 찹쌀가루에 물을 넣는다.
2 뭉치지 않게 고르게 비벼 준다.
3 설탕을 넣는다.
4 고루 섞는다.

03 설탕 뿌리기 → 안치기 → 찌기 → 뜸들이기

1 찹떡이 들러붙지 않게 시룻밑에 설탕을 뿌린다.
2 찹쌀가루를 가볍게 주먹 쥐어 시루에 안친다.
3 찹떡이 잘 쪄질 수 있게 가운데를 열어 준다.
4 물이 끓으면 물솥 위에 시루를 올린 후 15분 찐다.
5 불을 끄고 뚜껑을 덮은 채로 5분간 뜸을 들인다.

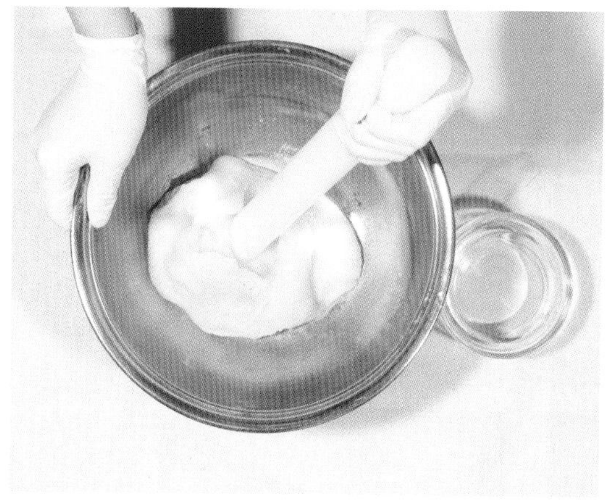

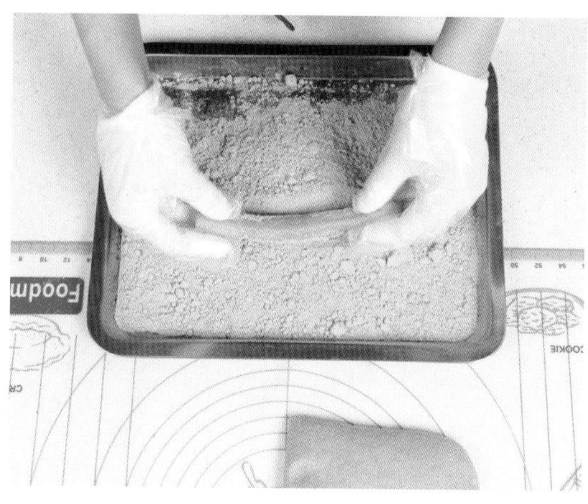

04 치대기 → 식히기 → 성형하기

1 소금은 물에 개어준다.
2 스텐볼에 소금물을 조금 부은 후 다 쪄진 찰떡을 넣는다.
3 절구공이에 기름을 살짝 바른 후 잘 치대어 준다.
4 소금물을 조금씩 넣어 주면서 쫄깃해질 때까지 여러 번 치대어 준다.
5 떡비닐에 기름을 살짝 바르고 찰떡을 올린 후 두께 2cm 이상으로 성형한다.

05 자르기 → 고물 묻히기 → 담아내기

1 4×2×2cm 크기로 자른다.
2 고물을 묻힌다.
3 그릇에 담아낸다.

Key Point

- 면보보다는 덜 달라붙는 실리콘 시룻밑이 더 좋아요. 딱 맞는 시룻밑보다 조금 큰 것을 준비해가면 찰떡을 들어낼 때 좋아요.
- 소금물을 한 번에 너무 많이 넣으면 짜질 수 있기 때문에 조금씩 넣으면서 치대주세요.

시험시간 1시간

난이도 ★★★☆☆

부꾸미

찹쌀가루를 익반죽하여 소를 넣고 반달 모양으로 납작하게 빚어 기름에 지진 떡이다.
수숫가루를 반죽하여 만들면 수수부꾸미가 된다.

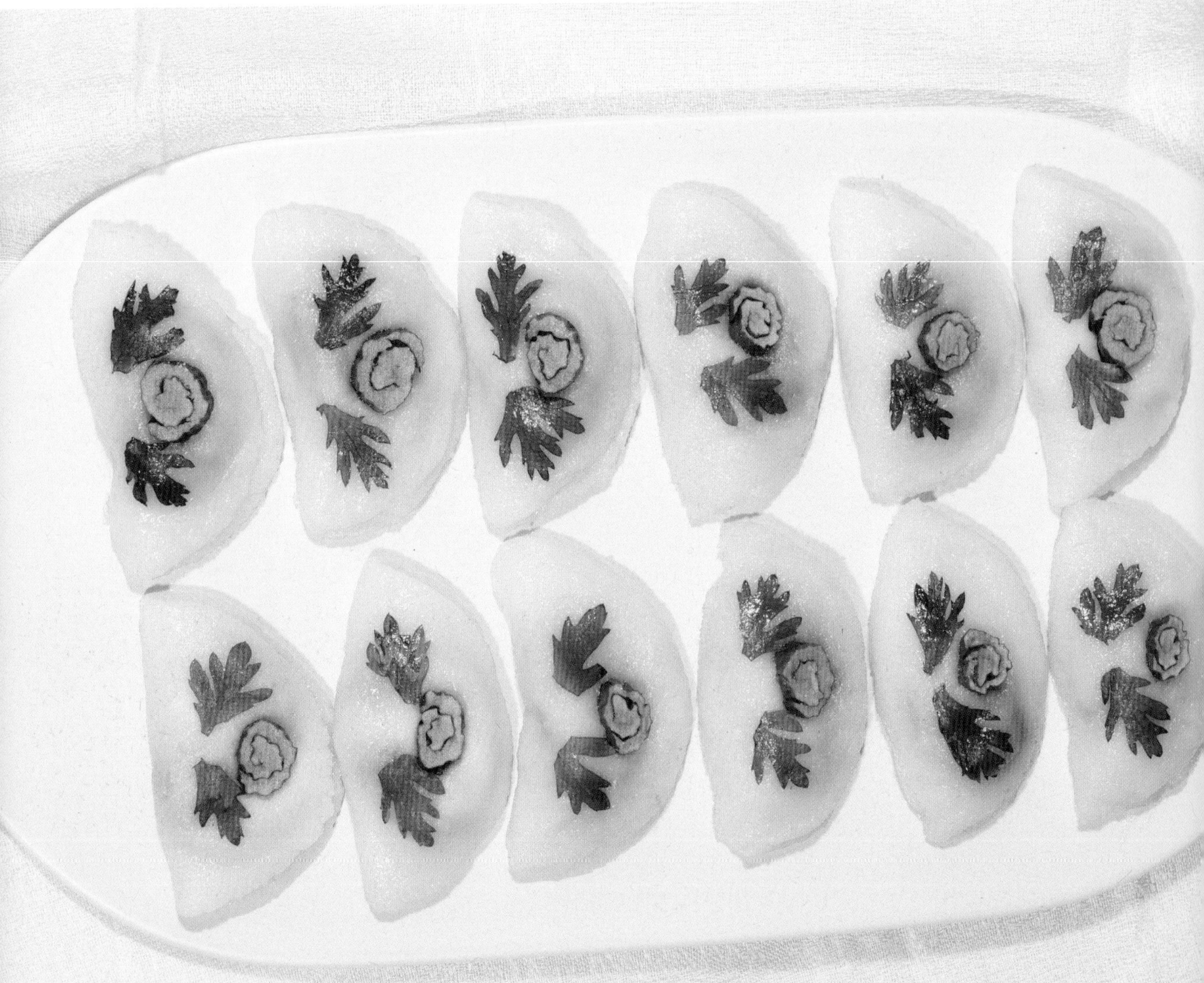

◆ 필요한 도구

물솥, 대나무찜기, 시룻밑, 스텐볼, 중간체, 계량스푼, 스크레이퍼, 전자저울, 칼, 도마, 위생장갑, 밀대, 프라이팬, 뒤집개, 냄비

◆ 재료 및 분량

재료명	비율(%)	무게(g)
찹쌀가루	100	200
백설탕	15	30
소금	1	2
물	-	적정량
팥앙금	-	100
대추	-	3개
쑥갓	-	20
식용유	-	20ml

◆ 합격포인트

- 적정량의 소금 넣기
- 찹쌀가루 적당하게 반죽하기
- 기름에 고르게 지져내기
- 대추 쑥갓 장식하기

◆ 요구사항

※ 다음 요구사항대로 부꾸미를 만들어 제출하시오.

① 떡 제조 시 물의 양을 적정량으로 혼합하여 반죽을 하시오.
(단, 쌀가루는 물에 불려 소금 간하지 않고 1회 빻은 찹쌀가루이다)

② 찹쌀가루는 익반죽하시오.

③ 떡반죽은 직경 6cm로 지져 팥앙금을 소로 넣어 반으로 접으시오(⌓).

④ 대추와 쑥갓을 고명으로 사용하고 설탕을 뿌린 접시에 부꾸미를 담으시오.

⑤ 부꾸미는 12개 이상으로 제조하여 전량 제출하시오.

01 계량하기 → 소금 넣기 → 체 내리기

1 전자저울에 스텐볼을 올리고 눈금을 0으로 맞춘 후 제시된 분량을 정확하게 계량한다.
2 쌀가루에 소금을 넣은 후 고루 섞어준다.
3 중간체에 한 번 내린다.

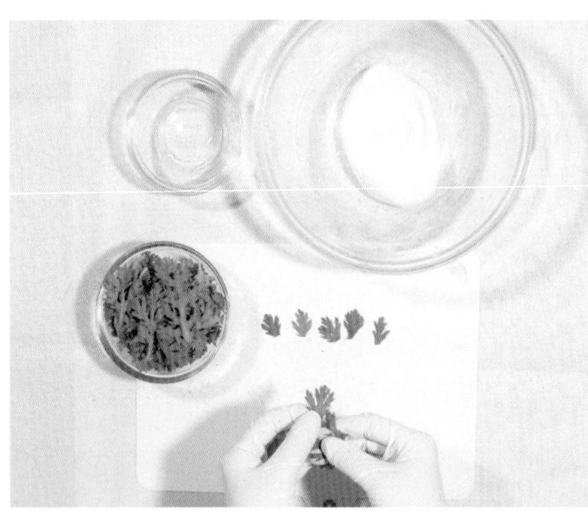

02 익반죽하기 → 고물 손질하기

1 냄비에 물을 끓인다.
2 찹쌀가루를 익반죽한다.
3 대추는 물에 헹구어 준 후 물기를 제거하고 돌려 깎아준다.
4 밀대로 밀어 두께를 고르게 한 후 돌돌 말아 일정한 두께로 썬다.
5 쑥갓은 적당한 크기로 떼어 놓는다.

03 등분하기 → 빚기

1 반죽한 찹쌀가루의 전체 무게를 잰 후 12등분 한다.
2 팥앙금은 12등분 한 후 둥글납작하게 만들어 놓는다.
3 등분한 찹쌀가루를 직경 6cm 크기로 빚어 놓는다.

04 지지기 → 장식하기

1 프라이팬에 기름을 두른 후 불은 약불에 맞춘다.

2 기름이 달궈지면 빚어 놓은 찹쌀반죽을 올린 후 한쪽 면을 익힌다.

3 한쪽 면이 익혀지면 뒤집어 준 후 팥앙금소를 넣고 반으로 접어준다.

4 접은 면을 뒤집개로 눌러 잘 붙여준다.

5 대추와 쑥갓으로 장식한 후 다른 한쪽 면을 마저 익힌다.

05 설탕 뿌리기 → 담아내기

1 그릇에 설탕을 뿌려 놓는다.

2 다 지져낸 부꾸미는 그릇에 담아낸다.

Key Point

- 찹쌀가루는 무르지 않게 반죽해주세요.
- 쑥갓을 손질할 때에는 쑥갓의 예쁜 부분을 위주로 손질해주세요.
- 찹쌀가루를 익반죽한 후 비닐에 넣어 마르지 않게 한 후 부재료를 손질해줍니다.
- 뒤집개는 들러붙지 않게 나무 뒤집개는 피하고 실리콘 뒤집개를 준비해주세요.
- 뒤집개로 반죽을 뒤집기 전에 뒤집개에 기름칠을 살짝 해주세요.
- 약불로 천천히 지져주세요.

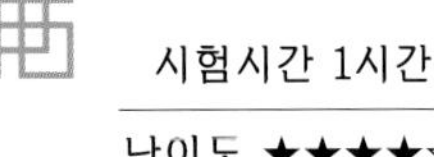

시험시간 1시간

난이도 ★★★★☆

쇠머리떡

찹쌀가루에 각종 고물을 섞은 후 흑설탕을 얹어 쪄낸 떡으로 흑설탕이 녹아 흐른 모습이
쇠머리편육의 모양을 닮았다고 해서 쇠머리떡이라 불린다.

◆ 필요한 도구

물솥, 대나무찜기, 시룻밑, 스텐볼, 중간체, 스크레이퍼, 계량스푼, 전자저울, 타이머, 면장갑, 위생장갑, 떡비닐

◆ 재료 및 분량

재료명	비율(%)	무게(g)
찹쌀가루	100	500
설탕	10	50
소금	1	5
물	-	적정량
불린 서리태	-	100
대추	-	5개
깐밤	-	5개
마른 호박고지	-	20
식용유	-	적정량

◆ 합격포인트

- 적정량의 소금 넣기
- 부재료 손질하기
- 모양 잡기
- 적절한 수분 잡기
- 주먹 쥐어 안치기
- 불린 서리태는 포근한 식감으로 삶거나 찌기

◆ 요구사항

※ 다음 요구사항대로 쇠머리떡을 만들어 제출하시오.

① 떡 제조 시 물의 양은 적정량을 혼합하여 제조하시오.
(단, 쌀가루는 물에 불려 소금 간을 하지 않고 1회 빻은 찹쌀가루이다)
② 불린 서리태는 삶거나 쪄서 사용하고, 호박고지는 물에 불려서 사용하시오.
③ 밤, 대추, 호박고지는 적당한 크기로 잘라서 사용하시오.
④ 부재료를 쌀가루와 잘 섞어 혼합한 후 찜기에 안치시오.
⑤ 떡반죽을 넣은 찜기를 물솥에 얹어 찌시오.
⑥ 완성된 쇠머리떡은 15×15cm 정도의 사각형 모양으로 만들어 자르지 말고 제출하시오.
⑦ 찌는 찰떡류로 제조하며, 지나치게 물을 많이 넣어 치지 않도록 주의하여 제조하시오.

합격 레시피

01 재료 손질하기

1 불린 서리태는 5분 이상 삶는다.
2 호박고지는 미지근한 설탕물에 5분 정도 불린 후 물기를 짜고 적당한 크기로 자른다.
3 대추는 끓는 물에 데친 후 돌려깎아 씨를 제거한 후 6등분 한다.
4 밤은 4~6등분 한다.

02 계량하기 → 소금 넣기 → 수분 잡기 → 설탕 넣기

1 저울에 스텐볼을 올리고 0점으로 맞추어 쌀가루와 소금을 정확히 계량한다.
2 찹쌀가루에 소금을 넣고 섞는다.
3 찹쌀가루에 수분을 잡은 후 손바닥으로 비벼 고루 섞는다.
4 찹쌀가루에 설탕을 넣고 가볍게 섞는다.

03 고물 섞기

1 손질한 고물을 모두 넣고 고루 섞는다.

04 설탕 뿌리기 → 안치기

1 찰떡이 들러붙지 않게 시룻밑에 설탕을 뿌린다.

2 찹쌀가루를 살짝 주먹 쥐어 시루에 안친다.

05 찌기 → 모양 잡기

1 물이 끓으면 물솥 위에 시루를 올린 후 20분간 찐다.

2 떡을 놓을 그릇에 떡비닐을 깔고 식용유를 살짝 바른다.

3 떡을 꺼내 모양을 15×15cm 정사각형 모양으로 잡아준다.

Key Point

- 서리태는 포근포근하게 삶아주세요.
- 밤은 4~6등분, 대추는 6등분 해주세요.
- 호박고지는 설탕물에 5분 정도만 불려주세요. 물기를 꼭 짜고 밤, 대추 정도의 크기로 잘라주세요.
- 찹쌀가루를 주먹 쥐어 안친 후 가운데를 열어 찰떡이 잘 쪄지게 해주세요(쑥인절미 참고).

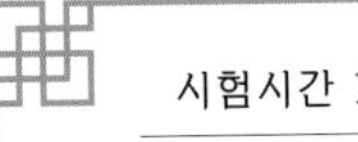

시험시간 1시간

난이도 ★★★☆☆

경 단

찹쌀가루를 익반죽하여 둥글게 빚은 후 끓는 물에 삶아 고물을 묻힌 떡이다.

◆ 필요한 도구

스텐볼, 계량스푼, 전자저울, 냄비, 손잡이체, 타이머, 면장갑, 위생장갑

◆ 재료 및 분량

재료명	비율(%)	무게(g)
찹쌀가루	100	200
소금	1	2
물	-	적정량
볶은 콩가루	-	50

◆ 합격포인트

- 적정량의 소금 넣기
- 익반죽하기
- 2.5~3cm로 빚기
- 적절히 삶아주기

◆ 요구사항

※ 다음 요구사항대로 경단을 만들어 제출하시오.

① 떡 제조 시 물의 양을 적정량으로 혼합하여 반죽을 하시오.
(단, 쌀가루는 물에 불려 소금 간을 하지 않고 1회 빻은 쌀가루이다)

② 찹쌀가루는 익반죽하시오.

③ 반죽은 직경 2.5~3cm 정도의 일정한 크기로 20개 이상 만드시오.

④ 경단은 삶은 후 고물로 콩가루를 묻히시오.

⑤ 완성된 경단은 전량 제출하시오.

01 계량하기 → 소금 넣기

1 저울에 스텐볼을 올리고 눈금을 0으로 맞춘 후 쌀가루와 소금을 정확히 계량한다.

2 찹쌀가루에 소금을 고루 섞는다.

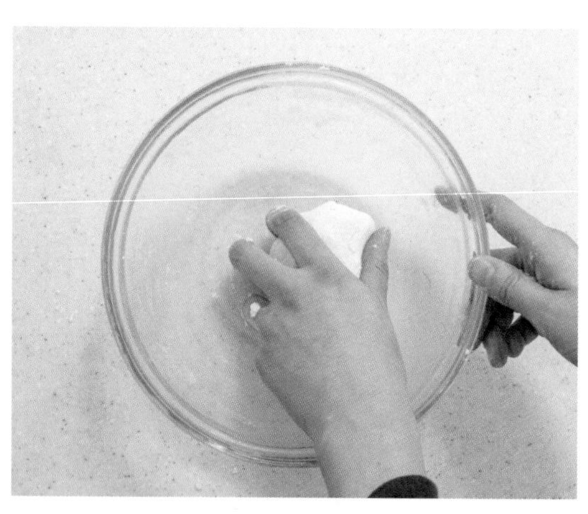

02 익반죽하기

1 냄비에 물을 끓인다.

2 끓인 물을 넣고 찹쌀가루를 살짝 된듯하게 익반죽한다.

03 등분하기 → 빚기

1 반죽의 총 무게를 잰 후 20개로 나눈다.

2 나눈 반죽의 지름이 2.5~3cm 정도가 되는지 체크한다.

3 나눈 반죽을 동그랗게 빚는다.

04 삶기 → 헹구기

1 냄비에 물을 여유 있게 넣고 끓인다.
2 반죽을 모두 넣지 말고 10개씩 삶는다.
3 반죽이 물 위로 뜨고 완전히 익으면 체로 건져낸다.
4 건져낸 반죽을 찬물로 헹군다.

05 콩고물 묻히기

1 찬물로 헹군 찰떡은 콩고물을 묻힌다.
2 완성된 경단을 그릇에 낸다.

Key Point

- 익반죽은 되다 싶을 정도로 반죽해야 모양이 쳐지지 않아요.
- 요구사항에 제시된 내용에 맞게 경단의 개수와 크기를 확인해주세요.
- 시험장에서 삶은 경단은 모두 반으로 잘라 익었는지 확인해요. 삶은 반죽이 물 위로 뜨면 바로 건지지 말고 좀 놔두었다가 건져야 완전히 익기 때문에 반드시 연습이 필요해요.

(반죽이 물 위로 뜬 후 조금 더 놔두는 시간이 익반죽 상태에 따라 조금씩 다르므로 연습할 때 시간 체크하기. 너무 오래 놔두면 경단이 쳐지기 때문에 주의할 것)

01 백설기

- 멥쌀 800g, 소금 8g, 설탕 80g
- 쌀가루에 소금 넣기 → 체 내리기 → 수분 잡기 → 체 내리기 → 설탕 섞기 → 안치기 → 칼금 내기 → 찌기 → 뜸들이기
- 수분 : 적당량
- 칼금 : 균등하게
- 20분 찌고 5분 뜸들이기

02 콩설기떡

- 멥쌀 700g, 소금 7g, 설탕 70g, 불린 서리태 160g
- 콩 삶기 → 쌀가루에 소금 넣기 → 체 내리기 → 수분 잡기 → 체 내리기 → 설탕 섞기 → 콩 1/2 시루에 깔기 → 콩 1/2 쌀가루에 섞어 안치기 → 찌기 → 뜸들이기
- 콩 : 물 끓으면 5분 이상 삶기
- 콩 반절은 깔고 반절은 섞기
- 수분 : 적당량
- 20분 찌고 5분 뜸들이기

03 쑥설기

- 멥쌀 800g, 소금 8g, 설탕 80g, 쑥가루 20g
- 쌀가루에 소금 넣기 → 체 내리기 → 쑥가루 넣기 → 수분 잡기 → 체 내리기 → 설탕 섞기 → 칼금 내기 → 찌기 → 뜸들이기
- 쑥가루 고루 섞고 수분 잡기
- 수분 : 촉촉하게
- 칼금 : 균등하게
- 20분 찌고 5분 뜸들이기

04 떡케이크

- 멥쌀 800g, 설탕 100g, 소금 8g, 아몬드가루 20g, 버터 1T, 커피가루 20g, 견과조림(견과 + 설탕 100g + 물 80g), 슈가파우더 1T
- 쌀가루에 소금 넣기 → 체 내리기 → 커피가루, 아몬드가루, 버터 넣기 → 수분 잡기 → 체 내리기 → 설탕 섞기 → 안치기 → 틀 제거하기 → 찌기 → 뜸들이기 → 견과류 조리기 → 장식하기 → 슈가파우더 뿌리기
- 수분 : 촉촉하게
- 20분 찌고 5분 뜸들이기

05 삼색무지개떡

- 멥쌀 750g, 설탕 75g, 소금 8g, 쑥가루 3g, 잣, 대추, 치자
- 치자 불리기 → 고물 손질하기 → 쌀가루에 소금 넣기 → 체 내리기 → 쌀가루 8등분 하기 → 쌀가루 수분 잡기(흰색) → 치자쌀가루 수분 잡기(노란색) → 쑥쌀가루 수분 잡기(녹색) → 설탕 넣기 → 안치기(녹색–노란색–흰색 순서) → 칼금 내기 → 장식하기 → 찌기 → 뜸들이기 → 담아내기
- 수분 : 적당량
- 스크레이퍼로 고르게 다듬기
- 칼금 : 균등하게(밀대로 축 잡아 칼금 넣기)
- 25분 찌고 5분 뜸들이기

06 석이병

- 멥쌀 800g, 소금 8g, 설탕 80g, 석이가루 20g, 대추, 잣, 호박씨
- 쌀가루에 소금 넣기 → 체 내리기 → 석이가루 넣기 → 수분 잡기 → 체 내리기 → 설탕 섞기 → 안치기 → 칼금 내기 → 대추꽃 만들기 → 장식하기
- 수분 : 촉촉하게
- 칼금 : 균등하게
- 대추꽃, 잣 장식하기
- 20분 찌고 5분 뜸들이기

07 잡과병

- 멥쌀 600g, 소금 6g, 설탕 60g, 밤 2개, 곶감 1개, 대추 2개, 호두 5알, 잣 1T, 유자건지 10g
- 밤 4~6등분, 곶감 채썰기, 호두 1/4등분, 대추 6등분, 잣 고깔 제거하기
- 쌀가루에 소금 넣기 → 체 내리기 → 수분 잡기 → 체 내리기 → 설탕 섞기 → 고물 섞기 → 안치기 → 찌기 → 뜸들이기
- 수분 : 적당량
- 20분 찌고 5분 뜸들이기

08 백편

- 멥쌀 500g, 설탕 50g, 소금 5g, 밤, 대추, 잣
- 고물 손질하기 → 계량하기 → 소금 넣기 → 수분 잡기 → 체 내리기 → 설탕 넣기
- 안치기 → 고물 올리기 → 찌기 → 뜸들이기 → 담아내기
- 수분 : 적당량
- 20분 찌고 5분 뜸들이기

09 붉은팥 메시루떡

- 멥쌀 600g, 소금 6g, 설탕 60g, 적팥 450g, 소금 2/3t, 설탕 50g
- 팥 삶은 첫물 버리기 → 다시 물 부어 살짝 퍼지게 삶기 → 소금과 설탕 넣고 팬에 볶기 → 하얀 분내기
- 쌀가루에 소금 넣기 → 체 내리기 → 수분 잡기 → 체 내리기 → 설탕 섞기 → 켜켜이 안치기 → 찌기 → 뜸들이기
- 수분 : 적당량
- 20분 찌고 5분 뜸들이기

10 붉은팥 찰시루떡

- 찹쌀 600g, 소금 6g, 설탕 60g, 적팥 450g, 소금 2/3t, 설탕 50g
- 팥 삶은 첫물 버리기 → 다시 물 부어 살짝 퍼지게 삶기 → 소금과 설탕 넣고 팬에 볶기 → 하얀 분내기
- 쌀가루에 소금 넣기 → 수분 잡기 → 고루 섞기 → 설탕 섞기 → 켜켜이 안치기 → 찌기
- 물 : 30g
- 김 오르고 20분 찌기

11 거피팥 시루떡

- 찹쌀 600g, 소금 6g, 설탕 60g, 거피팥 270g, 소금 2/3t, 설탕 30g
- 불린 거피팥 찌기 → 소금 넣기 → 체 내리기 → 설탕 섞기
- 쌀가루에 소금 넣기 → 수분 잡기 → 고루 섞기 → 설탕 섞기 → 켜켜이 안치기 → 찌기
- 물 : 30g
- 김 오르고 20분 찌기

12 녹두 시루떡

- 찹쌀 600g, 소금 6g, 설탕 60g, 거피녹두 270g, 소금 2/3t, 설탕 30g
- 불린 거피녹두 찌기 → 소금 넣기 → 체 내리기 → 설탕 섞기
- 쌀가루에 소금 넣기 → 수분 잡기 → 고루 섞기 → 설탕 섞기 → 켜켜이 안치기 → 찌기
- 물 : 30g
- 김 오르고 20분 찌기

13 콩찰편

- 찹쌀 600g, 소금 6g, 설탕 60g, 서리태 270g, 소금 약간, 흑설탕 50g
- 불린 서리태에 소금과 흑설탕 30g을 넣어 팬에 볶기
- 쌀가루에 소금 넣기 → 수분 잡기 → 고루 섞기 → 설탕 섞기 → 켜켜이 안치기 → 찌기 → 흑설탕 20g 뿌리기
- 물 : 30g
- 김 오르고 20분 찌기

14 깨찰편

- 찹쌀 600g, 소금 6g, 설탕 60g, 참깨 250g, 소금 약간, 설탕 60g
- 참깨 볶기 : 절구에 반절만 빻기
- 쌀가루에 소금 넣기 → 수분 잡기 → 고루 섞기 → 설탕 섞기 → 켜켜이 안치기 → 찌기
- 물 : 30g
- 김 오르고 20분 찌기

15 두텁떡

- 찹쌀 200g, 꿀 2T, 진간장 1t
- 거피팥 300g, 진간장 1.5T, 황설탕 50g, 계피가루 1/2t
- 거피팥 100g, 진간장 1/2T, 유자청 2T, 꿀 2T, 계피가루 1/2t, 밤 2개, 대추 2개, 잣 1T, 호두 1개, 유자건지 1T
- 쌀가루 : 쌀가루 + 꿀 + 진간장 → 체 내리기
- 겉고물 : 불린 거피팥 찌기 → 진간장 + 황설탕 + 계피가루 섞기 → 체 내리기 → 팬에 볶기
- 속고물 : 찐 거피팥 + 진간장 섞기 → 체 내리기 → 밤, 대추, 호두, 유자건지, 잣 손질하기 → 부재료 + 유자청 + 꿀 + 계피가루 섞기 → 동그랗게 빚기

16 물호박떡

- 멥쌀 600g, 소금 6g, 설탕 60g, 늙은호박 1/4개, 설탕 2T
- 적팥 450g, 소금 2/3t, 설탕 50g
- 팥 삶은 첫물 버리기 → 다시 물 부어 살짝 퍼지게 삶기 → 소금과 설탕 넣고 팬에 볶기 → 하얀 분내기
- 쌀가루에 소금 넣기 → 체 내리기 → 수분 잡기 → 체 내리기 → 설탕 섞기 → 켜켜이 안치기 → 찌기 → 뜸들이기
- 수분 : 적당량
- 20분 찌고 5분 뜸들이기

17 구름떡

- 찹쌀 800g, 소금 8g, 설탕 80g, 밤 6개, 흑임자고물 50g
- 밤 4~6등분하기 → 쌀가루에 소금 넣기 → 수분 잡기 → 고루 섞기 → 설탕 섞기 → 밤 섞기 → 주먹 쥐어 안치기 → 찌기 → 흑임자 고물 묻혀 켜켜이 틀에 넣기 → 썰기
- 물 : 40g
- 20분 찌기

18 송편

- 멥쌀 200g, 소금 2g, 불린 서리태 70g, 참기름 약간
- 계량하기 → 서리태 삶기 → 쌀가루에 소금 넣기 → 체 내리기 → 익반죽하기 → 반죽, 서리태 12등분하기 → 빚기 → 안치기 → 찌기 → 참기름 바르기
- 불린 서리태 : 물 끓으면 5분 이상 삶기
- 수분 : 약간 말랑하게
- 가로 5cm, 세로 3cm로 12개 이상 빚기
- 15분 찌기

19 모싯잎 송편

- 멥쌀 200g, 소금 2g, 모싯잎 60g, 참기름 약간, 거피팥 40g, 소금 약간, 설탕 1T
- 불린 거피팥 찌기 → 소금 + 설탕 넣고 섞기 → 절구에 찧기
- 쌀가루에 소금 넣기 → 체 내리기 → 모싯잎 넣고 분쇄하기 → 익반죽하기 → 빚기 → 찌기 → 헹구기 → 기름 바르기
- 수분 : 약간 말랑하게
- 15분 찌기

20 쑥 송편

- 멥쌀 200g, 소금 2g, 쑥 60g, 참기름 약간, 참깨가루 20g, 설탕 40g
- 참깨가루 + 설탕 섞기 → 쌀가루에 소금 넣기 → 체 내리기 → 쑥 넣고 분쇄하기 → 익반죽하기 → 빚기 → 찌기 → 헹구기 → 기름 바르기
- 수분 : 약간 말랑하게
- 15분 찌기

21 쑥개떡

- 멥쌀 200g, 소금 2g, 쑥 60g, 참기름 약간
- 쌀가루에 소금 넣기 → 체 내리기 → 쑥 넣고 분쇄하기 → 익반죽하기 → 빚기 → 찌기 → 헹구기 → 기름 바르기
- 수분 : 약간 말랑하게
- 15분 찌기

22 꿀떡

- 멥쌀 200g, 소금 2g, 참깨가루 10g, 설탕 50g, 콩고물 10g, 식용유 약간
- 쌀가루에 소금 넣기 → 체 내리기 → 수분 잡기 → 안치기 → 찌기 → 치대기 → 참깨가루 + 설탕 + 콩고물 섞기 → 빚기 → 기름 바르기
- 물 : 60g
- 6~8분 찌기

23 약밥

- 찹쌀 400g, 소금 2g, 흑설탕 60g, 간장 25g, 대추고 30g, 호두 5개, 밤 3개, 대추 3개, 호박씨 3개, 잣 1T, 참기름 1T
- 찹쌀 안치기 → 찌기 → 호두, 밤, 대추 잣 손질하기 → 찐 찹쌀 + 고물 + 흑설탕 + 대추고 + 소금 넣고 버무리기 → 안치기 → 찌기 → 참기름 섞기 → 모양 잡기
- 30분씩 2번 찌기

24 쑥 인절미

- 찹쌀 500g, 소금 5g, 설탕 50g, 쑥 100g, 콩고물 30g
- 쌀가루에 소금 넣기 → 쑥 넣고 분쇄하기 → 수분 잡기 → 설탕 섞기 → 시룻밑 설탕 뿌리기 → 주먹 쥐어 안치기 → 찌기 → 치대기 → 자르기 → 콩고물 묻히기
- 물 : 30g
- 20분 찌기

25 호박 인절미

- 찹쌀 500g, 소금 5g, 설탕 50g, 찐단호박 50g, 콩고물 30g
- 쌀가루에 소금 넣기 → 호박 넣고 분쇄하기 → 수분 잡기 → 설탕 섞기 → 시룻밑 설탕 뿌리기 → 주먹 쥐어 안치기 → 찌기 → 치대기 → 자르기 → 콩고물 묻히기
- 물 : 20g
- 20분 찌기

26 인절미

- 찹쌀 500g, 설탕 50g, 소금 5g, 볶은 콩가루 60g, 식용유 5g, 소금 5g(소금물용 소금)
- 쌀가루에 소금 넣기 → 수분 잡기 → 설탕 넣기 → 주먹 쥐어 안치기 → 찌기 → 뜸들이기 → 치대기 → 자르기 → 콩고물 묻히기 → 담아내기
- 물 : 2T
- 15분 찌고 5분 뜸들이기

27 가래떡

- 멥쌀 500g, 소금 5g
- 쌀가루에 소금 넣기 → 체 내리기 → 수분 잡기 → 주먹 쥐어 안치기 → 찌기 → 치대기 → 모양 내기
- 물 : 150g
- 가래떡 지름 3cm
- 15~18분 찌기

28 떡국떡

- 멥쌀 500g, 소금 5g
- 쌀가루에 소금 넣기 → 체 내리기 → 수분 잡기 → 주먹 쥐어 안치기 → 찌기 → 치대기→ 모양 내기 → 굳히기 → 썰기
- 물 : 125g
- 15~18분 찌기

29 떡볶이떡

- 멥쌀 500g, 소금 5g
- 쌀가루에 소금 넣기 → 체 내리기 → 수분 잡기 → 주먹 쥐어 안치기 → 찌기 → 치대기 → 모양 내기
- 물 : 150g
- 떡볶이떡 지름 1cm
- 15~18분 찌기

30 부꾸미

- 찹쌀 200g, 설탕 30g, 소금 2g, 팥앙금 100g, 대추, 쑥갓, 식용유 20ml
- 쌀가루에 소금 넣기 → 체 내리기 → 익반죽하기 → 12등분 하기 → 빚기 → 지지기 → 속고물 넣기 → 장식하기 → 설탕 뿌리기 → 담아내기
- 반죽 : 적당량
- 기름에 약불로 천천히 지지기

31 영양찰떡

- 찹쌀 500g, 소금 5g, 설탕 50g, 밤 3개, 대추 3개, 불린 서리태 20g, 호박고지 20g, 강낭콩 20g, 호두 20g
- 밤 4~6등분 하기, 대추 데친 후 돌려깎아 6등분 하기, 서리태 + 강낭콩 삶기, 호박고지는 미지근한 설탕물에 불리고 물기 짜서 자르기, 호두 1/4등분 하기
- 쌀가루에 소금 넣기 → 수분 잡기 → 고루 섞기 → 설탕 섞기 → 부재료 손질하기 → 고물 안치기 → 쌀가루 안치기 → 찌기 → 모양 잡기
- 물 : 25g
- 김 오르고 20분 찌기

32 쇠머리떡

- 찹쌀 500g, 소금 5g, 설탕 50g, 불린 서리태 100g, 대추 5개, 깐밤 5개, 마른 호박고지 20g, 식용유 약간
- 밤 4~6등분 하기, 대추 데친 후 돌려깎아 6등분 하기, 호박고지는 미지근한 설탕물에 불리고 물기 짜서 자르기, 불린 서리태는 물 끓으면 5분 이상 삶기
- 계량하기 → 쌀가루에 소금 넣기 → 수분 잡기 → 고루 섞기 → 설탕 섞기 → 고물 섞기 → 시룻밑 설탕 뿌리기 → 주먹 쥐어 안치기 → 찌기 → 모양 잡기
- 물 : 2T
- 주먹 쥐어 안친 후 가운데 열어주기
- 20분 찌기
- 15×15cm 모양 잡기

33 웰빙찰떡

- 찹쌀 500g, 소금 5g, 설탕 50g, 녹차가루 10g, 밤 3개, 대추 3개, 불린 서리태 20g, 호박고지 20g, 불린 강낭콩 20g, 호두 20g, 슬라이스 아몬드 20g, 완두배기 20g
- 밤 4~6등분 하기, 대추 데친 후 돌려깎아 6등분 하기, 서리태 + 강낭콩 삶기, 호박고지는 미지근한 설탕물에 불리고 물기 짜서 자르기, 호두 1/4등분 하기
- 쌀가루에 소금 넣기 → 녹차가루 섞기 → 수분 잡기 → 고루 섞기 → 설탕 섞기 → 부재료 손질하기 → 부재료 섞기 → 시룻밑 설탕 뿌리기 → 주먹 쥐어 안치기 → 찌기 → 모양 잡기
- 물 : 25g
- 20분 찌기

34 경단

- 찹쌀 200g, 소금 2g, 콩고물 50g
- 계량하기 → 소금 넣기 → 익반죽하기 → 쌀반죽 20등분 하기 → 빚기 → 삶기 → 건지기 → 찬물 헹구기 → 콩고물 묻히기
- 물 : 약간 되게 반죽하기
- 2.5~3cm로 20개 이상 빚기
- 팔팔 끓는 물에 2회 나눠 삶기 → 떠오르면 건져 헹구기

무료동영상과 함께하는 떡제조기능사 필기+실기

초판발행	2022년 03월 07일(인쇄 2022년 02월 28일)
발행인	박영일
책임편집	이해욱
편저	방지현
편집진행	김준일 · 김은영 · 남민우 · 김유진
표지디자인	박수영
편집디자인	이은미 · 최혜윤 · 곽은슬
발행처	(주)시대고시기획
출판등록	제 10-1521호
주소	서울시 마포구 큰우물로 75 [도화동 538 성지 B/D] 9F
전화	1600-3600
팩스	02-701-8823
홈페이지	www.sidaegosi.com
ISBN	979-11-383-1929-4 (13590)
정가	22,000원